EMPFANGSPROBLEME IM ULTRAHOCHFREQUENZGEBIET

Unter besonderer Berücksichtigung des Halbleiters

von

H. F. MATARÉ

Mit 190 Abbildungen

MÜNCHEN 1951

VERLAG VON R. OLDENBOURG

Herbert Franz Mataré
Dipl.Ing. (Aachen); Dr. sc. phys. (Paris); Dr. Ing. (Berlin)
Professor an der Universität Buenos Aires,
Senior Member, the Institute of Radio Engineers, New-York.

 Druck und Buchbinderarbeiten:
R. Oldenbourg, Graphische Betriebe G. m. b. H., München

DEM GEDENKEN

AN

W. ROGOWSKI

Inhalt

Vorwort

Mit dem Fortschreiten der Technik im Gebiet der Hyperfrequenzen haben sich die Methoden zur Vorausberechnung von Schaltanordnungen und zu ihrer physikalischen Durchdringung verfeinert, so daß man heute mit *Hochfrequenzphysik* einen bestimmten Begriff verbindet. Man meint damit jenen Teil der Hochfrequenztechnik, in dem man von konzentrierten Schaltelementen zu verteilten oder kontinuierlichen Schaltgliedern übergeht (etwa von $\lambda = 50$ cm an abwärts). In diesem Gebiet spielen dann Feldbetrachtungen, Ausbreitungsfragen, Laufzeiteinflüsse, innere Rauschgrößen usw. die entscheidende Rolle.

Insbesondere auf der Empfangsseite kommen zu den leitungstheoretischen und Hohlrohr-Problemen die Fragen der Rauschquellen hinzu. Denn auf der Senderseite kann man aus technischen und ökonomischen Gründen eine gewisse Leistungsgrenze nicht überschreiten, zumal auch der Wirkungsgrad der Laufzeitgeneratoren geringer ist als derjenige der klassischen, selbsterregten Röhren. Somit ist man daran interessiert, auf der Empfängerseite das Optimum zu erreichen. Dieser Forderung kommt nun ein naturgegebener Umstand entgegen, nämlich die Tatsache, daß der äußere Störpegel mit wachsender Frequenz immer unbedeutender wird. Andererseits wird die Zusammensetzung des inneren Störpegels im Hyperfrequenzgebiet aus mehreren Gründen viel komplizierter als im normalen Hochfrequenzgebiet.

Zunächst liegen infolge elektronischer Bedämpfung kleine Eingangswiderstände vor, die außerdem ein erhöhtes Rauschen gegenüber dem thermischen Rauschen bei Normaltemperatur haben. Dann sind auch die Rauschgesetze der Dioden und Detektoren nicht so einfach wie diejenigen der Trioden und Mehrgitterröhren im längerwelligen Gebiet. Kurz, man muß alle Schaltanordnungen genau durchrechnen und abwägen, um zu einem Bild über die optimalen Betriebsdaten zu gelangen.

Im Laufe der zehnjährigen Tätigkeit des Verfassers auf dem Gebiet der Hyperfrequenzen haben sich nun Methoden und gewisse Normen für die Behandlung solcher Empfangsprobleme herausgebildet, die in verschiedenen Publikationen und internen Telefunkenberichten ihren Niederschlag fanden. Mehrere zusammenfassende Berichte über Detektoren sind nach Kriegsende entstanden und von Kollegen benutzt worden, die auf Veröffentlichung drängten.

Nachdem ich nun auch vom Verlag die Nachricht erhielt, daß die allgemeine Lage die Herausgabe eines solchen Buches wieder ermöglicht, habe ich mich entschlossen, das Manuskript fertigzustellen.

Im Mittelpunkt steht also der Einfluß des Empfangsorgans auf die Empfängerempfindlichkeit und die Behandlung der Methoden zu ihrer Vorausberechnung und Messung. Dieser Wahl des Stoffes lag insbesondere auch der Gedanke zugrunde, daß über Kreis- und Generator-Fragen auf dem Dezimeter- und Zentimeterwellengebiet weit mehr veröffentlicht ist als auf diesem Gebiet. So ist z. B. die Hohlleiter-Technik in ihren prinzipiellen Fragen seit einem Jahrzehnt gelöst, während das Gebiet der Kristalldioden noch als völlig ungeklärt zu bezeichnen ist. Neuere Arbeiten und zusammenfassende Darstellungen, die in den USA. erschienen sind (siehe insbesondere: Thorrey and Whitmer: Crystal Rectifiers, Mc Graw-Hill Book C^y 1946), zeigen erstens den Umfang und die Bedeutung dieses neuen Gebietes, dann aber auch, daß erst tastende Anfänge einer theoretischen Durchdringung gemacht wurden. Dies gilt besonders für die Rauschfragen bei Halbleitern.

Wenn wir also hier einige wichtige Grundfragen des Empfangs im Ultrakurzwellengebiet zusammenfassen, so sind wir uns dabei bewußt, daß gerade dieses Problem eine Vielzahl von Verästelungen besonders auf der verfahrenstechnischen Seite aufweist, die nur gestreift werden konnten*). Indes liegt auch in der Beschränkung und Konzentration ein Wert, denn das Gebiet der Hyperfrequenzen ist für zusammenfassende Darstellungen bereits zu umfangreich.

Ein großer Wert ist auf Zuschnitt aller abgeleiteten Beziehungen auf mathematische Einfachheit und praktische Brauchbarkeit gelegt worden. Meßbeispiele vermitteln einen Eindruck von der Berechtigung der theoretischen Ansätze. Die Literatur ist nur auszugsweise angegeben, der Verfasser war jedoch bemüht, das neuere, für die Entwicklung auf diesem Gebiet wesentliche Schrifttum vollständig zu berücksichtigen. Das vorliegende Buch enthält aber keinerlei Zusammenfassungen fremden Schrifttums oder ausführliche Zitate oder Wiedergaben der Arbeiten anderer Autoren.

Leider ist ein erheblicher Teil des Meßmaterials durch die Geheimhaltungsvorschriften während des Krieges verlorengegangen, so daß auch von der meßtechnischen Seite manches anzufügen wäre. Wir wollen aber die Bedenken beiseite lassen, um einen Anfang zu machen und die Diskussion anzuregen. In diesem Sinne bitte ich auch die Herrn Fachkollegen um Mitteilung von Fragen und Änderungsvorschlägen. Sinn und Wert einer Arbeit liegt ja bekanntlich nicht allein in einer möglichst großen Vollkommenheit, sondern auch in dem Maß an Anregung, das sie für die weitere Forschung zu vermitteln vermag.

Für Förderung mancher in diesem Buche enthaltener Arbeiten habe ich der Firma Telefunken, insbesondere den Herren Dr.-Ing. Horst Rothe und Professor Dr. H. Rukop zu danken; ferner der Firma Westinghouse, Paris, hier vor allem in der Person des techn. Direktors Mr. A. Engel. Mein Dank

*) Man vergleiche hierzu die ausgezeichneten Werke von M. J. O. Strutt: z. B. „Ultra- and Extreme Short Wave Reception". Van Nostrand C^y, New York 1947.

gebührt ebenso Mr. R. Sueur, Ingénieur en chef des Postes, Télégraphes et Téléphones, der seitens des französischen Postministeriums meine Arbeiten mit Verständnis unterstützte. Den Herren Dr. Burmeister, Betzenhammer, Dirks und Mr. Le Floch danke ich für gewissenhafte Durchführung von Messungen und Hilfe bei numerischen Auswertungen.

Den Herren Professor Dr. H. H. Meinke, Dr. T. Vellat, Dr. R. Wallauscheck und Dr. H. Welker danke ich für Diskussionen. Herrn Dr. Ing. H. Kleinwächter bin ich für freundliche Durchsicht der Korrekturbogen verbunden.

Dem Verlag R. Oldenbourg bin ich für viel Verständnis bei der Zusammenarbeit zu großem Dank verpflichtet, insbesondere für Nachsicht bei der termingerechten Ablieferung der druckfertigen Manuskripte, die sich stark über den abgemachten Zeitpunkt hinaus verzögerte.

Paris, im November 1950 *H. F. Mataré*

I. TEIL

BEZEICHNUNGEN

(Allgemein und zu Teil II ··· VI)

Ziffern in eckigen Klammern im Text bedeuten Literaturhinweise. Ziffern in runden Klammern bedeuten Hinweise auf Formeln. Zwei und mehr runde Klammern stehen in eckigen Klammern.

HF	= Hochfrequenz	Textabkürzungen
ZF	= Zwischenfrequenz	
OF	= Oszillatorfrequenz	

ω_h = *Hochfrequenz (Kreisfrequenz)*

ω_{oz} = *Oszillatorfrequenz (Kreisfrequenz)*

ω_z = *Zwischenfrequenz (Kreisfrequenz)*

η = *Wirkungsgrad der Mischung*

η_{opt} = *optimaler Mischwirkungsgrad*

x = *Anpassungsverhältnis von Außen- zu Innenwiderstand des Mischorgans*

α = *äquivalenter Rauschwiderstand/Eingangswiderstand einer* ZF-*Röhre*

p = *statischer Rauschfaktor*

$T = p \cdot T_0$ = *Rauschtemperatur*

$p(\omega t)$ = *Momentanwert des Rauschfaktors im dynamischen Betrieb*

$p(\Theta)$ = *Mittelwert des Rauschfaktors im dynamischen Betrieb*

R_k = *Kreiswiderstand*

R_k^* = *transformierter Wert des Kreiswiderstandes*

R_i = *Innenwiderstand (Momentanwert)*

$\overline{R}_i$ = *Innenwiderstand (Mittelwert)*

$U_\sim$ = *Wechselspannungsamplitude*

$u_\sim$ = *Wechselspannungs-Momentanwert*

$J_\sim$ = *Wechselstrom-Amplitude*

$i_\sim$ = *Wechselstrom-Momentanwert*

$\tilde{U}$ *od.* U_{eff} sind Wechselspannungs-Effektivwerte

J_0 = *Gleichstrom*

U_0 = *Gleichspannung*

λ = *Wellenlänge*

f = *Frequenz*
ω = *Kreisfrequenz*
L = *Induktivität*
S_c = *Konversionssteilheit*
S_g = *Richtkennliniensteilheit*
$\overline{S}$ = *Mittlere Steilheit*
S_R = *Rückwirkungssteilheit*
N = *Rauschleistung* bzw. *äquivalente Signalleistung*
Θ = *Stromflußwinkel* $= 2\pi \cdot t/T$; t = *halbe Zeitdauer des Stromflusses*, T = *Periodendauer*
K = *Kennlinien-(Raumladungs-)Konstante*
n = *Kennlinien-Exponent*
J_R = *Richtstrom*
J_{gl} = *Diodengleichstrom*
$R_ä$ = *äquivalenter Rauschwiderstand*
$R_{ä_m}$ = *äquivalenter Rauschwiderstand der Mischung*
α_m = *äquivalenter Mischrauschwiderstand/Eingangswiderstand*
S_{c_l} = *Konversionssteilheit für die lte Harmonische*
$\overline{i^2}$ = *Effektivwert des Rauschstromquadrates*
$\overline{u^2}$ = *Effektivwert des Rauschspannungsquadrates*
F = *Schwächungsfaktor zum Schrotrauschen*
$\tilde{U}_z$ = *Effektivwert der ZF-Spannung*
$\tilde{U}_h$ = *Effektivwert der HF-Spannung*
$\tilde{U}_{oz}$ = *Effektivwert der Oszillatorspannung*
G_{Dz} = *Diodenleitwert für die ZF*
G_{Dh} = *Diodenleitwert für die HF*
γ = *Rückwirkungsfaktor*
G_h = *äußerer, hochfrequenter Leitwert*
G_z = *äußerer ZF-Leitwert*
J_s = *Sättigungsstrom einer Rauschdiode*
U_{g_0} = *Gittergleichvorspannung*
U_{g_h} = *Gitterwechselspannung* (Amplituden)
U_{oz} = *Oszillatorspannung* (Amplituden)
$U_{g_{oz}}$ = *Oszillatorspannung am Gitter* (Amplituden)
U_z = *ZF-Spannung* (Amplituden)
U_{a_0} = *Anoden-Gleichvorspannung*
$U_{g_\sim}$ = *Gitterwechselspannung* (Amplitude)

u_{g_h}	$=$ *HF-Gitterwechselspannung*	Momentanwerte
u_{oz}	$=$ *Oszillatorspannung*	
u_z	$=$ *ZF-Spannung*	
$u_{g_{oz}}$	$=$ *Oszillatorspannung am Gitter*	

$U_{a\sim}$ $=$ *Anodenwechselspannung* (Amplitude)

e $=$ *Elementarladung* $= 1{,}60 \cdot 10^{-19}$ As

m $=$ *Elektronenmasse* $= 9{,}11 \cdot 10^{-35}\ \text{V} \cdot \text{A} \cdot \text{s}^3 \cdot \text{cm}^{-2}$

k $=$ *Boltzmannsche Konstante* $= 1{,}38 \cdot 10^{-23}\ \text{VAsgrad}^{-1}$ (Volt-Ampere-Sekunden-Grad^{-1})

kT_0 $= 4 \cdot 10^{-21}$ Ws (Wattsekunden); $T_0 = 300^0$ abs.

e/kT_0 $= 40\ \text{V}^{-1}$

$\zeta_l(\Theta)$ $=$ *Empfindlichkeitsfunktion für die l-te Harmonische* $= (S_g/S_{c_l})^2$

$$\psi_n(\Theta) = \frac{\int J_R\, d\omega t}{J_{\max}} = \frac{\frac{1}{\pi}\int\limits_0^{\Theta} (\cos\omega t - \cos\Theta)^n\, d\omega t}{(1-\cos\Theta)^n}$$

$$f_n(\Theta) = \frac{\int J_\sim\, d\omega t}{J_{\max}} = \frac{\frac{2}{\pi}\int\limits_0^{\Theta} (\cos\omega t - \cos\Theta)^n \cos\omega t\, d\omega t}{(1-\cos\Theta)^n}$$

$$\psi_{n-1}(\Theta) = \frac{\int S_g\, d\omega t}{S_{\max}} = \frac{\frac{1}{\pi}\int\limits_0^{\Theta} (\cos\omega t - \cos\Theta)^{n-1}\, d\omega t}{(1-\cos\Theta)^{n-1}}$$

$$f_{n-1}(\Theta) = \frac{\int S_c\, d\omega t}{S_{c\max}} = \frac{\frac{2}{\pi}\int\limits_0^{\Theta} (\cos\omega t - \cos\Theta)^{n-1} \cos\omega t\, d\omega t}{(1-\cos\Theta)^{n-1}}$$

II. TEIL

Allgemeines zum Empfang im Ultrakurzwellengebiet

Während im längerwelligen Empfangsgebiet — wir bezeichnen als solches das Gebiet oberhalb der Wellenlänge $\lambda = 50$ cm — die Mehrpolröhre im Mittelpunkt steht, erzwingt das Arbeiten im Dezimeter- und Zentimeterwellengebiet einfachere und einfachste Formen. Die Gründe liegen auf der Hand; in diesem Frequenzgebiet der verteilten Induktivitäten und Kapazitäten muß nämlich kleinste räumliche Ausdehnung und Beherrschung der Impedanzen gefordert werden. Ferner müssen alle Verluste auf ein Minimum gesenkt werden, was ebenfalls kurze Zuleitungen erfordert, wie man sie insbesondere bei Dioden, der einfachsten Röhrenform, realisieren kann. Aus diesem Grund spielt auch der Geradeausempfang mit Trioden und Mehrgitterröhren und die Hochfrequenzverstärkung im Zentimeterwellengebiet nur eine untergeordnete Rolle. Im Mittelpunkt steht das Prinzip der Frequenzmischung, das also auch bei dieser Betrachtung ausschlaggebend ist.

Die Frage der Frequenzmischung ist nun in der Literatur ausgiebig behandelt, und auch die inneren Zusammenhänge zwischen nichtlinearen Vorgängen in Verstärkerröhren und den Mehrdeutigkeiten des Mischvorganges sind erschöpfend diskutiert worden (vgl. [1]), so daß hier diese, kurz „klassische Behandlung der Mischvorgänge" genannte Betrachtungsweise als bekannt vorausgesetzt werden kann. Dort sind auch die Hilfsgrößen, wie Konversionssteilheit, dynamischer Innenwiderstand, Konversionsverstärkung usw. eingeführt und erläutert. Indes macht diese „klassische" Behandlung der Mischung von einer Voraussetzung Gebrauch, durch die sie auf das Gebiet der Drei- und Mehrpolröhren beschränkt bleibt. Das ist die Annahme der Rückwirkungsfreiheit der beteiligten Urspannungen, Hochfrequenz-, Zwischenfrequenz- und Oszillatorfrequenz-Spannung. Im Diodenfall tritt nämlich partielle Abhängigkeit zwischen hochfrequentem und zwischenfrequentem Leitwert auf [1]; [2]. Die Rückwirkung auf den Oszillatoreingang kann im allgemeinen vernachlässigt werden, da man hier infolge der verhältnismäßig großen verfügbaren Leistung auf einen Widerstand ankoppeln kann, der klein ist im Vergleich zu dem des hoch- und zwischenfrequenten Eingangs. Ferner tritt bei hohen und höchsten Frequenzen eine weitere Komplikation hinzu, die durch das erhöhte Rauschen der Diode [4] und das bereits erwähnte Überwiegen der inneren Rauschquellen gegenüber dem äußeren Störpegel charakterisiert ist [3]. Sorgsame Abwägung aller Rauschquellen ist also notwendig.

Es ist dann nicht mehr sinnvoll, als Empfindlichkeit eines solchen Empfängers die zur Erreichung einer festgelegten Ausgangsspannung erforderliche Eingangsspannung anzugeben, sondern man muß den durch den Empfänger vorgegebenen inneren Rauschpegel in Beziehung setzen zur Eingangsleistung im Falle der Anpassung des Empfängereingangs an den Antennenwiderstand. Solche Messungen werden in der Hochfrequenztechnik mittels eigens konstruierter Meßsender durchgeführt, welche kalibrierte Schwächungsglieder enthalten, die an einem festen Außenwiderstand eine definierte Leistung abzugeben gestatten (s. Teil X). Genaue Meßmethoden zur Feststellung der Empfindlichkeit waren in diesem Falle eher vorhanden als Möglichkeiten zur Vorausberechnung. Denn schon für eine Geradeaus-Trioden-Empfangsstufe waren eingehende Betrachtungen über die Summation von Rauschspannungen, Kenntnis von Rauschfaktoren usw. erforderlich; vgl. [3].

Das Problem der Mischung, insbesondere im Diodenfall, erscheint nun von vorneherein verwickelter, weil zum Rückwirkungsmechanismus noch die besonderen Rauscheigenschaften der Diode [4] hinzukommen, und die Mischung Verknüpfungen von Rauschspannungen in Produktform liefert. Es hat sich aber gezeigt, daß man auch im Mischfall mit Mittelwerten der Rauschgrößen in die Netzwerkfunktion des Rauschquellen-Ersatzschemas eingehen kann, wenn gewisse allgemeine Bedingungen erfüllt sind; s. Anhang unter XII und [5]. Ferner zeigt die genauere Betrachtung der Diodenfunktionen die Möglichkeit gewisser Vereinfachungen [6], und damit ist man dann in der Lage, in verhältnismäßig kurzer Zeit die wichtigsten Züge einer Anordnung vom Standpunkt der Empfindlichkeit zu erkennen. Dies ist für den Empfängerbau bedeutsam, denn es ist stets das Ziel, vorauszuberechnen und dann zu bauen. Die Mischung mit Dioden steht als Präzedenzfall an der Spitze, um die Methode einzuführen, und auch, weil hier zuerst die Rauschgrößen studiert wurden (Teil V). Die Mischung mittels Trioden, die im Dezimeterwellengebiet oft Vorzüge aufweist, wird sodann behandelt (Teil VI). Hieran schließt sich sinngemäß eine Erörterung der Frage der Hochfrequenzverstärkung (Teil VII). Den Übergang in das Zentimeterwellenband, in dem die Diode infolge ihrer Zuleitungsverluste, Kapazitäten, Glasverluste, Laufzeiten und Rauscheigenschaften ausscheidet, bildet Kap. VIII mit der Darstellung des Detektors als Mischorgan. Die Theorie, welche hier zur Vorausberechnung von Mischanordnungen erforderlich ist, ist komplizierter als im Diodenfall, da noch die verhältnismäßig verwickelte Rauschfunktion und der Rückstromanteil hinzukommen. Aber auch in diesem Falle haben die Messungen bewiesen, daß, selbst im Falle der Oberwellenmischung, die Annahmen der Theorie die Wirklichkeit gut wiedergeben. Im Anschluß an diese Frage soll dann noch im Teil IX der Detektor als Empfangsgleichrichter behandelt werden. Wie die Betrachtung zeigt, ist der Detektor als Empfangsgleichrichter im Zentimeterwellengebiet unter bestimmten Voraussetzungen besonders geeignet.

In diesen Fragenkomplex gehört nun auch noch das, was mit den Meß- und Eichverfahren im Bereich der Hyperfrequenzen zusammenhängt. Denn ohne Meßsender, die genau geeicht sind, lassen sich die für die Theorie entscheidenden feineren Unterschiede in der Empfangsqualität solcher Anordnungen kaum feststellen. Hier sind die Hauptprobleme: Frequenzkonstanz, Abschirmung, berechenbare Eichung (Extrapolierbarkeit), Eichglieder für kleinste Leistungen (Bolometer) usw. Es sollen nun hier zur Festlegung des Umfanges nur jene Fragen des Meßsenderbaues und der Eichmethoden besprochen werden, die für das Arbeiten im Dezimeter- und Zentimeterwellengebiet charakteristisch sind. Bezüglich der Brückenmethoden, Anpassungsfragen usw. kann auf bereits veröffentlichte Arbeiten verwiesen werden [7]; [8]. Der Anhang bringt einige Betrachtungen zur Berechnung von Rauschquellennetzwerken sowie eine Ableitung des Rückwirkungsfaktors im Diodenfall.

III. TEIL

Das Problem der Vorausberechnung von Empfindlichkeiten

§ 1. Allgemeines

In mehreren Arbeiten wurde das Problem der Berechnung von Empfängerempfindlichkeiten bereits behandelt [1]; [3].

Darunter versteht man die Bestimmung der Rausch- oder Störleistung einer Schaltung, bezogen auf die Eingangsklemmen. Denn begnügt man sich mit einem Störabstand, d. h. einem Verhältnis *Signal : Rauschen* = 1 : 1, so erhält man damit zugleich die aufzuwendende Signaleingangsleistung. Die Summation der Rauschspannungsquadrate ist nicht schwer, wenn man den Eingang einer gittergesteuerten Röhre ins Auge faßt. Man erhält dann als Rauschquellen lediglich das thermische Rauschen der Widerstände und fügt diesem noch den äquivalenten Rauschwiderstand der Eingangsröhre hinzu. Hierunter versteht man bekanntlich einen Widerstand von solcher Größe, daß seine Rausch-EMK bei Zimmertemperatur den gleichen Wert besitzt wie die Rausch-EMK der Röhre. Dabei wird dieser Widerstand schaltungsmäßig in die Zuleitung zum Gitter (Steuergitter) der Röhre gelegt gedacht.

Auf Grund solcher Vereinfachungen wurden die Empfindlichkeiten (Signaleingangsleistungen) verschiedener Eingangsstufen ermittelt [1]. Auf die 2., 3., · · Stufe einer Verstärkeranordnung kommt es weniger an, da bereits die erste Stufe die Signalspannung soweit verstärkt, daß demgegenüber die eingeprägten Rauschquellen der 2. und um so mehr aller weiteren Stufen fast unmerkbar klein sind.

Bei allen diesen Betrachtungen setzt man nun noch implizite weitere vereinfachende Annahmen voraus. Zunächst nämlich, daß die Eingangsröhre rückwirkungsfrei sei. Das ist in der Tat bei Trioden und im Gebiet nicht zu hoher Frequenzen erlaubt. Ferner, daß der äquivalente Rauschwiderstand frequenzunabhängig sei. Schließlich beruhen noch jene Berechnungen, bei denen der elektronische Eingangswiderstand der Trioden und Mehrgitterröhren bei hohen Frequenzen berücksichtigt wird, auf der Annahme, daß auch dieser Widerstand mit seinem Mittelwert als unabhängiges Glied in der Schaltung der Rauschquellen erscheint und mit ihm, wie mit einem fest gegebenen ohmschen Wert gerechnet werden kann. — Bei Anwendung solcher Methoden auf die Empfindlichkeitsberechnung von *Misch*anordnungen fällt jedoch die hierin liegende Willkür auf, da dann stärkere Verquickung der Mittelwerte, z. B. in Produktform, vorkommt. Insbesondere trifft dies für die Diodenmischung zu, die bei höchsten Frequenzen im Mittelpunkt steht. Dort treten dann Verkettungen von mittleren Widerständen, Rauschspannungen, Wirkungsgraden usw. auf, so daß die Frage gestellt werden muß: Ist es richtig, mit Mittelwerten, die einzeln über die Periode der betrachteten Frequenz gebildet sind, in die Schaltung zu gehen, oder muß der Mittelwert der gesamten Schaltanordnung mit ihren veränderlichen Größen berechnet werden? — Diese Frage ist für die gesamte Empfindlichkeitsbetrachtung von ausschlaggebender Bedeutung. Denn: ist es notwendig, den Mittelwert ganzer Schaltanordnungen zu errechnen, so bedarf es dazu bei jeder Aufgabe, wie wir unten sehen werden, eines großen, mathematischen Aufwandes. Meist ist nur Reihenentwicklung und Näherungslösung möglich zur Ermittlung der resultierenden Rauschleistung. Kann man aber mit den Mittelwerten in die Schaltung eingehen, so vereinfacht sich alles ungemein. Daß dies tatsächlich möglich ist, wenn gewisse Voraussetzungen allgemeiner Art erfüllt sind, wird hier gezeigt. Wir kommen damit zur Methode der Berechnung der resultierenden Rauschspannung bzw. Rauschleistung in Mischstufen.

§ 2. Methode

Das Mischorgan habe als Charakteristik $J = f(U)$ eine Kennlinie der Form $J = kU^n$. Im Empfangsgleichrichterbetrieb erfolgt eine Aussteuerung nur durch die Signalspannungsamplitude, also so kleine Beträge, daß ohne weiteres mit dem Potenzreihenansatz:

$$J = J_0 \sum_{p=0}^{\infty} p \binom{n}{p} \left(\frac{\Delta U}{U}\right)^p$$

in Nullpunktsumgebung gerechnet werden kann, der aus der Taylorentwicklung der Kennlinie folgt. Im Superbetrieb jedoch liegt eine größere Steueramplitude (Oszillator) am Mischorgan, so daß die statische Kennlinie in ihr Richtkennlinienfeld aufgelöst werden muß. Dabei ergibt sich dann die Steilheit bzw. der reziproke Innenwiderstand als Differential der Funktion in jedem Punkt des Richtkennlinienfeldes. Diese Momentansteilheit wird dann durch eine Mittelung über die Steuerperiode 2π in den gültigen Wert der mittleren Steilheit umgerechnet; so gilt z. B.

$$S_c = \frac{1}{2\pi} \int_0^{2\pi} S \cos \omega t \, d\omega t \tag{2.1}$$

für die Konversionssteilheit. Ebenso verfährt man bei der Errechnung des mittleren Rauschstromquadrates bei Durchsteuerung mit einer Wechselspannung der Kreisfrequenz ω. Nach dem Schrotrauschgesetz von Schottky ist:

$$\overline{i^2} = 2 e \Delta f \frac{1}{2\pi} \int_0^{2\pi} J \, d(\omega t) \tag{2.2}$$

wobei J = Momentanstrom;
e = *Einheitsladung*;
Δf = *Bandbreite in* Hz.

Unter Benutzung des Gesetzes für das thermische Rauschen:

$$u^2 = 4\,k\,T\,\Delta f \cdot R_ä \tag{2.3}$$

mit

u^2 = *mittleres Rauschspannungsquadrat*;
$R_ä$ = *äquivalenter Rauschwiderstand*;
k = *Bolzmannsche Konstante*;
Δf = *Bandbreite*;
T = *abs. Temperatur*

gibt man nun die Größe dieses äquivalenten Rauschwiderstandes an aus der Beziehung

$$\overline{u^2} = \overline{i_a{}^2}/\overline{S_c{}^2}. \tag{2.4}$$

Also errechnet sich $R_ä$ aus:

$$4\,k\,T\,\Delta f \cdot R_ä = \frac{2\,e\,\Delta f \dfrac{1}{2\,\pi}\displaystyle\int_0^{2\pi} J\,(\omega t)\,d\,\omega t}{\left[\dfrac{1}{2\,\pi}\displaystyle\int_0^{2\pi} S\,(\omega t)\cos\omega t\,d\,\omega t\right]^2}; \tag{2.5}$$

vgl. [1] S. 288. Es ist bei diesem Verfahren implizite vorausgesetzt, daß gilt:

$$\overline{u^2} = \overline{\left(\frac{i_a{}^2}{S_c{}^2}\right)} = \frac{\overline{i_a{}^2}}{\overline{S_c{}^2}}, \tag{2.6}$$

bzw.

$$4\,k\,T\,\Delta f \cdot R_ä = \frac{1}{2\,\pi}\int_0^{2\pi} \frac{2\,e\,\Delta f\,J\,(\omega t)}{S^2\,(\omega t)\cos^2\omega t}\,d\,\omega t \tag{2.7}$$

$$= \frac{2\,e\,\Delta f \dfrac{1}{2\,\pi}\displaystyle\int_0^{2\pi} J\,(\omega t)\,d\,\omega t}{\left[\dfrac{1}{2\,\pi}\displaystyle\int_0^{2\pi} S\,(\omega t)\cos\omega t\,d\,\omega t\right]^2}. \tag{2.8}$$

Es leuchtet ein, daß diese Gleichsetzung nicht selbstverständlich ist, sondern bewiesen werden muß, da allgemein der Mittelwert gemischter Funktionen nicht gleich der Funktion der Mittelwerte ist. Auch bei der Berechnung des Innenwiderstandes eines Organs mit Charakteristik einer geknickten Kennlinie

$$+J = +U$$
$$-J = 0$$

treten Schwierigkeiten auf, wenn man z. B. den mittleren Widerstand über die Periode berechnet. Die Steilheit im positiven Gebiet ist S (hier $= 1$), im negativen $S = 0$. Würde man setzen:

$$\overline{R_i} = 1/S$$

anstatt

$$\overline{R_i} = \overline{1/S}$$

so bedeutet das:

$$\frac{1}{\int\limits_0^{2\pi} S\,d\omega t} = \int\limits_0^{2\pi} \frac{1}{S}\,d\omega t.$$

Man sieht in diesem einfachen Falle sofort, daß diese Gleichung nicht erfüllbar ist, denn es wird:

$$\frac{1}{\frac{1}{2\pi}\int\limits_0^{2\pi} S(\omega t)\,d\omega t} = \frac{1}{\frac{1}{2\pi}\int\limits_0^{\pi} S\,d\omega t + \frac{1}{2\pi}\int\limits_{\pi}^{2\pi} S\,d\omega t} = \frac{1}{0+S} = \frac{1}{S}, \quad (2.9)$$

aber:

$$\frac{1}{2\pi}\int\limits_0^{2\pi} \frac{1}{S(\omega t)}\,d\omega t = \frac{1}{2\pi}\left(\int\limits_0^{\pi} \frac{1}{S}\,d\omega t + \int\limits_{\pi}^{2\pi} \frac{1}{S}\,d\omega t\right) = \frac{1}{S} + \infty. \quad (2.10)$$

Zwei sehr verschiedene Ergebnisse! Den Widerspruch kann man in diesem einfachen Falle jedoch leicht aufheben durch die Festsetzung, daß als „mittlere Steilheit" nicht

$$\frac{1}{2\pi}\int\limits_0^{2\pi} S\,d\omega t,$$

sondern nur der Anteil im positiven Gebiet:

$$\frac{1}{2\pi}\int\limits_0^{\pi} S\,d\omega t$$

erklärt ist, also

$$\overline{S} = \frac{1}{2\pi}\int\limits_0^{\pi} S\,d\omega t = \frac{1}{2\pi}\int\limits_{-\Theta}^{+\Theta} S\,d\omega t$$

ist, wie die Festsetzung meist lautet. Dieses Verfahren ist aber nur bei Kennlinien ohne Anteil im negativen Gebiet möglich. Im allgemeinsten Fall, der insbesondere bei der Behandlung von Detektorproblemen auftritt, muß man die beiden Kennlinienäste völlig getrennt behandeln. Aber auch dann macht man noch von der Annahme:

$$1/\overline{S} = \overline{1/S}$$

in den einzelnen Gebieten Gebrauch.

Ganz allgemein besteht Interesse, bei der Berechnung von Rauschquellennetzwerken die Mittelwerte von Rauschspannungen getrennt in die Netzwerkfunktion einzuführen. Denn eine Mittelwertbildung, d. h. Integration der gesamten Netzwerkfunktion über die Aussteuerperiode der Oszillatorfrequenz führt stets auf schwierigere Auswertungen. Es besteht demnach Interesse festzustellen, unter welchen Bedingungen

$$\frac{1}{T}\int_0^T \Sigma \Pi R_n\, df \to \Sigma \Pi \frac{1}{T}\int_0^T R_n\, df$$

gesetzt werden kann, wobei

T = *Steuerperiode*;
f = *Aussteuerfrequenz*;
R_n = *Momentanwerte der differentiellen Widerstände.*

Man kann nun zeigen, daß im Falle der Frequenzmischung, wie sie normalerweise vorliegt, der Mittelwert des Produktes der Widerstands- und Leitwertschwankungen unabhängig gleich Null werden kann. Da dann keine Korrelation vorliegt, so läßt sich in diesem Falle eine Einführung der Mittelwerte in die Netzwerkfunktion vornehmen (vgl. Anhang A). Das vereinfacht die Rechnung sehr, wie man sofort aus einem Vergleich der beiden weiter unten abzuleitenden Empfindlichkeitsformeln ersieht. Die allgemeine Form der resultierenden Rauschleistung des Diodensupers ist z. B.:

$$N_r = \frac{2kT_0\Delta f}{\pi}\int_0^{2\pi} \frac{\alpha + [p(\Theta)\, x(\omega t) + 1]/[1 + x(\omega t)]^2}{\left(\frac{S_c}{S_g}\right)^2 \cdot \frac{x(\omega t)}{[1 + x(\omega t)]^2} \Big/ \left[1 - \left(\frac{S_c}{S_g}\right)^2 \cdot \frac{x(\omega t)}{1 + x(\omega t)}\right]}\, d\omega t, \quad (2.11)$$

worin:

S_c = *Momentanwert der Konversionssteilheit*;
S_g = *Momentanwert der Richtkennliniensteilheit*;
J_d = *Diodenstrom*; $u_\sim$ = *Wechselspannung (momentan)*;
U_0 = *Gleichspannung*;
$\alpha = \frac{R_a}{R_k} = \frac{\text{äquivalenter Rauschwiderstand der ersten ZF-Röhre}}{\text{ZF-Kreiswiderstand}}$;
$p(\Theta)$ = *dynamischer Rauschfaktor der Diode*;
$x(\omega t) = S_g : G_z$ = *Leitwertverhältnis am ZF-Eingang*;
Δf = *Bandbreite* in Hertz;
k = *Bolzmannsche Konstante*;
T_0 = *abs. Temperatur* (= 300° K).

Diese Funktion wird durch Einsetzen der Mittelwerte:

$\bar{x} = \bar{S}_g/G_z$;

$$\bar{S}_g = K \cdot U_\sim^{n-1}\, S_g^*, \text{ wobei } S_c^* = \frac{n}{\pi}\int_0^\Theta (\cos\omega t - \cos\Theta)^{n-1}\cos\omega t\, d\omega t;$$

und

$$\bar{S}_c = K \cdot U_\sim^{n-1}\, S_c^*, \text{ wobei } S_c^* = \frac{n}{\pi}\int_0^\Theta (\cos\omega t - \cos\Theta)^{n-1}\cos\omega t\, d\omega t;$$

zu einer einfach auszuwertenden Funktion:

$$N_r = \frac{4kT_0\Delta f}{\eta}\left\{\alpha + (p\cdot\bar{x} + 1)\frac{1}{(1+\bar{x})^2}\right\} \text{ in } kT_0, \quad (2.12)$$

die wir im folgenden behandeln.

IV. TEIL

Zum Problem der Frequenzmischung im Dezimeterwellengebiet

Im folgenden soll nun das Problem der Mischung insbesondere vom Standpunkt der Empfängerplanung behandelt werden. Wir sind also bestrebt, nur alle für die Empfindlichkeit wesentlichen Faktoren zu berücksichtigen und die mathematischen Zusammenhänge so einfach wie möglich darzustellen, damit daraus unmittelbar Schlüsse für den Aufbau gezogen werden können. Nach Möglichkeit sollen auch alle Formeln in graphischer Darstellung gebracht werden, damit ohne Rechnung das Verhalten eines Empfängers überblickt werden kann.

Die ausschlaggebende Rolle des Zwischenfrequenzrauschens und der ZF-Ankopplung des Mischorgans hat sich bei allen Messungen bestätigt. Der HF-Rauschanteil ist bei allen Messungen im Frequenzgebiet über 600 MHz unmeßbar klein. Im Falle der Diodenmischung tritt ferner eine Vereinfachung des komplizierten Rückwirkungsmechanismus ein, wenn man von der Leistungsanpassung auf der Antennenseite ausgeht [2]; [6]; [8]; [9]. Von besonderer Bedeutung ist der Fall einer hohen Zwischenfrequenz, d. h. Frequenzen zwischen 30 und 300 MHz. Hier wird die zwischenfrequente Ankopplung noch entscheidender infolge des elektronischen Eingangswiderstandes und seiner Rauschtemperatur [25]. Schließlich muß das Diodenrauschen unter Einbeziehung der experimentell gefundenen Abhängigkeiten berücksichtigt werden [4]. Dabei ist zu bemerken, daß durch den Anstieg des Rauschfaktors mit der Effektivspannung der Verkleinerung des Stromflußwinkels Θ empfindlichkeitsmäßig eine Grenze gesetzt ist: Mischwirkungsgrad und Konversionsverstärkung nehmen mit abnehmendem Stromflußwinkel bekanntlich zu; vgl. [6].

Im allgemeinen werden an einen Mischempfänger bei der Empfängerplanung Anforderungen verschiedener Art gestellt. Dabei kommt es vor, daß nach Vorgeben einer bestimmten Mischröhrentype, bestimmter Betriebsbedingungen, einer bestimmten Oszillatorleistung und einer ZF-Bandbreite Δf auch noch eine bestimmte Empfindlichkeit gefordert wird. Durch diese Angaben kann, wie aus dem folgenden hervorgeht, ein Problem sehr wohl überbestimmt sein, so daß die gleichzeitige Einhaltung aller dieser Forderungen unmöglich ist. An Hand der später angegebenen Berechnungsanweisungen läßt sich jedoch ein Überblick über alle möglichen Bedingungen gewinnen, die sinnvollerweise an einen Empfänger gestellt werden können.

Wenn wir also hier vom Standpunkt optimaler Empfindlichkeit ausgehen, so können wir dadurch mit anderen an den Empfänger gestellten Forderungen in Widerspruch geraten. Es ist aber notwendig, alle Bedingungen zu kennen, um abschätzen zu können, *welche* Maßnahmen z. B. zur Erhaltung einer bestimmten Zwischenfrequenz-Bandbreite empfindlichkeitsmäßig noch tragbar sind. Damit ist auch eine bessere Präzisierung der von einem Empfänger verlangten Eigenschaften möglich, eine Hauptschwierigkeit bei der Planung im Hyperfrequenzgebiet.

Um nun einzusehen, inwiefern gerade im Dezimetergebiet die Empfangsfragen vielfältiger werden, gehen wir von einer Gegenüberstellung der Rauscheinflüsse im Langwellen- bzw. Kurzwellen- und Dezimeterwellengebiet aus. Zuvor gehen wir jedoch noch kurz auf die Entwicklung des Diodenproblems ein.

Die im Langwellengebiet meist angewandte multiplikative Mischung mittels Mehrgitterröhren wurde im Dezimetergebiet infolge der durch die Laufzeiteinflüsse stark verminderten Eingangswiderstände, der Rauscherhöhung durch Stromverteilung sowie der schaltungstechnischen Schwierigkeiten, die sich infolge der Spannungstransformation durch die Zuführung zu den Elektroden ergeben, verlassen. Die Diode ist daher das der Dezimetertechnik angepaßte Mischorgan. Mit der Entwicklung der Empfangstechnik unter $\lambda = 1$ m ging daher eine Entwicklung der Diode parallel. Die in den letzten Jahren auf diesem Gebiet erschienenen Veröffentlichungen sind sehr zahlreich. Die Diodentheorie bildet nämlich auch die Grundlage für eine weiterentwickelte Theorie der Mischung am Kristalldetektor bzw. Halbleiter, ein Problem, das für die Empfängerentwicklung im Wellengebiet von 20 cm abwärts bis zu Millimeterwellen von größter Bedeutung ist.

Als erster griff wohl M. J. O. Strutt das Problem auf und stellte bereits die Vierpolgleichungen für die Diodenmischstufe dar; vgl. [10]; [11]; [12] und ([1] S. 231). Durch die hier erstmalig auftretende Verknüpfung von hochfrequentem Eingangsleitwert und zwischenfrequentem Ausgangsleitwert tritt das Problem aus dem Rahmen der üblichen Mischung heraus, wo diese Rückwirkung von vorneherein nicht besteht. Etwa zur gleichen Zeit wurden von J. Müller die Vierpolgleichungen des Diodensupers, ebenfalls von der Taylorentwicklung der Stromfunktion ausgehend, abgeleitet, und die Untersuchung für den Fall des Empfangs auf der Spiegelwelle erweitert [13]. Auf einem anderen Wege kommt H. Meinke [9] zu noch allgemeineren Beziehungen, bei denen schon ein Unterschied zwischen Konversionssteilheit und „Rückwirkungssteilheit" gemacht wird. Einen Versuch, die Fülle der neuen funktionellen Verknüpfungen für den Diodensuper in den Bereich meßtechnisch kontrollierbarer Größen zu transponieren, stellt die Arbeit von H. F. Mataré [2] dar, wobei auch der Fall merklicher Impedanz des Eingangskreises für die Spiegelwelle quantitativ erfaßt wird. In einer neueren Arbeit behandeln Peterson und Llewellyn [14] die Vier- und Sechspolgleichungen des Mischgliedes in allgemeiner Form (gemischte Belastung), ohne daraus eine für die Technik des Empfängerbaues geeignete Methode zur Vorausberechnung der Mischeigenschaften oder der Empfindlichkeit abzuleiten. Das Problem wird auch im Falle gemischter Last sehr viel unübersichtlicher. Für die Leistungsbetrachtungen ist, wie sich gezeigt hat, diese Verallgemeinerung nicht notwendig, da die zwischen den Stufen eines Empfängers liegenden Vierpole stets eine Abstimmung der Blindkomponenten zulassen. Ein weiterer Schritt zur Klärung der Verhältnisse bei der Diodenmischung war die Berechnung und Messung des „Mischwirkungsgrades" bzw. der Konversionsverluste, die in einfachen Zusammenhang stehen [6]; [15]. Für die Auswertung der Vierpolgleichungen allgemeiner Form (s. auch [9]) spielt das Dickesche Reziprozitätstheorem eine große Rolle, wonach die Admittanzkoeffizienten in den Vierpolgleichungen des Diodensupers in Richtung HF → ZF gleich denen in Richtung ZF → HF sind (ZF ≡ Zwischenfrequenz, HF ≡ Hochfrequenz, OF ≡ Oszillatorfrequenz). Das entspricht übrigens der Gleichheit der von H. Meinke eingeführten Rückwirkungssteilheit mit der Konversionssteilheit, die im Prinzip bereits in [2] angenommen wird. In der amerikanischen Literatur sind diese Verhältnisse insbesondere bei Detektormischung behandelt [16]; [17]. Hierauf wird in Kap. VIII näher eingegangen.

Wir haben bisher jedoch erst eine Seite des Problems, nämlich die Widerstandsverhältnisse, erörtert. Das Rauschproblem zeigt ebenfalls Besonderheiten der Diode gegenüber allen anderen Röhrenformen, wie bereits erwähnt wurde. Es wird nämlich ein Anwachsen des Schwächungsfaktors zum Schottkyschen Sättigungsrauschen mit wachsender Effektivspannung beobachtet, während Trioden durchweg den geforderten Abfall mit U_{eff}, der Effektivspannung, zeigen [4]; [18]. Weil man diese Störung auf die an der Anode reflektierten Elektronen zurückführen muß, die eine Rauschmodulation der Raumladungszone erzeugen, wurden während des Krieges Empfangsdioden mit großer Kathodenfläche und hoher Emissionsfähigkeit gebaut. Das Effektivpotential kann dabei klein sein, ohne daß zugleich die Stromergiebigkeit unter den Minimalwert sinkt, bei dem das Signal im Schrotrauschen verschwindet. Diese Dioden setzten sich aber infolge zu hoher Kapazitätswerte nicht durch. Man muß also beim Einsetzen des Rauscheinflusses der Diode auf die Erhöhung des Rauschfaktors $p = T/To$ mit U_{eff} Rücksicht nehmen.

In einer Gegenüberstellung seien nun nochmals die Eigentümlichkeiten der Mischung im Hyperfrequenzgebiet zusammengestellt (s. S. 25).

Aus der Gegenüberstellung ist zu sehen, daß das Problem der Mischung im Dezimeterwellengebiet vielfältiger ist als im längerwelligen Gebiet. Besonders zu beachten sind die durch den geringen Abstand zwischen Empfangs- und Oszillatorfrequenz auftretenden Schwierigkeiten. Das Oszillatorrauschen muß bei allen Arten der Mischung berücksichtigt werden. Der Oszillator liefert ein über ein großes Frequenzgebiet verteiltes Rauschen, das durch die Selektion des Oszillatorkreises begrenzt wird. Liegen nun OF und HF nahe beieinander, so gehen die Rauschkomponenten, die gerade im ZF-Abstand zur Oszillatorfrequenz liegen, voll in die ZF ein (Abb. 1a). Es ist zu beachten: Das Oszillatorrauschen entsteht genau genommen nicht nur aus den im ZF-Abstand von der OF auftretenden Rauschkomponenten, sondern auch durch solche Kombina-

Gegenüberstellung

1. Mischung im langwelligen Gebiet (bis zu Meterwellen); Mehrgitterröhren	2. Mischung im UKW- und Hyperfrequenzgebiet; Dioden und Detektoren
Innerer Rauschpegel $\ll$ Antennenrauschen.	Innerer Rauschpegel entscheidend: Diodenrauschen + Widerstandsrauschen + Oszillatorrauschen + Rauschen des ZF-Verstärkers + Kreisrauschen (prop. $\sqrt{1/C}$; C = *Kreiskapazität*).
Keine Rückwirkung von HF → ZF oder OF	Rückwirkung: HF → ZF ZF → HF OF → ZF und umgekehrt OF → HF und umgekehrt
Rauschfaktor $p = T/T_0 = 2{,}5 = const.$	Rauschfaktor der Dioden $p(\Theta) = f(U_{eff})$ Θ = *Stromflußwinkel.*
Kein Empfang im Spiegelwellenband.	Zusätzlicher Empfang im Spiegelwellenband möglich.
Rauschbeitrag des ersten ZF-Rohres klein, da Gittereingangskreis hochohmig.	Rauschbeitrag des ersten ZF-Rohres von Diodenankopplung abhängig.
	Da Oszillator- und Empfangsfrequenz nahe benachbart, tritt Oszillatorrauschen auf.
	Gegentakterregung des Empfangskreises durch den Oszillator bei Eintakt-Gegentaktanordnungen. Phase der Oszillatorströme ergibt Phase der Zwischenfrequenz. Daher teilweise Auslöschung möglich.

tionen der Harmonischen der OF mit den Rauschfrequenzen, welche wieder die ZF ergeben. Schon wenn die Bandbreite des Oszillatorkreises Δf_{oz} kleiner als die doppelte Zwischenfrequenz ist, geht (vgl. Abb. 1) dieses Zusatzrauschen auf einen kleinen Betrag zurück. Allgemeine Regel:

$$\Delta f_{oz} < 2\,\mathrm{ZF}.$$

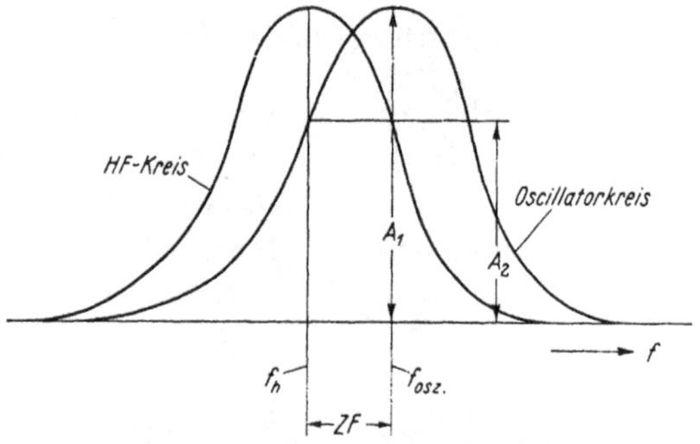

Abb. 1a. Oszillatorfrequenz und Hochfrequenz nahe benachbart. Empfang des vollen Oszillatorrauschens.

Ist diese Bedingung nicht erfüllbar, so muß von der Gegentakt-Gleichtakt-Anordnung Gebrauch gemacht werden. Hierbei ist folgende Merkregel nützlich: *Entstehende* ZF-*Spannung und zwischenfrequente Rauschspannung des Oszillators müssen im Gegensinn zueinander am* ZF-*Kreis auftreten.* Ist der Oszillator im Eintakt in die Kathode eingekoppelt, so fließt demnach Oszillatorstrom in der Erdleitung. Greift man nun die ZF im Gegentakt ab, so erhält man vom Oszillator her in der ZF keine Spannung, also auch kein Rauschen, volle Symmetrie vorausgesetzt. Es bleibt dann nur noch das um Größenord-

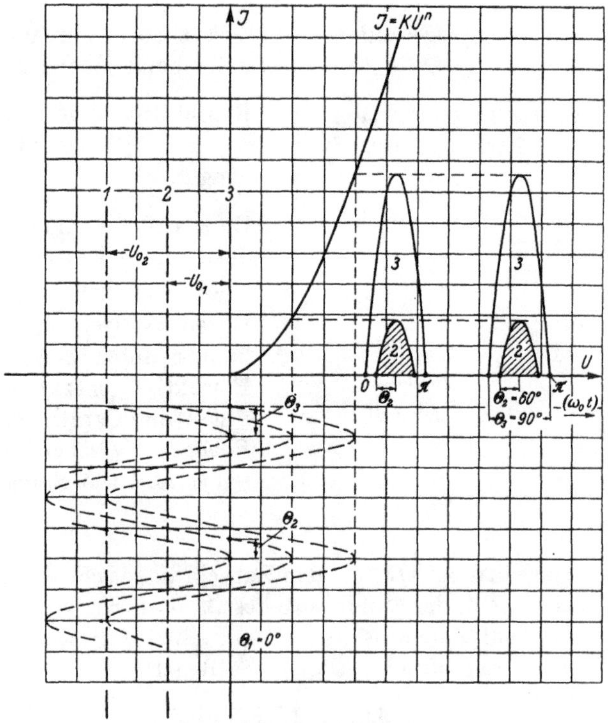

Abb. 1b. Aussteuerung einer Diodenkennlinie.

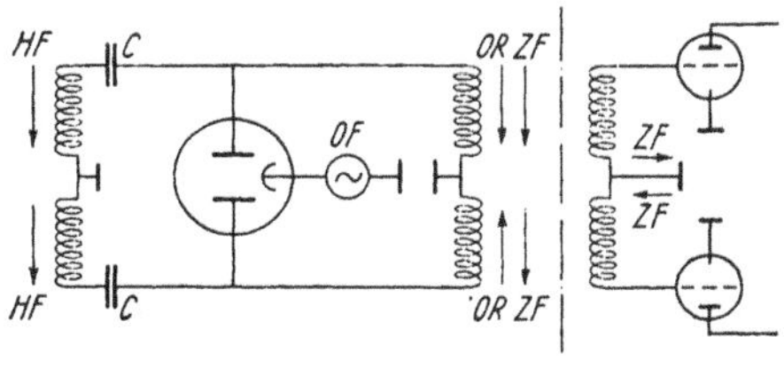

Abb. 2a. Diode im Gleichtakt-Gegentakt-Betrieb. Oszillatorrauschen unwirksam.

Es bedeuten die Strompfeile:

OF = Oszillatorfrequenz;
HF = Hochfrequenz;
ZF = Zwischenfrequenz;
OR = Oszillatorrauschen innerhalb der ZF;
C = *Kapazitäten mit für HF und OF kleinem Blindwiderstand* (großer ZF-Blindwiderstand).

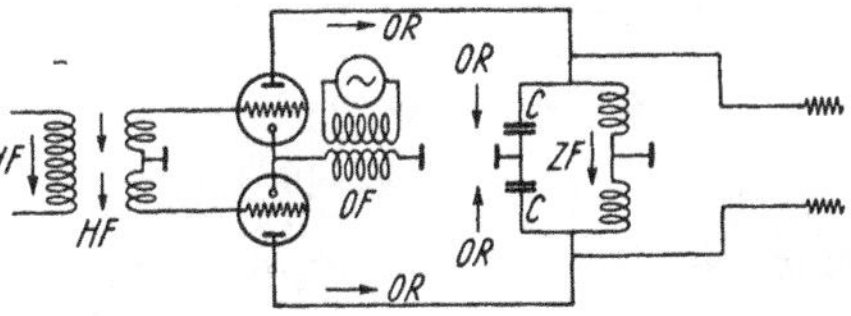

Abb. 2b. Oszillatorrauschkompensation beim Triodensuper.

nungen kleinere, über den Mischvorgang in die ZF eingehende Rauschen. Welche ZF-Spannung am ZF-Kreis entstehen muß, wenn man die Oszillatorfrequenz OF (Eintakt oder Gegentakt) mit der Hochfrequenz HF (Eintakt oder Gegentakt) mischt, kann man sich mittels der Multiplikationsregel von Vorzeichen merken: Bezeichnet man den Gegentakt mit dem Minuszeichen, Eintakt mit dem Pluszeichen, so gelten bezüglich der entstehenden ZF die *normalen Regeln der Multiplikation von Vorzeichen,* also auch das kommutative Gesetz. Daraus ergeben sich folgende Kompensationsschaltungen:

HF im Gegentakt OF im Eintakt	(—) (+)	ZF im Gegentakt	(—)
HF im Gegentakt OF im Gegentakt	(—) (—)	ZF im Eintakt	(+)

vgl. dazu Abb. 2 und 3. Alle anderen Kombinationen liefern keine Rauschkompensation. Ist ihre Anwendung aus bestimmten Gründen notwendig, so muß eben doch die Erfüllung der ersten Bedingung angestrebt werden.

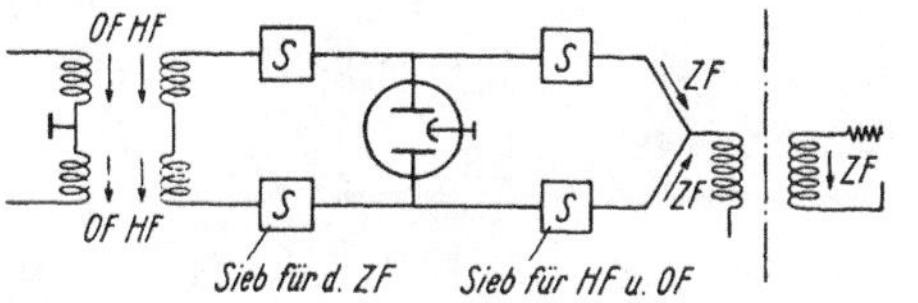

Abb. 3a. Kompensationsschaltung; Oszillator- und Hochfrequenz im Gegentakt.

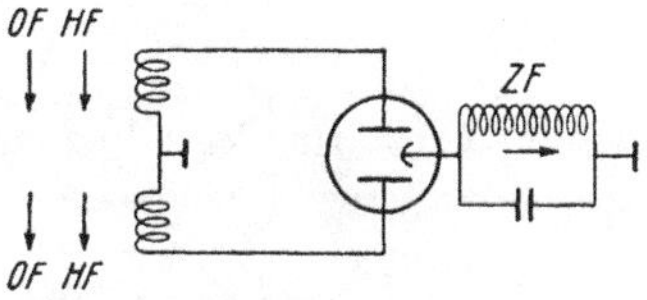

Abb. 3b. Kompensationsschaltung: Oszillator- und Hochfrequenz im Gegentakt, ZF in der Kathode.

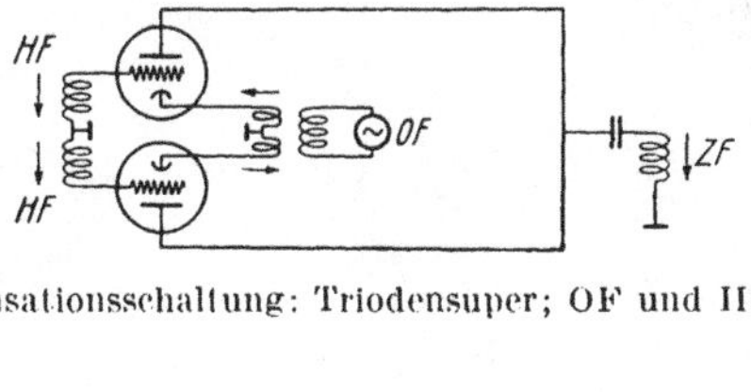

Abb. 3c. Kompensationsschaltung: Triodensuper; OF und HF im Gegentakt.

V. TEIL

Diodenmischung

§ 3. Diodenfunktionen

Die bereits an anderer Stelle [1]; [2]; [4]; [5]; [6]; [22]; [24]; [28] abgeleiteten Diodenfunktionen seien im folgenden zusammengestellt (vgl. dazu Abb. 1b):

Kennlinie:

$$J_+ = K \cdot U_a{}^n; \qquad U_a = U_0 + U_\sim \cos \omega t$$
$$J_- = 0; \qquad (U_\sim = \text{Amplitude}). \tag{3.1}$$

Stromflußwinkel:

$$\Theta = \operatorname{arc\,cos} (- U_0/U_\sim). \tag{3.2}$$

Richtstrom
(*momentan*): $$i_R = K\,(U_0 + U_\sim \cos \omega t)^n. \tag{3.3}$$

Richtstrom
(*Mittelwert*): $$J_R = K\,U_\sim^n \frac{1}{\pi} \int_0^\Theta (\cos \omega t - \cos \Theta)^n \, d\omega t \tag{3.4}$$

$$J_R = K\,U_\sim^n \cdot J_R{}^* = K \cdot U_\sim^n\,(1 - \cos \Theta)^n \cdot \psi_n(\Theta),$$

wobei:

$$\psi_n(\Theta) = \frac{1}{\pi\,(1 - \cos \Theta)^n} \cdot \int_0^\Theta (\cos \omega t - \cos \Theta)^n \, d\omega t \quad \text{s. [21].} \tag{3.5}$$

Eingangswechselstrom (*Grundwelle*):

$$i_\sim = K\,(U_0 + U_\sim \cos \omega t)^n \cos \omega t = K \cdot U_\sim^n\,(\cos \omega t - \cos \Theta)^n \cos \omega t, \tag{3.6}$$

$$J_\sim = K \cdot U_\sim^n \cdot \frac{1}{\pi} \int_{-\Theta}^{+\Theta} (\cos \omega t - \cos \Theta)^n \cos \omega t \, d\omega t = K \cdot U_\sim^n \cdot J_\sim^* \tag{3.7}$$
$$= K \cdot U_\sim^n\,(1 - \cos \Theta)^n \cdot f_n(\Theta),$$

wobei $J_\sim$ = *zweites Glied der Fourier-Entwicklung* und

$$f_n(\Theta) = \frac{1}{\pi\,(1 - \cos \Theta)^n} \int_{-\Theta}^{+\Theta} (\cos \omega t - \cos \Theta)^n \cos \omega t \, d\omega t \quad \text{s. [21].} \tag{3.8}$$

Richtkennliniensteilheit:

$$S_g(\omega t)\,(\textit{Momentanwert}) = \left(\frac{\partial i_R}{\partial U_0}\right)_{U_\sim = \text{const}} = K \cdot n \cdot (U_0 + U_\sim \cos \omega t)^{n-1}, \tag{3.9}$$

$$\overline{S_g}\,(\textit{Mittelwert}) = K \cdot U_\sim^{n-1} \cdot \frac{n}{\pi} \int_0^\Theta (\cos \omega t - \cos \Theta)^{n-1} \, d\omega t \tag{3.10}$$

auch einfach:

$$S_g = K \cdot U_\sim^{n-1}\,(1 - \cos \Theta)^{n-1} \cdot \psi_{n-1}(\Theta) = K \cdot U_\sim^{n-1} \cdot S_g{}^*,$$

wo:

$$\psi_{n-1}(\Theta) = \frac{n}{\pi\,(1-\cos\Theta)^{n-1}} \int_0^{\Theta} (\cos\omega t - \cos\Theta)^{n-1}\, d\,\omega t. \qquad (3.11)$$

$\overline{S}$ = *Mittlere Steilheit* (im Falle verschwindender Elektronenträgheit).

Konversionssteilheit:

$$S_c(\omega t)\,(\textit{Momentanwert}) = \left(\frac{\partial i_R}{\partial U_{\sim}}\right)_{U_0 = \text{const}} = K \cdot n\,(U_0 + U_{\sim} \cos\omega t)^{n-1} \cos\omega t, \qquad (3.12)$$

$$\overline{S_c}\,(\textit{Mittelwert}) = \frac{1}{2}\, K \cdot U_{\sim}^{n-1} \cdot \frac{2n}{\pi} \int_0^{\Theta} (\cos\omega t - \cos\Theta)^{n-1} \cos\omega t\, d\omega t \qquad (3.13)$$

auch einfach: $S_c = K \cdot U_{\sim}^{n-1} \cdot S_c^{*} = K \cdot U_{\sim}^{n-1}\,(1-\cos\Theta)^{n-1} \cdot \frac{n}{2}\, f_{n-1}(\Theta)$,

wo:

$$f_{n-1}(\Theta) = \frac{2}{\pi\,(1-\cos\Theta)^{n-1}} \int_0^{\Theta} (\cos\omega t - \cos\Theta)^{n-1} \cos\omega t\, d\omega t \qquad (3.14)$$

vgl. [1], Bd. 3, S. 212.

Eingangsleistung:

$$L_e = \frac{1}{2} \cdot J_{\sim} \cdot U_a = \frac{1}{2} \cdot K \cdot U_{\sim}^{n+1} \cdot J_{\sim}^{*}. \qquad (3.15)$$

Wirkungsgrad (*optimal, bei Anpassung*), s. [6]:

$$\eta_{\text{opt}} = \left(\frac{1}{2}\,\frac{\overline{S_c}}{\overline{S_g}}\right)^2 = \left[\frac{1}{4}\,\frac{f_{n-1}(\Theta)}{\psi_{n-1}(\Theta)}\right]^2. \qquad (3.16)$$

Wir benutzen im folgenden meist die einfacheren, reduzierten Funktionen J_R^*; $J_{\sim}^*$; S_g^* und S_c^* an Stelle der bekannten Stromflußwinkelfunktionen $f_n(\Theta)$ und $\psi_n(\Theta)$; vgl. [22]. Kurventafeln für genauere Werte dieser Funktionen bei verschiedenen Kennlinienexponenten siehe unter VIII F, Frequenzwandlung.

§ 4. Das Rauschquellenersatzbild

Für die Berechnung der Gegentakt-Dioden-Mischstufe nach Abb. 4 führen wir nun einige vereinfachende Annahmen ein:

1. Reziprozität zwischen HF → ZF Rückwirkung und vice versa (Dickesches Reziprozitätstheorem);
2. Anpassung auf der Hochfrequenzseite: $G_h = S_g$; s. [6];
3. *Hochfrequenzrauschen* ≪ ZF-*Rauschen*;

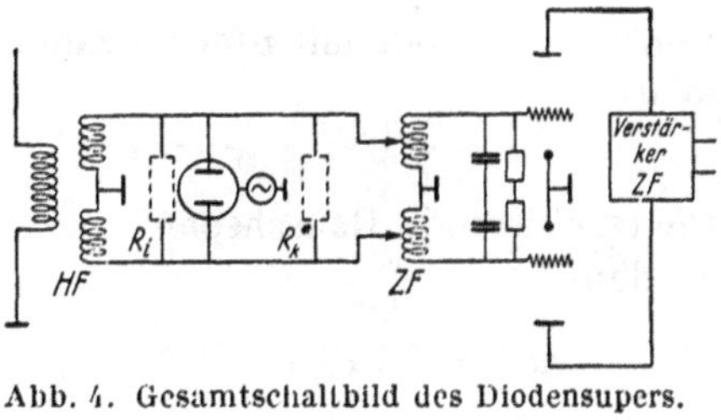

Abb. 4. Gesamtschaltbild des Diodensupers.

4. keine Rückwirkung auf den Oszillatoreingang und umgekehrt, da stets soviel Oszillatorleistung zur Verfügung steht, daß auf einen Widerstand angekoppelt werden kann, der klein ist gegen HF- und ZF-Eingangswiderstand;
5. verschwindender Rauschleistungsbeitrag der auf die erste ZF-Verstärkerröhre folgenden Stufen;
6. mit dem Prinzip der linearen Superposition der Rauschspannungen (vgl. [3], S. 708···711) kommt man in beiden Fällen nicht aus, da Mittelwerte von Produkten von Rauschspannungen auftreten. Eine einfachere Behandlung ist dann möglich, wenn, wie gesagt, die Mittelwerte der Produkte gleich den Produkten der Mittelwerte sind; vgl. Anhang.

Der dynamische Innenwiderstand der Mischröhre, der $p$fach überhöht rauscht, liegt am Übertragungsvierpol zur Zwischenfrequenz. Hier ist das Rauschen durch den Kreiswiderstand R_k und den äquivalenten Rauschwiderstand $R_ä$ der ersten Verstärkerröhre bestimmt (vgl. dazu Abb. 5a). Da es interessiert welche Eingangswiderstände sich von der Diode aus gesehen einstellen, ist es zweckmäßig, die Übertragung, so vorzunehmen, daß R_i nicht transformiert wird. Man überträgt also die Widerstandskombination von der Sekundärseite auf die Diodenseite wodurch sich Abb. 5b ergibt.

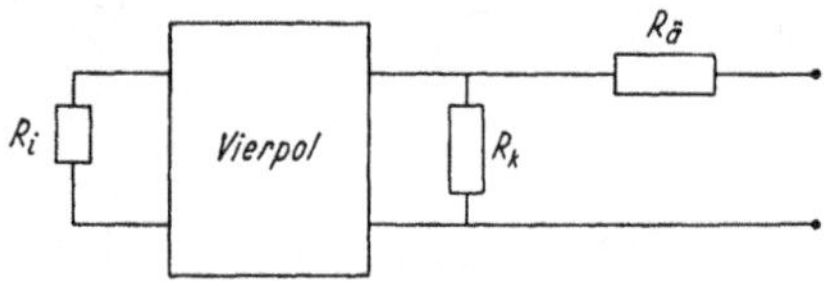

Abb. 5a. Rauschquellenersatzbild.

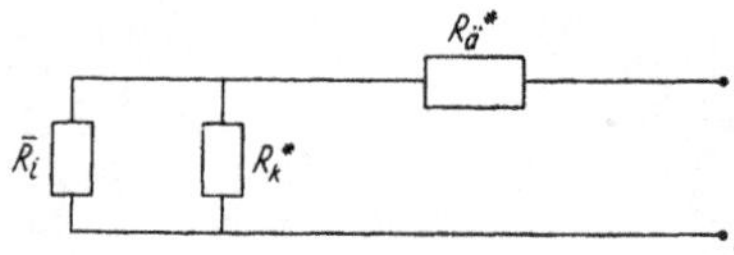

Abb. 5b. Rauschquellenersatzbild (transformierte Widerstände).

Die Berechnung solcher Widerstandskombinationen ist sehr einfach. Man geht von den Rauschkurzschlußströmen der einzelnen parallel geschalteten Widerstände aus und bildet durch Superposition an der Parallelschaltung die Rauschspannung. Die Rauschspannungen von Serienwiderständen addieren sich einfach. Wir erhalten so für die Rauschspannungen Abb. 5b:

$$\begin{aligned} &\text{an } R_i \,||\, R_k^*: && \overline{u^2} = \overline{i_r^2} \left(\frac{R_k^* \cdot \overline{R_i}}{R_k^* + \overline{R_i}}\right)^2; \\ &\text{an } R_ä: && \overline{u^2} = 4\,k\,T_0 \Delta f \cdot R_ä^*. \end{aligned} \tag{4.1}$$

Rauscht die Diode mit $p$facher Zimmertemperatur ($p = T/T_0$; $T_0 = 300^0$ K), so ist

$$\overline{i_r^2} = 4\,k\,T_0 \Delta f \,(p/\overline{R_i} + 1/R_k^*). \tag{4.2}$$

Die resultierende Rauschspannung an den Klemmen (a, b) (vgl. dazu Abb. 5b) ist dann:

$$\overline{u}_R^2 = 4\,k\,T_0 \Delta f \left[R_ä^* + \left(\frac{p}{R_i} + \frac{1}{R_k^*}\right)\left(\frac{R_k^*\, R_i}{R_k^* + R_i}\right)^2\right]. \tag{4.3}$$

Die auf den Widerstand R_k^* bezogene Rauschleistung beträgt somit:

$$N_r = \frac{\bar{u}_R^2}{R_k^*} = 4\,k\,T_0 \Delta f \left[\frac{R_ä^*}{R_k^*} + \left(\frac{p}{R_i} + \frac{1}{R_k^*}\right)\left(\frac{\overline{R}_i}{R_k^* + \overline{R}_i}\right)^2 R_k^*\right]. \quad (4.4)$$

Diese Leistung stellt die reine ZF-Rauschleistung dar, aus der sich die ZF-Empfindlichkeit ergibt. Die Berücksichtigung des Mischorgans (R_i) erfolgt durch Einführung des *Mischwirkungsgrades.* Er ist definiert als das Verhältnis von zwischenfrequent am Eingang auftretender Leistung zur hochfrequenten Eingangsleistung [6] [15]

$$\eta = \frac{U_z^2/R_k^*}{U_h^2/R_h}. \quad (4.5)$$

Daraus ergibt sich unter gewissen Voraussetzungen [6] und Anhang C

$$\eta = \left(S_c \frac{\overline{R}_i \cdot R_k^*}{\overline{R}_i + R_k^*}\right)^2 \cdot \frac{\overline{R}_i}{R_k^*}; \quad (4.6)$$

S_c = *Konversionssteilheit* oder:

$$\eta = \left(\frac{S_c}{S_g}\right)^2 \cdot \frac{S_g \cdot R_k^*}{(1 + S_g \cdot R_k^*)^2}; \quad (4.7)$$

S_g = *Richtkennliniensteilheit* $= 1/R_i$.

Führen wir die Bezeichnungen ein:

$$R_ä/R_k = R_ä^*/R_k^* = \alpha; \quad R_k^* \cdot S_g = R_k^*/\overline{R}_i = x,$$

so wird:

$$\eta = \left(\frac{S_c}{S_g}\right)^2 \cdot \frac{x}{(1+x)^2}. \quad (4.8)$$

Bei Einführung eines optimalen Mischwirkungsgrades

$$\eta_{opt} = \frac{1}{4}\left(\frac{S_c}{S_g}\right)^2 \quad (4.9)$$

erhält man:

$$\eta = \eta_{opt}\, 4\, x/(1+x)^2. \quad (4.10)$$

Drücken wir ferner in (2.4) die Rauschleistung pro Hz Bandbreite in $k\,T_0$ als Einheit aus, so wird

$$\frac{N_r}{\Delta f} = 4\left[\alpha + (p x + 1)\frac{1}{(1+x)^2}\right] k\,T_0$$

die ZF-Rauschleistung und

$$\frac{N_r}{\Delta f} = \frac{4}{\eta}\left[\alpha + (p x + 1) \cdot \frac{1}{(1+x)^2}\right] k\,T_0 \quad (4.11)$$

die für die Mischstufe plus ZF-Verstärker entscheidende Rauschleistung. Wird als Empfindlichkeitsmaß ein Verhältnis *Signal* : *Rauschen* = 1 bezeichnet [19]; [20], so stellt (4.11) die Größe der äquivalenten Signalleistung dar. Gleichung (4.11) ergibt also zwei Anteile für die Rauschspannung eines Diodensupers. Der eine rührt von der Diode, der andere vom Zwischenfrequenzverstärker her. Schreibt man

$$\frac{N}{\Delta f} = \frac{1}{\eta_{\text{opt}}}\left[\underbrace{\frac{1+px}{x}}_{F_1} + \alpha\underbrace{\frac{(1+x)^2}{x}}_{F_2}\right] k\,T_0, \tag{4.11 a}$$

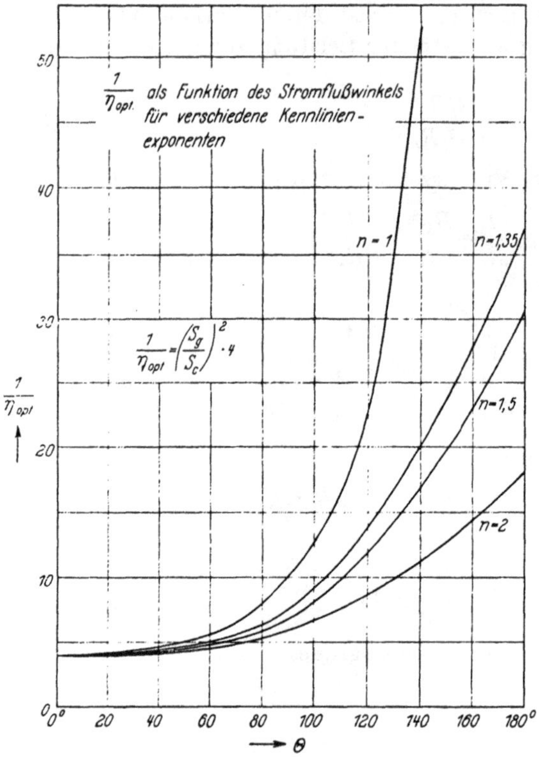

Abb. 6. $1/\eta_{\text{opt}}$ als Funktion des Stromflußwinkels für verschiedene Kennlinienexponenten.

so ist

$F_1 =$ *Dioden-Anteil*;
$F_2 =$ ZF-*Verstärker-Anteil.*

Es besteht nun die Aufgabe, $N/\Delta f$ zu einem *Minimum* zu machen. Durch den mehrfachen Zusammenhang der Funktionen ist das Problem nicht mehr trivial. Ganz allgemein soll aber α des ZF-Verstärkers möglichst klein sein, d. h. $R_ä$ möglichst klein und ebenfalls p, das wir zunächst als konstant betrachten, $1/\eta_{\text{opt}}$ ist insbesondere Funktion des Stromflußwinkels; vgl. dazu Abb. 6.

§ 5. Abhängigkeit der Empfindlichkeit von der zwischenfrequenzseitigen Ankopplung

Durch Differentiation von (4.11) nach x findet man aus der Bedingung $\partial N/\partial x = 0$ den x-Wert im Minimum der Funktion

$$x_{\text{opt}} = +\sqrt{\frac{1+\alpha}{\alpha}}. \tag{5.12}$$

$N(x_0)$ ist für $x_0 = +\sqrt{\frac{1+\alpha}{\alpha}}$ Minimum, da

$$\frac{\partial^2 N(x)}{\partial x^2} = \frac{1+\alpha}{x^3} > 0.$$

Diese Funktion (5.12) findet man in Abb. 7. Es folgt also aus (4.11) und (4.12), daß der *optimale Wert der ZF-Ankopplung x von α des ZF-Verstärkers abhängt* und aus (5.12) gefunden wird. Da α im allgemeinen zwischen $5 \cdot 10^{-2}$ und $5 \cdot 10^{-1}$ liegt, ist mit einem *x-Wert von 2 bis 4* zu rechnen. In den meisten Fällen ist also das Verhältnis von ZF-Eingangswiderstand zu ZF-Innenwiderstand der Diode

$$2 < x = R_k^*/R_i < 4$$

zu wählen.

In Abb. 8 und 9 sind die beiden Teilfunktionen

$$F_1 = \frac{1 + px}{x}; \qquad F_2 = \alpha \frac{(1 + x)^2}{x}$$

für verschiedene x- und p-Werte aufgetragen. Ferner ist eingetragen eine Kurve für den Verlauf der Gesamtempfindlichkeit in Abhängigkeit von x mit den häufig auftretenden Werten $\alpha = 0{,}2$ und $p = 4$. Das Minimum liegt in diesem Falle, wie auch aus Formel (4.4) hervorgeht, bei $x = 2{,}5$.

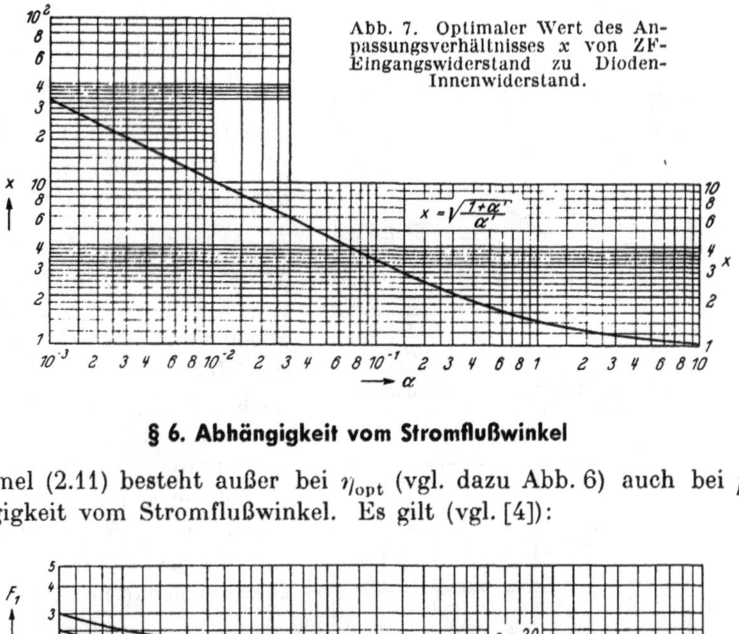

Abb. 7. Optimaler Wert des Anpassungsverhältnisses x von ZF-Eingangswiderstand zu Dioden-Innenwiderstand.

§ 6. Abhängigkeit vom Stromflußwinkel

In Formel (2.11) besteht außer bei η_{opt} (vgl. dazu Abb. 6) auch bei p eine Abhängigkeit vom Stromflußwinkel. Es gilt (vgl. [4]):

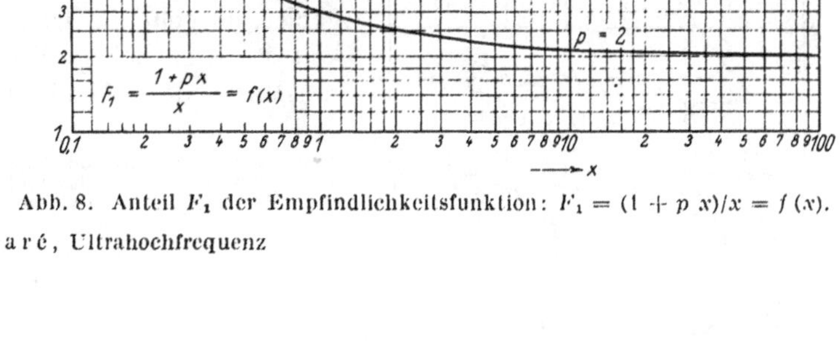

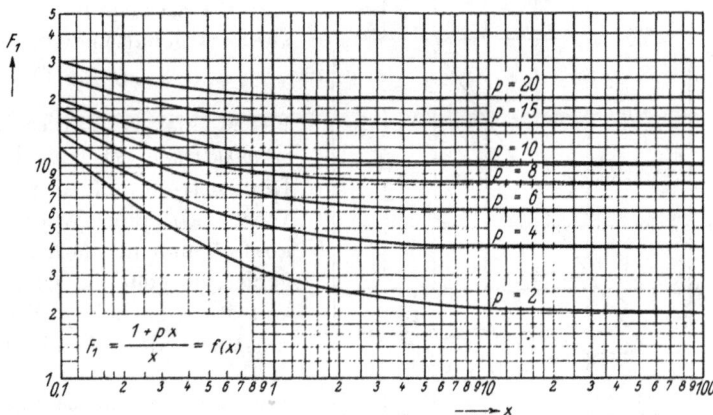

Abb. 8. Anteil F_1 der Empfindlichkeitsfunktion: $F_1 = (1 + p\,x)/x = f(x)$.

$$p(\Theta) - p_0 = p'(\Theta) = p_0 \cdot \frac{1}{\pi} \int_0^{\Theta} (U_0 + U_\sim \cos \omega t)^c \cdot d\omega t;$$

$$p'(\Theta) = p_0 \cdot U_\sim^c \cdot \frac{1}{\pi} \int_0^{\Theta} (\cos \omega t - \cos \Theta)^c \cdot d\omega t \tag{6.13}$$

und

$$p_{\max} = p_0 U_\sim^c (1 - \cos \Theta)^c. \tag{6.14}$$

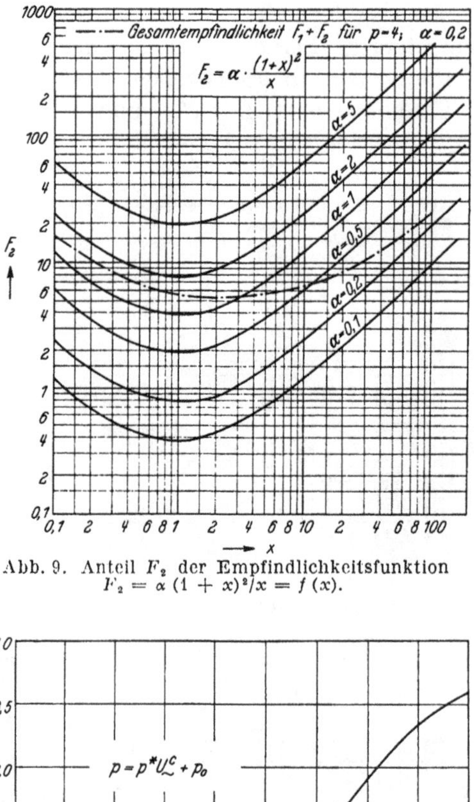

Abb. 9. Anteil F_2 der Empfindlichkeitsfunktion $F_2 = \alpha\,(1 + x)^2/x = f(x)$.

Also ist

$$p'/p_{\max} = \psi_c(\Theta), \tag{6.15}$$

eine bereits häufig dargestellte Funktion [21].

Ist also $p_{\max}$ gegeben, so läßt sich d nach (6.15) berechnen. Es wird die reduzierte Funktion

$$p^*_{\max} = p_0 (1 - \cos \Theta)^c$$

eingeführt; dann ist also $p_{\max} = p^*_{\max} \cdot U_\sim^c$. Der Exponent c liegt in der Größe zwischen 0,4 und 0,6.

In Abb. 10 ist diese Funktion $p^* = p'/U_\sim^n$ für $c = 0{,}6$ aufgetragen. Bei Dioden muß p_0 im allgemeinen gleich 4 gesetzt werden. Jeder Kurvenpunkt ist also noch mit $U_\sim^c$ zu multiplizieren, und um p zu erhalten, muß man p_0 addieren. Bei Übergang in den C-Betrieb würde hiernach das Rauschen immer kleiner, *wenn die Wechselspannungsamplitude konstant* gehalten wird, da auch

$$\psi_c(\Theta) \to 0 \text{ für } \Theta \to 0.$$

Es ist klar, daß dies *nicht zu verwirklichen* ist, da dabei der Diodenstrom auf extrem kleine Werte absinken würde. Denn kommt man in das Anlaufstromgebiet, so geht die Empfindlichkeit stark zurück (volles Schrotrauschen des Anodenstromes).

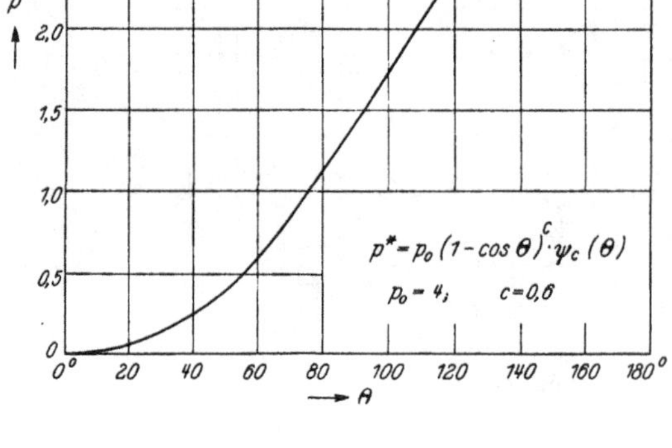

Abb. 10. Rauschfaktor der Dioden in Abhängigkeit vom Stromflußwinkel; p_0 im allgemeinen gleich 4; c zwischen 0,4 u. 0,6.

Man rechnet bei den heutigen Dioden normalerweise mit Strömen von 0,5 ··· 5 mA. Geht man nun von *konstantem Anodenstrom* aus, so kann man durch Einführung der Stromgleichung in den Ausdruck für p die Abhängigkeit von Θ für $J_{gl} = \text{const}$ darstellen. Es ergibt sich, wenn man aus der Gleichung für den Diodenstrom:

$$J_{gl} = K\, U_{\sim}^{n}\, (1 - \cos\Theta)^{n}\, \psi_n(\Theta)$$

die Wechselspannungsamplitude ausdrückt:

$$U_{\sim} = \frac{J_{gl}^{1/n}}{[K\,\psi_n(\Theta)]^{1/n}\,(1 - \cos\Theta)} \tag{6.16}$$

und dies in

$$p' = p_0 \cdot U_{\sim}^{c} \cdot (1 - \cos\Theta)^{c} \cdot \psi_c(\Theta) \tag{6.17}$$

einführt:

$$p' = p_0\, (1 - \cos\Theta)^{c}\, \psi_c(\Theta) \cdot \left(\frac{J_{gl}}{K}\right)^{\frac{c}{n}} \cdot (1 - \cos\Theta)^{-c} \cdot \psi_n(\Theta)^{-\frac{c}{n}}$$

oder:

$$p' = p_0\, (J_{gl}/K)^{c/n}\, [\psi_n(\Theta)]^{-c/n} \cdot \psi_c(\Theta). \tag{6.18}$$

Hierin sind also:

J_{gl} = *Diodengleichstrom*,
K = *Steilheitskonstante*,
n = *Kennlinienexponent*.

Für die mittleren Werte:

$p_0 = 4;\ n = 1.2;$
$c = 0{,}6;\ K = 2$

ergibt sich

$$p' = 4\,(J_{gl}/2)^{0{,}5} \times \psi_{1{,}2}(\Theta)^{-0{,}5} \cdot \psi_{0{,}6}(\Theta).$$

Abb. 11 zeigt den Funktionsverlauf für $J_{gl} = 1$ mA und 5 mA. Der tatsächliche p-Wert beträgt immer $p_D = 4 + p'$. Auch bei konstantem Diodenstrom erweist sich der Übergang in den C-Betrieb als günstig. Sorgt man demnach dafür, daß der Diodenstrom nicht so klein wird, daß das Schrotrauschen erreicht wird, so kann man den Stromflußwinkel weiter verkleinern.

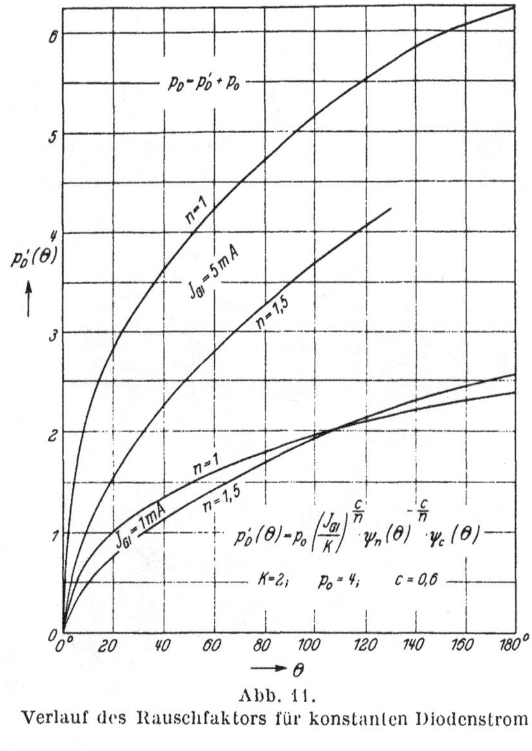

Abb. 11.
Verlauf des Rauschfaktors für konstanten Diodenstrom.

Dieser Methode zur Empfindlichkeitssteigerung ist jedoch durch die zur Verfügung stehende Oszillatorleistung meist schon bei $\Theta = 40^0 \cdots 50^0$ eine Grenze gesetzt.

Da die Funktion $1/\eta_{\text{opt}}$ ebenfalls nach kleiner werdendem Stromflußwinkel abnimmt, gilt dies für das Produkt dieser Funktionen in Gleichung (4.11 a) um so mehr, wenn man die übrigen Werte als von Θ unabhängig betrachtet. Mit Θ ändert sich zwar R_i bzw. S_g, durch die freie Wahl von $R_k{}^*$ kann aber x konstant gehalten werden.

§ 7. Erhöhung des Mischwirkungsgrades

Wie bereits an anderer Stelle beschrieben ([6] u. Anhang C), tritt bei Berücksichtigung der Vierpolgleichungen für die Mischdiode eine Erhöhung des Mischwirkungsgrades ein. Diese Erhöhung wurde durch den Rückwirkungsfaktor γ charakterisiert. Bei seiner Berechnung wurde von der Rückwirkung des hochfrequenten Eingangswiderstandes der Diode, R_h, auf den ZF-Innenwiderstand R_i abgesehen, da bei Anpassung auf der Antennenseite $G_h = 1/\overline{R_h} \approx S_g$ (Richtkennliniensteilheit) gesetzt werden kann. Führt man diesen Wert für G_h (äußerer, hochfrequenter Leitwert) in die Diodenformel

$$G_{D_z} = S_g - \frac{S_c{}^2}{S_g + G_h}$$

ein, so wächst G_{D_z} gegenüber dem Fall $G_h \to \infty$ um nur 20%.

Wir können also ohne großen Fehler $G_h \to \infty$ setzen und nur die Rückwirkung des ZF-Belastungswiderstandes auf den HF-Eingangswiderstand der Diode berücksichtigen; vgl. [6]. Der Faktor γ bezieht sich nur auf den Mischwirkungsgrad. Das geht aus Formel (2.11) hervor, denn in $x = R_k{}^*/R_i = R_k{}^* \cdot G_{D_z}$ tritt die Korrektur nicht auf, da ja, wie oben erwähnt, $G_{D_z} = S_g$ gesetzt wird. Der neue Wirkungsgrad ist $\eta' = \gamma \cdot \eta$ und die neue Empfindlichkeit:

$$N' = N/\gamma, \qquad (7.19)$$

wobei also γ durch

$$\gamma = \frac{1}{1 - \frac{x}{1+x}\left(\frac{S_c}{S_g}\right)^2} \qquad (7.20)$$

gegeben ist. Durch die Abhängigkeit des Faktors γ vom Stromflußwinkel — der Grad der Rückwirkung ist von Θ abhängig — ergeben sich mit kleiner werdendem Stromflußwinkel wachsende

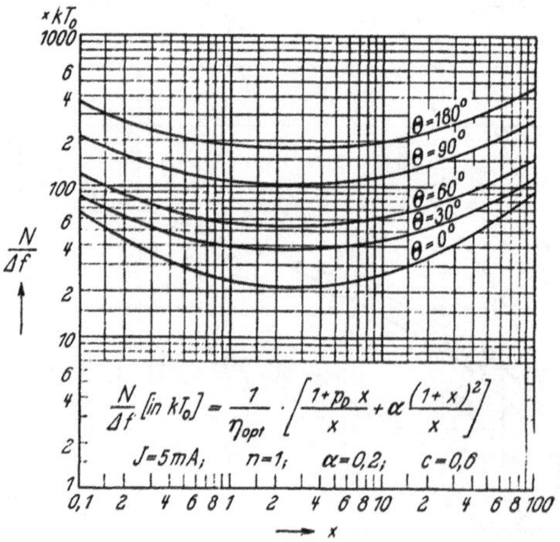

Abb. 12a. Verlauf der Empfindlichkeit in Abhängigkeit von ZF-Anpassungsverhältnis x und vom Stromflußwinkel Θ.

Werte von γ. Durch Einführung dieser Abhängigkeit in (4.11) entsteht eine andere Kurvenschar. Mit (4.4), (4.7) und (7.20) erhält man dann auch Formel (2.11), wenn man keine Mittelwerte einführt. Abb. 12a zeigt den Verlauf der Empfindlichkeit $N/\Delta f = f(x,\Theta)$ ohne Rückwirkung, Abb. 12b diese Funktion mit den gleichen Konstanten, aber mit Rückwirkung. Das Optimum verschiebt sich dabei zu höheren x-Werten. Geht man nun mit einem entsprechenden x-Wert (z. B. $x = 10$) in die Funktion $N = f(\Theta)$ (vgl. dazu Abb. 12b), so verschiebt sich das Minimum weiter nach kleineren Stromflußwinkeln. Mit einer Vergrößerung von x muß also gleichzeitig eine Verkleinerung von Θ verbunden werden, wenn man die Erhöhung des Mischungsgrades voll ausnutzen will. Arbeitet man bei einem bestimmten Stromflußwinkel (z. B. $\Theta = 50^0$), so hat eine Erhöhung von x über einen Maximalwert (hier 8) hinaus sogar eine Empfindlichkeits*abnahme* zur Folge. Ebenso hat, wenn der x-Wert festliegt (z. B. $x = 2$), eine beliebige Verkleinerung von Θ keinen Sinn (hier unter $\Theta = 40^0$). Es ist noch zu bedenken, daß durch die Änderung des Stromflußwinkels sich der Innenwiderstand R_i vergrößert ($\Theta \to 0^0$). Damit ändert sich auch das Verhältnis x. (Bei festgehaltenem ZF-Eingangswiderstand R_k^* wird x kleiner.) Es hat also keinen Erfolg, ohne *entsprechende* Vergrößerung von x weiter in den C-Betrieb zu gehen. Die Grenze liegt bei den möglichen Eingangswiderständen R_k^* und den technischen Stromflußwinkeln.

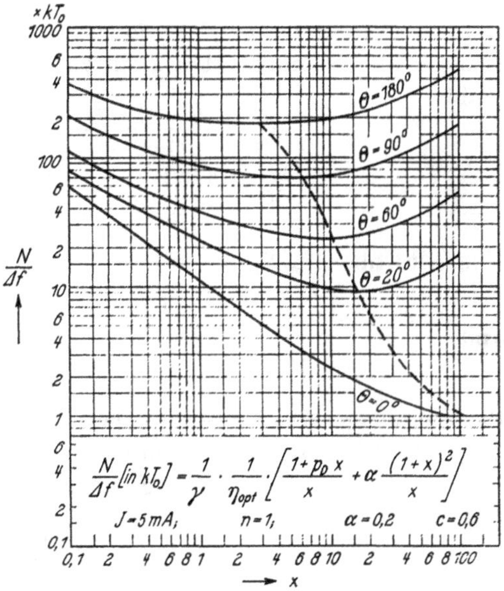

Abb. 12b.
Einfluß der Rückwirkung (γ) auf die Empfindlichkeit.

Es interessiert nun der *Grenzwert*, den die Empfindlichkeit erreicht, wenn die mit γ verbundene Verbesserung extrem weit getrieben wird, d. h. wenn $x \to \infty$ und $\Theta \to 0$ gehen.

Bei Ausführung von (7.19) erhalten wir mit (7.20) und (2.11 a)

$$\frac{1 - \frac{4\,x}{1+x}\,\eta_{opt}}{\frac{x}{\eta_{opt}\,(1+x)^2}} \cdot \left[\alpha + \frac{1+px}{(1+x)^2}\right] = N'$$

oder:

$$N' = \left[\frac{(1+x)^2}{x \cdot \eta_{opt}} - 4\,(1+x)\right]\left(\frac{px+1}{(1+x)^2} + \alpha\right).$$

Geht $x \to \infty$, so muß $R_k^* \to \infty$ gehen, mithin α extrem klein werden, da $R_{\ddot{a}}$ erhalten bleiben muß. Man kann also α aus der Betrachtung streichen. Es bleibt

$$N' = \frac{p + 1/x}{\eta_{\text{opt}}} - \frac{4\,p + 4/x}{1 + 1/x}$$

$$N' \to p\left(\frac{1}{\eta_{\text{opt}}} - 4\right) = 4\,p\left(\frac{S_g}{S_c} - 1\right) \text{ für } x \to \infty.$$

Nun wird aber $S_g/S_c = 1$, für $\Theta \to O$, mithin:

$$N' = O \text{ für } x \to \infty \text{ und } \Theta \to 0^0;$$

und

$$p = 4 \text{ für } \Theta \to 0^0.$$

Der Empfängeranteil am Rauschen wird unendlich klein, und es bleibt nur das Antennenrauschen, das durch $\bar{u}^2 = 4\,k\,T_0\,\Delta f\,R$ (bei Anpassung) gegeben ist und bisher unberücksichtigt blieb. Die Empfindlichkeit nähert sich also dem Wert

$$N = \bar{u}^2/(4\,R\,\Delta f) = 1 \cdot k\,T_0.$$

Der Erreichung dieses Zustandes stehen, wie schon bemerkt, auch bei großer Oszillatorleistung, also ausreichenden Diodenströmen, technische Schwierigkeiten entgegen, da bei Gleichtakt-Gegentakt-Anordnungen die Einhaltung der *Symmetrie* immer kritischer wird und in Eintaktanordnungen das Oszillatorrauschen bei Zunahme der Oszillatorspannung am Diodeninnenwiderstand schwieriger auszusieben ist. Außerdem steuert man mit $\Theta \to 0^0$ die Diode stärker im Gebiet erhöhten Rauschens aus.

§ 8. Der äquivalente Rauschwiderstand der Mischung

In vielen Fällen ist es äußerst vorteilhaft, mit dem „äquivalenten Rauschwiderstand der Mischung" zu rechnen, der hier vorgreifend benutzt wird, in Teil VI jedoch erst exakt eingeführt werden soll. Er läßt sich bei Dioden in Analogie zum Triodenfall definieren und ist durch

$$R_{\ddot{a}_m} = \frac{1}{S_c^2} \cdot p_{\max} \cdot S_{\max} \cdot \psi_{c+n-1}(\Theta)$$

gegeben. Vereinfacht:

$$R_{\ddot{a}_m} = p\,\frac{S_g}{S_c^2} \tag{8.21}$$

(vgl. dazu Abb. 13). Nach der Transformation (vgl. dazu Abb. 14) kann Formel (2.11) für die Empfindlichkeit auch wie folgt geschrieben werden:

$$\frac{N}{\Delta f} = \frac{\bar{u}^2}{\eta \cdot R_k^*} = 4\left(\frac{R_{\ddot{a}_m}}{R_k^*}\,x + \frac{R_{\ddot{a}}^*}{R_k^* \cdot \eta} + \frac{R_p^2}{R_k^* \cdot \eta}\right) k\,T_0, \tag{8.22}$$

wobei $\bar{u}^2$ = *Rauschspannungsquadrat der ZF*

$$\eta = \eta_{\text{opt}}\,4\,x/(1+x)^2; \quad R_p = \frac{R_k^* \cdot R_i}{R_k^* + R_i}.$$

Für (6.22) kann man schreiben:

$$\frac{N}{\Delta f} = 4\left(\frac{R_{\ddot{a}m}}{R_i} + \frac{\alpha}{\eta} + \frac{1}{(1+x)^2}\cdot\frac{1}{\eta}\right) k\,T_0. \qquad (8.23)$$

Für $x = 1$ (Leistungsanpassung) wird $\eta = \eta_{\text{opt}}$.

Mit

$$\alpha_m = R_{\ddot{a}_m}/R_i \qquad (8.24)$$

ist:

$$\frac{N}{\Delta f} = \left(\frac{1+4\alpha}{\eta_{\text{opt}}} + 4\alpha_m\right) k\,T_0. \qquad (8.25)$$

Ist $\alpha \ll 1$, so erhält man die Näherung:

$$\frac{N}{\Delta f} \approx \left(\frac{1}{\eta_{\text{opt}}} + 4\,\alpha_m\right) k\,T_0. \qquad (8.26)$$

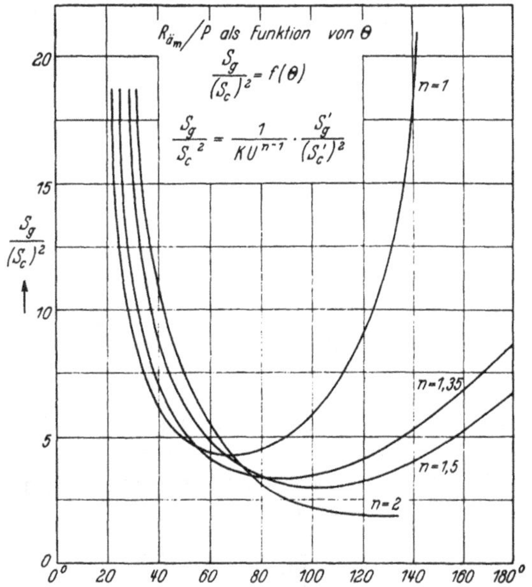

Abb. 13. $R_{\ddot{a}_m}/p$ als Funktion von Θ.

§ 9. Oberwellenmischung

Insbesondere im Zentimeterwellengebiet ist die Mischung mit Harmonischen der Grundwelle eines Überlagerers ohne Zwischenschaltung von Sieben von grundlegender Bedeutung, denn auf diese Weise erspart man sich beim Betrieb von Empfangsanlagen in diesem Frequenzgebiet den Aufbau spezieller Oszillatoren. Weiterhin kann man so eine erheblich größere Frequenzkonstanz erzielen, die für einen sauberen Mischbetrieb unerläßlich ist. Es ist also von besonderem Interesse, die Frage der Oberwellenmischung durch Verzerrung am Mischorgan allgemein zu klären, damit man sich von der zu erwartenden Einbuße an Empfindlichkeit vorher ein Bild machen kann. Wie bereits an anderer Stelle [2]; [6] begründet, tritt bei Mischung mit der $l$ten Oberwelle an die Stelle der Konversionssteilheit S_c die Steilheitsfunktion S_{c_l}, deren Verlauf für die 1. bis 5. Harmonische bereits berechnet ist (Anhang C). Dann gilt allgemein:

$$\left(\frac{1}{\eta_{\text{opt}}}\right)_l = \left(\frac{2\,S_g}{S_{c_l}}\right)^2 \qquad (9.26)$$

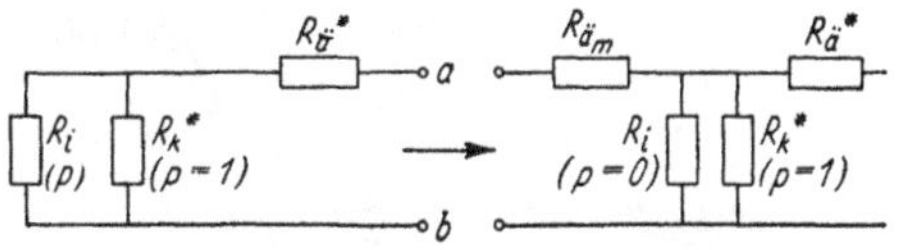

Abb. 14. Umwandlung des Rauschquellenersatzbildes des Diodensupers durch den äquivalenten Rauschwiderstand der Mischung.

Für die Berechnung der Empfindlichkeit der Diodenmischanordnung bei Oberwellenmischung gehen wir von der Formel:

$$\frac{N}{\Delta f} = \left(4\,\alpha_m + \frac{1+4\,\alpha}{(\eta_{\text{opt}})_l}\right) k\,T_0 \tag{9.27}$$

aus. Beachtet man, daß ist

$$\alpha_m = \frac{R_{äm}}{R_i} = \frac{\textit{äquivalenter Rauschwiderstand der Mischung}}{\textit{Diodeninnenwiderstand}}$$

$$\alpha = \frac{R_ä}{R_k^*} = \frac{\textit{transform. äquival. Rauschwiderst. d. ersten ZF-Röhre}}{\textit{transformierter Kreiswiderstand}}$$

$$\eta_{\text{opt}} = \left(\frac{S_{c_l}}{2\,S_g}\right)^2 \text{ und } \alpha_{m_l} = p\left(\frac{S_g}{S_{c_l}}\right)^2,$$

so wird aus (9.27):

$$\frac{N}{\Delta f}\,[\text{in } k\,T_0] = 4\left(\frac{S_g}{S_{c_l}}\right)^2\left[\frac{1}{x} + (1+x)^2\cdot\alpha + p\right]$$

bzw. für $x = 1$ (Leistungsanpassung)

$$\frac{N}{\Delta f}\,[\text{in } k\,T_0] = 4\,(1+4\,\alpha+p)\left(\frac{S_g}{S_{c_l}}\right)^2. \tag{9.28}$$

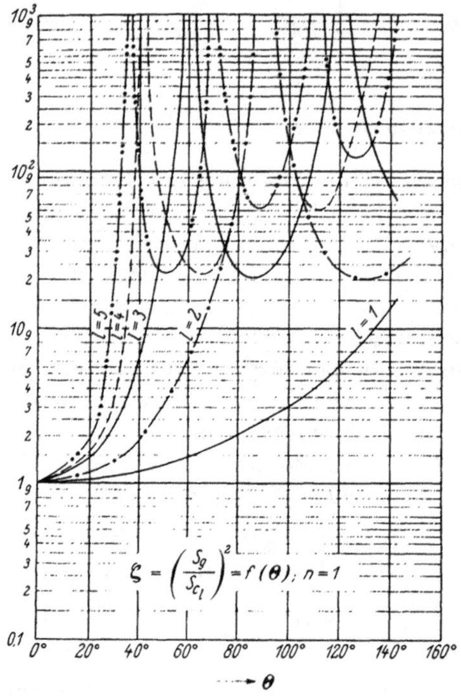

Abb. 15. Empfindlichkeitsfunktion bei Oberwellenmischung; $n = 1$.

Für $x =$ const; $\alpha =$ const und $p =$ const wird also der Verlauf der Funktion wesentlich durch

$$\zeta_l(\Theta) = \left(\frac{S_g}{S_{c_l}}\right)^2 \tag{9.29}$$

bestimmt, welche in Abb. 15 und 16 für $n = 1$ und $n = 1{,}5$ sowie für alle Oberwellen bis zu 5. aufgetragen ist. Die Stellen größter *Empfangsgüte* sind die *Minimumstellen* dieser Funktion. Die *Empfindlichkeit* ist also in *starkem Maße stromflußwinkelabhängig.*

Das Anwachsen der Funktionswerte im Gebiet extrem kleiner Stromflußwinkel, das man meßtechnisch findet, erhält man bei Berücksichtigung der Rauschvermehrung. Denn unterhalb einer bestimmten Stromgrenze geht das Signal im Schrotrauschen der Diode unter bzw. bei höherem Strom reicht die Momentanaussteuerung in das Gebiet erhöhten Rauschens. Das läßt sich auf folgende Weise angenähert erfassen: Die integrale Darstellung des Rauschfaktors

$$p' = p_0 \frac{1}{\pi} \int_0^{\Theta} (U + U_{\sim} \cos \omega t)^c \, d\omega t$$

ergibt die Form:

$$p' = p_{\max} \cdot \psi_c(\Theta),$$

wobei:

$$p_{\max} = p_0 \cdot U_{\sim}^c (1 - \cos \Theta)^c;$$

c ist für Dioden etwa 0,6; $p_0 = 4$.
Bei großen Stromflußwinkeln ist der Unterschied zwischen $p_{\max}$ und p zahlenmäßig gering. Im Gebiet kleiner Stromflußwinkel dagegen kann man durch Einsetzen von $p_{\max}$ anstatt p' den Übergang in das Gebiet des Anlaufstromes (Schrotrauschen) berücksichtigen. Durch Einführen der Stromgleichung in p' wird:

$$p' = p_0 (J_{gl}/K)^{c/n} \cdot [\psi_c(\Theta)]^{-c/n} \cdot \psi_c(\Theta).$$

Wir benutzen also die Form:

$$p_{\max}(\Theta) = p_0 (J_{gl}/K)^{c/n} \cdot [\psi_n(\Theta)]^{-c/n}$$

die den geforderten Anstieg im Gebiet kleiner Stromflußwinkel ergibt, da die normale Kennlinienfunktion $\psi_c(\Theta)$ durch den Schrotstromanteil überdeckt ist. Man muß dann also p als $f(\Theta)$ einführen und erhält:

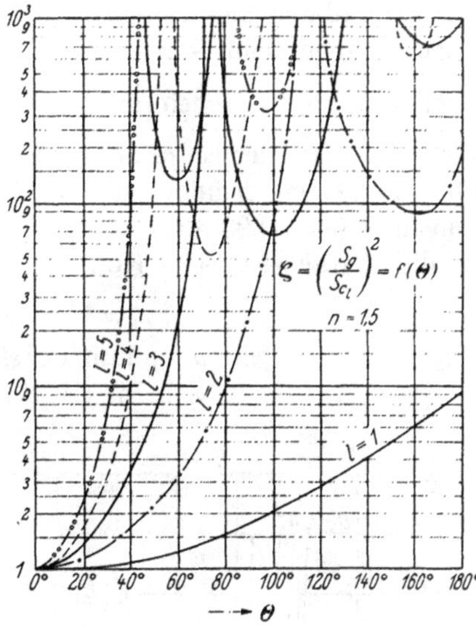

Abb. 16. Empfindlichkeitsfunktion bei Oberwellenmischung; $n = 1{,}5$.

$$N/\Delta f = 4[1 + 4\alpha + p(\Theta)] \cdot \zeta_l(\Theta) \cdot k T_0$$
$$= A[B + p(\Theta)] \cdot \zeta_l(\Theta) \, k T_0$$

eine für mittlere Werte der Größen A und B in Abb. 30, 31 und 32 aufgetragene Funktion (gestrichelt).

Zusammenfassend kann man sagen, daß der Zusammenhang: *Empfindlichkeit — Oberwellenmischung* durch die Funktion

$$4[1 + 4\alpha + p(\Theta)] \cdot \zeta_l(\Theta) \text{ in } k T_0$$

im Bereich der normalen Stromflußwinkel gut wiedergegeben wird.

Die *Faustformel* für Verzerrung am Mischorgan:

Empfindlichkeitswerte verhalten sich wie die Zahl der Harmonischen:

Grundwelle	$(1n)\ kT_0$
zweite Harmonische	$(2n)\ kT_0$
dritte Harmonische	$(3n)\ kT_0$
$l$te Harmonische	$(ln)\ kT_0$

bestätigt sich demnach für mittlere Oszillatorspannungen von 1 bis 5 V. Man kann jedoch bei Übergang zu höheren Oszillatorspannungen bei Oberwellen im extremen C-Betrieb (Θ klein) wesentlich bessere Werte erhalten; vgl. dazu Abb. 16c.

§ 10. Laufzeiteinfluß

Der Einfluß der Elektronenträgheit auf die Empfindlichkeit ist mannigfaltiger Natur. Abgesehen von einer Erhöhung des Rauschfaktors p werden die Größen S_g und S_c beeinflußt. Die Funktion $\zeta_l = \left(\frac{S_g}{S_{cl}}\right)^2$, welche nach (8.24) für den Verlauf der Empfindlichkeit mit Θ maßgebend ist, findet sich in Abb. 17 für eine Dezimeterdiode, von welcher der Abstand Anode—Kathode bekannt sein muß ($d = 0{,}03$ mm). Die angenommene Frequenz ist $\lambda = 20$ cm. Dann ist die charakteristische Kontsante (vgl. dazu [22]):

$$x^* = 20{,}4 \cdot (d/\lambda)^2\, 1/U_\sim;$$

d in mm (*Abstand Kathode—Anode*),

λ in m (*Wellenlänge*).

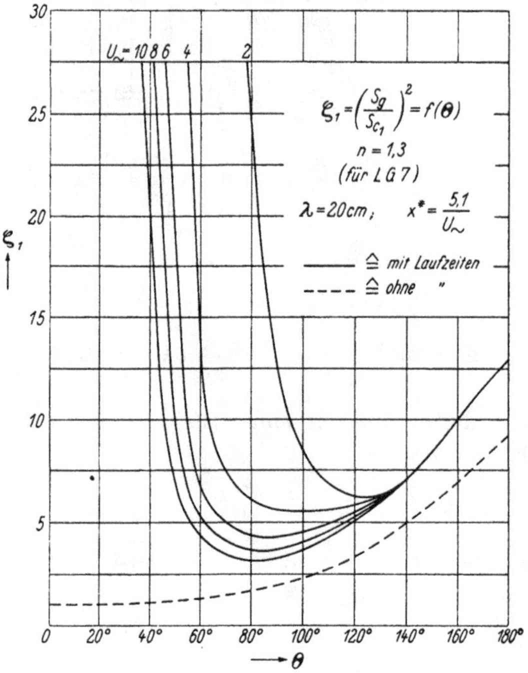

Abb. 17. Empfindlichkeitsfunktion ζ bei Einfluß von Laufzeiten.

Mit den gegebenen Werten ist $x^* = 5{,}1/U_\sim$.

Die laufzeitfreie Funktion ζ_l ist ebenfalls eingetragen. Bemerkenswert ist der Einfluß der Wechselspannungsamplitude.

Es ist noch zu bemerken, daß die in der Formel (4.11) bestehende x-Abhängigkeit in (8.24) durch Annahme der Leistungsanpassung ($x = 1$) ausgeschaltet wurde. Ferner ist der Laufzeiteinfluß nicht so groß, wie es nach Abb. 17 scheint. Das Verfahren gestattet, wie in [9] erwähnt, nur qualitative Aussagen.

Das Ergebnis muß also dahingehend zusammengefaßt werben, daß die Empfindlichkeit die Laufzeiteinfluß stärker stromflußwinkelabhängig wird, und daß bei größerer Wechselspannungsamplitude ($U_{\sim} > 2$ Volt) zwischen $\Theta = 70^0$ bis 110^0 das Optimum liegt.

§ 11. Berechnungsanweisung, Beispiele

Formel (4.11) gestattet es, mit Hilfe von Abb. 8, 9 und 6 und den Hilfskurven 18 ··22 die Empfindlichkeit eines gegebenen Diodensupers zu berechnen. Nach (4.11 a) ist die Empfindlichkeit gegeben, wenn man die Faktoren der Gleichung

$$\frac{N}{\Delta f} = \frac{1}{\eta_{opt}} (F_1 + F_2)\, k\, T_0 \qquad (4.11)$$

bestimmt hat. $1/\eta_{opt}$ erhält man aus Abb. 6. Um F_1 und F_2 (Diodenanteil und ZF-Verstärkeranteil) zu bestimmen, muß man p, x und α kennen; p entnimmt man Abb. 10 bzw. bei vorgegebenem konstantem Diodenstrom Abb. 11. Um $x = R_k^*/R_i = R_k^* \cdot S_g$ zu ermitteln, muß man, wenn R_k^* gegeben ist, S_g aus Abb. 18 entnehmen. Die entnommenen Werte sind „reduziert", d. h. sie sind noch mit dem jeweiligen Faktor

$$K \cdot U_{\sim}^{n-1}$$

zu multiplizieren. Ist umgekehrt x gegeben, so folgt aus Abb. 18, welcher Wert R_k^* zu dem jeweiligen Betriebspunkt (Θ!) eingestellt werden muß. Abb. 19 erläutert die Berechnung des Faktors $K U_{\sim}^{n-1}$. Das Nomogramm Abb. 20 gestattet, sich zu jedem Stromflußwinkel die entsprechenden Spannungen zu suchen. Abb. 21 zeigt für konstant gehaltene Diodenströme den *minimalen* Stromflußwinkel, in Abhängigkeit von der Wechselspannungsamplitude. Abb. 22 stellt die Abhängigkeit für veränderten Kennlinienexponenten n dar ($J_{gl} = 1$ mA.) Danach wirkt sich die Größe des Kennlinienexponenten nicht stark auf den kleinsterreichbaren Stromflußwinkel bei konstantem Strom aus. Die gewonnenen Größen α, x, p werden dann bei der Ablesung von F_1 und F_2 aus Abb. 8 und 9 benutzt und ergeben nach Formel (4.11) die Gesamtempfindlichkeit des Diodensupers.

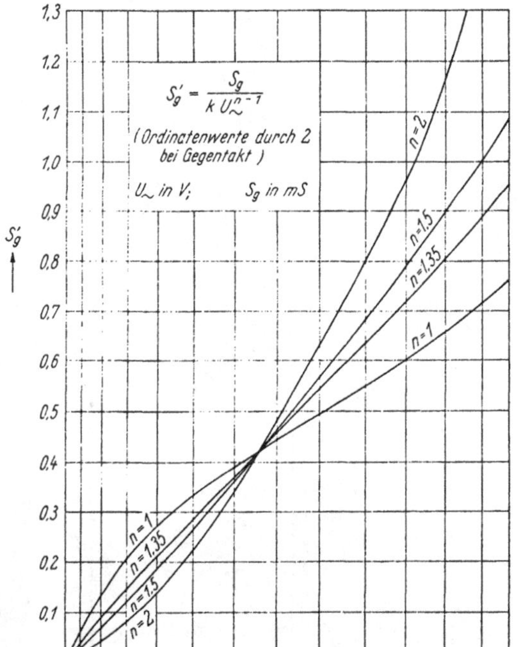

Abb. 18. Reduzierte Richtkennlinienstcilheit.

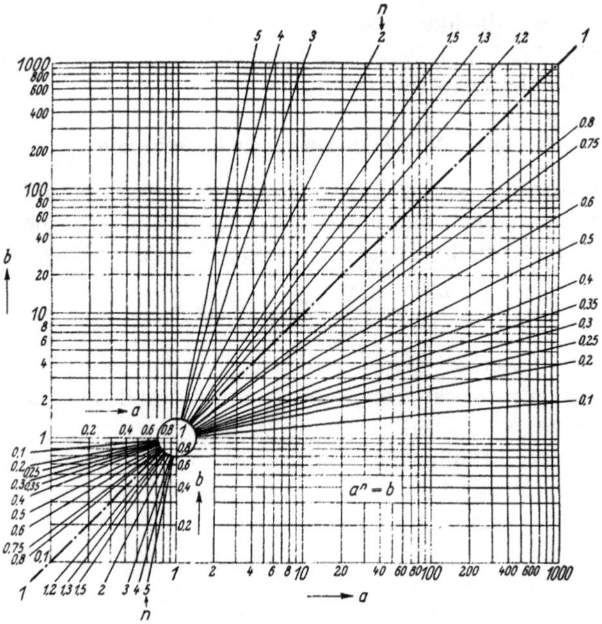

Abb. 19. Funktion $a^n = b$ für gebrochene Exponenten.

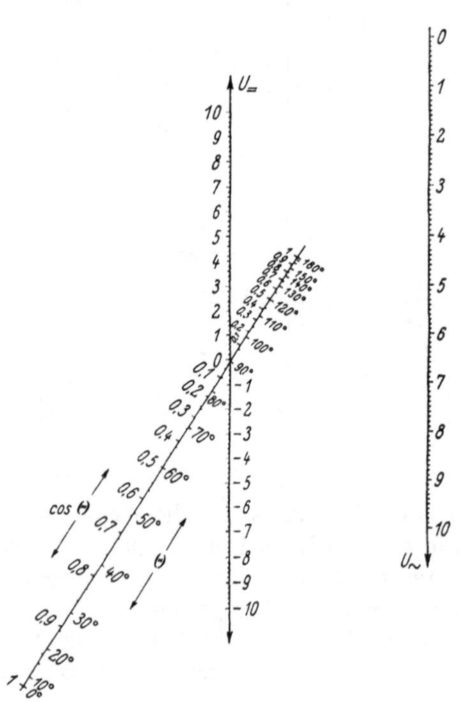

Abb. 20. Nomogramm für $\cos \Theta = -U_= / U_\sim$.

Berechnung von R_p*, (bzw. R_k*, wenn $R_g \to \infty$)

Bei Benutzung eines einfachen Rasttransformators nach Abb. 23 ist es wichtig, aus den gegebenen Daten bzw. den berechenbaren Induktivitäten den übertragenen Widerstand R_p* zu ermitteln. Zur Berechnung betrachtet man eine Hälfte des Gegentaktkreises (vgl. dazu Abb. 24). Ist dieser Autotransformator einseitig abgestimmt und die Dämpfung klein ($R_p \gg x$; $x =$ *Blindwiderstand von C*), so kann Abb. 24 in Abb. 25 übergeführt werden, wobei bekanntlich

$$R_2 = x^2 / R_p. \qquad (11.30)$$

Ferner gelten die Gleichungen:

$$x = -j\omega (L_1 + L_2 + 2M) \qquad \ldots (11.31)$$

wobei $M = k \sqrt{L_1 L_2}$, $k =$ *Kopplungskoeffizient* und

$$R_2 = \omega^2 (L_1 + L_2 + 2\,M)^2 / R_p \tag{11.32}$$

Aus Abb. 25 liest man ab:

$$U_1 = j\omega L_1 (J_1 - J_2) - j\omega M J_2;$$
$$0 = -(R_2 + x + j\omega L_2) J_2 + j\omega M (J_1 - J_2) + U_1$$

und

$$U_1 = j\omega L J_1 - j\omega (L_1 + M) J_2; \quad \ldots (11.33)$$

$$0 = j\omega (L_1 + M) J_1 - (R_2 + x + j\omega L_2 + j\omega L_1 + 2j\omega M) J_2. \quad \ldots (11.34)$$

Im abgestimmten Zustand ist (11.31) erfüllt, mithin:

$$U_1 = j\omega L_1 J_1 - j\omega (L_1 + M) J_2; \quad \ldots (11.33)$$

$$0 = j\omega (M + L_1) J_1 - J_2 R_2. \quad \ldots (11.34)$$

Daraus folgt:

$$\frac{U_1}{J_1} = R_p^* = \frac{\omega^2 (L_1 + M)^2}{R_2} + j\omega L_1.$$

Mit (11.32):

$$R_p^* = \frac{(L_1 + M)^2 R_p}{(L_1 + L_2 + 2\,M)^2} + j\omega L_1.$$

Bezeichnet man die Gesamtinduktivität mit L', so wird:

$$R_p^* = \left(\frac{L_1 + M}{L'}\right)^2 \cdot R_p + j\omega L_1; \quad \ldots (11.35)$$

also: der auf die Diodenseite übertragende Widerstand enthält auch eine Blindkomponente, die man aber wegstimmen kann; (11.31) gilt nur angenähert. Um R_p rein ohmisch zu halten, muß also der Kreis gegen Bedingung (11.31) etwas verstimmt werden.

Dann gilt schließlich:

$$R_p^* = \left(\frac{L_1 + M}{L'}\right)^2 \cdot R_p. \tag{11.36}$$

Die nach (11.36) errechneten Werte liegen *zwischen* den Werten für die

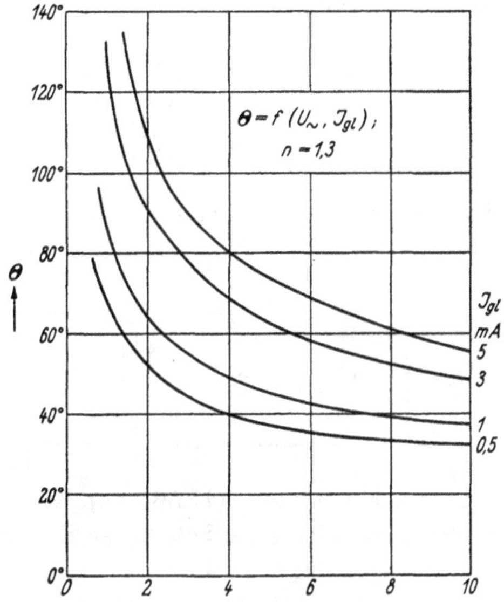

Abb. 21. Stromflußwinkel als Funktion der Wechselspannungsamplitude für konstanten Diodengleichstrom.

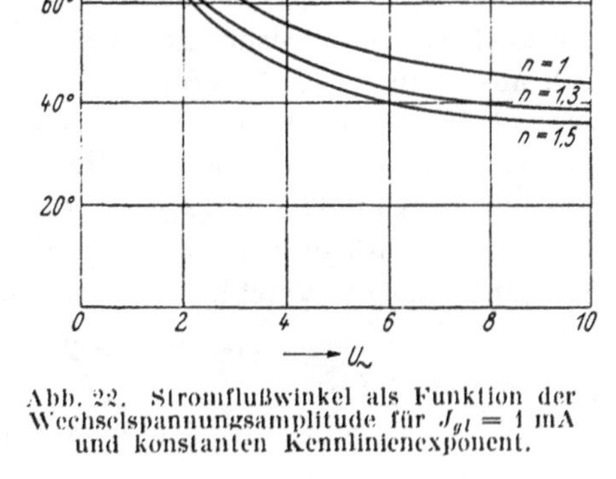

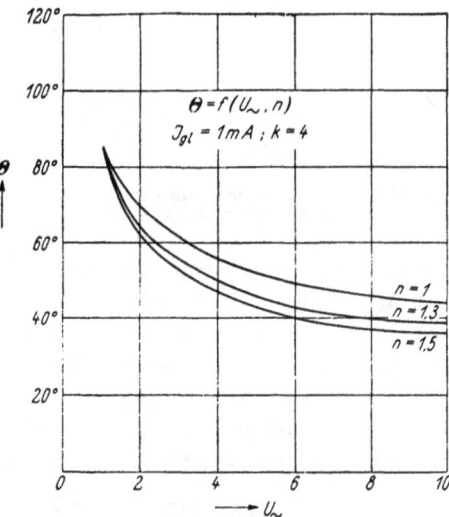

Abb. 22. Stromflußwinkel als Funktion der Wechselspannungsamplitude für J_{gl} = 1 mA und konstanten Kennlinienexponent.

beiden Extremfälle $k = 0$ und $k = 1$. Im *ersten* Fall ist *reine Streuung* angenommen, und man erhält aus (11.36):

$$R_p{}^* = \left(\frac{L_1}{L'}\right)^2 \cdot R_p; \qquad (11.37)$$

im *zweiten* Falle:

$$R_p{}^* = \left(\frac{L_1 + \sqrt{L_1 L_2}}{L_1 + L_2 + 2\sqrt{L_1 L_2}}\right)^2 R_p$$

$$R_p{}^* = R_p \frac{L_1 (L_1 + 2\sqrt{L_1 L_2} + L_2)}{(L_1 + L_2 + 2\sqrt{L_1 L_2})^2} = \frac{L_1}{L'} R_p, \qquad (11.38)$$

das *normale Übersetzungsverhältnis* für den unabgestimmten, streuungslosen Transformator mit dem Kopplungsfaktor $k = 1$.

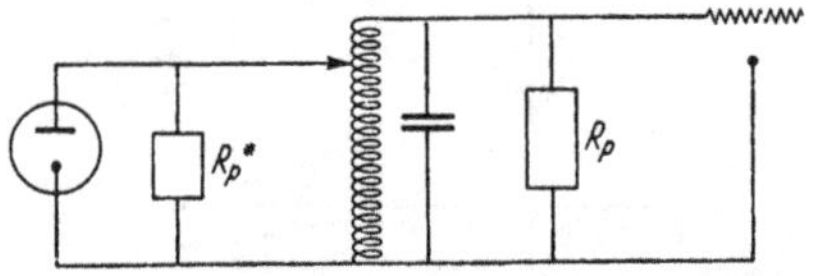

Abb. 23. Übergang Diode → ZF-Verstärker; $R_p = \dfrac{R_{\text{res}} \cdot R_g}{R_{\text{res}} + R_g}$; $ü = \sqrt{R_p{}^*/R_p}$

Man berechnet nach (11.36) den Widerstand bei den verschiedenen Rasten unter Zugrundelegung bekannter Formeln für Induktivität ($L = n^2 \cdot D \cdot Q$ in cm; $Q = f\,(l/D)$; n = *Windungszahl*; l = *Länge*, D = *Spulendurchmesser*) und Gegeninduktivität ($M = \gamma \sqrt{D} \cdot d \cdot n_1 \cdot n_2$ in cm; $\gamma = f\,(r\sqrt{Dd})$; d ist Draht-Durchmesser, n_1 und n_2 sind die Windungszahlen, r = *Abstände der koaxialen, parallelen Ersatzkreisringe*).

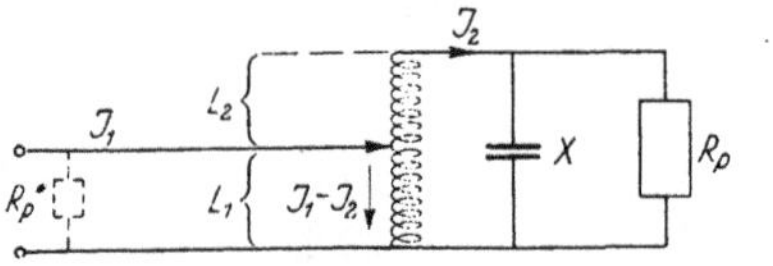

Abb. 24. Zur Berechnung des ZF-Autotransformators.

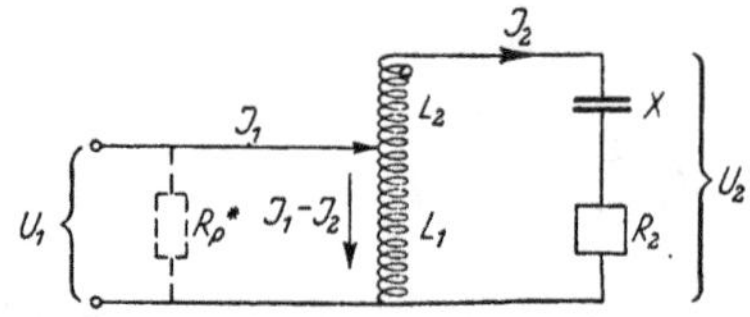

Abb. 25. Zur Berechnung des ZF-Autotransformators.

Die nach (11.36) errechneten Werte liegen in der Größenordnung nahe den sich aus Formel (11.38) ergebenden Werten für $k = 1$. Eine Kontrolle der berechneten Widerstände kann leicht durch eine Rauschmessung gemacht werden. Man schließt eine gesättigte Diode an jede Seite des ZF-Eingangs an (vgl. dazu Abb. 26 und [2]). Die Rauschspannung am Verstärkerausgang wird durch Zufügen von gesättigtem Diodenstrom auf den $\sqrt{2}$fachen Wert gebracht (linearer Verstärker angenommen). Man erhält:

$$\overline{i^2} \cdot R_p{}^* = 2\,e\,J_s \cdot \Delta f \cdot R_p{}^*.$$

Andererseits ist

$$\overline{u^2} = 4\,T_0 k \Delta f\,(R_p{}^* + R_{ä}{}^*)$$

oder

$$\overline{u^2}/R_p{}^* = 4\,k\,T_0 \Delta f\,(1 + \alpha),$$

wobei $\alpha = R_ä{}^*/R_p{}^* \ll 1$. Daher:

$$R_p{}^* = \frac{4\,k\,T_0 \Delta f\,(1+\alpha)}{2\,e\,J_s \Delta f} = \frac{1+\alpha}{20\,J_{s[\mathrm{A}]}}\ \text{in}\ \Omega.$$

Der hier auftretende Zahlenwert $\frac{4\,kT_0}{2\,e_0} = \frac{1}{20}$, der im folgenden häufig vorkommt, hat die Dimension Volt^{-1}. Es fehlt nun noch die Messung von α, die sehr einfach ist: Bei gitterseitigem Kurzschluß an der Eingangspenthode (Gegentakt) mißt der Verstärker die Spannung:

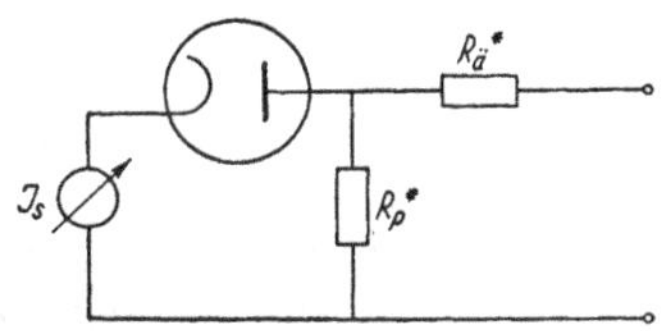

Abb. 26. Widerstandsmessung mittels Rauschdiode.

$$\overline{u_1^2} = 4\,k\,T_0 \Delta f\,R_ä.$$

Bei Parallelschaltung eines Widerstandes R_a, für den die Bedingung $R_a \ll R_{\mathrm{Kreis}}$ erfüllt ist, ergibt sich:

$$\overline{u_2^2} = 4\,k\,T_0 \Delta f\,(R_ä + R_a).$$

Damit ist:

$$\alpha = \frac{R_ä}{R_a} = \frac{\overline{u_1^2}}{\overline{u_2^2} - \overline{u_1^2}}$$

berechenbar.

Beispiel. Gegeben eine Mischdiode mit der Kennlinie

$$J = 4 \cdot U^{1,25}.$$

Aufgabe: Es soll eine Mischstufe gebaut werden, die bei einer Oszillatorleistung von ≈ 2 W bei $\lambda = 50$ cm eine ausreichende Empfindlichkeit besitzt, wenn die ZF-Bandbreite $\Delta f = 4$ MHz beträgt und die Zwischenfrequenz bei $f = 23$ MHz liegt. Die erste ZF-Verstärkerröhre sei eine LV1; $R_g = 9\,\mathrm{k}\Omega$ für $\lambda = 13$ m; $R_ä = 800\,\Omega$.

Frage 1: *Bemessung*?

Lösung: Aus der Kreisdämpfungsformel

$$d = \frac{1}{R\omega C}$$

folgt für den ZF-Resonanzwiderstand:

$$R_{\mathrm{res}} = \frac{1}{\omega C} \cdot \frac{1}{d} = \frac{530 \cdot \lambda_{[\mathrm{m}]}}{C_{[\mathrm{pF}]}} \cdot \frac{1}{d}$$

und mit $d = \frac{\Delta f}{f} = \frac{4}{23} = 0{,}17$

$$R_{\mathrm{res}} = 6 \cdot \frac{530 \cdot 13}{20}\,\mathrm{k}\Omega = 2{,}05\,\mathrm{k}\Omega \approx 2\,\mathrm{k}\Omega;$$

$C = 20$ pF möge die Kreiskapazität sein.

Bei 2 W Oszillatorleistung liegt die an 70 Ω erzielbare Spannung bei $U_{\sim} = 12$ V: Man rechnet überschlagsweise mit 70 Ω, da die Zuleitungskabel im allgemeinen diesen Wellenwiderstand besitzen. Nach Abb. 22 ist daher bei Annahme von 2 mA als Diodenstrom $\Theta = 50^0$ der kleinstmögliche Stromflußwinkel. Die zu einer gegebenen Wechselspannungsamplitude $U_{\sim}$ und einem gegebenen Stromflußwinkel Θ zugehörige *Gleichvorspannung* liest man leicht aus dem Nomogramm Abb. 20 ab. In diesem Falle also $U_{=} \approx -7$ V;

$\alpha = R_{ä}/R_p$ des ZF-Verstärkers beträgt:

$$\alpha = 800/1600 = 0{,}5,$$

wobei

$$R_p = \frac{R_{res} \cdot R_g}{R_{res} + R_g} = 1{,}6\ \mathrm{k\Omega}$$

mit $R_g = 9\ \mathrm{k\Omega}$ und $R_{res} = 2\ \mathrm{k\Omega}$.

Abb. 7 liefert den zu diesem α-Wert gehörigen Wert x_{opt} von 1,7. Beachtet man die Rückwirkung, so muß der Wert nach Abb. 12b für $\Theta = 50^0$ höher liegen. Entsprechend dem höheren α-Wert, nämlich 0,5 gegen 0,2, verschieben sich die Minima der Abb. 12 zu niedrigeren Werten x_{opt}. Abb. 7; man erhält etwa $x_{opt} = 6$. Die Transformation von $R_p = \frac{R_g \cdot R_{res}}{R_g + R_{res}}$ auf die Diodenseite muß also so vorgenommen werden, daß

$$R_g = 1{,}6\ \mathrm{k\Omega}$$

auf den Wert $6 \cdot R_i$ gebracht wird; R_i = ZF-Innenwiderstand der Diode. Abb. 18 und 19 liefern ein R_i von ca. 400 Ω (Eintakt), wenn $\Theta \approx 65^0$ angenommen wird. Also ist der auf die Diodenseite zu transformierende Widerstand $R_p' = 6 \cdot 400 = 2400\ \Omega$ (Abb. 23) und das Übersetzungsverhältnis

$$ü = \sqrt{R_p^*/R_p} = 24/16 = 1{,}22.$$

Aus Abb. 6 liest man zu $\Theta = 65^0$ den Wert

$$1/\eta_{opt} = 6$$

ab und aus Abb. 10 den Wert $p = 0{,}7 \cdot 12^{0,6} + 4 = 0{,}7 \cdot 4{,}4 + 4 = 7{,}1$. Mithin aus Abb. 8 und 9 zu $x = 6$

$$F_1 \approx 7; \quad F_2 \approx 4.$$

Die Empfindlichkeit beträgt danach:

$$N/\Delta f \approx 6\,(7 + 4)\,k \cdot T_0 = 66\,kT_0.$$

Bei Berücksichtigung der Rückwirkung wird der Wert kleiner, wie aus Abb. 12 zu entnehmen, da ja der x_{opt}-Wert von 6 für den Rückwirkungsfall eingesetzt wurde. Der Rückwirkungsfaktor spielt bei diesem Stromflußwinkel ($\Theta > 50^0$) jedoch noch keine große Rolle. Würde man die Rückwirkung stärker ausnutzen (Θ kleiner, kleinerer Diodenstrom), so läge die Grenze bei Diodenströmen von 0,5 mA. Man erhielte dann z. B. für $x = 10$ und $\Theta = 20^0$ Rückwirkungsfaktoren γ von 6 und mehr, womit Empfindlichkeiten *unter* $10\,kT_0$ erreichbar wären. Wo die Grenze liegt, hängt von den kleinstzulässigen Diodenströmen und dem Verhalten des Oszillators ab. Die individuellen Rauscheigenschaften der Dioden spielen in diesem Gebiet schon eine erhebliche Rolle.

Frage 2: *Wie stark nimmt die Empfindlichkeit cet. par. bei Verdopplung der ZF-Bandbreite ab?*

Lösung: Wenn $\Delta f = 8$ MHz ist, liegt R_{res} bei 1 kΩ, bei Annahme gleicher Kreiskapazität. Mithin ist $R_p = 0{,}9$ kΩ und $\alpha = 800/900 = 0{,}89$.
Damit wird

$$N/\Delta f \approx 6 \cdot (7 + 7)\, kT_0 = 84\, kT_0;$$

vgl. dazu Abb. 8; 9; 10.

Frage 3: *Wo liegt der günstigste Betriebspunkt der gleichen Anordnung ($\Delta f = 4$ MHz) bei Mischung mit der 3. Oberwelle, und wie groß ist dann die Empfindlichkeit?*

Lösung: Formel (9.28) lautet für $\alpha = 0{,}5$:

$$N/\Delta f = 4 \cdot (3 + p)\, (S_g/S_{c_l})^2\, kT_0.$$

Der in Abb. 15 auftretende Minimalwert im extremen C Betrieb ($n \approx 1$) ist aus bekannten Gründen nicht erreichbar. Ein erreichbares Minimum liegt jedoch beim Stromflußwinkel $\Theta = 90^0$. Dann ist

$$N/\Delta f = 4\, (3 + 10{,}6) \cdot 20\, kT_0;$$
$$N/\Delta f \approx 1000\, kT_0.$$

Sind nach Abb. 17 Stromflußwinkel unter 50^0 erreichbar, z. B. dadurch, daß man die Oszillatorspannung vergrößert oder versuchsweise mit kleineren Diodenströmen arbeitet, so kann die Empfindlichkeit noch gesteigert werden. Ein Stromflußwinkel von $\Theta = 40^0$ ließe sich auch mit der Amplitude $U_\sim = 12$ V einstellen, wenn man (nach Abb. 21) knapp unter $J_{gl} = 0{,}5$ mA gehen kann. Man erhält:

$$N/\Delta f \approx 4 \cdot (3 + 5{,}1)\, 6 \approx 190\, kT_0.$$

Frage 4: *Wo liegt der günstigste Betriebspunkt für die 4. Oberwelle und wie ist dabei die Empfindlichkeit?*
Hier ist der kleinsterreichbare Stromflußwinkel (40^0) schon *nicht mehr optimal!* (Abb. 15). Beim Stromflußwinkel $\Theta = 65^0$ liegt die Empfindlichkeit um den Faktor 10 günstiger als bei $\Theta = 40^0$ (etwa $1600\, kT_0$).
Bei $\Theta = 110^0$ liegt ein weiteres Minimum bzw. eine um den Faktor 5 bessere Empfindlichkeit als bei $\Theta = 40^0$.

Frage 5: *Wie ändert sich bei Übergang zu höheren Frequenzen ($\lambda = 20$ cm) der optimale Betriebspunkt?*

Lösung: Wir entnehmen Abb. 17, daß bei einer Wechselspannungsamplitude $U_\sim = 12$ V der Stromflußwinkel nicht kleiner als ca. 70^0 eingestellt werden soll.

§ 12. Meßergebnisse

Es soll nun das Ergebnis von Empfindlichkeitsmessungen bei einer Frequenz von 550 MHz ($\lambda = 55$ cm) mitgeteilt und mit den ohne Berücksichtigung der Rückwirkung *berechneten* Werten verglichen werden. Mischdiode war eine Großflächen-Empfangsdiode: LG 7. Als Mischkreis diente ein Rechtflachhohlraum, bei welchem die Schleife zur Antennenkopplung in ihrer Länge veränderlich ist (lose oder feste Kopplung, Abb. 27) und außerdem durch eine Zusatzkapazität C die Schleifeninduktivität abgestimmt werden konnte. Besondere Beachtung muß man, insbesondere im C-Betrieb, der Sauberkeit der Oszillatorspannung zuwenden. Bei Einstellung maximaler Spannung mit Hilfe eines Anpassungsgliedes können sich schon bei Änderung der Diodenströme Rückwirkungen auf den Oszillator bemerkbar machen.

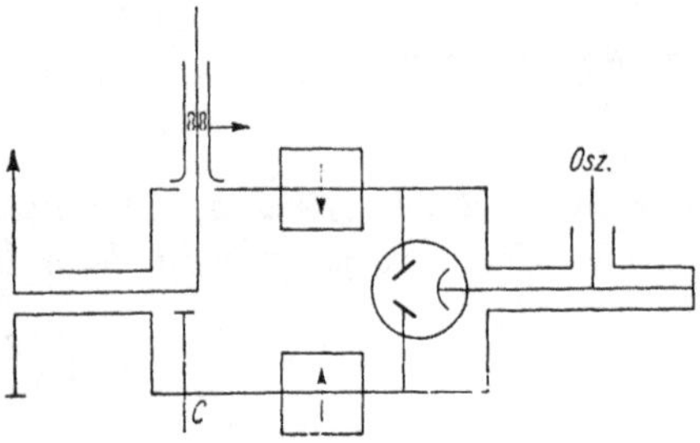

Abb. 27. Prinzipschaltung eines Hohlraumgegentaktmischkreises.

Der bei den Messungen benutzte Meßsender wurde kurz vor Beginn der Empfindlichkeitsmessungen nochmals nachgeeicht (bolometrische Eichung; vgl. [23]). Die Eichung stimmte mit der vorhergehenden überein. Die Empfindlichkeit ist wieder für diejenige Signalleistung definiert, die einem Verhältnis *Signal* : *Rauschen* gleich 1 entspricht. An Hand der Eichkurve des Meßsenders wurde die Linearität des ZF-Verstärkers in dem bei der Messung benutzten Bereich festgestellt.

Die Bandbreitenbestimmung erfolgte so, daß die mittels eines ZF-Meßsenders eingestellten Ausschläge quadratisch gegen die Meßfrequenz aufgetragen wurden. Die Kurve wurde in ein flächengleiches Rechteck von der Höhe der maximalen Amplitude verwandelt. Seine Breite ist, in Hz abgelesen, die Bandbreite, wenn das Signal in der Mitte der Resonanzkurve liegt, eine Bedingung, die als erfüllt angesehen werden darf, wenn die Meßsenderfrequenz bei der Empfindlichkeitsmessung nachgestellt wird. Die *Bandbreitenmessung erfolgte im Betriebszustand*, und zwar so, daß die vom Meßsender kommende Spannung über einen Symmetriertransformator und kleine Kapazitäten an den ZF-Gegentaktkreis gegeben wurde. Da es nahe liegt, daß sich die Bandbreite bei den verschiedenen Rasten der ZF-Ankopplung (Abb. 28) ändert, wurde die Messung jeweils für verschiedene, über die ganze Rastung verteilte Rastpunkte gemacht. Dabei ergab sich nur eine geringfügige Änderung von z. B. 80 → 95 kHz. Die Bandbreite lag im allgemeinen bei 100 kHz. Ihre Änderung wurde in die Rechnung einbezogen. Der Eingang des ZF-Verstärkers, gebildet aus dem Gitterkreis einer LV4-Gegentaktpenthode, enthält eine rastbare Spule (Abb. 28). Die verschiedenen Rasten konnten mittels eines Schalters von außen eingestellt werden. Dadurch kann der Innenwiderstand der Mischdiode beliebig in den Gitterkreis transformiert werden, oder umgekehrt, die Kreiswiderstände auf die Diodenseite. Der möglichst hochohmig gebaute Kreis ist, wie durch eine Dämpfungsmessung verifiziert wurde, praktisch nur durch den Gitterableitwiderstand von je 100 kΩ bedämpft; die Kreiskapazitäten betragen einige pF. Der Eingangswiderstand der Eingangspenthode liegt bei der Meßfrequenz von 2 MHz bei 10^{-7} Ω. Parallel zur Diodenstrecke befindet sich noch ein ebenfalls hochohmig aufgebauter Kreis, der zur Fortstimmung der Diodenkapazitäten dient. Die Diode soll auf einen ohmischen Widerstand arbeiten, dessen Größe lediglich durch das Transformationsverhältnis der Gitterwiderstände auf die Primärseite bestimmt ist.

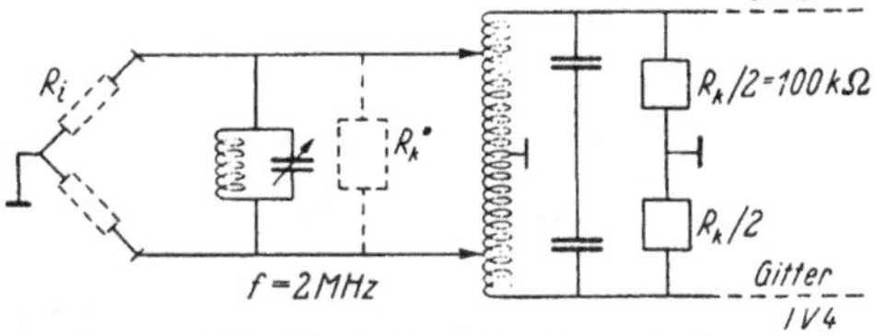

Abb. 28. Aufbau des Gegentakt-ZF-Eingangskreises.

Beim Durchrasten ergibt sich nun folgender Verlauf der Gesamtempfindlichkeit: Arbeitet die Diode auf einen Außenwiderstand (R_k^* klein, L_1 klein) unter ≈ 1 kΩ, so ist die Empfindlichkeit gering. Sie nimmt nach größeren Widerständen hin zu, durchläuft bei 1 kΩ $< R_k^* <$ 10 kΩ ein Optimum und wird nach größeren Widerstandswerten hin immer geringer (Abb. 8 und 9). Dieses Verhalten ist plausibel, wenn man bedenkt, daß die niederohmige Diode beim weiteren Heraufrasten des Eingangswiderstandes den Gitterkreis der Eingangspenthode mehr und mehr kurzschließt. Es rührt also im Gesamtrauschspannungsquadrat ein immer größer werdender Anteil vom äquivalenten Rauschwiderstand $R_ä$ der Penthode her. Auf der anderen Seite des Optimums tritt Verschlechterung der Signalleistungsübertragung ein. Vor der Messung wurde die ZF-Ankopplung optimal eingestellt.

Meßwerte: Erste Röhre Nr. 275/13:

Kennlinie: $J = 2 \cdot 4{,}6 \cdot U^{1{,}15}$ (Duodiode) mit $K = 2 \cdot 4{,}6$

$R_k^* = 3$ kΩ; $\alpha = 0{,}2$;

$U_\sim = 6$ V; $(K/2)\, U_\sim^{n-1} = 6.$

$U_\sim^{0{,}6} = 2{,}9$; $p_0 = 2{,}5.$

J_{gl} in mA	0,5	1	2	3	4	5	6
Θ in °	42	58	66	76	82	88	90
$U_=/U_\sim$	− 0,75	− 0,53	− 0,41	− 0,25	− 0,16	− 0,08	0
$1/\eta_{opt}$	5,0	5,5	6,0	7.0	7,5	8,0	8.5
S_g' in mA/V	0,21	0,33	0,37	0,42	0,45	0,47	0,50
S_g in mA/V	1,15	1,80	2,04	2,30	2,50	2,60	2,75
x	3,45	5,4	6,1	7,0	7,5	7,8	8,3
p	3,4	4,0	4,7	5,4	6,0	6,5	6,7
F_1	3,4	4,2	5,0	5,4	6,2	6,4	6,8
F_2	1,2	1,6	1,7	1,9	2,0	2,0	2,1
$N/\Delta f$ in kT_0 berechnet	23	32	40	51	61	67	73
$N/\Delta f$ in kT_0 gemessen	62	50	45	58	60	67	71

Zweite Röhre Nr. 274/43:

Kennlinie: $J = 2 \cdot 4{,}2 \cdot U^{1{,}15}$;
$R_k{}^* = 3\,\text{k}\Omega$; $\alpha = 0{,}2$;
$U_\sim = 5\,\text{V}$; $(K/2)\,U_\sim^{n-1} = 4{,}8$.

J_{gl} mA	$U_=/U_\sim$	Θ in °	$N/\Delta f$ in kT_0 berechnet	$N/\Delta f$ in kT_0 gemessen
0,5	− 0,9	26	22	50
1	− 0,8	37	20	38
2	− 0,6	53	23	32
4	− 0,3	73	40	42
5,5	0	90	70	80

Dritte Röhre Nr. 275/5

Kennlinie: $J = 2 \cdot 5{,}4 \cdot U^{1{,}15}$;
$R_k = 3\,\text{k}\Omega$; $\alpha = 0{,}2$;
$U_\sim = 6\,\text{V}$; $(K/2)\,U_\sim^{n-1} = 6{,}5$.

J_{gl} mA	$U_=/U_\sim$	Θ in °	$N/\Delta f$ in kT_0 berechnet	$N/\Delta f$ in kT_0 gemessen
0,5	− 0,67	48	21	62
1	− 0,50	60	25	43
1,5	− 0,42	65	26	31
2	− 0,36	69	32	33
3	− 0,27	74	35	35
4	− 0,17	81	50	55
5	− 0,08	90	66	63

Vierte Röhre Nr. 275/15:

Kennlinie: $J = 2 \cdot 5{,}4 \cdot (U + 0{,}14)^{1{,}15}$;
$R_k{}^* = 3\,\text{k}\Omega$; $\alpha = 0{,}2$;
$U_\sim = 5\,\text{V}$; $(K/2)\,U_\sim^{n-1} = 6$.

U_{gl} mA	$U_=/U_\sim$	Θ in °	$N/\Delta f$ in kT_0 berechnet	$N/\Delta f$ in kT_0 gemessen
0,5	− 0,80	37	19	56
1	− 0,60	53	22	43
2	− 0.32	72	33	37
3	− 0,24	76	40	45
4	− 0,16	81	50	70
5,3	0	90	73	76

Messungen an 4 weiteren Röhren der gleichen Type verliefen analog. Der *Rauschfaktor p* wurde bei 2, 3 und 4 gemessen und lag etwas unter den aus Abb. 10 zu entnehmenden Werten mit $p_0 = 4$. Zum Vergleich wurde dieselbe Messung an LG 1-Röhren gemacht. Der bessere Durchschnitt dieser Type ergab folgendes Bild:

Röhre LG 1:

Kennlinie: $J_{gl} = 0{,}8 \cdot U^{1,4}$;

$R_k^* = 28\ \text{k}\Omega$; $\quad \varkappa = 0{,}2$;

$U_\sim = 10\ \text{V}$; $\quad (K/2)\, U_\sim^{n-1} = 1$.

J_{gl} mA	$U_= / U_\sim$	Θ in °	$N/\Delta f$ in kT_0 berechnet	$N/\Delta f$ in kT_0 gemessen
0,5	− 0,60	53	32	70
0,8	− 0,45	63	46	65
1	− 0,40	66	49	64
1,5	− 0,20	78	73	75
2	0	90	110	100

Die Tabellen der Meßwerte ergaben nun stärkere Abweichungen des gemessenen und berechneten Wertes im Gebiet *kleiner* Stromflußwinkel. Das kann nur zu einem Teil durch Annahme zu kleiner Rauschfaktoren (Anlaufstromgebiet) erklärt werden. Hier spielt außer Symmetriefragen auch die Laufzeit eine

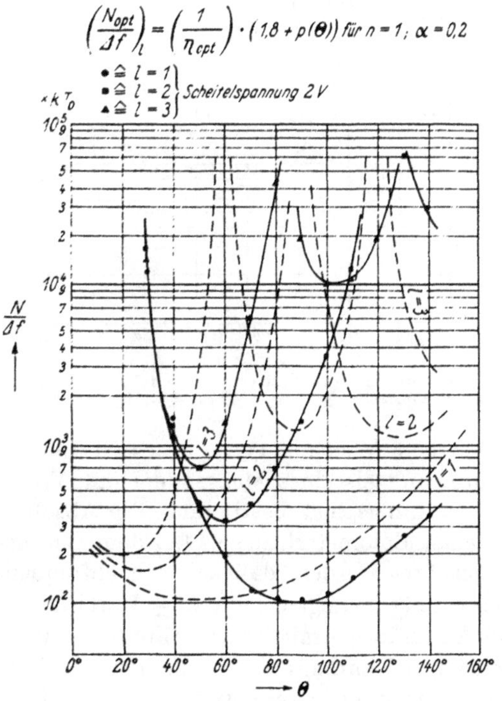

Abb. 29. Oberwellenmischung und Empfindlichkeit. Meßpunkte für 1.⋯3. Harmonische; $n = 1$; $\alpha = 0{,}2$; Scheitelspannung 2 V; ● ■ ▲ Meßpunkte.

Rolle, deren Einfluß im C-Betrieb ja stärker wird (vgl. dazu Abb. 17). Nach der oben erläuterten Methode wurde die durch Laufzeiten bedingte Verkleinerung des Wirkungsgrades bestimmt und es konnte gezeigt werden, daß diese Differenz die Abweichungen im C-Betrieb erklärt.

§ 13. Meßergebnisse bei Oberwellenmischung

In den Abb. 29 bis 31 sind nun Meßergebnisse eingetragen für den Fall der Mischung mit Oberwellen des Oszillators. Diese Messungen wurden an einem

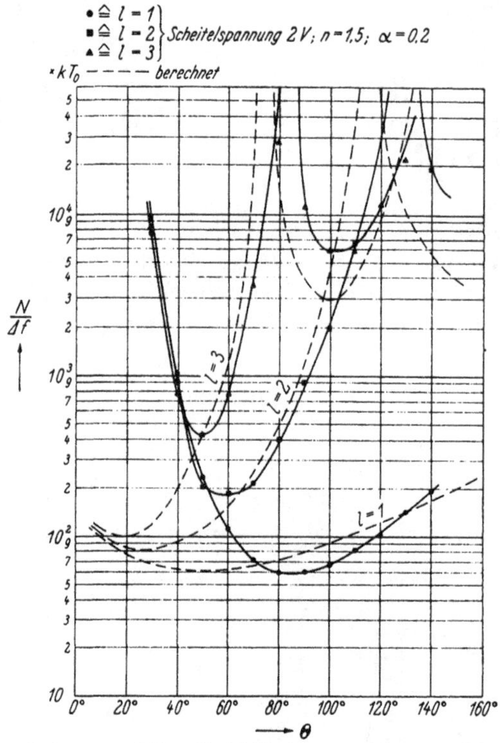

Abb. 30. Oberwellenmischung und Empfindlichkeit; $n = 1,5$; $\alpha = 0,2$; Scheitelspannung 2 V. Meßpunkte: ●: $l = 1$; ■: $l = 2$; ▲: $l = 3$.

Diodenmischkopf für eine Wellenlänge von $\lambda = 50$ cm durchgeführt. Die Empfindlichkeit wurde mittels eines Meßsenders mit Trioden-Oszillator und konzentrischem Schwächungsglied bestimmt. Die Absoluteichung des Meßsenders erfolgte in einer Bolometerbrücke. Bei dem Bau der Mischstufe war besonders darauf geachtet worden, daß keine hochfrequente Spannung an die zwischenfrequente Seite gelangen konnte. — Durchführung der ZF *in* der Lecherleitung. Auch mußte die mittlere Empfindlichkeit gute Werte haben, da sonst die in der Formel enthaltenen Feinheiten durch falsche Anpassung oder Oszillatorrauschen usw. überdeckt worden wären. Die Meßfrequenz betrug deshalb 600 MHz, da bei dieser noch alle wichtigen Parameter, insbesondere Θ mit guter Genauigkeit erfaßbar sind. In das Funktionsbild, in dem die Ordinate in kT_0 angegeben ist, sind die gemessenen Empfindlichkeitswerte eingetragen. Die Übereinstimmung mit den berechneten Werten ist gut, bei mittleren Stromflußwinkeln insbesondere, wenn man berücksichtigt, daß der Kennlinienexponent der Röhre zwischen 1 und 1,5 liegt.

Es ist zu sehen, daß der Exponent $n = 1{,}5$ im Mittel den tatsächlichen Wert trifft. Bei nicht zu starker Aussteuerung der Diode (im unteren, stärker gekrümmten Teil) muß n größer sein als bei höherer Aussteuerung. Man sieht

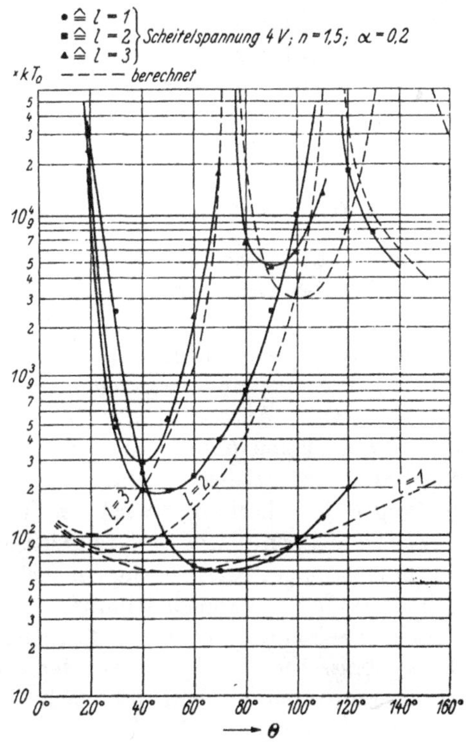

Abb. 31. Oberwellenmischung und Empfindlichkeit $n = 1{,}5$; $\alpha = 0{,}2$; 4 V Scheitelspannung. Kennzeichnung der Meßpunkte: ● ≡ $l = 1$; ■ ≡ $l = 2$; ▲ ≡ $l = 3$.

z. B., daß bei 4 V Scheitelspannung die Übereinstimmung am besten ist. Bei 4 V Oszillatorspannung weichen die Stellen minimaler Empfindlichkeit nach links, bei 2 V Oszillatorspannung nach rechts ab.

Augenscheinlich tritt in den Gebieten kleiner und großer Stromflußwinkel eine erhebliche Abweichung von den theoretischen Erwartungswerten ein. Der bei kleinsten Stromflußwinkeln erwartete Empfindlichkeitsverlust tritt schon bei 50^0 auf; 4 V Scheitelspannung genügen also noch nicht, um auch unterhalb $\Theta = 50^0$ Stromwerte zu erzeugen, die über der Schrotstromgrenze liegen. Man kann näm-

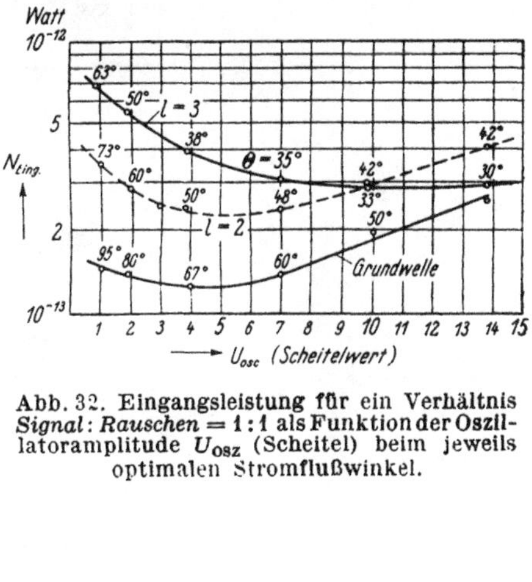

Abb. 32. Eingangsleistung für ein Verhältnis *Signal: Rauschen* = 1 : 1 als Funktion der Oszillatoramplitude U_{osz} (Scheitel) beim jeweils optimalen Stromflußwinkel.

lich feststellen, daß mit *wachsender* Scheitelspannung an der Diode dieses Gebiet des Anwachsens der T_0-Werte nach *kleineren* Stromflußwinkeln wandert. Unter Berücksichtigung dieser Einschränkungen, die also durchaus erklärt sind (Verschiebung der Kurven durch anderes, wirksames n, steilerer Anstieg bei kleinen Stromflußwinkeln durch nicht zureichende Oszillatorspannung; zu kleine Ströme!), Abweichung bei größeren Diodenströmen bzw. Stromflußwinkeln durch verstärktes Eigenrauschen der Diode infolge Elektronenreflektion ($p \gg 4$) muß das Meßergebnis als theoretisch geklärt angesehen werden.

§ 14. Zusammenfassung von Teil V

Nach einer Erläuterung allgemeiner Fragen und Zusammenhänge, welche die Mischung im Dezimetergebiet betreffen, wird in Teil V auf die speziellen Fragen der *Dioden*mischung eingegangen. Unter der Annahme, daß das Rauschen im wesentlichen durch zwischenfrequente Vorgänge bestimmt wird, kann ein einfaches Rauschquellenersatzbild angegeben werden, dessen Durchrechnung und Analyse zu präzisen Aussagen über den Betriebszustand und die damit verbundene Empfindlichkeit führt. Die der Diodenmischung eigentümliche Rückwirkung wird berücksichtigt. Unter Benutzung des „äquivalenten Rauschwiderstandes der Mischung“ wird das Verhalten bei Oberwellenmischung erklärt. Schließlich wird der Laufzeiteinfluß angegeben. Nach einer gegebenen Berechnungsanweisung lassen sich die Empfindlichkeiten beliebiger Mischanordnungen vorausbestimmen. Beispiele sollen die praktische Verwendbarkeit der Berechnungsmethode zeigen.

Schließlich werden Meßergebnisse bei $\lambda = 55$ cm mit den errechneten Werten verglichen, wobei gute Übereinstimmung gefunden wird.

VI. TEIL

Mischung mittels Trioden

A. EINLEITUNG

Die wesentlichen, im Teil über Diodenmischung gemachten einleitenden Bemerkungen gelten auch hier, da die Triodenmischung bei höchsten Frequenzen, abgesehen von den Kreis- und Anpassungsfragen auf der HF-Seite, ebenfalls durch die Transformation auf die Zwischenfrequenz bestimmt ist.
Der erwähnte Fall einer hohen Zwischenfrequenz, bei welcher der elektronische Eingangswiderstand und seine Rauschtemperatur auftreten, wird hier durchgerechnet. Anders als bei der Diodenmischung sind die Rauscheinflüsse vom Mischorgan selbst und die Rückwirkung. Der Rauschfaktor der Trioden steigt bekanntlich nicht mit der Effektivspannung, sondern bleibt konstant, etwa $p = 2{,}5$; vgl. [4]. Die Rückwirkung ist nur über den Durchgriff vorhanden, kann aber durch eine *äußere* Kopplung vergrößert werden, wodurch die Empfindlichkeiten solcher Anlagen um Faktoren verbessert werden können (vgl. weiter unten). Wird die Zwischenfrequenz an der Anoden—Kathodenstrecke abgegriffen, so ist die ZF-Ankopplung nicht so kritisch wie bei Dioden, wo ja oft extrem kleine Innenwiderstände vorliegen.
Die bei Dioden gemachten Angaben über die verschiedenen Schaltungsarten zur Unwirksammachung des Oszillatorrauschens gelten auch hier. Dort sind auch die beiden normalen Kompensationsschaltungen angegeben (Teil V, Abb. 2 und Abb. 3c). Deshalb erübrigt sich hier eine nochmalige Erörterung dieser Frage. Es werden nun zunächst die Gleichungen für zwischenfrequenten und hochfrequenten Stromanteil aus der Fourierentwicklung der Strom- und Steilheitsfunktion abgeleitet. Empfindlichkeitsfragen werden diskutiert und eine Ableitung des äquivalenten Rauschwiderstandes der Mischung gegeben. Hierdurch läßt sich eine vereinfachte Formel für die Empfindlichkeit eines Triodensupers aufstellen, welche die Form

$$N_R/\Delta f = (1 + 4\alpha)\, kT_0$$

hat, wo α bei normaler Gittergleichrichtung durch $R_{ä}/R_g$ gegeben ist ($R_{ä}$=*äquivalenter Rauschwiderstand*, R_g = *Gittereingangswiderstand*); beim Triodensuper dagegen durch das Verhältnis $R_{ä_m}/R_g$ mit $R_{ä_m}$ = *äquivalenter Rauschwiderstand der Mischung*. Bei genauer Berechnung, d. h. Einbeziehung des Rauschens der auf die Mischröhre folgenden ersten ZF-Röhre, muß diese Formel etwas modifiziert werden. Nach Erläuterung der Empfindlichkeitsverbesserung durch Rückkopplung wird die Oberwellenmischung und der Laufzeiteinfluß behandelt. Schließlich wird an Hand von Meßbeispielen eine kurze Berechnungsanweisung für verschiedene vorkommende Fälle gegeben.

B. DIE EIGENSCHAFTEN DES TRIODENSUPERS

§ 15. Widerstandsverhältnisse

Wir betrachten zunächst eine Triodenmischanordnung nach Abb. 1, bei welcher Hochfrequenzspannung und Oszillatorspannung am Gitter liegen und die Zwischenfrequenz ZF im Anodenkreis abgegriffen wird.
Folgende Spannungen liegen also an der Triode:

U_{g_0} = *Gittergleichvorspannung* (groß)
U_{g_h} = *Gitterwechselspannung* (*Signalspannung*, kleine Amplitude);
U_{o_z} = *Oszillatorspannung* (große Amplitude);
U_{a_0} = *Anodenvorspannung* (groß);
U_z = ZF-*Spannung* (kleine Amplitude).

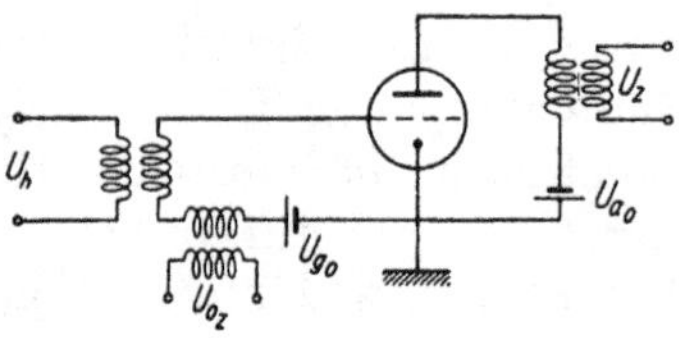

Abb. 1. Triodenmischstufe mit Oszillatoreinkopplung im Gitterkreis und ZF-Auskopplung im Anodenkreis.

Im allgemeinen muß angenommen werden, daß auch auf den Anodenkreis Oszillatorspannung gelangt und über den Durchgriff auf das Gitter zurückwirkt. Daher kann der Anodenstrom als Funktion der Steuerspannung wie folgt geschrieben werden:

$$J = f(u_{st}) = f\ (U_{g_0} + U_{g_{oz}} \cos \omega t + U_{g_h} \cos \omega_h t + DU_{a_0}) + DU_{o_z} \cos \omega t + DU_z \cos \omega_z t. \tag{15.1}$$

Mit ω wurde die Oszillatorfrequenz bezeichnet. Entwickelt man nun diesen Strom in eine Taylor-Reihe nach den kleinen Spannungen, so entsteht:

$$J = J\,(U_{g_0} + U_{g_{oz}} \cos \omega t + DU_{a_{oz}} \cos \omega t + DU_{a_0}) + \frac{\partial}{\partial U} J\,(U_{g_0} + U_{g_{oz}} \cos \omega t + DU_{a_0} + DU_{a_{oz}} \cos \omega t) \cdot (U_{g_h} \cos \omega_h t + DU_z \cos \omega_z t). \tag{15.2}$$

Strom und Steilheit lassen sich in Form von Fourier-Reihen schreiben:

$$J\,[U_{g_0} + DU_{a_0} + (U_{g_{oz}} + DU_{a_{oz}}) \cos \omega t] = a_0 + a_1 \cos \omega t + \cdots; \tag{15.3}$$

$$S\,[U_{g_0} + DU_{a_0} + (U_{g_{oz}} + DU_{a_{oz}}) \cos \omega t] = b_0 + b_1 \cos \omega t + \cdots \tag{15.4}$$

Dabei bestimmen sich die Koeffizienten aus:

$$a_0 = \frac{1}{2\pi} \int_0^{2\pi} J\,[U_{g_0} + DU_{a_0} + (U_{g_{oz}} + DU_{a_{oz}}) \cos \omega t]\, d\omega t;$$

$$a_1 = \frac{1}{\pi} \int_0^{2\pi} J\,[U_{g_0} + DU_{a_0} + (U_{g_{oz}} + DU_{a_{oz}}) \cos \omega t] \cos \omega t\, d\omega t;$$

$$b_0 = \frac{1}{2\pi}\int_0^{2\pi} S\,[U_{g_0} + D\,U_{a_0} + (U_{g_{oz}} + D\,U_{a_{oz}})\cos\omega t]\,d\omega t;$$

$$b_1 = \frac{1}{\pi}\int_0^{2\pi} S\,[U_{g_0} + D\,U_{a_0} + (U_{g_{oz}} + D\,U_{a_{oz}})\cos\omega t]\cos\omega t\,d\omega t.$$

Nun ergibt sich aus (15.2); (15.3) und (15.4):

$$J = a_0 + a_1\cos\omega t + \cdots + (b_0 + b_1\cos\omega t + \cdots)\,[U_{g_h}\cos(\omega_h t + \varphi_h) + \\ + D\,U_z\cos(\omega_z t + \varphi_z)] \quad (15.5)$$

im allgemeinsten Fall.

Bei Ausführung der Multiplikation und Anwendung von

$$\cos\alpha\cos\beta = [\cos(\alpha+\beta) + \cos(\alpha-\beta)]/2$$

wird aus (15.5)

$$J = a_0 + a_1\cos\omega t + \cdots + b_0\,U_{g_h}\cos(\omega_h t + \varphi_h) + b_0\,D\,U_z\cos(\omega_z t + \varphi_z) + \\ + \frac{b_1}{2}\,U_{g_h}\cos[(\omega_h + \omega)\,t + \varphi_h] + \frac{b_1}{2}\,U_{g_h}\cos[(\omega_h - \omega)\,t + \varphi_h] + \\ + \frac{b_1}{2}\,D\,U_z\cos[(\omega_z + \omega)\,t + \varphi_z] + \frac{b_1}{2}\,D\,U_z\cos[(\omega_z - \omega)\,t + \varphi_z]. \quad (15.6)$$

Hieraus ergeben sich leicht zwischenfrequenter und hochfrequenter Stromanteil:

Fall 1. $\omega_h = \omega_z + \omega;\quad \omega_z = \omega_h - \omega;$

$$J_h = b_0\,U_{g_h}\cos(\omega_h t + \varphi_h) + \frac{b_1}{2}\,D\,U_z\cos(\omega_h t + \varphi_z); \quad (15.7)$$

$$J_z = b_0\,D\,U_z\cos(\omega_z t + \varphi_z) + \frac{b_1}{2}\,U_{g_h}\cos(\omega_z t + \varphi_h). \quad (15.8)$$

Fall 2. $\omega_h = \omega_z - \omega;\quad \omega_z = \omega_h + \omega$

ergibt dieselben Gleichungen (15.7) und (15.8).

Der Leitwert G der Triode für die Oszillatorfrequenz läßt sich leicht ableiten. Der Oszillatorstrom ist:

$$J_1 = a_1\cos\omega t. \quad (15.9)$$

Mithin

$$G = \frac{J_1}{(U_{g_{oz}} + D\,U_{a_{oz}})\cos\omega t} = \frac{a_1}{U_{g_{oz}} + D\,U_{a_{oz}}}; \quad (15.10)$$

$$G = \frac{1}{\pi}\int_0^{2\pi}\frac{J\,[U_{g_0} + D\,U_{a_0} + (U_{g_{oz}} + D\,U_{0_z})\cos\omega t]\cos\omega t\cdot d\omega t}{U_{g_{oz}} + D\,U_{a_{oz}}}.$$

Nun sind Konversionssteilheit und mittlere Steilheit gegeben durch:

$$S_c = \frac{b_1}{2} = \frac{1}{2\pi}\int^{2\pi} S\,[U_{g_0} + D\,U_{a_0} + (U_{g_{oz}} + D\,U_{a_{oz}})\cos\omega t]\cos\omega t\,d\omega t$$

und

$$\overline{S} = b_0 = \frac{1}{2\pi}\int_0^{2\pi} S\,[U_{g_0} + D U_{a_0} + (U_{g_{oz}} + D U_{a_{oz}}) \cos \omega t]\, d\omega t,$$

so daß wird:

$$J_h = \overline{S}\, U_{g_h} + D\, S_c\, U_z \tag{15.11}$$

$$J_z = D\overline{S}\, U_z + S_c\, U_{g_h}. \tag{15.12}$$

Diese Gleichungen (15.11) und (15.12) bestimmen einen linearen, symmetrischen Vierpol. Das Ersatz-Π-Glied läßt sich leicht zeichnen, wenn man schreibt:

$$J_{h_1} = D\,\overline{S}\,\frac{U_{g_h}}{D} + D\, S_c\, U_z \tag{15.13}$$

$$J_{z_1} = D\,\overline{S}\, U_z + D\, S_c\, \frac{U_{g_h}}{D}; \tag{15.14}$$

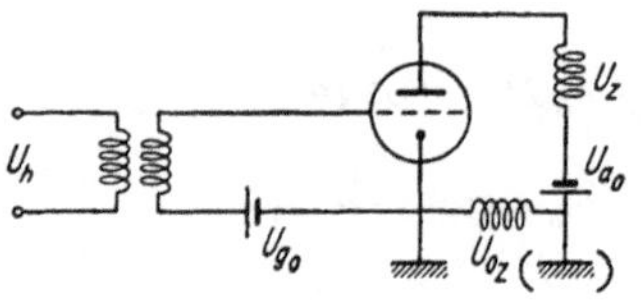

Abb. 2. Triodenmischstufe mit Oszillatorankopplung im Anodenkreis bzw. Kathodenkreis.

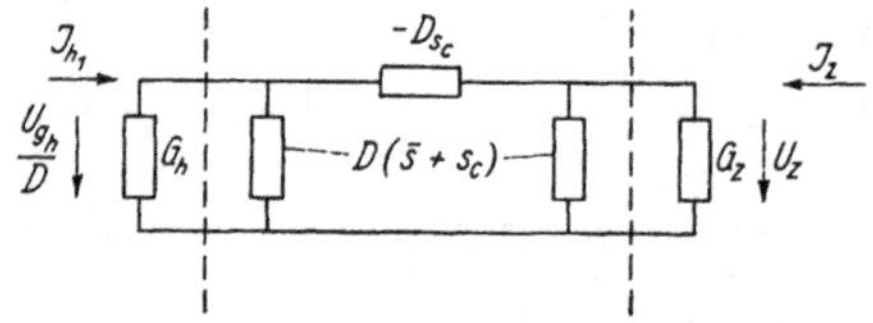

Abb. 3. Vierpol-Ersatz-Π-Glied der Triodenmischstufe.

J_{h_1} = *Hochfrequenzeinströmung;*
J_z = *ZF-Einströmung;*
U_{g_h}/D = *HF-Eingangsspannung;*
U_z = *ZF-Ausgangsspannung;*
G_h = *HF-Lastleitwert;*
G_z = *ZF-Lastleitwert.*

Vgl. dazu Abb. 3. Wird der Oszillator in den Anoden- bzw. Kathoden-Kreis eingekoppelt (Abb. 2), so hat man den üblichen Fall vor sich, und die Steuerspannung setzt sich aus folgenden Teilspannungen zusammen:

$$U_{St} = U_{g_0} + D U_{a_0} + U_{g_h} \cos \omega_h t + D U_{oz} \cos \omega t + D U_z \cos \omega_z t.$$

Nimmt man den praktischen Fall an, in dem immer Oszillatorspannung auch direkt an das Gitter gelangt, so ist wieder (15.13) gegeben und alles Weitere wie oben. Im anderen Falle steht in den Fourierkoeffizienten lediglich

$$D U_{g_{oz}} \cos \omega t \text{ anstatt } (U_{g_{oz}} + D U_{oz}) \cos \omega t.$$

Für zwischenfrequenten und hochfrequenten Leitwert der Triode erhält man nach Abb. 3:

$$G_{T_z} = D\overline{S} - \frac{D^2 \cdot S_c^2}{D\overline{S} + G_h}; \tag{15.15}$$

$$G_{T_h} = D\overline{S} - \frac{D^2 \cdot S_c^2}{D\overline{S} + G_z}, \tag{15.16}$$

wobei G_h und G_z die äußeren, zwischen- und hochfrequenten Leitwerte bedeuten. Im normalen Fall, ohne Laufzeiteinfluß und Zuleitungsinduktivitäten, ist der Leitwert G_{Th} durch den äußeren Leitwert G_h praktisch kurzgeschlossen. Dann wird Abb. 3 zu Abb. 4; vgl. Formel (15.15). Aus den Vierpolgleichungen (15.11) und (15.12) bestimmt sich die ZF-Spannung U_z in Abhängigkeit vom hochfrequenten Eingangsstrom J_h zu:

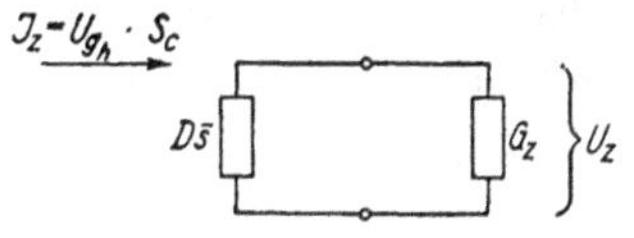

Abb. 4. Normaler Fall des Triodensupers: $G_h \to \infty$ J_z = zwischenfrequente Einströmung.

$$U_z = \frac{J_h \cdot D \cdot S_c}{(D\overline{S} + G_h)(D\overline{S} + G_z) - (DS_c)^2}. \tag{15.17}$$

und die dem ZF-Kreis zugeführte Leistung:

$$N_z = U_z^2 \cdot G_z = \frac{J_h^2 \cdot (DS_c)^2 \cdot G_z}{[D\overline{S} + G_h)(D\overline{S} + G_z) - (DS_c)^2]^2}. \tag{15.18}$$

Stellt der äußere, hochfrequente Leitwert G für die Röhre einen Kurzschluß dar, so gilt nach Abb. 4:

$$N_z = \frac{J_z^2}{D\overline{S} + G_z} = \frac{U_{g_h}^2 \cdot S_c^2}{D\overline{S} + G_z}. \tag{15.19}$$

Die Nutzleistung beträgt:

$$N_z = \frac{N_h}{4} \cdot \frac{S_c^2}{(D\overline{S} + G_z) \cdot G_h} = \frac{|J_h|^2}{4 G_h} \cdot \frac{S_c^2}{D\overline{S} + G_z}. \tag{15.20}$$

§ 16. Das Rauschquellenersatzbild

Die resultierende ZF-Rauscheinströmung der Mischtriode setzt sich folgendermaßen zusammen:

1. Übertragener (äquiv.) Rauschstrom von Antenne und dem HF-Kreis: $\overline{i_a}$
2. Rauscheinströmung der Röhre innerhalb der ZF: $\overline{i_{g_z}}$
3. Rauscheinströmung des ZF-Kreises: $\overline{i_{K_z}}$
4. Rauscheinströmung vom Überlagerer her: $\overline{i_ü}$
   (durch Gleichtakt-Gegentakt-Anordnungen zu beseitigen)
5. Äquivalenter Rauschwiderstand der Mischröhre.

$(D\overline{S})_ä$ = *äquivalenter Rauschwiderstand des dynamischen Anteils der Mischröhre,*
$R_ä$ = *äquivalenter Rauschwiderstand des statischen Anteils der Röhre;*
$\overline{i_a}$ = *Rauscheinströmung der Antenne;*
$\overline{i_{g_z}}$ = *ZF-Rauscheinströmung der Röhre;*
$\overline{i_{k_z}}$ = *ZF-Rauscheinströmung des ZF-Kreises;*
$\overline{i_ü}$ = *Rauscheinströmung vom Überlagerer;*

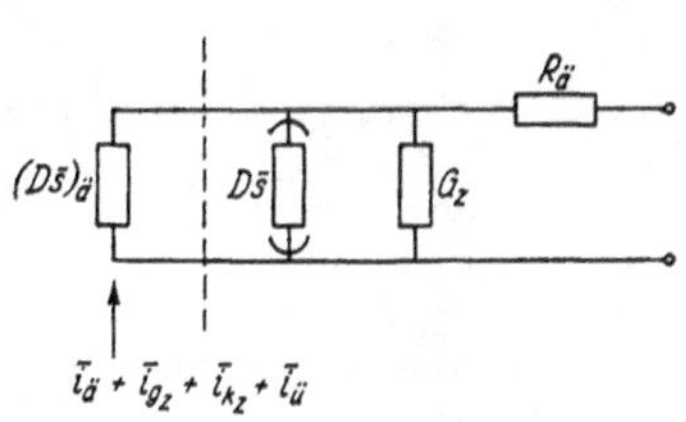

Abb. 5. Verallgemeinertes Rauschquellenersatzbild der Triodenmischstufe.

Vgl. dazu Abb. 5; in diesem Bild ist noch nicht der Einfluß der ersten *ZF*-Röhre enthalten. Im Spezielleren wählen wir das Ersatzschaltbild Abb. 6, das durch Transformation des Antennenwiderstandes R_{A_0} auf die rechte Vierpolseite als R_A (Annahme sehr loser Kopplung zwischen Oszillator und Mischstufe) und Transformation von R_{k_2} und $R_{ä_2}$ auf die linke Vierpolseite als $R^*_{k_2}$ und $R^*_{ä_2}$ in das Schema Abb. 7 übergeführt wird. Dann gilt für die resul-

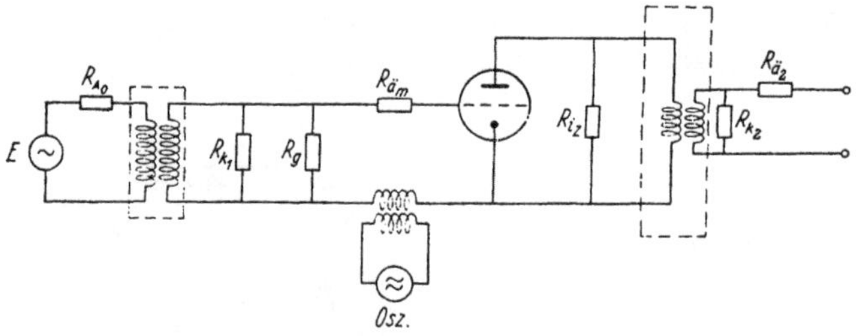

Abb. 6.
E = *Antennen-EMK;*
R_{A_0} = *Antennenwiderstand;*
R_{k_1} = *Kreiswiderstand;*
R_g = *Gittereingangswiderstand;*
$R_{äm}$ = *äquivalenter Rauschwiderstand der Mischröhre;*
R_{i_z} = *ZF-Innenwiderstand der Mischröhre;*
R_{k_2} = *ZF-Kreiswiderstand;*
$R_{ä_2}$ = *äquivalenter Rauschwiderstand der ersten ZF-Röhre.*

tierende Rauschspannung an den Klemmen von (3; 4) die in Teil V abgeleitete Gleichung (4.4):

$$N_R = \frac{u^2}{R^*_{k_2}} = 4\,k\,T_0\,\Delta f \left[\frac{R^*_{ä_2}}{R^*_{k_2}} + \left(\frac{p}{R_{i_z}} + \frac{1}{R^*_{k_2}}\right)\cdot\left(\frac{R_{i_z}}{R^*_{k_2} + R_{i_z}}\right)^2 R^*_{k_2}\right] \qquad (16.21)$$

Bezeichnet man:

$$\alpha = R^*_{ä_2}/R^*_{k_2};\quad x = R^*_{k_2}/R_{i_z},$$

so ist:

$$N_R = 4\,k\,T_0\,\Delta f \left[\alpha + (p\,x + 1)\,\frac{1}{(1+x)^2}\right]. \qquad (16.22)$$

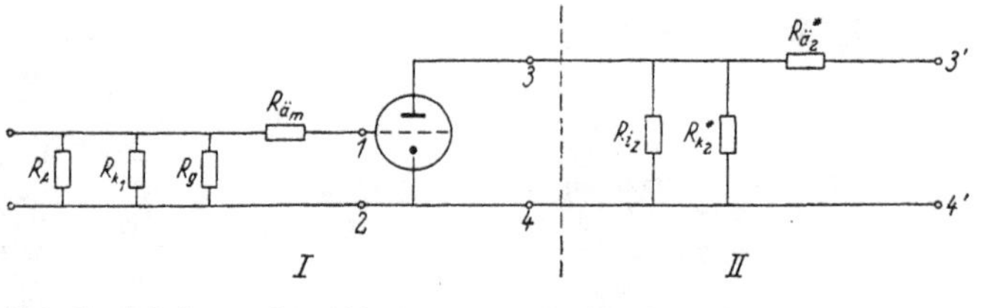

Abb. 7. Schaltung der Abb. 6 mit auf die Mischtriodenseite der Vierpole transformierten Widerständen.

Nun ist also das Rauschen der Mischröhre durch ihren Rauschfaktor im statischen Fall, p_T berücksichtigt. Der normale Wert für Trioden, $p_T = 2{,}5$ in (16.22) eingesetzt, ergibt die reine zwischenfrequente Empfindlichkeit der Anordnung Abb. 7. In Abb. 8 ist die Funktion

$$4\,[\alpha + (2{,}5\,x + 1)/(1 + x)^2] = f\,(x, \alpha)$$

aufgetragen. Je kleiner α und je größer x, um so besser wird also die ZF-Empfindlichkeit; kleine Werte von N_R bedeuten kleine Rauschleistung, also auch kleine äquivalente Signalleistung.

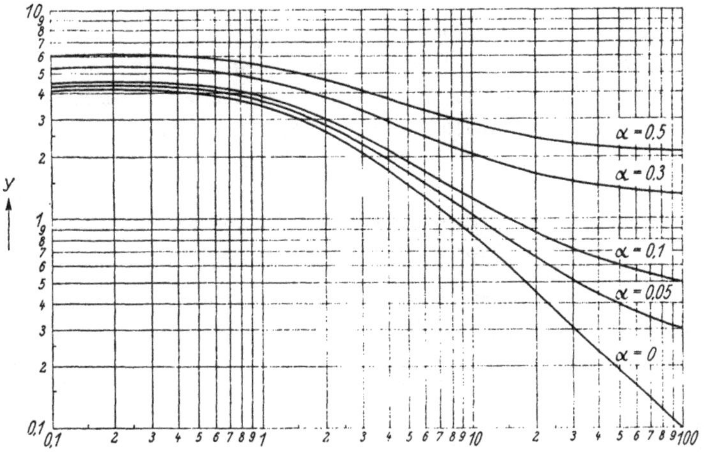

Abb. 8. Abhängigkeit der Empfindlichkeit des zwischenfrequenten Teiles II der Abb. 7 vom ZF-Anpassungsverhältnis x und von α des ZF-Verstärkers.

Um nun auch die Mischung zu berücksichtigen, müssen wir die *HF*-Spannung durch den *Mischwirkungsgrad* [6] auf die ZF-Seite transformieren. Hier ist auch η gleich dem Verhältnis der auf der ZF-Seite auftretenden Leistung zur HF-Eingangsleistung am Gittereingangswiderstand der Triode.

$$\eta = \frac{U_z^2/R^*_{k_2}}{U^2_{g_h}/R_g} = \left(S_c \frac{R^*_{k_2} \cdot R_{i_z}}{R^*_{k_2} + R_{i_z}}\right)^2 \cdot \frac{R_g}{R^*_{k_2}}. \qquad (16.23)$$

Denn es ist:

$$U_z^2 = S_c^2 \cdot U^2_{g_h} \left(\frac{R^*_{k_2} \cdot R_{i_z}}{R^*_{k_2} + R_{i_z}}\right)^2. \qquad (16.24)$$

(16.23) läßt sich umformen in:

$$\eta = S_c^2 \left(\frac{1}{1+x}\right)^2 \cdot R_g \cdot R^*_{k_2}. \qquad (16.25)$$

Die Gesamtempfindlichkeit ist

$$\begin{aligned} \frac{N_R}{H_z}\,[\text{in } k T_0] &= \frac{4}{\eta}\left[\alpha + (p_T \cdot x + 1)\frac{1}{(1+x)^2}\right] \\ &= 4\left(p \frac{R^*_{k_2}}{R_{i_z}} + 1\right)\frac{1}{S_c^2 \cdot R_g \cdot R^*_{k_2}} + \frac{4}{\eta}\,\alpha \\ &= 4\,p\,\frac{1}{S_c^2 \cdot R_g \cdot R_{i_z}} + \frac{4}{S_c^2 \cdot R_g \cdot R^*_{k_2}} + \frac{4}{\eta}\,\alpha. \end{aligned} \qquad (16.26)$$

Da $\alpha = R^*_{\ddot{a}_2}/R^*_{k_2} \ll 1$ angenommen werden darf, bleibt:

$$\frac{N_R}{\Delta f} \approx 4\,p_T \frac{1}{R_{i_z} \cdot S_c^2 \cdot R_g}\left(1 + \frac{1}{p_T} \cdot \frac{1}{x}\right). \qquad (16.27)$$

Hieraus lassen sich schon allgemeine Forderungen aufstellen für optimale Empfindlichkeit:

p_T klein! $\quad R_{i_z}$ groß! $\quad R_g$ groß!
x groß! $\quad S_c$ groß!

Wir suchen jedoch eine vereinfachte Darstellung ,bei der auch das Antennenrauschen berücksichtigt ist, und bei der das Mischrauschen, wie im statischen Fall, durch einen „äquivalenten Rauschwiderstand der Mischung" erfaßt wird. Dieser läßt sich bei Trioden leicht einführen, wie im nächsten Abschnitt gezeigt wird.

§ 17. Der äquivalente Rauschwiderstand der Mischung und die vereinfachte Empfindlichkeitsberechnung

Im *statischen* Fall ist der Zusammenhang zwischen gemessener Steilheit S_{gem}, anodenseitiger Rauscheinströmung $\overline{i_a}$ und gitterseitiger Rauschspannung $\overline{u_g}$ durch (17.28) gegeben:

$$\overline{u_g} = \overline{i_a}/S_{\text{gem}}. \tag{17.28}$$

Da nun

$$S_{\text{gem}} = S_{\text{eff}}\,(1 + D)\,\sigma, \tag{17.29}$$

wobei

D = *Durchgriff;*
S_{eff} = *effektive Steilheit;*
σ = *Steuerschärfe* [1] [21] [29]

und

$$\overline{i_a^2} = 4\,k\,p\,T_0\,S_{\text{eff}} \cdot \Delta f,$$

so wird

$$\overline{i_a^2} = 4\,k\,p\,T_0\,S_{\text{gem}}\,\frac{\Delta f}{(1 + D)\,\sigma}. \tag{17.30}$$

Nach (17.28) ist:

$$\overline{u_g^2} = \frac{\overline{i_a^2}}{S_{\text{gem}}^2} = \frac{4\,k\,p\,T_0}{\sigma\,(1 + D)\,S_{\text{gem}}}\,\Delta f,$$

und da

$$R_{\ddot a} = \frac{\overline{u_g^2}}{4\,k\,T_0\,\Delta f}, \tag{17.31}$$

so ist:

$$R_{\ddot a} = \frac{p}{S_{\text{gem}}\,(1 + D)\cdot\sigma}. \tag{17.32}$$

Im *dynamischen* Fall ist in (17.31) der Zusammenhang zwischen anodenseitigem Rauschkurzschlußstrom und hochfrequenzseitiger Rauschspannung, der durch die Konversionssteilheit gegeben ist, einzuführen:

$$\overline{i_z} = \overline{u_{g_h}} \cdot S_c. \tag{17.33}$$

Damit wird aus (17.31):

$$R_{\ddot a_m} = \frac{\overline{i_z^2}}{4\,k\,T_0\,\Delta f\,S_c^2}, \tag{17.34}$$

wobei $\overline{i_z^2}$ als Mittelwert des Rauschens der Momentanströme gegeben ist:

$$\overline{i_z^2} = \frac{1}{2\pi} \int_0^{2\pi} i^2(\omega t)\, d\omega t \tag{17.35}$$

$$= 4 k T_0 \Delta f p \frac{1}{2\pi} \int_0^{2\pi} S(\omega t)\, d\omega t. \tag{17.36}$$

Daher

$$R_{\ddot{a}_m} = \frac{p}{S_c^2} \cdot \frac{1}{2\pi} \int_0^{2\pi} S(\omega t)\, d\omega t; \tag{17.37}$$

$$R_{\ddot{a}_m} = p \cdot S_g / S_c^2. \tag{17.38}$$

Mit:

$$S_g = \frac{1}{2\pi} \int_0^{2\pi} S(\omega t)\, d\omega t = \psi_{n-1}(\Theta) \cdot S_{\max} \tag{17.39}$$

und

$$\frac{1}{4} S_{\max}^2 \cdot f_{n-1}^2(\Theta) = S_c^2 \tag{17.40}$$

wird

$$R_{\ddot{a}_m} = \frac{4p}{S_{\max}} \cdot \frac{\psi_{n-1}(\Theta)}{f_{n-1}^2(\Theta)}. \tag{17.41}$$

Setzt man $p = 2{,}5$, so erhält man den Richtwert:

$$R_{\ddot{a}_m} = \frac{10}{S_{\max}} \cdot \frac{\psi_{n-1}(\Theta)}{f_{n-1}^2(\Theta)}. \tag{17.42}$$

$R_{\ddot{a}_m}$ läßt sich genau so wie $R_{\ddot{a}}$-statisch messen, wenn man z. B. den Oszillator im Gegentakt an die Anoden der Trioden legt und am gemeinsamen Gitterkreis (Eintakt) auf bekannte Weise mittels eines hochohmigen, geeichten, veränderlichen Widerstandes das angezeigte Kurzschlußrauschspannungsquadrat verdoppelt. Das Oszillatorrauschen ist in dieser Anordnung unwirksam und man mißt das reine, äquivalente, dynamische Rauschen der Trioden; vgl. dazu Abb. 9.

Um für eine bestimmte Röhre den äquivalenten Mischrauschwiderstand $R_{\ddot{a}_m}$ zu ermitteln, benutzt man das Diagramm Abb. 13 des Teils V. Dort ist der

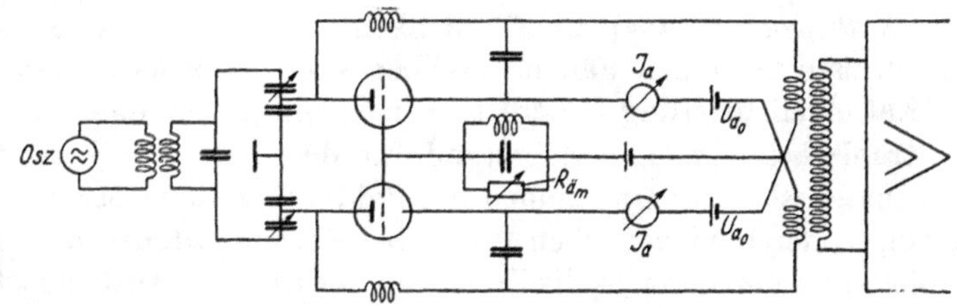

Abb. 9. Schaltanordnung zur Messung von $R_{\ddot{a}_m}$.

Quotient S_g/S_c^2 für die reduzierten Funktionen

$$S_g^* = \frac{S_g}{kU_\sim^{n-1}} \text{ und } S_c^* = \frac{S_c}{kU_\sim^{n-1}}$$

für verschiedene Kennlinienexponenten aufgetragen. Um nach Formel (17.38) für einen bestimmten Betriebspunkt

$$\cos\Theta = -\frac{U_{g_0} + DU_{a_0}}{U_{g_\sim} + DU_{a_\sim}} = \frac{U_{st_0}}{U_{st_\sim}} = U^*_{st_0} \qquad (17.43)$$

($U_{g_\sim}$ und $U_{a_\sim}$ sind Oszillatorspannungsamplituden, $U^*_{st_0}$ die reduzierte Steuerspannung) und eine bestimmte Röhre (n) den äquivalenten Rauschwiderstand $R_{\ddot{a}_m}$ abzulesen, braucht man den in Abb. 13 abgelesenen Wert nur mit $p/(KU_{st}^{n-1})$ zu multiplizieren, wobei p im allgemeinen gleich 2,5 gesetzt werden kann. Kennt man nun $R_{\ddot{a}_m}$, so kann man damit die Empfindlichkeitsrechnung so ausführen, daß man diesen Wert in die normale Formel für den gittergesteuerten Empfangsverstärker einsetzt. Die Empfindlichkeit beträgt in diesem Falle (vgl. [1]):

$$\frac{N_{\text{opt}}}{\Delta f}\,[\text{in } kT_0] = 1 + 2\,\frac{R_{\ddot{a}m}}{R_k} + 2\sqrt{\left(\frac{R_{\ddot{a}m}}{R_k}\right)^2 + \frac{R_{\ddot{a}m}}{R_k}}. \qquad (17.44)$$

Nun ist angenommen, daß der Eingangswiderstand R_g der Triode noch groß gegen den Kreiswiderstand R_k ist. Ist letzteres nicht mehr der Fall, so gilt:

$$\frac{N_{\text{opt}}}{\Delta f}\,[\text{in } kT_0] = 1 + 2\left(\frac{R_{\ddot{a}m}}{R_k} + \frac{R_{\ddot{a}m}}{R_g}\right) + 2\sqrt{\left(\frac{R_{\ddot{a}m}}{R_k} + \frac{R_{\ddot{a}m}}{R_g}\right)^2 + \frac{R_{\ddot{a}m}}{R_k} + p_g\,\frac{R_{\ddot{a}m}}{R_g}} \quad \ldots. \ (17.45)$$

Dabei ist p_g der Rauschfaktor des Gittereingangswiderstandes im allgemeinen gleich 5.

Im Dezimetergebiet muß grundsätzlich (17.45) angewandt werden. Dabei gilt nun stets: $R_g \ll R_k$, also wird (17.45) zu (17.46):

$$\frac{N_{\text{opt}}}{\Delta f}\,[\text{in } kT_0] = 1 + 2\,\frac{R_{\ddot{a}m}}{R_g} + 2\sqrt{\left(\frac{R_{\ddot{a}m}}{R_g}\right)^2 + p_g\,\frac{R_{\ddot{a}m}}{R_g}}. \qquad (17.46)$$

Ist $R_{\ddot{a}_m}/R_g$ groß, so erhält man die bekannte Merkformel

$$N_{\text{opt}}/\Delta f\,[\text{in } k\,T_0] = 1 + 4\,\alpha_m, \qquad (17.47)$$

wobei

$$\alpha_m = R_{\ddot{a}_m}/R_g. \qquad (17.48)$$

Es läßt sich zeigen, daß die verschiedenen Schaltungsarten der Triode (Gittersteuerung, *Kathodensteuerung*) empfindlichkeitsmäßig gleich sind, wenn die Zuleitungsverluste in beiden Fällen dieselben sind. Man kann also auch im Falle der Kathodensteuerung (17.46) anwenden, muß nur dann den *äquivalenten* elektronischen Eingangswiderstand für den Fall der Gittersteuerung einsetzen. Dieser ist unter Umständen um Faktoren 2···3 größer als der wirkliche Eingangswiderstand derselben Röhre bei Kathodensteuerung. Man kann aber mit diesem rechnen, da ja die Zuleitungsverluste bei Kathodensteuerung leicht verringert werden können.

Die Größe der wirksamen Induktivitäten kann durch Gegentakt-Gleichtakt-Messungen ermittelt werden. So errechnet sich die Empfindlichkeit einer Röhre mit der Kennlinie $J = 1{,}2\, U^{1,2}$ als Empfangsverstärker, deren Daten bei $\lambda = 50$ cm sind:

$$R_{\ddot{a}} \approx (2{,}5/5 \cdot 10^{-3})\ \Omega = 400\ \Omega$$

$$R_g = 400\ \Omega;\ p_g = 5$$

nach Formel (17.46) zu

$$N_{\text{opt}}/\Delta f\ [\text{in } k\, T_0] = 1 + 2 + 2\sqrt{6} \approx 8.$$

Bei Kathodensteuerung muß man $R_g = 800\ \Omega$ ansetzen und erhält:

$$N_{\text{opt}}/\Delta f = (5 \cdots 6)\, k\, T_0.$$

Wie bereits erwähnt, errechnet sich die Empfindlichkeit der Trioden*misch-stufe* in erster Näherung ebenfalls nach (17.46), wenn man $R_{\ddot{a}}$ durch $R_{\ddot{a}_m}$ ersetzt. Für die genannte Röhre findet man für einen normalen Betriebspunkt:

$$U_{g_0} = -3\text{ V};\quad D = 2\%;\quad U_{a_0} = 280\text{ V};\quad U_g = 10\text{ V};\quad U_a = 0:$$

$$-\cos\Theta = \frac{U_{g_0} + D U_{a_0}}{U_{g_\sim} + D U_{a_\sim}} \approx 0{,}2,$$

also nach Abb. 13, Teil V:

$$R_{\ddot{a}_m}^{*} = 2{,}5\, \frac{1}{1{,}2 \cdot 10^{0,2}} \cdot 4{,}5\text{ k}\Omega = 6\text{ k}\Omega.$$

Der Kreiswiderstand R_k liegt bei den meist benutzten Topfkreisen bei 30 kΩ, so daß bei $\lambda = 50$ cm die Bedingung $R_k \gg R_g$ erfüllt ist. Nach (17.46) folgt mit $R_g = 0{,}8\text{ k}\Omega$:

$$N_{\text{opt}}/\Delta f\ [\text{in } k\, T_0] = 1 + 2\,\frac{6}{0{,}8} + 2\sqrt{\left(\frac{6}{0{,}8}\right)^2 + 5\,\frac{6}{0{,}8}} = 35.$$

Ähnliche Werte wurden bei Mischung am Gitter *ohne* Anbringung einer Rauschgegenkopplung im Frequenzgebiet um $\lambda = 50$ cm gemessen.

Häufig ist es technisch einfacher, die Oszillatorspannung auf die Anode wirken zu lassen. Aus Abb. 13, Teil V, und (17.43) ist es ersichtlich, daß für die Oszillatoramplitude dann ebenso ein Optimum besteht. Für $n = 1{,}5$ z. B. liegt dieses bei $-\cos\Theta = 0{,}2$ oder $\Theta = 120^0$. Ein solches Optimum konnte meßtechnisch festgestellt werden, indem die Oszillatorspannung resp. die Anodenspannung der Mischstufe geändert wurden. Beispiel für einen Betriebspunkt:

$$U_{g_0} = -1\text{ V};\quad U_{a_0} = 140\text{ V};\quad D = 2\%;\quad U_{a_\sim} = 120\text{ V}$$

$$-\cos\Theta = \frac{-1 + 0{,}02 \cdot 140}{0{,}02 \cdot 120} \approx +0{,}58$$

($U_{g_\sim} = 0$ gesetzt); für $n = 1{,}2$ ergibt sich:

$$R_{\ddot{a}_m} = 2{,}5\, \frac{6{,}5}{1{,}2 \cdot 120} \cdot 0{,}2\text{ k}\Omega = 5{,}4\text{ k}\Omega;$$

$$N_{\text{opt}}/\Delta f \approx 32\, k\, T_0.$$

Nach der vereinfachten Formel:

$$N_{\text{opt}}/\Delta f = (1 + 4\,\alpha_m)\,k\,T_0$$

mit $\alpha_m = 5{,}4/0{,}8 = 6{,}7$ ergibt sich:

$$N_{\text{opt}}/\Delta f = 28\,k\,T_0.$$

§ 18. Genauere Berechnung der Empfindlichkeit und der Fall merklichen Gitter-Eingangswiderstandes der ersten ZF-Röhre

Nach (17.38) und (17.48) ist also jetzt

$$\alpha_m = R_{\ddot{a}_m}/R_g = p_T \cdot \frac{S_g}{S_c^2 \cdot R_g}. \tag{18.49}$$

S_g, die Richtkennliniensteilheit, kann, wenn keine Laufzeiteinflüsse vorliegen, der mittleren Steilheit gleichgesetzt werden, da

$$\bar{S} = \frac{1}{2\pi}\int_{-\Theta}^{+\Theta}\left(\frac{\partial J_0}{\partial U_0}\right)_{U_\sim = \text{const}} \cdot d\omega t = \frac{1}{2\pi}\left(\frac{\partial}{\partial U_0}\int_{-\Theta}^{+\Theta} I_0\,d\omega t\right)_{U_\sim = \text{const}} = S_g.$$

Der Integrand verschwindet für $\omega t = \Theta$ bzw. $\omega t = -\Theta$, so daß die Differentiation der Integralgrenzen keinen Beitrag liefert. Es ist also:

$$\alpha_m = p_T\,\frac{\bar{S}}{S_c^2 \cdot R_g} = p_T\,\frac{1}{R_{i_z} \cdot S_c^2 \cdot R_g}. \tag{18.50}$$

Bei Einführung von (18.50) in (16.26) wird:

$$N_{\text{opt}}/\Delta f = 4\,\alpha_m\left(1 + \frac{1}{x \cdot p_T}\right) k\,T_0. \tag{18.51}$$

Mit $p_T = 2{,}5$ wird also die Empfindlichkeit des Triodensupers:

$$N/\Delta f\ [\text{in } k\,T_0] = 1 + 4\left(1 + \frac{1}{2{,}5 \cdot x}\right)\alpha_m. \tag{18.52}$$

Nun kann man ansetzen, daß über den Eingangswiderstand der Röhre die Leistung in einem nur von den Kennwerten der Röhre abhängigen Verhältnis $R_g/R_i = C$ auf R_i übertragen wird. Oder R_g kann bezüglich der Seite II Abb. 7 durch $C\,R_i$ ersetzt gedacht werden. Damit wird dann, wenn weiter $R_i = 1/\bar{S}$ aus (16.25):

$$\eta = \left(\frac{S_c}{\bar{S}}\right)^2 \cdot C \cdot \left(\frac{1}{1+x}\right)^2 \cdot \bar{S} \cdot R_{k_2}^{*} = C \cdot \left(\frac{S_c}{\bar{S}}\right)^2 \cdot \frac{x}{(1+x)^2},$$

wenn $\bar{S} \cdot R_{k_2}^{*} = x$. Das Maximum dieser Funktion ist einfach

$$\eta_{\text{opt}} = \frac{C}{4}\left(\frac{S_c}{\bar{S}}\right)^2,$$

eine neue, für die Mischung charakteristische Funktion, deren Betrag nach kleinen Stromflußwinkeln zunimmt; vgl. [6]. Der von x abhängige Teil der Funktion für die Gesamtempfindlichkeit ist nach (17.45) mit

$$\eta = 4\,\eta_{\text{opt}}\,\frac{x}{(1+x)^2}$$

$$N' = \frac{\alpha(1+x)^2 + 1 + p\,x}{x}.$$

Bildet man $\frac{\partial N}{\partial x} = 0$ bzw. sucht man den x-Wert im Minimum der Funktion, so ergibt sich

$$x = \sqrt{\frac{1+\alpha}{\alpha}}. \qquad (18.53)$$

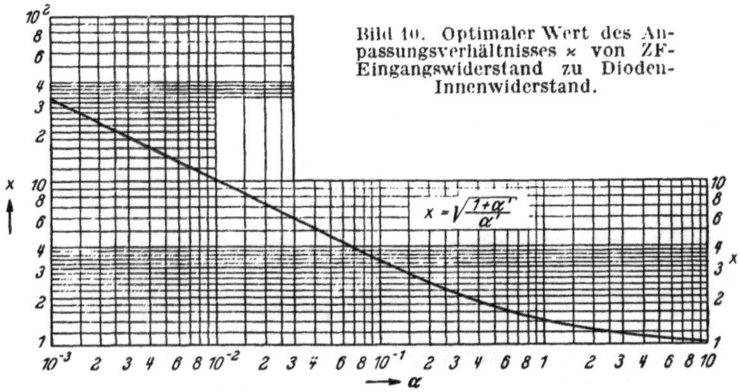

Bild 10. Optimaler Wert des Anpassungsverhältnisses x von ZF-Eingangswiderstand zu Dioden-Innenwiderstand.

Abb. 10 stellt wie V, 7 diese Funktion $x = f(\alpha)$ dar. Hieraus bestimmt man zu dem vorgegebenen α den in (18.52) einzusetzenden x-Wert. Aus (18.52) entnimmt man, daß die optimal erreichbare Empfindlichkeit ($\alpha \ll 1$ bzw. $x \gg 1$) wieder bei:

$$N_{R\,\text{opt}}/\Delta f = (1 + 4\,\alpha_m)\,k\,T_0 \qquad (18.54)$$

liegt. Bei Leistungsanpassung $x = 1$, erhält man den Grenzwert:

$$N_R/\Delta f = (1 + 5{,}6\,\alpha_m)\,k\,T_0. \qquad (18.55)$$

Zwischen diesen Werten liegen die zu den jeweiligen α-Werten zugehörigen Empfindlichkeiten. Der gleiche Wert (18.52) findet sich auch, wenn man zunächst die optimale (kleinste) Rauschleistung des Eingangskreises berechnet, (Klemmen [1; 2], Abb. 7), wobei die Triode durch $R_{\ddot{a}_m}$ berücksichtigt wird und dann die Rauschspannung an (3; 4), Abb. 7, mittels des Mischwirkungsgrades auf die Antennenseite überträgt. Die Berechnung für eine Widerstandskombination, wie sie in Seite I der Abb. 7 bis zu den Klemmen (1; 2) gegeben ist, führt zu (17.46). Die minimale Rauschleistung an (1; 2) beträgt danach:

$$\frac{E^2}{4\,R_{A_0}} = N_1/\Delta f\ [\text{in } kT_0] = 1 + 2\,\frac{R_{\ddot{a}m}}{R_g} + 2\sqrt{\left(\frac{R_{\ddot{a}m}}{R_g}\right)^2 + p_g\,\frac{R_{\ddot{a}m}}{R_g}},$$

wenn $R_g \ll R_{K_1}$.

Die Rauschspannung an (3'; 4') wird

$$\overline{u^2} = 4\,kT_0\,\Delta f\left[R^*_{\ddot{a}_2} + \frac{1}{R^*_{k_2}}\left(\frac{R_i \cdot R^*_{k_2}}{R_i + R^*_{k_2}}\right)^2\right].$$

Die Rauschleistung an (3; 4) wird auf den zwischenfrequenten Eingangswiderstand $R^*_{K_2}$ bezogen, da der Mischwirkungsgrad ebenfalls als das Leistungsverhältnis bezüglich $R^*_{k_2}$ definiert ist:

$$\frac{N_2}{\Delta f} = 4\left[\frac{R^*_{\ddot{a}_2}}{R^*_{k_2}} + \left(\frac{R_i}{R_i + R^*_{k_2}}\right)^2\right] k T_0.$$

Die gesamte, auf die Eingangsklemmen übertragene Rauschleistung beträgt daher:

$$\frac{N}{\Delta f} = \left[N_{1\,\mathrm{opt}} + \frac{4}{\eta}\left(\alpha + \frac{1}{(1+x)^2}\right)\right] k T_0 \tag{18.56}$$

$$\alpha = \frac{R^*_{\ddot{a}_2}}{R^*_{k_2}}\,; \quad x = R^*_{k_2}/R_{i_2}.$$

Nun ist $N_{1\,\mathrm{opt}}/\Delta f \approx 1 + 4\,\alpha_m$, wenn

$$\sqrt{p_g}\,\frac{R_{\ddot{a}m}}{R_g} \ll \frac{R_{\ddot{a}m}}{R_g},$$

also bei Einführung von η nach (16.23):

$$\frac{N}{\Delta f}[\text{in } kT_0] = 1 + 4\,\alpha_m + 4\,\frac{1}{R_g \cdot S_c^2 \cdot R^*_{k_2}}\left(1 + \alpha\,[x + 1]^2\right). \tag{18.57}$$

Da im allgemeinen $\alpha \ll 1$, kann man angenähert schreiben:

$$\frac{N}{\Delta f}[\text{in } kT_0] \approx 1 + 4\left(\alpha_m + \frac{1}{S_c^2 \cdot R_g \cdot R^*_{k_2}}\right). \tag{18.58}$$

Berücksichtigt man, daß nach (18.49)

$$\alpha_m = p\,\frac{S_g}{S_c^2 \cdot R_g},$$

so folgt:

$$\frac{N}{\Delta f}[\text{in } kT_0] \approx 1 + 4\,\alpha_m\left(1 + \frac{1}{p_T \cdot S_g \cdot R^*_{k_2}}\right).$$

Nun ist

$$x = R^*_{k_2}/R_{i_2} = R^*_{k_2} \cdot S_g.$$

also

$$\frac{N}{\Delta f}[\text{in } kT_0] \approx 1 + 4\left(1 + \frac{1}{p_T} \cdot \frac{1}{x}\right)\alpha_m. \tag{18.59}$$

Mit $p_T = 2{,}5$ erhält man also wieder:

$$\frac{N}{\Delta f} = \left[1 + 4\left(1 + \frac{1}{2{,}5 \cdot x}\right)\alpha_m\right] k T_0; \tag{18.60}$$

vgl. (18.52). Für Leistungsanpassung auf Seite II in Abb 7 ist $x = 1$, also

$$N \approx 1 + 5{,}6\,\alpha_m.$$

Der oben angegebene Empfindlichkeitswert beim Betriebspunkt

$$U_{g_0} = -1\text{ V}; \quad U_{a_0} = 140\text{ V}; \quad D = 2\%; \quad U_\sim = 120\text{ V};$$

$$R_g = 0{,}8\text{ k}\Omega$$

$$U^*_{st_0} = -\cos\Theta = +0{,}58\text{ V}$$

für $k = 1{,}2$ und $n = 1{,}2$; $R_{ä_m} = p_T \frac{6{,}5}{1{,}2 \cdot 120^{0{,}2}} = 5{,}4\,\mathrm{k\Omega}$
ändert sich dann $N_R/\Delta f$ von $28\,k\,T_0$ in $N_R/\Delta f = 1 + 5{,}6 \cdot 6{,}7 = 38\,k\,T_0$.

Fall merklichen ZF-Eingangswiderstandes (hohe Zwischenfrequenz). Bei Zwischenfrequenzen von etwa 20 MHz an aufwärts macht sich in zunehmendem Maße die Eingangswiderstandsverkleinerung durch den elektronischen

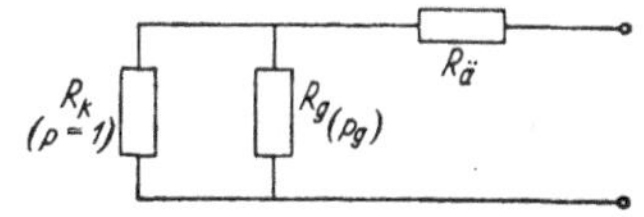

Abb. 11. Rauschquellenersatzbild der Eingangsschaltung bei hoher Zwischenfrequenz.
R_k = *Kreiswiderstand;*
R_g = *Gittereingangswiderstand;*
p_g = *Rauschfaktor von* R_g*;*
$R_ä$ = *äquivalenter Rauschwiderstand der ersten Verstärkerröhre.*

Leitwert des Gittereingangs und sein Rauschen bemerkbar. Das kann man durch Einführung eines neuen α-Wertes des ZF-Verstärkers berücksichtigen. Das Rauschspannungsquadrat der Anordnung Abb. 11 ist gegeben durch:

$$\overline{u^2} = 4\,k T_0 \Delta f \left[\left(\frac{p_g}{R_g} + \frac{1}{R_k}\right)\left(\frac{R_g \cdot R_k}{R_g + R_k}\right)^2 + R_ä\right] \tag{18.61}$$

R_g = *Gittereingangswiderstand;*
p_g = *Rauschfaktor;*
$R_ä$ = *äquivalenter Rauschwiderstand der 1. Verstärkerröhre;*
R_k = *Kreiswiderstand.*

Der Klammerausdruck kann als neuer äquivalenter Rauschwiderstand $R_ä$ aufgefaßt werden und daraus folgt für α der neue Wert

$$\alpha' = \frac{R_ä'}{R_p} = \left(\frac{p_g}{R_g} + \frac{1}{R_k}\right)\frac{R_g \cdot R_k}{R_g + R_k} + \frac{R_ä}{R_g \cdot R_k/(R_g + R_k)}.$$

In dem Gebiet hoher ZF läßt sich wiederum leicht ein Kreiswiderstand erzielen, der groß gegen den Eingangswiderstand der Verstärkerröhren ist. Es kann also $R_k \gg R_g$ angenommen werden und damit wird weiter:

$$\alpha' = R_g\left(\frac{p_g}{R_g} + \frac{1}{R_k}\right) + \frac{R_ä}{R_g} \approx p_g + R_ä/R_g. \tag{18.62}$$

Da $p_g = 5$, so folgt

$$\alpha' = 5 + R_ä/R_g. \tag{18.63}$$

Nun liegt $R_ä/R_g$ zwischen 0,5 und 1, so daß sich sehr große α'-Werte von 5⋯6 ergeben. Berücksichtigt man dies, so gilt nicht mehr der Übergang von (18.57) und (18.58); vielmehr ergibt sich aus (18.57):

$$\frac{N}{\Delta f}[\text{in } kT_0] = 1 + 4\,\alpha_m + 4\,\frac{\alpha_m}{p_T \cdot x}(1 + \alpha\,[1 + x]^2). \tag{18.64}$$

Nun ist $x = R_p{}^*/R_{i_2}$ und $R_p = \frac{R_g \cdot R_{k_2}}{R_g + R_{k_2}}$; für $R_g \ll R_{k_2}$ wird $R_p \approx R_g$. Nehmen wir wieder Leistungsanpassung an, $x = 1$, so wird (18.64) zu (18.65):

$$\frac{N}{\Delta f} = \left[1 + 4\,\alpha_m\left(1 + \frac{1 + 4\,\alpha}{p_T}\right)\right] kT_0. \tag{18.65}$$

Wenn man hier für α den α'-Wert einführt und p_T wieder gleich 2,5 setzt, so ergibt sich mit $\alpha_m = 6{,}7$ (wie oben)

$$N/\Delta f \approx 250\, k\, T_0.$$

Man ersieht, daß die Empfindlichkeit bei solchen α-Werten praktisch durch den ZF-Verstärker bestimmt ist.

§ 19. Abhängigkeit der Empfindlichkeit vom zwischenfrequenzseitigen Transformationsverhältnis

Die Abhängigkeit der Empfindlichkeit vom zwischenfrequenzseitigen Transformationsverhältnis ist durch (18.53) gegeben; dazu Abb. 10. Je größer α, um so mehr nähert sich x dem Wert 1 (Anpassung). Je kleiner α (bzw. α'), um so größer muß x eingestellt werden und um so kleiner ist dann auch $N/\Delta f$ nach (18.52), also die Empfindlichkeit um so besser. Wenn α in der Größe von $5 \cdot 10^{-2}$ bis $5 \cdot 10^{-1}$ liegt, erhält man einen Wert x_{opt} von 2…4 und damit aus (18.60) eine Empfindlichkeit:

$$(1 + 4{,}4\,\alpha_m)\, k\, T_0 < N/\Delta f < (1 + 4{,}8\,\alpha_m)\, k\, T_0.$$

Die optimal erreichbare Empfindlichkeit ($\alpha \ll 1$; $x \gg 1$) liegt bei

$$N/\Delta f = (1 + 4\,\alpha_m)\, k\, T_0.$$

Bei Leistungsanpassung, $x = 1$, erhält man:

$$N/\Delta f = (1 + 5{,}6\,\alpha_m)\, k\, T_0.$$

Vernachlässigt man α bzw. α' in (9.26) nicht, so ist die allgemeine Formel

$$\frac{N}{\Delta f}[\text{in}\, kT_0] = 1 + 4\left(1 + \frac{1}{p_T \cdot x}\right)\alpha_m + \frac{4}{\eta}\,\alpha'$$

oder die hiermit identische Formel (18.64).
Die Abhängigkeit von x ergibt sich durch Differentiation von (18.64) wieder zu (18.53)

$$x = \sqrt{\frac{1+\alpha'}{\alpha'}}.$$

Da α' zwischen 5 und 6 liegt, ist *x praktisch gleich eins.* Die allgemeine Merkregel für α ist als mit x zu verknüpfen: *α (oder α') soll möglichst* klein *sein, damit x möglichst* groß *gewählt werden kann.*
Das bedeutet, $R^*_{k_2}$ bzw. R_g sollen möglichst hochohmig sein, *die Triode muß auf einem möglichst hochohmigen Kreis arbeiten.*

§ 20. Abhängigkeit vom Stromflußwinkel

Da $p_T = \text{const}$ angenommen werden darf, gilt hier für die Abhängigkeit von Θ nach (18.64):

$$\frac{N(\Theta)}{\Delta f}\,[\text{in}\, kT_0] = 1 + 4\,\alpha_m(\Theta) + 4\,\frac{\alpha_m(\Theta)}{p_T \cdot x(\Theta)}\left\{1 + \alpha\,[x(\Theta) + 1]^2\right\}. \quad (20.66)$$

Es sind nun 2 Fälle zu unterscheiden:

Fall 1: Wert α des ZF-Verstärkers ist klein gegen 1 bzw. die Zwischenfrequenz liegt so niedrig, daß der Gittereingangswiderstand der ersten Röhre in der Größe der Kreiswiderstände liegt. Dann kann man ohne die Bedingung, daß x groß sein soll, verletzen zu müssen, den Wert von x dem jeweiligen Θ-Wert anpassen. Das bedeutet: wenn durch die Abhängigkeit $\alpha_m(\Theta)$ ein bestimmtes Optimum von Θ vorgegeben ist, so ist damit auch ein bestimmter Wert R_{i_z} gegeben; x ist also dann bei gleichem Wert $R^*_{K_2}$ ebenfalls fest gegeben. Da aber $R^*_{K_2} \gg R_{i_z}$, so genügt der Wert bei Θ-Variation immer noch der Bedingung $x > 1$. Zu betrachten ist somit die Funktion:

$$\frac{N(\Theta)}{\Delta f}\,[\text{in } kT_0] = 1 + 4\,\alpha_m(\Theta)\left[1 + \frac{1}{p_T \cdot x(\Theta)}\right]. \tag{20.67}$$

Der entscheidende Funktionsteil in (20.67) ist

$$\alpha_m(\Theta) = \frac{p_T}{R_g} \cdot \frac{S_g}{S_c^2} = \text{const} \cdot \frac{S_g}{S_c^2}.$$

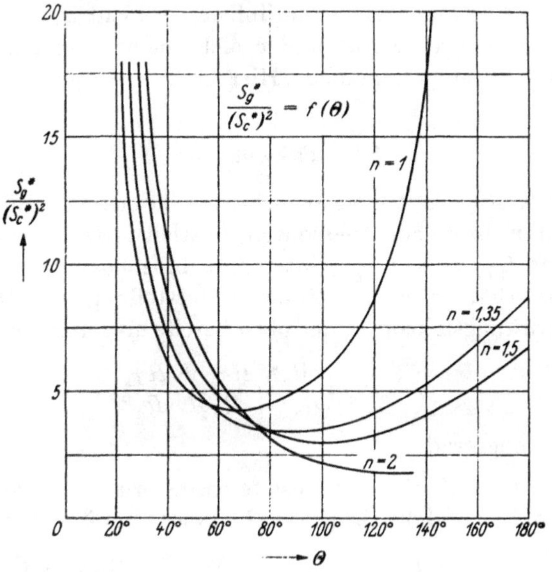

Abb. 12. Abhängigkeit der Mischrauschfunktion vom Stromflußwinkel

$S_g^*/(S_c^*)^2 = f(\Theta)$

$S_g/S_c^2 = \frac{1}{KU_{st}^{n-1}} \cdot \frac{S_g^*}{(S_c^*)^2}$

S_g^* und S_c^* sind die reduzierten Steilheiten.

In Abb. 12 ist das Verhältnis der reduzierten Funktionen

$$S_g^* = \frac{S_g}{KU_{st}^{n-1}}; \qquad S_c^* = \frac{S_c}{KU_{st}^{n-1}}$$

aufgetragen für verschiedene Kennlinienexponenten. Danach liegt im allgemeinen ein Optimum bei

$$60^0 < \Theta < 90^0 \quad \text{für } 1 < n < 1{,}3;$$
$$90^0 < \Theta < 120^0 \quad \text{für } 1 < n < 1{,}6.$$

Wir entnehmen dieser Tatsache, daß beim normalen Triodensuper ein Übergang in starken C-Betrieb nur empfindlichkeitsverschlechternd wirkt, solange nicht durch eine Rückwirkung (bewirkt durch größeren Durchgriff oder äußere Rückkopplung) eine Rauschkompensation eintritt (vgl. weiter unten).

Fall 2. Wert α des ZF-Verstärkers ist nahezu 1 und größer. In diesem Fall sei z. B. hohe ZF angenommen, $\alpha = \alpha'$. Wir dürfen also dann (20.66) nicht vereinfachen und müssen (20.68) betrachten.

$$\frac{N(\Theta)}{\Delta f}\,[\text{in } kT_0] = 1 + 4\,\alpha_m(\Theta)\left\{1 + \frac{1 + [x(\Theta) + 1]^2 \cdot \alpha'}{p_T \cdot x(\Theta)}\right\}. \tag{20.68}$$

Da nun $x = R_g/R_{i_z}(\Theta)$ bei hoher Frequenz ($R_g \approx R_{i_z}$) günstigerweise gleich 1 eingestellt wird, darf man den Stromflußwinkel nicht auf kleine Werte einstellen, da dann R_i steigen würde und x nicht mehr dem aus $\alpha' \approx 1 \cdots 5$ resultierenden Optimalwert entspräche. Hier ist $\Theta \geqq 90^0$ einzustellen.

§ 21. Rückwirkung

Nach (6.15) und (6.16) erhält man auch bei der Triode eine Rückwirkung der zwischenfrequenten bzw. hochfrequenten Lastleitwerte G_z und G_h auf die Eingangsleitwerte G_{T_h} bzw. G_{T_z}. Unter Annahme hochfrequenzseitiger Leistungsanpassung erhält man eine einfache Darstellung der Rückwirkung in Form des Rückwirkungsfaktors γ, der oben bereits eingeführt wurde (vgl. [6]):

$$\eta = S_c^2 \left(\frac{R_a^* \cdot R_{T_z}}{R_a^* + R_{T_z}}\right)^2 \cdot \frac{R_{T_h}}{R_a^*} \tag{21.69}$$

ist der Mischwirkungsgrad.

R_a^* ist der auf die Anodenseite transformierte Außenwiderstand, R_{T_z} und R_{T_h} sind die reziproken Leitwerte der Triode für HF und ZF,

$$R_{T_z} = \frac{D\overline{S} + G_h}{D\overline{S}\,(D\overline{S} + G_h) - D^2 S_c^2}; \quad R_{T_h} + \frac{D\overline{S} + G_z}{D\overline{S}\,(D\overline{S} + G_z) - D^2 S_c^2}.$$

Damit folgt aus (21.69)

$$\eta' = S_c^2 \left[\frac{\dfrac{D\overline{S} + G_h}{D\overline{S}\,(D\overline{S} + G_h) - D^2 S_c^2}}{R_a^* + \dfrac{D\overline{S} + G_h}{D\overline{S}\,(D\overline{S} + G_h) - D^2 S_c^2}}\right]^2 \cdot \frac{R_a^*\,(D\overline{S} + G_z)}{D\overline{S}\,(D\overline{S} + G_z) - D^2 \cdot S_c^2}$$

oder:

$$\eta' = \left[\frac{S_c}{R_a^*\left(D\bar{S} - \left(\frac{D^2 \cdot S_c^2}{D\bar{S} + G_z}\right) + 1\right)}\right]^2 \cdot \frac{R_a^*}{D\bar{S} - \frac{D^2 \cdot S_c^2}{D\bar{S} + G_z}} \cdot \tag{21.70}$$

Nehmen wir wieder an, daß $G_h \to \infty$, so ist:

$$\eta' = \left(\frac{S_c}{\bar{S}}\right)^2 \cdot \left(\frac{R_a^* \cdot \bar{S}}{1 + D\bar{S} \cdot R_a^*}\right)^2 \cdot \frac{D\bar{S} + G_z}{D\bar{S}\,(D\bar{S} + G_z) - S_c^2} \cdot \frac{1}{R_a^*}. \tag{21.71}$$

Mit der Bezeichnung

$$x = R_a^*/R_i = R_a^* \cdot \bar{S} = \bar{S}/G_z$$

wird (21.71) zu (21.72):

$$\eta' = \left(\frac{S_c}{\bar{S}}\right)^2 \cdot \frac{x}{(1+Dx)^2} \cdot \frac{Dx + 1}{D^2 x + D - (S_c/\bar{S})^2 x} \tag{21.72}$$

$$= \eta \, \frac{(1 + x)^2}{(Dx + 1)\,[D\,(1 + x^2) - x\,(S_c/\bar{S})^2]};$$

$$\eta' = \eta \cdot \gamma.$$

Der Rückwirkungsfaktor γ ist hier komplizierter als bei Dioden und vom Durchgriff abhängig. Wir verzichten auf eine Darstellung, da die Rückwirkung praktisch nicht über den Durchgriff, der ja konstant ist, sondern über eine zusätzliche äußere Rückkopplung ausgenutzt wird. Die mit dieser Rückwirkung verbundene Rauschkompensation kann man sich in einfacher Weise aus den Rauscheigenschaften klarmachen. Hochfrequenter und zwischenfrequenter Anteil der Rauscheinströmung der Triode seien gegeben durch:

$$I_{T_h} = \frac{1}{2T} \int_{-T}^{+T} I_h(t)\, e^{j(f_h/f)\,\omega_h t/T}\, dt; \tag{21.73}$$

$$I_{T_z} = \frac{1}{2T} \int_{-T}^{+T} I_z(t)\, e^{j(f_z/f)\,\omega_z t/T}\, dt, \tag{21.74}$$

wobei diese Mittelwerte über die Beobachtungszeit $2\,T$ erstreckt seien. Dabei gilt:

$$f_h = \frac{\omega_h}{2\pi}; \quad f_z = \frac{\omega_z}{2\pi};$$

$$\varphi = \omega t = 2\pi f t.$$

Bei Transformation des hochfrequenten Anteils auf die ZF-Seite wird:

$$I'_{T_h} = \frac{1}{2T} \int_{-T}^{+T} I_h(t)\, e^{j(f_h/f)\,\varphi/T}\, df \cdot \frac{-DS_c}{G_h \cdot D \cdot \bar{S}}, \tag{21.75}$$

wobei G_h = *äußerer, hochfrequenter Leitwert.* Dieser Anteil würde also auf der ZF-Seite einen Teil von J_{T_z} kompensieren, wenn, wie bei Dioden, der Bruch für $\Theta \to 0$ gegen (-1) gehen würde. Das ist aber hier schlechthin unerreichbar, da dann $G_h \ll D\bar{S}$ sein müßte. Durch eine äußere Rückkopplung läßt sich aber die zwischenfrequente Rauscheinströmung gegenphasig zur hochfrequenten addieren:

$$J_T = \frac{1}{2T}\int_{-T}^{+T} J_h(t)\, e^{j(f_h/f)\varphi/T}\, dt - x\,\frac{1}{2T}\int_{-T}^{+T} J_z(t)\, e^{j(f_z/f)\varphi/T}\, dt, \qquad (21.76)$$

wobei x den Kopplungsfaktor bedeutet. Die Aussteuerung durch den Oszillator muß dabei groß sein bzw. $\Theta = - U_{st_0}/U_{st_\sim}$ klein sein, da ja φ annähernd Null sein muß, wenn die Anteile von J_T sich kompensieren sollen; φ ist klein bzw. Null für Elektronen, die während der kurzen positiven Aussteuerungsmomente bei extremem C-Betrieb ($\Theta \ll 90^0$) fast gleichphasig übertreten. Damit ist die Möglichkeit einer vollständigen Kompensation der hochfrequenten Einströmung gegeben. Man vergleiche hierzu J. M. O. Strutt [27]. Dort ist der Satz bewiesen, daß das Verhältnis *Signal* : *Rauschen* am Ausgang irgendeines linearen, passiven Vierpols durch Anwendung einer linearen, negativen Rückkopplung nicht geändert werden kann; vgl. auch [26]. Dieser Satz ist auf das Vierpolersatzbild des Dioden- oder Triodensupers nicht anwendbar, da diese Vierpole negative Leitwerte enthalten (aktiv!) und nur als Ersatzbilder für Ausgangs- und Eingangswiderstand zu werten sind. Die entscheidenden Ersatzbilder für die Rauschquellen sind Sechspole (Abb. 13a···c).

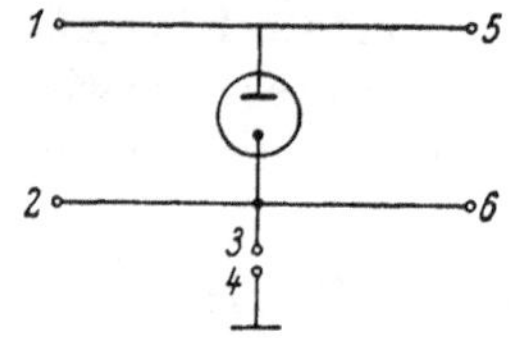

Abb. 13a. Diodensuper als Sechspol.
(1; 2) ≙ HF;
(3; 4) ≙ Oszillator;
(5; 6) ≙ ZF.

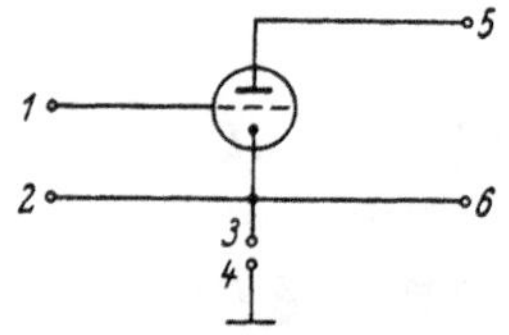

Abb. 13b. Triodensuper als Sechspol.
(1; 2) ≙ HF;
(3; 4) ≙ OF;
(5; 6) ≙ ZF.

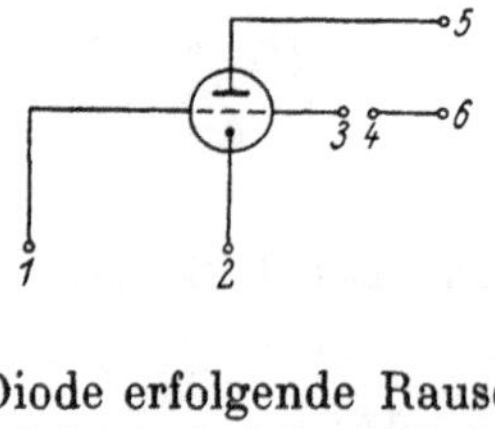

Abb. 13c. Triodensuper, kathodengesteuert.
(1; 2) ≙ HF;
(3; 4) ≙ OF;
(5; 6) ≙ ZF.

Die bei der Diode erfolgende Rauschkompensation der kohärenten Ströme in (1; 2) und (5; 6) kann bei der Triode durch eine Rückkopplung von (3; 4) nach (1; 2) in (5; 6) erhalten werden, sofern die Rauschströme in (3; 4) bzw. (5; 6) kohärent sind. Für diese Anordnungen gilt also der Satz für 6 Pole, der besagt, daß durch eine geeignete Rückkopplung zweier Klemmenpaare, die bezüglich des Rauschens koordiniert sind, eine *Rauschkompensation* am 3. Klemmenpaar erreicht werden kann. Infolge des Aufbaues ist es bei einer Anordnung mit Gittersteuerung (Abb. 13b) technisch schwieriger, eine solche Rückkopplung (3; 4) nach (1; 2) anzubringen, als bei Kathodensteuerung (Abb. 13c). Man koppelt hier (1; 2) und (3; 4), indem man z. B. bei Hohlraumkreisen eine verbindende Stichleitung durch die Hohlräume führt; vgl. dazu § 24 oder Abb. 21 Eine Schlitzkopplung der Hohlraumkreise ergibt nicht die notwendige Phasenänderung. Daher muß eine Leitung als Transformationsglied an den Koppelstift angesetzt werden. Diese Rauschgegenkopplung bewirkt nun aber bei hohen Frequenzen auch eine Herabsetzung des elektronischen Eingangswiderstandes, die vom Grad der Kopplung abhängig ist. Es kommt darauf an, inwieweit die Rauschkompensation die durch die Widerstandssenkung bedingte Signalspannungsverkleinerung überwiegt. So kann man in einem solchen Falle die Rückkopplung auch durch eine Induktivität in der Kathodenleitung realisieren. Dann verringert sich der Rauschstrom auf

$$\overline{i_{s_1}} = \overline{i_s} \cdot R_e/R, \qquad (21.77)$$

wobei $R_e < R$

R_e = *Eingangswiderstand der Röhre mit Kathodeninduktivität*

R = *Eingangswiderstand der Röhre ohne Kathodeninduktivität.*

Da die äquivalente Gitterrauschspannung $\overline{u_g}$ proportional $\overline{i_s}$ ist, so wird $\overline{u_g}$ auf

$$u_{g_1} = \overline{u_g} \cdot R_e/R$$

erniedrigt und nach

$$R_ä = \frac{\overline{u_g}^2}{4\,k T_0 \cdot \Delta f} \qquad (21.78)$$

der äquivalente Rauschwiderstand auf

$$R_{ä_1} = R_ä\,(R_e/R)^2; \qquad (21.79)$$

der für die Empfindlichkeit entscheidende Wert

$$\alpha = R_ä/R$$

ist zu:

$$\alpha_1 = \frac{R_{ä_1}}{R_e} = \frac{R_ä}{R_e} \cdot \left(\frac{R_e}{R}\right)^2 = \alpha\, R_e/R, \qquad (21.80)$$

also kleiner geworden. Während somit beim Diodensuper die Rückwirkung vom ZF-Kreis auf den HF-Kreis über den Durchgriff $D = 100\%$ schon schaltungsmäßig hergestellt ist und damit eine Ausnutzung der partiellen Abhängigkeit der Rauschanteile in der Rauschkompensation möglich wird, ist beim Triodensuper diese Rückwirkung durch äußere Rückkopplung zu erzeugen. Ihre Einstellung ist sehr kritisch, zumal die bei Dioden nicht auftretende Schwingneigung zu inkonstanten Verhältnissen führt.

§ 22. Oberwellenmischung [1])

Wenn man mit der 2., 3. ··· Oberwelle mischt, so ist die Zwischenfrequenz z durch $\omega_z = 2\,\omega - \omega_h$; $\omega_z = 3\,\omega - \omega_h$ ··· gegeben. Dadurch treten bei der Fourier-

[1]) Über Mischung mit Oberwellen siehe auch [2].

entwicklung der Funktionen von Strom und Steilheit die Glieder $a_2 \cos 2\omega t$; $a_3 \cos 3\omega t \cdots$ auf bzw. die Fourierkoeffizienten:

$$\left.\begin{aligned}
a_2 &= \frac{1}{\pi}\int_0^{2\pi} J\,[U_{g_0} + DU_{a_0} + (U_{g_{0z}} + DU_{a_{0z}})\cos\omega t]\cos 2\,\omega t\,d\omega t;\\
a_3 &= \frac{1}{\pi}\int_0^{2\pi} J\,[U_{g_0} + DU_{a_0} + (U_{g_{0z}} + DU_{a_{0z}})\cos\omega t]\cos 3\,\omega t\,d\omega t;\\
b_2 &= \frac{1}{2\pi}\int_0^{2\pi} S\,[U_{g_0} + DU_{a_0} + (U_{g_{0z}} + DU_{a_{0z}})\cos\omega t]\cos 2\,\omega t\,d\omega t;\\
b_3 &= \frac{1}{2\pi}\int_0^{2\pi} S\,[U_{g_0} + DU_{g_0} + (U_{g_0} + DU_{a_{0z}})\cos\omega t]\cos 3\,\omega t\,d\omega t;
\end{aligned}\right\}\quad (22.81)$$

vgl. (2.3) und (2.4) sowie (2.7) und (2.8). Es gilt wieder: $b_2/2 = S_{c_2}$; $b_3/2 = S_{c_3}$ usw. Bei Einführung der Steuerspannung erhalten wir die allgemeine Gleichung:

$$S_{c_l} = \frac{1}{2\pi}\int_{-\Theta}^{+\Theta} S\,[U_{st_0} + U_{st}\cos\omega t]\cos l\,\omega t\,d\omega t$$

oder: (22.82)

$$S_{c_l} = \frac{1}{2\pi}\int_{-\Theta}^{+\Theta} kn\,[U_{st_0} + U_{st}\cos\omega t]^{n-1}\cos l\,\omega t\,d\omega t.$$

Bei Einführung der bekannten, reduzierten Größen.

$$S^*_{c_l} = S_{c_l}/(K\,U_{st}^{n-1})$$

erhält man:

$$S^*_{c_l} = \frac{1}{2\pi}\int_{-\Theta}^{+\Theta} n\,(U^*_{st_0} + \cos\omega t)^{n-1}\cos l\,\omega t\,d\omega t. \qquad (22.83)$$

Für $n = 1$ ergibt sich daraus:

$$S^*_{c_l} = \frac{1}{l\pi}\sin l\Theta \qquad (l \gtrless 1),$$

für $n = 2$:

$$S^*_{c_l} = \frac{2}{l\,(l^2-1)\,\pi}(\sin l\Theta\cos\Theta - l\sin\Theta\cos l\Theta).$$

Für gebrochene n (z. B. $n = 1{,}5$) ist eine Auswertung von (22.83) praktisch nur durch Näherungsverfahren (Simpsonsche Formel) möglich. Eine Auswertung von (22.82) und (22.83) findet sich in VIII[1]). Daraus ist S_{c_l} für jede der vorkommenden Harmonischen, bis nur 5. abzulesen. Mischt man mit

[1]) ENT. 20, H. 2 S. 48 (1943).

einer $l$ten Harmonischen, so muß in alle Formeln, in denen S_c vorkommt, S_{c_l} eingesetzt werden. So ergibt sich für den Leitwert der Triode für die ZF bzw. HF aus (15.15) und (15.16):

$$G_{T_z} = D\overline{S} - \frac{D^2 \cdot S_{c_l}^2}{D\overline{S} + G_h}; \qquad \text{nach (22.15')}$$

$$G_{T_h} = D\overline{S} - \frac{D^2 \cdot S_{c_l}^2}{D\overline{S} + G_z}. \qquad \text{nach (22.16')}$$

Nach (11.38) beträgt dann der äquivalente Rauschwiderstand der Mischung

$$R_{\ddot{a}_m} = p\, S_g / S_{c_l}^2 = p \cdot \Phi\,(U_{st_0}^*) \qquad (22.38')$$

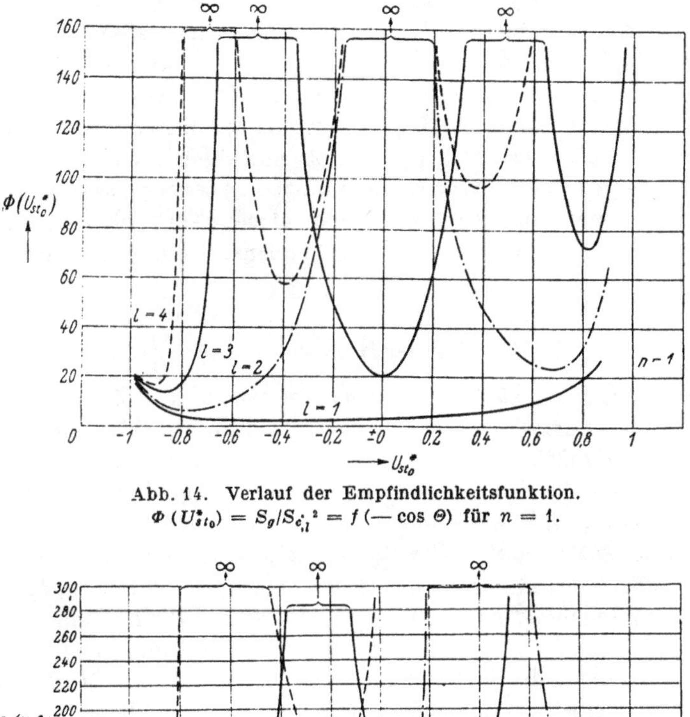

Abb. 14. Verlauf der Empfindlichkeitsfunktion. $\Phi\,(U_{st_0}^*) = S_g/S_{c_l}^2 = f\,(-\cos\Theta)$ für $n = 1$.

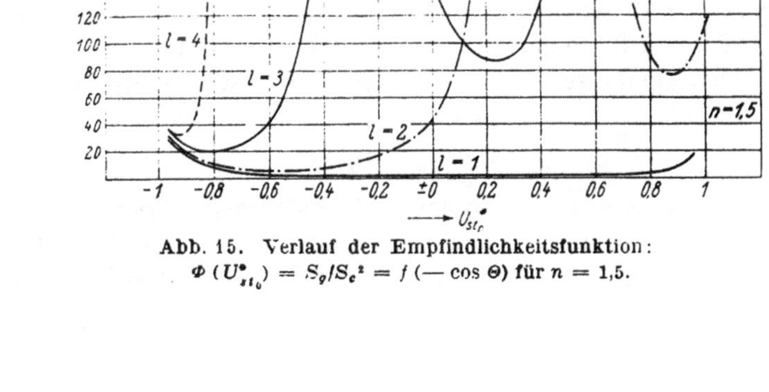

Abb. 15. Verlauf der Empfindlichkeitsfunktion: $\Phi\,(U_{st_0}^*) = S_g/S_c^2 = f\,(-\cos\Theta)$ für $n = 1{,}5$.

Diese für die Berechnung der Empfindlichkeit wichtige Größe $\Phi\,(U^*_{st_0})$ ist in Abb. 14 und 15 für $n = 1$ und $n = 1{,}5$ aufgetragen. Je kleiner diese Größe $S_g/S^2_{c_l}$ ist, um so besser die Empfindlichkeit; p, der Rauschfaktor kann angenähert als Konstante betrachtet werden, ebenfalls R_g, so daß gilt:

$$\frac{N(U^*_{st_0})}{\Delta f} = \left[1 + 4\,p\,\frac{\Phi\,(U^*_{st_0})}{R_g}\right] k T_0$$

$$N/\Delta f = [1 + \mathrm{const}\,\Phi\,(U^*_{st_0})]\,k\,T_0.$$

Je größer der Kennlinienexponent, desto weniger eignet sich eine Röhre zur Mischung mit höheren Harmonischen im Bereich normaler Θ-Werte ($\Theta \approx 90^0$).

Man sieht, daß in *gewissen Arbeitspunkten* noch eine ausreichende Empfindlichkeit auch bei höheren Harmonischen erreicht werden kann. So gilt z. B. für die 3. Harmonische (Abb. 14) für $n = 1$, daß in den Punkten $U^*_{st_0} = -0{,}85$ und $U^*_{st_0} = 0$ die Empfindlichkeit optimal ist. Dagegen liegt bei $U^*_{st_0} = -0{,}5$ und $U^*_{st_0} = +0{,}5$ je eine Stelle geringster Empfangsqualität. Die Empfindlichkeit wäre dort theoretisch unendlich klein. Die Frequenzkonstanz der aufgedrückten Wechselspannungen ist jedoch nie so hoch, daß die reduzierte Steuerspannung genau auf einem solchen Wert gehalten wird. Man bemerkt daher beim Verändern z. B. der Anodenspannung nur Stellen maximaler und minimaler Empfangsgüte.

§ 23. Laufzeiteinfluß

Die Änderung des äquivalenten Rauschwiderstandes der Mischung, $R_{ä_m}$, infolge des Einflusses der Elektronenträgheit, wird im Teil III erörtert. Es ergibt sich ein der Funktion ζ (Teil V) entsprechender Verlauf. Es läßt sich der Laufzeiteinfluß auf die Steilheitswerte abschätzen (vgl. VII) und daraus der geänderte Wert von $R_{ä_m}$ bestimmen.

Es wurde bereits auf die nur qualitative Gültigkeit des Verfahrens hingewiesen. Denn die Steilheiten sind nur graphisch aus dem für den Laufzeitfall berechneten Richtkennlinienfeld entnommen. Mittlere und Richtkennliniensteilheit werden einander gleichgesetzt, was bei Laufzeiteinfluß nicht mehr zutreffend ist. Ferner wurde bei der Ableitung der laufzeitbehafteten Richtkennlinienform die Anfangsgeschwindigkeit der Elektronen vernachlässigt.

Diese Mängel sind prinzipieller Natur und betreffen nicht den Vergleich Diode-Triode, der hier gemacht werden soll. In dem Maße, in dem das Verfahren (nach Meinke) für Dioden verbessert werden kann, gilt das auch für *Trioden.* Durch Einführen der Steuerspannung kann diese Methode in analoger Weise auf Trioden angewandt werden. Faßt man die wirksamen Spannungen

$$U_{g_0} + DU_{a_0} = U_{st_0}$$
$$U_g + DU_a = U_{st_\sim}$$

zur Steuerspannung zusammen, so entsteht analog der „virtuellen Kathode" bei Betrachtung der Raumladung eine „virtuelle Anode" in der Gitterebene mit der Spannung $U_g + DU_a = U_{st_\sim}$ (Abb. 16). Der Laufzeiteinfluß im

Gitter-Kathodenraum ist dann wie im Diodenfall erfaßbar, wenn die Steilheiten in allgemeinster Weise definiert werden:

$$S_g = \left(\frac{\partial J_a}{\partial U_{st_0}}\right)_{U_{st\sim} = \text{const}}$$
$$= \textit{Richtkennliniensteilheit}.$$

und

$$S_c = \left(\frac{\partial J_a}{\partial U_{st\sim}}\right)_{U_{st_0} = \text{const}}$$
$$= \textit{Konversionssteilheit}.$$

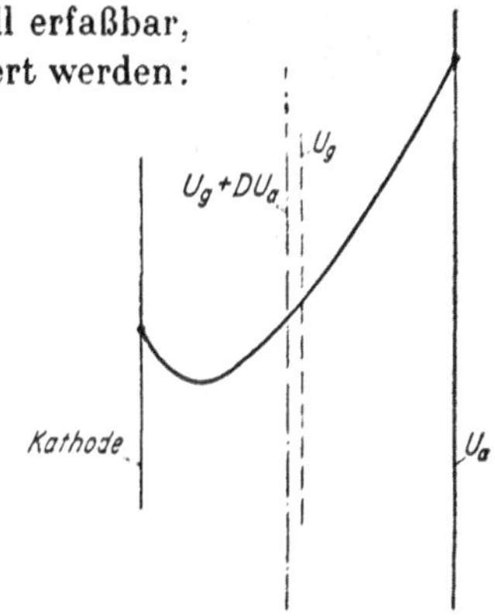

Abb. 16. Potentialverlauf und Spannungen der Triode.

Für sie gelten dieselben Gesetzmäßigkeiten wie im Diodenfall und der Einfluß der Elektronenträgheit läßt sich in gleicher Weise berechnen. Die graphische Integration der Stromflußwinkelfunktion ψ (Θ, Δ) bei vorhandenem Laufzeitdefekt Δ sowie die daraus berechneten Stromwerte (Richtkennlinienfeld) und die neuen Steilheiten werden in Teil VII ausführlich dargestellt und sind auch in der Literatur schon beschrieben; vgl. [2]; [22]. Deshalb soll hier dieses Ergebnis vorausgesetzt und zur Berechnung von

$$R_{\ddot{a}_m} = p\,\frac{S_g^*}{(S_c^*)^2}\cdot\frac{1}{k\,U_{st\sim}^{n-1}}$$

(für $p = 2{,}5$) benutzt werden. Für eine Röhre mit der Kennlinie $J = 1{,}2 \cdot U^{1,2}$ ergeben sich dann bei den verschiedenen Frequenzen die Werte nach Abb. 17 und 18. Nicht berücksichtigt sind hierin die Laufzeiten im Gitter-Anodenraum, die jedoch infolge der größeren Anfangsgeschwindigkeit der Elektronen sowie der höheren, wirksamen Spannung von geringerem Einfluß sein werden.

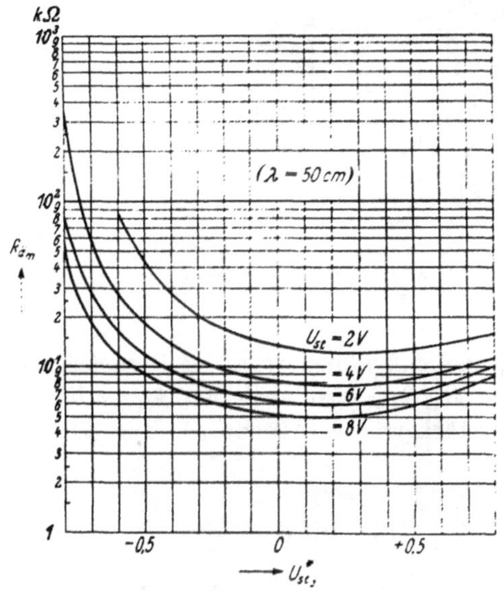

Abb. 17. Äquivalenter Rauschwiderstand der Mischung einer Triode unter Berücksichtigung von Laufzeiten. Daten: Kennlinie: $J = 1{,}2\ U^{1,2}$

Abstand Kathode···Gitter $= d = 0{,}15$ mm;

Reduzierter Abstand $= d^* = 20.4\left(\frac{x\,[\text{mm}]}{\lambda\,[\text{m}]}\right)^2 \frac{1}{U_{st}}$;

$d^* = 1{,}835/U_{st}$ für $\lambda = 50$ cm.

§ 24. Berechnungsanweisung, Beispiele und Meßergebnisse

Für eine überschlägige Berechnung der Empfindlichkeit einer Triodenmischstufe genügt die in (4.3) angegebene Formel:

$$N/\Delta f = (1 + 4\,\alpha_m)\,k\,T_0, \tag{18.54}$$

wobei $\alpha_m = R_{\ddot{a}_m}/R_g$.

Um $R_{\ddot{a}_m}$ aus Abb. 12 für die jeweilige Röhre zu entnehmen, muß der Betriebszustand (Θ) bekannt sein. Dieser ergibt sich aus:

$$\cos\Theta = -\frac{U_{g_0} + DU_{a_0}}{U_{g_\sim} + DU_{a_\sim}} = \frac{U_{st_0}}{U_{st_\sim}} = U^*_{st_0}. \qquad (17.43)$$

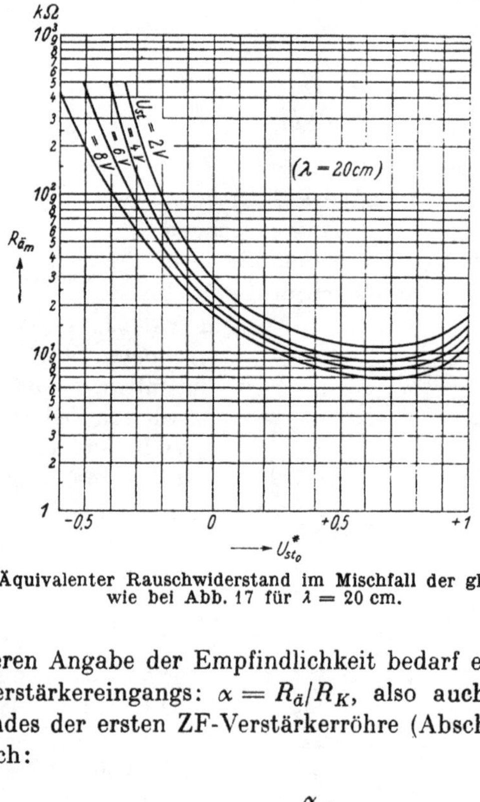

Abb. 18. Äquivalenter Rauschwiderstand im Mischfall der gleichen Röhre wie bei Abb. 17 für $\lambda = 20$ cm.

Bei einer genaueren Angabe der Empfindlichkeit bedarf es der Berücksichtigung des ZF-Verstärkereingangs: $\alpha = R_{\ddot{a}}/R_K$, also auch des äquivalenten Rauschwiderstandes der ersten ZF-Verstärkerröhre (Abschn. 4). Die Berechnung erfolgt nach:

$$\frac{N}{\Delta f}\,[\text{in } kT_0] = 1 + 4\,\alpha_m + 4\,\frac{\alpha_m}{p_T \cdot x}\,(1 + \alpha\,[x+1]^2), \qquad (18.64)$$

dabei ist x das Anpassungsverhältnis von der Mischtriode auf den ZF-Verstärkereingang.

$$x = R_p^*/R_{i_2}.$$

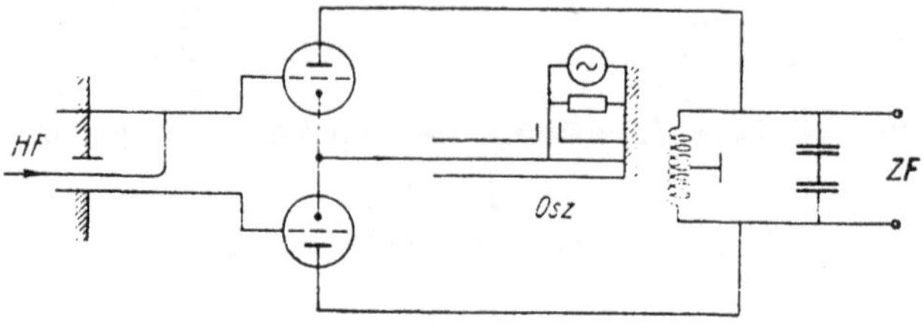

Abb. 19. Lecherleitungsmischstufe mit 2 Trioden im Gegentakt.

Bei hoher ZF also merklichem Gittereingangswiderstand der 1. Röhre ist $\alpha' = 5 + R_ä/R_g$ zu setzen (Bedingung $R_T \gg R_g$). Als Beispiel sei eine Lecherleitungsmischstufe mit LD 1-Röhren im Gegentakt (Oszillator wurde im Eintakt in die Kathode gekoppelt) berechnet. Der Aufbau war normal (vgl. dazu Abb. 19), die Frequenz $f = 600$ MHz. Die gemessene mittlere Empfindlichkeit betrug $130\,kT_0$. Der optimale Betriebszustand lag bei kleinsten Anodenspannungen 20···30 V und geringen Gittervorspannungen. Da der Oszillator eine Spannung von ≈ 10 V zwischen Kathode und Masse erzeugte, entspricht dieses Ergebnis den Berechnungen, denn nach (17.43) und Abb. 12 liegt für $U^*_{st_0} \approx 0$ ($\Theta \approx 90^0$) bei $n = 1{,}35$ ein Minimum von $R_{ä_m}$. Betriebspunkt danach

$$U_{g_0} = -2{,}8\ \text{V}; \qquad D \approx 8\%; \qquad U_{a_0} = 30\ \text{V};$$

$$U_g \approx 0; \qquad U_a = 10\ \text{V}_{(\text{Scheitel})}$$

daher

$$U^*_{st_0} \approx 0{,}4.$$

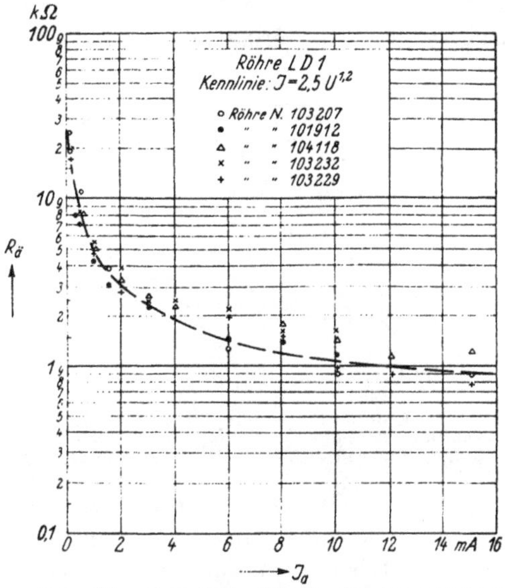

Abb. 20. Gemessene Werte des äquivalenten Rauschwiderstandes (statisch) von einigen Trioden gleicher Type in Abhängigkeit vom Anodenstrom.

Diese gittergesteuerten Trioden (LD 1) sind aber infolge ihrer Zuleitungsverluste zum Mischen im Dezimetergebiet ungeeignet. Auch ist der gemessene äquivalente Rauschwiderstand im *statischen* Fall größer, als dem nach (17.32) errechneten Wert entspricht, wenn $p = 2{,}5$ gesetzt wird. Das zeigen die in Abb. 20 dargestellten Meßwerte. So ist für die Röhre LD 1 bei einem Strom von 3 mA ein $R_ä$-Wert von 2,5 kΩ gemessen worden. Nach (17.32) ist

$$R_ä = \frac{2{,}5}{S_{\text{gem}} \cdot \sigma\,(1 + D)}.$$

Mit einer Steuerschärfe $\sigma = 0{,}87$ und $D = 0{,}1$ erhält man:

$$R_ä = \frac{2{,}5}{S_{\text{gem}} \cdot 0{,}96} = \frac{2{,}5}{2{,}7 \cdot 0{,}96} = 0{,}96 \text{ in k}\Omega.$$

Mithin liegt der Rauschfaktor p nicht bei 2,5, sondern bei 6,5. Dieser Wert entspricht dem Befund (vgl. [4]), daß bei Dezimetertrioden, wie bei Dioden, eine Erhöhung von p über den normalen Wert durch noch wirksame reflektierte Elektronen bei größeren Strömen erfolgt. Die Empfindlichkeit läßt sich für Röhren mit starken Zuleitungsverlusten schlecht vorausberechnen, insbesondere, wenn p unbestimmt, R_g nur ungenau bekannt ist und die Transformation der Eingangsspannung durch Zuleitungsinduktivitäten merklich ist. Mit $p = 6{,}5$, dem aus den gemessenen $R_{ä}$-Werten abgeleiteten Wert, ergibt sich nach (18.59) mit $x = 1$:

$$N_{\text{opt}}/\Delta f\,[\text{in } k\,T_0] = 1 + 4\,(1 + 0{,}154)\,\alpha_m$$
$$= 1 + 4{,}6\,\alpha_m.$$

Kennlinie: $J = 2{,}5 \cdot U^{1,2}$;

$$\alpha_m = \frac{R_{äm}}{R_g} = 6{,}5\,\frac{5}{2{,}5 \cdot 10^{0,2}} \cdot \frac{1}{R_g} = 8{,}1/R_g. \qquad \text{nach (17.38)}$$

Nimmt man $R_g = 0{,}5\,\text{k}\Omega$ an, ein Wert, der bei $\lambda = 50$ cm zutreffen wird, so ist:

$$N_{\text{opt}}/\Delta f = 76\,kT_0.$$

Bei Anwendung von Röhren mit geringeren Zuleitungsinduktivitäten (Scheibenröhren) sind bisher Empfindlichkeiten von $50\,k\,T_0$ erreicht worden. In der Mehrzahl der Fälle liegen die Werte also, wie auch aus der Berechnung nach (18.51) hervorgeht, über den Werten bei Diodenmischung. Das erklärt sich, wie in Teil V erläutert, durch die bei Dioden wirksame Rückwirkung und dadurch eintretende Rauschkompensation bzw. Erhöhung des Mischwirkungsgrades. Nach § 21, Gleichung (21.76), ist diese auch bei Trioden über eine *äußere* Rückkopplung zu erreichen. Abb. 21 zeigt einen Meßaufbau mit Doppelhohlraum als Mischkreis (getrennte Räume als Oszillator- und Hochfrequenzkreis). Beide Hohlräume sind kapazitiv abstimmbar. Die Ankopplung des Kathoden-Gitter-Kreises der Röhre wird durch eine Stichleitung variiert.

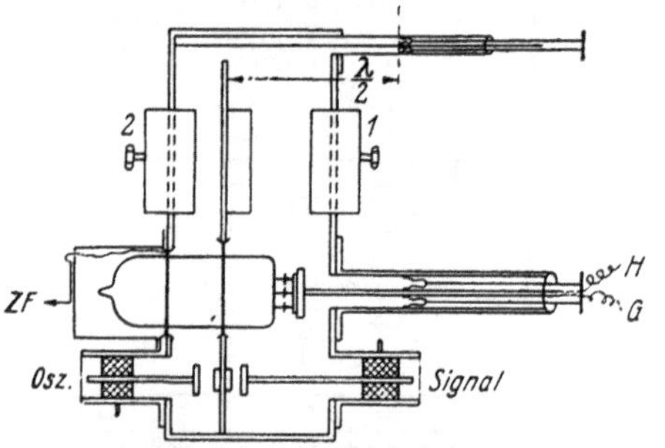

Abb. 21. Hohlraummischkreis (Triode mit Scheibendurchführungen) mit Rückkopplung zwischen hochfrequentem Eingangskreis und Oszillatorkreis.

Signal und Oszillator werden kapazitiv eingekoppelt. Als Rückkopplung diente bei den Messungen ein Koppelstift, der am Rande durch beide Hohlräume durchgezogen war und in eine Stichleitung einmündete, wodurch die wirksame Koppelstiftlänge sowie die Phase der übertragenen Spannung geändert werden konnte. In dem zur Messung benutzten Aufbau konnte die Zusatzstichleitung ganz entfernt werden. In diesem Zustand wurde zunächst eine Empfindlichkeitsmessung gemacht. Im günstigsten Betriebspunkt wurde eine Empfindlichkeit von $\approx 50\,k\,T_0$ erhalten. (Zieht man den auf den Verstärker entfallenden Anteil von $7\,k\,T_0$ ab, so bleibt für die Mischstufe $43\,k\,T_0$.) Nun wurde die Messung mit eingesetzter Stichleitung wiederholt. Das Ergebnis war das gleiche, solange die Einstellung der Leitung (entsprechend Abb. 21) so war, daß der Abstand des Kurzschlußschiebers von der Trennwand der Hohlräume gerade $\lambda/2$ betrug (keine Koppelwirkung). Bei geringer Abweichung von diesem Wert tritt eine merkliche Verbesserung bzw. Verminderung der Empfindlichkeit auf. Nachdem auch die Gittervorspannung, Anodenspannung und Oszillatorspannung auf den optimalen Wert gebracht waren (leichter C-Betrieb, $\Theta = 60^0$), konnte die Empfindlichkeit auf $16\,k\,T_0$ gesteigert werden. Da der Verstärker mit etwa $7\,k\,T_0$ beteiligt ist, bleibt für die Mischanordnung $9\,k\,T_0$. Mehrere, bei durch Gittervorspannung geändertem Strom aufgenommene Werte ergaben folgendes Bild:

J_a mA	$\frac{N_{opt}}{\Delta f}$ in $k\,T_0$	N (Mischstufe) in $k\,T_0$
0,5	52	45
0,8	35	28
1	30	23
1,5	20	13
2	15	8
3	19	12
4	40	33
5	65	58

Der optimale Betriebspunkt $J_a = 2$ mA lag bei der Anodenspannung von 200 V bei $U_{g_0} = -4{,}15$ V (bei einer Oszillatorspannungsamplitude von $U_{\sim} =$ 15 Volt). Also ist:

$$\cos\Theta = -\frac{U_{g_0} + D U_{a_0}}{U_{g_\sim} + D U_{a_\sim}}.$$

Mit $D = 2\%$ wird

$$\cos\Theta = \frac{-4{,}15 + 0{,}02 \cdot 200}{0{,}02 \cdot 15} = 0{,}5;$$

also

$$\Theta = 60^0.$$

Es wurde auch gemessen, ob die durch die Rückkopplung übertragene Spannung eine merkliche Entdämpfung des Eingangskreises bewirkte. Das war an der Umdrehungszahl der kapazitiven Hohlraumabstimmung bis zu einem bestimmten Teilbetrag der Ausgangsspannung noch nicht zu bemerken. Es trat jedoch eine leichte Verstimmung des Oszillatorkreises ein. Bei Ausgleich dieser Verstimmung durch die Abstimmung 2 (Abb. 21) änderte sich die optimale Einstellung der Stichleitung. Der günstigste Betriebspunkt wurde daher so eingestellt, daß der Oszillatorkreis (der sehr resonanzscharf war) bei abgeschalteter Rückkopplung optimal eingestellt war. Dann wurde mittels der Rückkopplungsleitung der günstigste Wert eingestellt und die Hohlraumabstimmung 2 bzw. die kapazitive Ankopplung 2 nachgestimmt. Die optimale Einstellung der Stichleitung blieb dann ungefähr beim alten Wert. Der Zwischenfrequenzaußenwiderstand wurde ebenfalls optimal eingestellt. Diese Einstellung der Rückkopplung ist sehr kritisch und naturgemäß stark von der Ankopplung des Oszillators abhängig. Durch andere Oszillatorankopplung kann leicht eine vorher optimale Einstellung der Stichleitung zu einer Rauschvermehrung bzw. Empfindlichkeitsverminderung führen.

Zusammenstellung der für die Empfindlichkeitsberechnung benötigten Formeln:

1. Abschätzung für den Fall x groß ($R_{K_2}^* \gg R_i$), ZF-Eingangswiderstand groß gegen Triodeninnenwiderstand und α *sehr klein.*

$$\alpha = R_{ä}/R_{K_2}, \quad (R_{K_2} \gg R_{ä})$$
$$N/\Delta f = (1 + 4\,\alpha_m)\,k\,T_0, \tag{18.54}$$

wobei $\alpha_m = R_{ä_m}/R_g = p_T\,(S_g/S_c^2)\,1/R_g = 2{,}5\,(S_g/S_c^2)\,1/R_g$.

S_g/S_c^2 entnimmt man Abb. 12; Abszisse ist Θ (Betriebszustand).

$$\cos\Theta = -\frac{U_{st_0}}{U_{st_\sim}} = -\frac{U_{g_0} + D\,U_{a_0}}{U_{g_\sim} + D\,U_{a_\sim}}.$$

2. Vereinfachte Berechnung unter der gleichen Bedingung wie oben, α *sehr klein,* jedoch x *nicht* sehr groß.

$$\frac{N}{\Delta f} = \left[1 + 4\left(1 + \frac{1}{2{,}5\,x}\right)\alpha_m\right] k\,T_0. \tag{18.52}$$

3. Genauere Berechnung für den Fall, daß der ZF-Eingangswiderstand nicht beliebig heraufgesetzt werden kann und das Rauschen der ersten ZF-Verstärkerröhre merklich ist. α *nicht* mehr klein:

$$\frac{N}{\Delta f}\,[\text{in } kT_0] = 1 + 4\,\alpha_m\left[1 + \frac{1 + \alpha\,(1 + x)^2}{2{,}5\,x}\right]. \tag{18.64}$$

Der Optimalwert von x ist gegeben durch:

$$x = \sqrt{\frac{1 + \alpha}{\alpha}}.$$

Er gilt auch dann noch, wenn α durch den merklichen Eingangswiderstand der ersten ZF-Röhre (hohe Zwischenfrequenz) auf

$$\alpha' = 5 + \alpha$$

wächst.

C. ZUSAMMENFASSUNG VON TEIL VI

Im VI. Teil zum Thema Empfindlichkeit und Betriebszustand von Mischempfängern werden zunächst die Gleichungen für zwischenfrequenten und hochfrequenten Stromanteil aus der Fourierentwicklung der Strom- und Steilheitsfunktion abgeleitet und Empfindlichkeitsfragen in Analogie zur Diodenmischung diskutiert. Dabei wird von der vereinfachenden Funktion des äquivalenten Rauschwiderstandes der Mischung Gebrauch gemacht. Die Empfindlichkeit wird berechnet für verschiedene vorkommende Fälle unter Hinzunahme aller Einflüsse der Zwischenfrequenz. Man findet, daß das Optimum bezüglich des Stromflußwinkels im Gegensatz zum Diodensuper bei $\Theta \approx 90^0$ liegt.

Sodann wird ihre Abhängigkeit von den Parametern diskutiert und der Einfluß der Rückwirkung angegeben. Es zeigt sich, daß diese, nicht wie beim Diodensuper, von vornherein merklich ist, sondern daß sie über eine äußere Rückkopplung erzeugt werden muß. Während beim Diodensuper die Rückwirkung vom ZF-Kreis auf den HF-Kreis über den Durchgriff $D = 100\%$ schaltungsmäßig schon hergestellt ist und damit eine Ausnutzung der partiellen Abhängigkeit der Rauschanteile in der Rauschkompensation möglich wird, muß man beim Triodensuper mit verhältnismäßig kleinem Durchgriff eine äußere Rückkopplung anwenden, um den gleichen Effekt zu erzielen. Die Einstellung ist aber kritisch, zumal die bei Dioden nicht auftretende Schwingneigung infolge der Durchgriffsvergrößerung zu inkonstanten Verhältnissen führt.

Man wird also Triodenmischanordnungen nur in besonderen Fällen mit Rauschkompensation betreiben.

Die Mischung mit Oberwellen wird berechnet und eine graphische Darstellung der die Empfindlichkeit bestimmenden Oberwellenfunktion $\Phi\,(U^*_{st_0})$ bzw. $\Phi \cos \Theta$ gegeben.

Es läßt sich der Satz ableiten: *Je größer der Kennlinienexponent, desto weniger eignet sich eine Triode zur Mischung mit höheren Harmonischen im Bereich* $\Theta \approx 90^0$.

Nach einer Betrachtung des Laufzeiteinflusses auf die Empfindlichkeit werden Berechnungsanweisungen, Beispiele und Meßergebnisse mitgeteilt. Eine Messung an einem Gegentaktmischkreis mit Trioden älterer Type ergab eine mittlere Empfindlichkeit von $130\,k\,T_0$. Bei Anwendung einer Röhre mit Scheibendurchführung konnte im Mittel $50\,k\,T_0$ gemessen werden. Die Einstellung einer äußeren Rückkopplung verbesserte diesen Wert auf $16\,k\,T_0$.

Ganz allgemein kann man sagen, daß beim Triodensuper der Übergang auf die Zwischenfrequenz nicht so entscheidend ist, wie beim Diodensuper, da ja bei der Triode die Rückwirkung nicht ausgenutzt werden kann, falls man nicht äußere Rückkopplung herstellt. *Man stelle also die ZF-Eingangswiderstände groß ein!*

Aus angegebenen Formeln läßt sich die Empfindlichkeit der Triodensuper leicht berechnen, wenn die Röhrenkonstanten bekannt sind.

Literatur zu Teil I—VI

[1] Rothe-Kleen: Elektronenröhren als Anfangsstufenverstärker; Bücherei der Hochfrequenztechnik, Bd. 3, S. 202 u. 231, 2. Auflage 1944, Akadem. Verlagsgesellschaft Leipzig

[2] H. F. Mataré: Eingangs- und Ausgangswiderstand von Mischioden; E. N. T. 20, H. 2 (1943) 48

[3] K. Fränz: Empfängerempfindlichkeit, in „Fortschritte der Hochfrequenztechnik", Bd. 2, Leipzig 1943, S. 685; dort auch Literaturverzeichnis

[4] H. F. Mataré: Das Rauschen von Dioden und Detektoren im statischen und dynamischen Zustand; E. N. T. 19. H. 7 (1942) S. 111

5] H. F. Mataré: Methoden zur Vorausberechnung von Empfindlichkeiten im Dezimeter- und Zentimeter-Wellengebiet. Archiv für elektr. Übertragung 3, 241 (1949)
6] H. F. Mataré: Der Mischwirkungsgrad von Dioden; Hochfrequenztechnik und Elektroakustik, 62 (1943), 165—172
7] H. H. Meinke: E. N. T. 19. H. 3/4 (27), (1942)
8] M. J. O. Strutt u. van der Ziel: Die Diode als Mischröhre bes. bei Dezimeterwellen; Philips Techn. Rundschau 6, (1941) S. 289···298
9] H. H. Meinke: Das Verhalten von Mischdioden bei niedrigen und hohen Frequenzen; E. N. T. 20. H. 2. S. 39 (1943)
10] M. J. O. Strutt: On Conversion Detectors; Proc. Inst. Radio Engrs. 22 (1934) 891
11] M. J. O. Strutt: Diode Frequency changers; Wirel. Engr. 12 (1936) 73/80
12] M. J. O. Strutt u. van der Ziel: Die Folgen einiger Elektronenträgheitseffekte; Physica, Vol VIII, No I, Jan. 1941
13] J. Mueller: Interne Telefunkenberichte über Diodenmischung (etwa 1941)
14] Peterson u. Llewellyn: The Performance and Measurement of Mixers in Terms of linear Network Theory; Proc. I. R. E. July 1945 S. 458···476
15] Herold, Bush, Ferris: Conversion Loss of Diode Mixers having Image Frequency Impedance; Proceed. I. R. E. Sept. 1945 S. 603···609
16] R. V. Pound and E. Durand: Microwave Mixers, Mc-Graw-Hill Book Cy, Inc. 1948, Massachusetts Inst. of Technology, S. 61···68
17] H. C. Torrey & C. A. Whitmer: Crystal-Rectifiers, McGraw-Hill Book Cy, Inc. 1948. S. 112···178
18] D. A. Bell: Fluctuation Noise in partially saturated diodes; Journ. Inst. Electr. Engrs. 84 (1939) 723...725
19] K. Fränz: E. N. T. 16 (1939) 92
20] K. Fränz: Messung der Empfängerempfindlichkeit bei kurzen elektr. Wellen; H. F. Technik 59 (1942) 105
21] H. Rothe-W. Kleen: Elektronenröhren als Schwingungserzeuger und Gleichrichter. Bücherei der H. F. Technik, Bd. 5. S. 121; Akadem. Verlagsgesellschaft, Leipzig
22] H. H. Meinke: Das Richtkennlinienfeld einer Diode bei niedrigen und hohen Frequenzen; Telefunken-Röhre H. 21/22 (1941)
23] H. H. Meinke: Das Bolometer als Leistungsmesser bei sehr kurzen Wellen; E. N. T. 19, 27. H. 3/4 (1942)
24] H. Rothe-W. Kleen: Elektronenröhren als End- und Senderverstärker; Bücherei der Hochfrequenztechnik Bd. 4. Akad. Verlagsgesellsch., Leipzig. S. 78
25] C. J. Bakker: Fluctuations and Electron Inertia; Physica, Vol. VIII No 1; 1941, S. 23
26] K. Fränz: Über den Einfluß einiger Rückkopplungen auf die Empfindlichkeit; Telefunken-Röhre H. 24./25. Okt. 1942
27] J. M. O. Strutt u. van der Ziel: Suppression of spontaneous Fluctuations in Amplifiers and Receivers; Suppression of spontaneous Fluctuations in 2-n-terminal Amplifiers and Networks; Physica, Vol. IX. No. 6, Juni 1942
28] H. F. Mataré: Kurven konstanter Konversionsverstärkung in Richtkennlinienfeldern; E. N. T. Bd. 20. H. 6. 1943
29] H. Rothe-W. Kleen: Bücherei der HF.-Technik, Bd. 2. S. 139

VII. TEIL

Hochfrequenzverstärkung

Die wichtigsten Bezeichnungen

E	= *Empfindlichkeit in* $k\,T_0$
V_L	= *Leistungsverstärkung*
$R_ä$	= *äquivalenter Rauschwiderstand*
$\overline{u_g}$	= *Gitterspannung* (Mittelwert)
$\overline{i_a}$	= *Anodenstrom* (Mittelwert)
S_{gem}	= *äußere, meßbare Steilheit*
S_{eff}	= *effektive Steilheit*
D	= *Durchgriff*
σ	= *Steuerschärfe*
$\overline{u_{gh}}$	= *hochfrequente, gitterseitige Rauschspannung* (Mittelwert)
$\overline{i_z}$	= *zwischenfrequente Rauscheinströmung* (Mittelwert)
$S_c\,(\omega t)$	= *Momentanwert der Konversionssteilheit*
$R_{ä_m}$	= *äquivalenter Mischrauschwiderstand*
S_g	= *Richtkennliniensteilheit*
$p\,(\omega t)$	= *Momentanwert des Rauschfaktors*
p_{max}	= *Maximalwert von* $p\,(\omega t)$
$y_{\alpha\alpha}, y_{\alpha\beta}$ usw.	sind Admittanzkoeffizienten des Mischvierpols
G_{D_z} bzw. G_{D_h}	sind die Diodeneingangsleitwerte auf ZF- bzw. HF-Seite
G_h bzw. G_z	sind die Lastleitwerte des Mischvierpols auf HF- bzw. ZF-Seite
R_A	= *Transformierter Antennenwiderstand*
R_{k_1}	= *Gitterkreis-Widerstand*
R_g	= *Gitter-Eingangswiderstand*
$R_{ä_T}$	= *äquivalenter Rauschwiderstand der Triode*
R_T	= *anodenseitiger Widerstand (Jnnen- und Kreiswiderstand)*
R_{i_D}	= *Diodeninnenwiderstand*
R'_{k_2}	= *auf Diodenseite übertragener Kreiswiderstand*
$R_ä'$	= *auf Diodenseite übertragener äquivalenter Rauschwiderstand der ersten* ZF-*Verstärkerröhre*
N_{opt}	= *optimale*, d. h. *minimale Rauschleistung* bzw. *äquivalente Signalleistung für ein Verhältnis Signal:Rauschen* = 1 : 1

A. ÄQUIVALENTER RAUSCHWIDERSTAND, ELEKTRONENTRÄGHEIT

§ 25. Der äquivalente Rauschwiderstand der Mischung und die Vereinfachung der Empfindlichkeitsberechnung einer Mischanordnung mit Hochfrequenz-Verstärkerstufe

Es hat sich gezeigt, daß auch im Dezimeterwellengebiet an Empfindlichkeit gewonnen werden kann, wenn man eine oder mehrere Hochfrequenz-Verstärkerstufen vor die Mischstufe schaltet. Man wählt dazu sogenannte *Scheibentrioden* in besonders verlustfreiem Aufbau und in Gitter-Basis-Schaltung (Kathodensteuerung; vgl. Kap. VI). Durch solche Vorverstärkung wird man von den Eigenschaften der Mischanordnung weitgehendst unabhängig. Messungen im Gebiet $\lambda = 50$ cm Wellenlänge haben ergeben, daß man mit 2···3 Vorstufen auf die Grenzempfindlichkeit der Scheibentrioden, also $\approx 10\, k\, T_0$ kommen kann, auch wenn die Mischstufe wenig optimal eingestellt ist und Empfindlichkeiten über 200 $k\, T_0$ und mehr aufweist. Da die Einstellung einer Mischstufe als Eingang auf höchste Empfindlichkeit gute Kenntnis oder Übung erfordert, so ist der Anbau von Vorverstärkerstufen oft von großer praktischer Bedeutung, obgleich man durch richtige Einstellung aller Parameter einer Mischstufe auch Empfindlichkeiten von 10 $k\, T_0$ erreichen kann.

Es ist nun eine grundlegende Frage, wie viele Vorverstärkerstufen man benötigt, um eine bestimmte Empfindlichkeit zu erreichen, und insbesondere, in welchem Maße die Empfindlichkeit einer Diodenmischstufe durch Vorschalten einer Verstärkerstufe gesteigert wird. Wenn man meßtechnisch vorgeht, so muß man bei mehreren hintereinander geschalteten Stufen die Ein- und Ausgangswiderstände, die Stufenverstärkung und die Empfindlichkeit der Verstärkerstufen und der Mischstufe ermitteln. Bezeichnet man die Empfindlichkeit der Stufen der Reihe nach mit E_1; E_2; $E_2 \cdots$ bis zu E_n der Mischstufe, so ist die Gesamtempfindlichkeit:

$$\Sigma E\,[\text{in}\, kT_0] = E_1 + E_2 \left(\frac{R_{e_2} + R_{a^1}}{R_{e_2}}\right)^2 \cdot \frac{1}{V_L} + E_3 \left(\frac{R_{e_2} + R_{a_1}}{R_{e_2}}\right)^2 \cdot \left(\frac{R_{e_3} + R_{a_2}}{R_{e_3}}\right)^2 \cdot \frac{1}{V_L{}^2} + \cdots$$

$$+ \frac{E_n}{V_L^{n-1}} \left(\frac{R_{e_m} + R_{a\,(n-1)}}{R_{e_n}}\right)^2 \cdot \left(\frac{R_{a\,(n-1)} + R_{a\,(n-2)}}{R_{e\,(n-1)}}\right)^2 \cdot \left(\frac{R_{e\,(n-2)} + R_{a\,(n-3)}}{R_{e\,(n-2)}}\right)^2$$

oder:

$$\Sigma E\,[\text{in}\, kT_0] = E_1 + \frac{E_2}{V_L}\left(1 + \frac{R_{a_1}}{R_{e_2}}\right) + \frac{E_3}{V_L{}^2}\left(1 + \frac{R_{a_1}}{R_{e_2}}\right)^2 \cdot \left(1 + \frac{R_{a_2}}{R_{e_3}}\right)^2 +$$

$$+ \frac{E_n}{V_L^{n-1}}\left(1 + \frac{R_{a\,(n-1)}}{R_{en}}\right)^2 \left(1 + \frac{R_{a\,(n-2)}}{R_{e\,(n-1)}}\right)^2 \left(1 + \frac{R_{a\,(n-3)}}{R_{e\,(n-2)}}\right)^2;$$

dabei ist:

V_L = *Leistungsverstärkung je Stufe*;
R_{a_n} = *Ausgangswiderstand der nten Stufe*;
R_{e_n} = *Eingangswiderstand der nten Stufe.*

Die Gesamtempfindlichkeit für n Stufen vor der Mischstufe ist also gegeben durch:

$$\frac{N}{\Delta f}[\text{in } kT_0] = \sum_{n=1}^{n} \frac{E_n}{V_L^{n-1}} \prod_{q=1}^{q=n} \left(1 + \frac{R_{a(n-q)}}{R_{e\,n-(q-1)}}\right)^2.$$

Man sieht leicht ein, daß die Empfindlichkeit über den Grenzwert des Eingangs durch Stufenzuschaltung nicht verbessert werden kann; es kann jedoch größere Unabhängigkeit von der Empfindlichkeit der Mischstufe erreicht werden. Eine Vorausberechnung nach letztgenannter Formel bietet aber infolge der vielen Bestimmungsstücke, insbesondere infolge notwendiger Kenntnis der einzelnen Empfindlichkeiten der Stufen, inklusive Mischstufe, keinen Vorteil. Weiter unten soll eine vereinfachte Rechenformel angegeben werden, bei der vom äquivalenten Mischrauschwiderstand Gebrauch gemacht wird. Es ist dann nicht mehr notwendig, vorher die Stufenempfindlichkeiten zu ermitteln, sondern es genügt, die charakteristischen Röhrenkonstanten zu kennen.

1. Der äquivalente Rauschwiderstand der Mischung

Dieser wurde bereits in V (4.5) für Dioden eingeführt. — Zwecks Klarstellung für alle Anwendungen soll zunächst der sehr nützliche Begriff *„äquivalenter Rauschwiderstand"* ausgehend vom statischen Triodenfall nochmals für den Mischzustand definiert werden. Der Widerstand, dessen thermisches Rauschen dem Rauschen einer Röhre äquivalent ist, wird wie folgt festgelegt: Der Ohmsche Betrag dieses äquivalenten Rauschwiderstandes ist dadurch gegeben, daß an ihm bei Raumtemperatur ($T_0 = 300^0$ K) nach

$$\overline{u^2} = 4\,k\,T_0\,\Delta f\,R_{ä} \text{ (Nyquist)}$$

eine Rauschspannung entstehen muß, welche die gleiche Größe hat wie die anodenseitige Leerlaufrauschspannung der Röhre, im gitterseitigen Kurzschlußfall, jedoch übertragen auf die Gitterseite bei konstanter, wirksamer Bandbreite Δf.

Nun ist die gitterseitige Rauschspannung mit der anodenseitigen Rauscheinströmung durch die meßbare Steilheit S_{gem} verknüpft:

$$\overline{u_g} = \overline{i_a}/S_{gem}. \tag{25.1}$$

Ferner ist:

$$S_{gem} = S_{eff}\,(1 + D)\,\sigma \tag{25.2}$$

mit

σ = *Steuerschärfe*;
D = *Durchgriff*;
S_{eff} = *effektive Steilheit.*

Den Zusammenhang zwischen „effektiver" (innerer) Steilheit und der äußeren, gemessenen Steilheit benötigt man, da für die Berechnung der Rauscheinströmung der Röhre nur mit der effektiven Steilheit gerechnet werden darf.

$$\overline{i^2} = 4\,k \cdot p\,T_0 \cdot \Delta f \cdot S_{eff} \tag{25.3}$$

mit

k = *Boltzmannsche Konstante*;
$p = T/T_0$ = *Rauschtemperaturfaktor*.

Demnach ist nach (25.1):

$$\overline{u_g^2} = 4\,k T_0 \Delta f \frac{p}{S_{\text{gem}} \cdot \sigma(1+D)}. \qquad (25.4)$$

Durch Vergleich dieser Rauschspannung mit der allgemeinen Gleichung (Nyquist)

$$\overline{u^2} = 4\,k\,T_0\,\Delta f\,R_{\ddot{a}}$$

erhält man:

$$R_{\ddot{a}} = \frac{p}{S_{\text{gem}} \cdot \sigma(1+D)}. \qquad (25.5)$$

Durch Formel (25.5) ist der äquivalente Rauschwiderstand für den statischen Betriebsfall in allgemeinster Form gegeben. Im dynamischen Fall (Mischung) tritt an die Stelle von (25.1) die Gleichung:

$$u_{g_h} = i_z / S_c(\omega t) \qquad (25.6)$$

(vgl. [1]) mit:

u_{g_h} = *hochfrequente, gitterseitige Rauschspannung*;
i_z = *zwischenfrequente Rauscheinströmung*;
$S_c(\omega t)$ = *Konversionssteilheit (momentan)*.

Der äquivalente Rauschwiderstand der Mischung ist daher:

$$R_{\ddot{a}_m} = \overline{u}^2_{g_h}/(4\,k\,T_0\,\Delta f) \qquad (25.7)$$

oder:

$$R_{\ddot{a}_m} = \frac{\overline{i_z^2}}{4\,kT_0\,\Delta f \cdot S_c^2}. \qquad (25.8)$$

Hierin ist $\overline{i_z^2}$ als Mittelwert des Rauschens der Momentanströme gegeben:

$$\overline{i_z^2} = \frac{1}{2\pi}\int_0^{2\pi} i^2\,d(\omega t). \qquad (25.9)$$

Da

$$i^2 = 4\,k\,T_0\,\Delta f\,p/R_i = 4\,k\,T_0\,\Delta f\,p\,S(\omega t), \qquad (25.10)$$

so folgt:

$$\overline{i_z^2} = 4\,kT_0\,\Delta f\,p\,\frac{1}{2\pi}\int_0^{2\pi} S(\omega t)\,d\omega t. \qquad (25.11)$$

Diese Funktion ist leicht auszuwerten, da ja das Integral einfach die mittlere Steilheit $\overline{S}$ darstellt:

$$\overline{i_z^2} = 4\,k\,T_0\,\Delta f\,\overline{S}, \qquad (25.12)$$

oder, wenn man die mittlere Steilheit der Richtkennliniensteilheit gleichsetzt:

$$\overline{i_z^2} = 4\,k\,T_0\,\Delta f \cdot p \cdot S_g \qquad (25.13)$$

mit S_g = *Richtkennliniensteilheit.* Mithin ist nach (25.8)

$$R_{ä_m} = p \cdot S_g / S_c^2. \tag{25.14}$$

Die Auswertung dieser Funktion ist in Abb. 1 dargestellt. Sie kann als Grundlage für alle Berechnungen dienen, in denen p = const angenommen werden darf (Triodenmischung).

Für den Diodenfall muß man von (25.1) bzw. (25.6) ausgehen. Der Zusammenhang zwischen Zwischenfrequenzstrom und Hochfrequenzspannung ist nun bei der Diode infolge der „Rückwirkung" komplizierter. Man kann aber bei den meisten Berechnungen den einfachen Zusammenhang:

$$i_z = S_c \cdot u_h$$

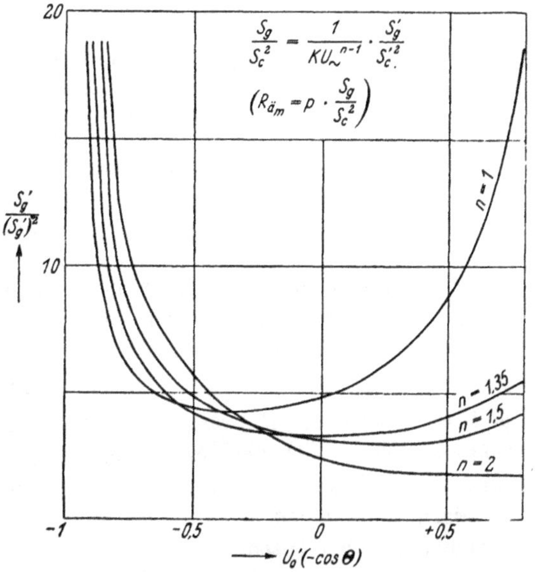

Abb. 1. Funktionsanteil S_g/S_c^2 des äquivalenten Rauschwiderstandes der Mischung in Abhängigkeit von $U_0' = -\cos\Theta$.

voraussetzen (vgl. (25.6)). Weiter unten wird auf die genaue Berechnung eingegangen. Vorläufig soll also auch R_{i_z}, der ZF-Innenwiderstand, gleich dem Reziproken der mittleren Steilheit $\bar{S}$ bzw. im laufzeitfreien Fall gleich $1/S_g$ gesetzt werden.

$$1/R_{i_z} = \bar{S} = S_g. \tag{25.15}$$

Die Analogie Triode-Diode läßt sich dann folgendermaßen darstellen: Da Gitter- und Anodenseite bei der Diode identisch sind ($D = 100\%$), gilt einfach: *Das Stromquellenersatzbild der Diode wird in das Spannungsquellenersatzbild des äquivalenten Rauschwiderstandes verwandelt.* (Abb. 2). Im ersteren Fall liefert die Diode die Rauschkurzschlußeinströmung in die Parallelschaltung von R_i und R_a (wobei R_a = *Außenwiderstand*); im zweiten Fall stellt der äquivalente Rauschwiderstand die Spannungsquelle mit dem Innenwider-

Abb. 2. Umwandlung des Stromquellenersatzbildes der Diode in das Spannungsquellenersatzbild des äquivalenten Rauschwiderstandes.

stand R_i dar, die durch den Außenwiderstand R_a abgeschlossen ist. Die Äquivalenz zeigt sich leicht wie folgt:

Die Einströmung

$$\overline{i_r^2} = 4\,k\,T_0\,\Delta f\,p/R_i \tag{25.16}$$

liefert eine anodenseitige Rauschspannung:

$$\overline{u_a^2} = 4\,kT_0\Delta f\,\frac{p}{R_i}\left(\frac{R_a \cdot R_i}{R_a + R_i}\right)^2 \tag{25.77}$$

im Außenwiderstand R_a also den Strom:

$$\overline{i_a} = \sqrt{4\,kT_0\,\Delta f \cdot p \cdot R_i} \cdot \frac{1}{R_a + R_i}. \tag{25.18}$$

Der Wurzelausdruck in (25.18) stellt nun gerade die Rauschspannung eines Widerstandes $pR_i = R_ä$ dar von Zimmertemperatur T_0. Gleichung (25.18) besagt, daß die Rauschspannungsquelle

$$\overline{u_r} = \sqrt{4\,kT_0\,\Delta f\,R_ä}$$

den Innenwiderstand R_i besitzt und durch R_a belastet ist (Abb. 2.) Während also im statischen Fall die Darstellung $R_ä = p/S$ gilt, läßt sich im dynamischen Fall in Analogie zur Rechnung bei Trioden ein äquivalenter Rauschwiderstand der Mischung angeben, der eine formale Vereinfachung der Empfindlichkeitsbetrachtungen bei Mischanordnungen mit Dioden erbringt, was im folgenden gezeigt wird. Der äquivalente Rauschwiderstand der Mischung wird dann folgendermaßen definiert: Es ist jener Widerstand, der bei Normaltemperatur ($T_0 = 300^0$ K.) auf der hochfrequenten Eingangsseite eine gleichgroße Rauschspannung erzeugt, wie sie von der Diode auf der Zwischenfrequenzseite als Leerlauf-Rauschspannung erzeugt wird. Die in Gleichung (25.6) bis (25.11) benutzten Beziehungen lassen sich einfach übertragen, mit dem Unterschied, daß bei Dioden der Rauschtemperaturfaktor p als Funktion $f(U_a)$ keine Konstante ist; vgl. [2]. Gleichung (25.6) und (25.10) sind daher für den allgemeinsten Fall zu schreiben:

$$\overline{u_{gh}^2} = 4\,kT_0\,\Delta f\,\frac{1}{S_c^2} \cdot \frac{1}{\pi} \int_0^{\Theta} p\,(\omega t) \cdot S\,(\omega t)\,d\,\omega t. \tag{25.19}$$

Da nun $R_{ä_m} = \overline{u_{gh}^2}/(4\,k\,T_0\,\Delta f)$, so wird:

$$R_{ä_m} = \frac{1}{\pi \cdot S_c^2} \int_0^{\Theta} p\,(\omega t) \cdot S\,(\omega t)\,d\,\omega t. \tag{25.20}$$

Es wird:

$$p = p_0\,[(U_0 + U_\sim \cos \omega t)^c + 1] \tag{25.21}$$

$$S = Kn\,(U_0 + U_\sim \cos \omega t)^{n-1} \tag{25.22}$$

gesetzt.

Wir vernachlässigen im folgenden in p den konstanten Summanden 1, da der Fehler nur gering ist, wenn das Gebiet sehr kleiner Stromflußwinkel ausgeschlossen wird. Dann ist $R_{ä_m}$ in der üblichen Form mittels Diodenfunktionen darstellbar. Man erhält also:

$$R_{ä_m} = \frac{1}{\pi \cdot S_c^2} \int_0^{\Theta} p_0 (U_0 + U_{\sim} \cos \omega t)^c \cdot K \cdot n (U_0 + U_{\sim} \cos \omega t)^{n-1} \, d\omega t \qquad (25.23)$$

mit

$$p_{\max} = U_{\sim}^c \cdot p_0 (1 - \cos \Theta)^c \qquad (25.24)$$

und

$$S_{\max} = K \cdot n \cdot U_{\sim}^{n-1} (1 - \cos \Theta)^{n-1}, \qquad (25.25)$$

wobei $\cos \Theta = - U_0/U_{\sim}$. Es lassen sich die Funktionen:

$$\psi_c(\Theta) = \frac{p}{p_{\max}} = \frac{1}{\pi \, p_{\max}} \int_0^{\Theta} p_0 (U_0 + U_{\sim} \cos \omega t)^c \, d\omega t; \qquad (25.26)$$

$$\psi_{n-1}(\Theta) = \frac{1}{S_{\max}} = \frac{1}{\pi \cdot S_{\max}} \int_0^{\Theta} K n (U_0 + U_{\sim} \cos \omega t)^{n-1} \, d\omega t \qquad (25.27)$$

definieren. Aus (25.23) wird daher:

$$R_{ä_m} = (S_{\max}/S_c^2) \, p_{\max} \cdot \psi_c(\Theta) \cdot \psi_{n-1}(\Theta)$$

oder:

$$R_{ä_m} = (S_{\max}/S_c^2) \, p_{\max} \cdot \psi_{c+n-1}(\Theta). \qquad (25.28)$$

S_c und $S_{\max}$ sowie die Stromflußwinkelfunktion ψ_{c+n-1} sind bekannt bzw. für jeden vorkommenden Kennlinienexponenten leicht zu berechnen (mit Hilfe reduzierter Funktionen; vgl. [3]; s. auch die unter Detektormischung in Kurvenform dargestellten Funktionen J_R^*; $J_{\sim}^*$; S_g^*; S_c^*). Für die Berechnung von $p_{\max}$ läßt sich ebenfalls eine reduzierte Funktion anschreiben, wenn man die empirisch ermittelten Größen p_0 und c in (25.24) einsetzt.

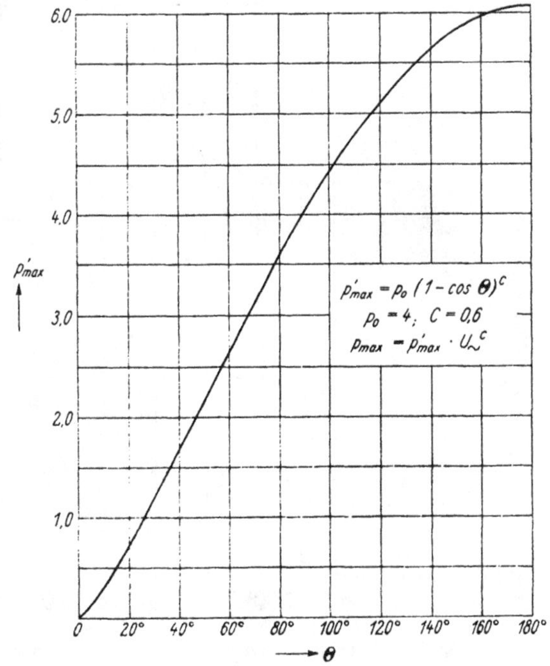

Abb. 3. Reduzierter, dynamischer Rauschfaktor (Maximalwert bzgl. ωt) in Abhängigkeit vom Stromflußwinkel.

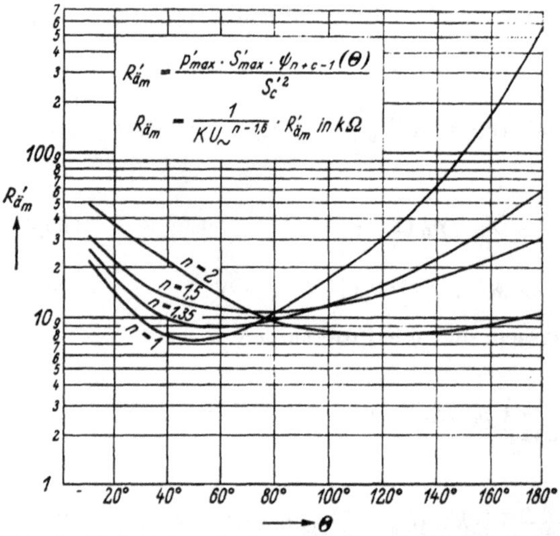

Abb. 4. Reduzierter, äquivalenter Rauschwiderstand der Mischung für Exponenten der Diodenkennlinie zwischen 1 und 2 als Funktion des Stromflußwinkels Θ.

Man setzt: $p_0 = 4$; $c = 0{,}6$; vgl. [2]. Dann ist:

$$p'_{\max} = p_0\,(1 - \cos\Theta)^c; \quad \ldots (25.29$$

$$p'_{\max} = 4\,(1 - \cos\Theta)^c \quad \ldots (25.30)$$

und

$$p_{\max} = p'_{\max} \cdot U^c_\sim \quad (25.31)$$

Gleichung (25.30) ist in Abb. 3 dargestellt. Aus ihr kann also zu jedem Stromflußwinkel der zugehörige $p_{\max}$-Wert entnommen und in (25.28) eingesetzt werden. Entsprechend den Werten von $R_{\ddot{a}_m}$ nach Abb. 1 für den Fall $p = \text{const}$ enthält Abb. 4 die reduzierte Funktion $R'_{\ddot{a}_m}$ für verschiedene Kennlinienexponenten. Es gilt:

$$R'_{\ddot{a}_m} = (1/S_c'^2)\,p'_{\max} \cdot S'_{\max} \cdot \psi_{c+n-1}(\Theta), \quad (25.32)$$

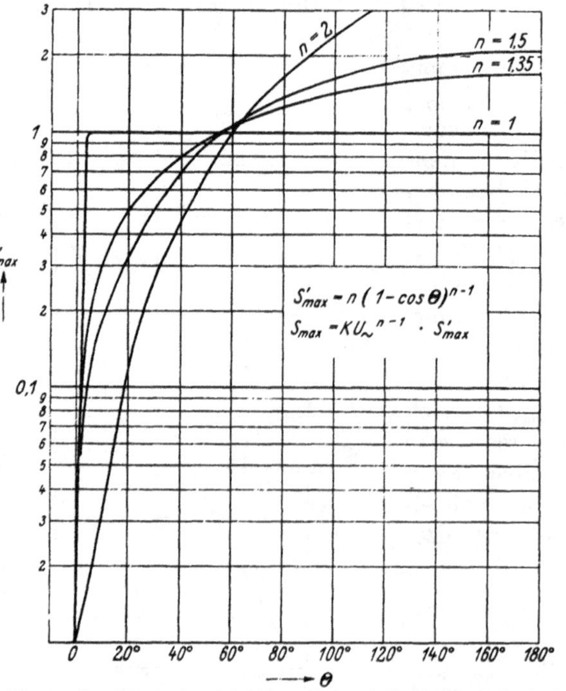

Abb. 5. Maximaler Wert der Richtkennliniensteilheit (in reduzierter Form) als Funktion des Stromflußwinkels Θ.

wobei

$$S_c' = S_c/(K U_\sim^{n-1});$$
$$p'_{max} = p_{max}/U_\sim^c;$$
$$S'_{max} = S_{max}/(K U_\sim^{n-1})$$

Vgl. dazu Abb. VII, 5. Also ist:

$$R_{ä_m} = K U_\sim^{n-0,4} \cdot R_{ä_m}'. \tag{25.33}$$

Die so berechneten Werte für 2 verschiedene Röhren (LGI-Kennlinie: $J = 2 \cdot U^{1,35}$ und LG 7-Kennlinie: $J = 4 \cdot U^{1,2}$) findet man in Abb. 6 und Abb. 7. Bei der Röhre LGI, die sehr mangelhafte Rauscheigenschaften hat, ist berücksichtigt, daß der Rauschexponent $c > 0,6$, nämlich $c = 0,76$ ist.

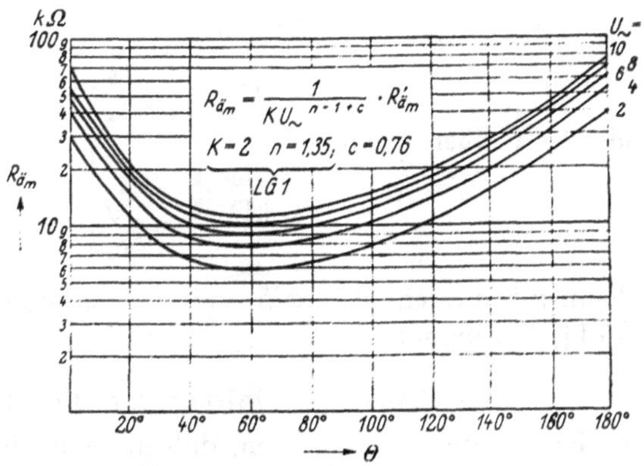

Abb. 6. Äquivalenter Mischrauschwiderstand einer Diode mit der Kennlinie $J = 2\ U^{1,35}$, z. B. LGI, und dem Rauschfaktorexponenten $c = 0,76$ in Abhängigkeit von Θ und der Wechselspannungsamplitude $U_\sim$.

2. Meßmethode

Eine meßtechnische Bestimmung des „äquivalenten Rauschwiderstandes der Mischung" von Dioden kann natürlich nicht in der einfachen Art einer Widerstandssubstitution erfolgen, wie es bei Trioden üblich ist, wo man den Rauschausschlag (bei gitterseitigem Kurzschluß) durch geringere Bedämpfung des Gitterkreises quadratisch verdoppelt und den dazu erforderlichen Widerstandsbetrag auf der Eingangsseite mißt. Auch ist es nicht möglich, den auf solche Weise in Teilen von $R_ä$, also in Ohm geeichten Verstärker zur Messung von $R_{ä_m}$ der Diode zu benutzen, indem man diese an den Gitterkreis der geeichten Triode legt und die Rauschausschläge beobachtet. Denn hier tritt als weitere Unbekannte der Diodeninnenwiderstand hinzu. Man sieht das sofort ein, wenn man bei Erhöhung des Diodenstromes, also sicherlich Zunahme des Rauschens, den Ausschlag hinter dem Verstärker beobachtet. Man stellt fest, daß trotz Rauscheinströmungs-Zunahme der Ausschlag abnimmt, da die gitter-

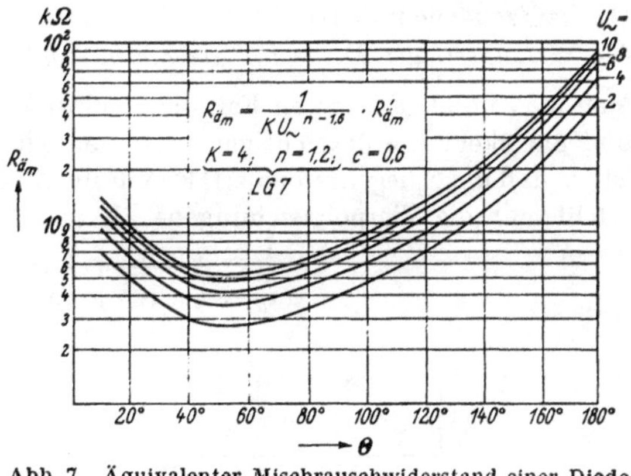

Abb. 7. Äquivalenter Mischrauschwiderstand einer Diode mit der Kennlinie $J = 4 \cdot U^{1,2}$ z. B. LG7, und dem Rauschfaktorexponenten $c = 0,6$ in Abhängigkeit von Θ und $U_\sim$.

seitige Rauschspannung der ersten Verstärkerröhre durch den verkleinerten Diodeninnenwiderstand herabgedrückt wird; vgl. [2]. Als weiteres Bestimmungsglied muß daber eine im Sättigungsgebiet ihrer Kennlinie betriebene Rauschdiode verwandt werden. Es folgt dann einfach aus der Gleichung

$$\overline{i^2} = 4\,k\,T_0\,\Delta f\,/R_ä = 2\,e \cdot J_s \cdot \Delta f,$$

wobei:

J_s = *äquivalenter Sättigungsstrom der Rauschdiode*

e = $1{,}6 \cdot 10^{-19}$ Coulomb

$$R_ä\,[\text{in k}\Omega] = \frac{4\,k T_0}{2\,e\,J_s} = \frac{1}{20 \cdot J_s\,[\text{in mA}]} \qquad (25.34)$$

oder als Größengleichung:

$$\frac{R_ä}{\text{k}\Omega} = \frac{1}{20\,\frac{J_s}{\text{mA}}}.$$

Wenn p gemessen ist und S_g sowie S_c bekannt sind, läßt sich $R_{ä_m}$ auch aus (25.14) bestimmen.

3. Berücksichtigung der Rückwirkung

Bis jetzt wurde angenommen, daß die einfachen Zusammenhänge bestehen:

$$\frac{\textit{Zwischenfrequenzstrom}}{\textit{Hochfrequenzspannung}} = \frac{J_z}{U_h} = S_c \qquad (25.6)$$

und: $G_{D_z} = S_g = \overline{S} = 1/R_{i_z}$.

(Im laufzeitfreien Fall);

G_{D_z} = *Leitwert der Diode für die Zwischenfrequenz.*

Man muß im allgemeinsten Fall die Rückwirkung der Admittanzen HF → ZF und umgekehrt berücksichtigen. Nehmen wir an, daß unsere ZF hoch genug ist, so daß die Spiegelfrequenz HF - OF nicht auch im Empfangskanal liegt, so erhält man die Vierpolgleichungen:

$$i_\alpha = y_{\alpha\alpha}\,u_\alpha + y_{\alpha\beta} \cdot u_\beta;$$
$$i_\beta = y_{\beta\alpha}\,u_\alpha + y_{\beta\beta} \cdot u_\beta;$$

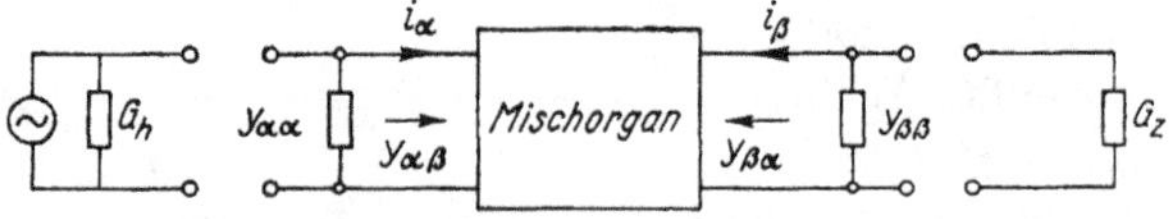

Abb. 8. Vierpolersatzschaltung einer Diodenmischstufe mit Angabe der Admittanzkoeffizienten in Richtung HF → ZF und umgekehrt.

vgl. dazu Abb. 8; α, β sind die Indizes für HF und ZF. Die Admittanzmatrix des Mischkreises

$$y = \begin{Vmatrix} y_{\alpha\alpha} & y_{\alpha\beta} \\ y_{\beta\alpha} & y_{\beta\beta} \end{Vmatrix}$$

ist dann diagonalsymmetrisch:

$$y_{\alpha\alpha} = y_{\beta\beta},$$

und nach dem Dickeschen Reziprozitätstheorem (vgl. Diodenmischung und [4]) ist: $y_{\alpha\beta} = y_{\beta\alpha}$.
Unter diesen Bedingungen ist:

$$y_{\alpha\alpha} = y_{\beta\beta} = S_g; \quad y_{\beta\alpha} = y_{\alpha\beta} = S_c.$$

Für einen Vierpol dieser Form gelten die Rückwirkungsgleichungen (siehe [5]):

$$G_{D_z} = S_g - \frac{S_c^2}{S_g + G_h} \tag{25.35}$$

$$G_{D_h} = S_g - \frac{S_c^2}{S_g + G_z} \tag{25.36}$$

G_{D_h} = *Leitwert der Diode für die Hochfrequenz;*
G_z = *äußerer, zwischenfrequenter Leitwert;*
G_h = *äußerer, hochfrequenter Leitwert.*

Wir sehen hier von dem Fall komplexer Last ab, da dies die Betrachtung sehr verwickelt. Das ist möglich, da in der Praxis die Blindkomponenten in den Anpassungsvierpolen leicht wegstimmbar sind.
Was bei einigermaßen optimaler Einstellung der Anpassungsglieder in der Meßtechnik entscheidend ist, sind die rein ohmschen Belastungen. Die durch (25.35) und (25.36) gegebenen Widerstandsverhältnisse werden leicht aus den oben angegebenen Vierpolgleichungen abgeleitet. Diese lauten in etwas anderer Schreibweise:

$$J_h = S_g U_h + S_c U_z \tag{25.37}$$

$$J_z = S_g U_z + S_c U_h \tag{25.38}$$

U_h = *Hochfrequente Eingangsspannung;*
U_z = ZF-*Spannung.*

Nimmt man Anpassung auf HF- sowie ZF-Seite an:

$$G_{D_h} = G_h; \quad G_{D_z} = G_z,$$

so erhält man einfach:

$$G_{D_z} = \sqrt{S_g^2 - S_c^2}.$$

Für G_{D_h} ergibt das:

$$G_{D_h} = S_g - \frac{S_c^2}{S_g + \sqrt{S_g^2 - S_c^2}}.$$

Da im allgemeinen $S_c^2 \ll S_g^2$, so gilt in erster Näherung:

$$G_{D_h} = S_g - \frac{S_c^2}{2 S_g};$$

vgl. dazu [6]. Es gilt nun für den ZF-Eingang allgemein:

$$J_z = - U_z (G_{D_z} + G_z). \tag{25.39}$$

(25.35) in (25.39) eingesetzt, liefert:

$$J_z = -U_z\left(G_z + S_g - \frac{S_c^2}{S_g + G_h}\right).$$

Wir erhalten also:

$$U_z = -\frac{J_z}{G_z + S_g - \frac{S_c^2}{(S_g + G_h)}}. \qquad (25.40)$$

Anderseits folgt aus (25.37):

$$U_z = \frac{J_h - S_g \cdot U_h}{S_c} = -\frac{U_h}{S_c}[S_g + G_h]. \qquad (25.41)$$

da $-U_h \cdot G_h = J_h$. Aus (25.41) folgt:

$$U_h = -U_z \cdot S_c \cdot \frac{1}{G_h + S_g}. \qquad (25.42)$$

Führt man U_z nach (25.40) in (25.42) ein, so ist:

$$U_h = \frac{J_z \cdot S_c}{(G_z + S_g)(G_h + S_g) - S_c^2},$$

daher:

$$J_z = U_h[(G_z + S_g)(G_h + S_g)/S_c - S_c]. \qquad (25.43)$$

Legt man diesen Zusammenhang (25.43) von Zwischenfrequenzstrom und Hochfrequenzspannung der Berechnung von $R_{\ddot{a}_m}$ zugrunde, so wird entsprechend (25.19):

$$\overline{U_h^2} = 4\,kT_0\,\Delta f\,\frac{\frac{1}{\pi}\int\limits_0^{\Theta} p \cdot S(\omega t)\,d\omega t}{[(G_z + S_g)(G_h + S_g)/S_c - S_c]^2} \qquad (25.44)$$

und:

$$R_{\ddot{a}_m} = \frac{p_{\max} \cdot S_{\max} \cdot \psi_{c+n-1}(\Theta)}{[(G_z + S_g)(G_h + S_g)/S_c - S_c]^2}, \qquad (25.45)$$

der allgemeinste Ausdruck unter Berücksichtigung von zwischenfrequentem und hochfrequentem äußeren Widerstand.

4. Vereinfachte Berechnung der Empfindlichkeit

Bei der Berechnung der Empfindlichkeit von Diodenmischanordnungen bezieht man den äquivalenten Rauschwiderstand der ersten ZF-Verstärkerröhre sowie den gitterseitigen Eingangswiderstand auf die Diodenseite, berechnet also die Rauschspannung der Anordnung Abb. 9. Es ist dann die resultierende Rauschspannung:

$$\overline{u_1^2} \text{ proportional } \frac{p}{R_i} \cdot R_p^2 + R_{\ddot{a}}' + \frac{1}{R'_{k_2}} \cdot R_p^2, \qquad (25.46)$$

wobei

$$R_p = \frac{R_i\,R'_{k_2}}{R_i + R_{k_2}}.$$

Bei Anwendung des äquivalenten Rauschwiderstandes der Mischung nach (25.14) wird das Ersatzbild Abb. VII, 9 in das der Abb. 10 verwandelt. Dann gilt für die resultierende Rauschspannung an $(a; b)$:

$$\overline{u_2^2} \text{ proportional } \eta \cdot R_{ä_m} \cdot x + R_ä' + \frac{1}{R'_{k_2}} \cdot R_p^2; \qquad (25.47)$$

es bedeuten:

$$R_{ä_m} = p \cdot S_g / S_c^2 \quad \text{nach (25.14)}$$

$$\eta = \textit{Mischwirkungsgrad}$$

$$x = R'_{k_2}/R_i = R'_{k_2} \cdot S_g.$$

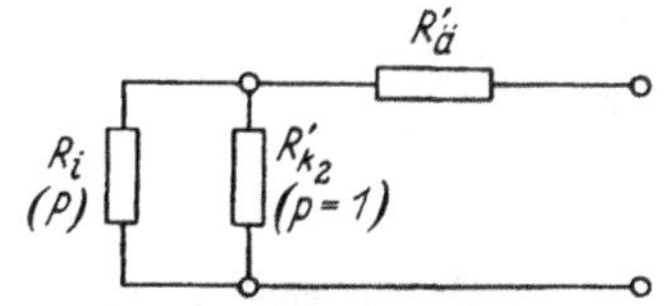

Abb. 9. Rauschquellenersatzbild der Diode mit auf Diodenseite transformierten Widerstandswerten.

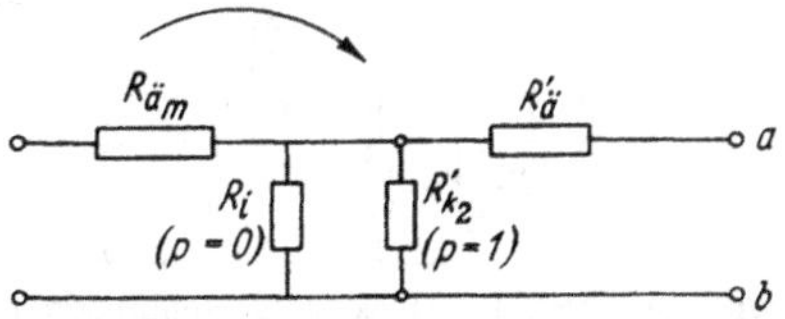

Abb. 10. Rauschquellenersatzschema äquivalent Abb. 9, bei welchem der äquivalente Mischrauschwiderstand eingeführt ist.

$R_{ä_m}$ muß nämlich mittels des Mischwirkungsgrades von der hochfrequenten auf die zwischenfrequente Seite übertragen werden (an die Klemmen von R'_{k_2}; vgl. Abb. 10). Dabei ist noch das Spannungsübersetzungsverhältnis x zu berücksichtigen.

Die Identität von (25.46) und (25.47) ergibt sich aus:

$$\eta = \frac{U_z^2/R'_{k_2}}{U_k^2/R_i}$$

mit $U_h^2 \cdot S_c^2 = i_z^2$ (25.6) und $U_z^2 = i_z^2 R_p^2$.

Dann ist:

$$\eta = (S_c \cdot R_p)^2 \cdot R_i/R'_{k_2}$$

oder:

$$\eta = \left(\frac{S_c}{S_g}\right)^2 \cdot R_p^2 \cdot \frac{1}{R_i \cdot R'_{k_2}} = \left(\frac{S_c}{S_g}\right)^2 \frac{Sg \cdot R'_{k_2}}{(1 + S_g \cdot R'_{k_2})^2};$$

$$\eta = \left(\frac{S_c}{S_g}\right)^2 \frac{x}{(1+x)^2}. \qquad (25.48)$$

Vgl. dazu (25.6). Damit wird:

$$\eta \cdot R_{ä_m} = \frac{p}{R'_{k_2}} R_p^2, \qquad (25.49)$$

also:

$$\eta \cdot x \cdot R_{ä_m} = \frac{p}{R_i} \cdot R_p^2, \qquad (25.50)$$

womit die Gleichheit von $\overline{u_{r\,1}^2}$ und $\overline{u_{r\,2}^2}$ nach (25.46) und (25.47) gezeigt ist.

Die Methode nach Abb. 10 ist dann von Vorteil, wenn vor der Diode eine Verstärkerröhre liegt. Man kann nämlich dann die Diode rauschmäßig mittels $R_{ä_m}$ leicht auf die Gitterseite (Eingangsseite) der Vorverstärkerröhre übertragen. Dann gilt zunächst, wenn man die zwischenfrequente Rauschspannung auf die Hochfrequenzseite (Anodenseite der Vorröhre) überträgt nach (25.47):

$$\overline{u^2} \text{ proportional } R_{ä_m} + \frac{R_ä'}{\eta \cdot x} + \frac{R_p^2}{R'_{k_2} \cdot \eta \cdot x}. \tag{25.51}$$

In (25.51) ist nun das Glied $R_{ä_m}$ allein ausschlaggebend, da $R_ä' \ll R_{ä_m}$ und $x \geqq 1$, so daß in erster Näherung (bei nicht stark von $\eta_{\text{opt}} = 25\%$ abweichendem Wirkungsgrad) das Diodenrauschen durch $R_{ä_m}$ auf die Gitterseite der

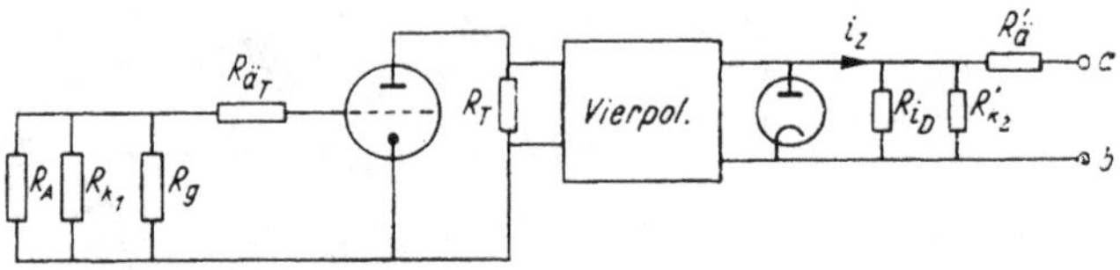

Abb. 11. Vollständiges Ersatzschaltbild der Diodenmischstufe mit HF-Vorverstärkerstufe.

Hochfrequenzverstärkerröhre übertragen werden kann. Die Methode geht aus Abb. 11 hervor. Wir bezeichnen hier:

R_A = *transformierter Antennenwiderstand*;
R_{k_1} = *Gitterkreis-Widerstand*;
R_g = *Gitter-Eingangswiderstand*;
$R_{ä_T}$ = *äquivalenter Rauschwiderstand der Triode*;
R_T = *anodenseitiger Widerstand (Innen- und Kreiswiderstand)*;
R_{iD} = *Diodeninnenwiderstand*;
R_{k_2} = *auf Diodenseite übertragener Kreiswiderstand*;
$R_ä'$ = *auf Diodenseite übertragener, äquivalenter Rauschwiderstand der ersten ZF-Verstärkerröhre.*

Die Rauschspannung rechts des Übertragungsvierpols (Abb. 11) ist:

$$\overline{u^2} = 4\, k T_0 \Delta f \left[\left(\frac{p}{R_{iD}} + \frac{1}{R'_{k_2}} \right) \left(\frac{R'_{k_2} \cdot R_{iD}}{R'_{k_2} + R_{iD}} \right)^2 + R_ä' \right]. \tag{25.52}$$

Der zwischenfrequente Rauschstrom:

$$\overline{i_z^2} = \frac{\overline{u^2}}{R_p^2} = 4\, k T_0 \Delta f \left[\frac{p}{R_{iD}} + \frac{1}{R'_{k_2}} + R_ä' / R_p^2 \right]. \tag{25.53}$$

Mit

$$\overline{i_z^2} = S_c^2 \cdot \overline{u_h^2},$$

nach Gleichung (25.6) und

$$\overline{u_h^2} = 4\, k\, T_0\, \Delta f \cdot R_{äD}$$

der Gleichung (25.7) wird:

$$\overline{i_z^2} = 4\, k\, T_0\, \Delta f\, R_{äD} \cdot S_c^2. \tag{25.54}$$

$R_{äD}$ bedeutet den gesamten, auf die Hochfrequenzseite der Diode bezogenen Rauschwiderstand, der dem zwischenfrequenten Rauschen der Anordnung rechts des Vierpols äquivalent ist. Bei Gleichsetzung von (25.53) mit (25.54) erhält man:

$$R_{\ddot{a}D} = \underbrace{p \frac{S_g}{S_c^2}}_{R_{\ddot{a}_m}} + \frac{1}{R'_{k_2} \cdot S_c^2} + R_{\ddot{a}}' \frac{S_g^2}{S_c^2} \left(1 + \frac{R_{iD}}{R'_{k_2}}\right)^2. \qquad (25.55)$$

Es ist mit (25.50) leicht zu zeigen, daß (25.51) und (25.55) identisch sind. Hierdurch ist das gesamte Rauschen der Diodenanordnung, bezogen auf die HF-Seite gegeben. In erster Näherung ist, wie oben, $R_{\ddot{a}D} = R_{\ddot{a}_m}$, da nach (25.55)

$$R_{\ddot{a}D} = \frac{S_g}{S_c^2} \left[p + \frac{1}{x} + \frac{R_{\ddot{a}}'}{R_{i_D}} \left(1 + \frac{1}{x}\right)^2\right], \qquad (25.56)$$

was für $x \geqq 1$ und $R_{\ddot{a}}' < R_{i_D}$ (rauscharme erste ZF-Verstärkerröhre)

$$R_{\ddot{a}D} = p\, S_g / S_c^2$$

ergibt. Mit (25.56) ist es nun einfach, die Mischdiode rechts des Vierpols durch einen Parallelwiderstand R_D und den äquivalenten Rauschwiderstand der Anordnung $R_{\ddot{a}D}$ zu ersetzen. Diese Widerstände werden dann auf die Anodenseite der HF-Verstärkerröhre (links des Vierpols) als R_D^* und $R_{\ddot{a}D}^*$ übertragen. Die anodenseitige Rauscheinströmung (genauer: die dem gesamten Rauschen der Anordnung rechts der Verstärkerröhre äquivalente Rauscheinströmung) berechnet sich dann aus der Ersatzschaltung Abb. 12.

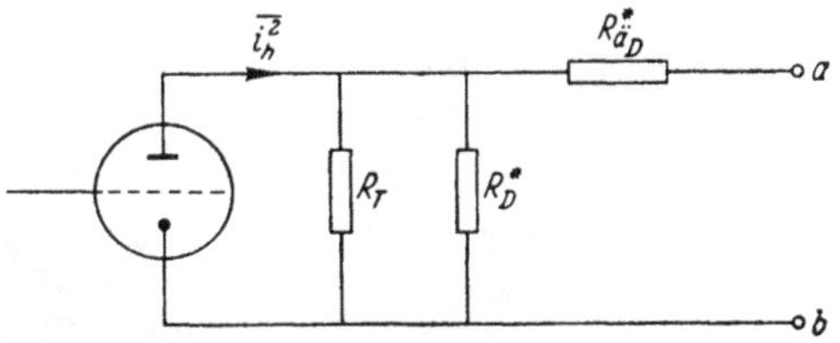

Abb. 12. Reduzierte Ersatzschaltung mit Einführung des gesamten äquivalenten Mischrauschwiderstandes der Diodenstufe: $R_{\ddot{a}D}$.

Es ist dann:

$$\overline{i_h^2} = 4\,k T_0 \Delta f \left[\frac{1}{R_T} + \frac{1}{R_D^*} + R_{\ddot{a}D}^* \left(\frac{R_k + R_D^*}{R_k \cdot R_D^*}\right)^2\right]. \qquad (25.57)$$

Anderseits kann man $\overline{i_h^2}$ als Rauschkurzschlußstrom der Verstärkertriode wie folgt schreiben:

$$\overline{i_h^2} = \overline{u_g^2} \cdot S^2, \qquad (25.58)$$

wobei

S = *Steilheit der Vorverstärkerröhre*
$\overline{u_g}$ = *äquivalente Gitterrauschspannung.*

Setzen wir

$$\overline{u_g^2} = 4\,k\,T_0\,\Delta f\,R_{\ddot{a}V}, \qquad (25.59)$$

wobei $R_{\ddot{a}V}$ den bezüglich i_h^2 äquivalenten Rauschwiderstand (auf der Gitterseite) darstellt, so gilt nach (25.57), (25.58) und (25.59):

$$R_{\ddot{a}V} = \frac{1}{S^2} \left[\frac{1}{R_T} + \frac{1}{R_D^*} + R_{\ddot{a}D}^* \left(\frac{R_T + R_D^*}{R_T \cdot R_D^*}\right)^2\right]. \qquad (25.60)$$

Dieser Widerstand addiert sich einfach zu dem äquivalenten Rauschwiderstand der HF-Verstärkerröhre $R_{\ddot{a}T}$ (Abb. 11). Die Empfindlichkeit der Anordnung links der Verstärkerröhre ist dann bei optimaler Antennenankopplung (vgl. [1] und [7]) im Falle $R_{K_1} \ll R_g$ (lange Wellen):

$$\frac{N_{\text{opt}}}{\Delta f}\,[\text{in}\, kT_0] = 1 + 2\,\frac{R_{\ddot{a}T} + R_{\ddot{a}V}}{R_{k_1}} + 2\sqrt{\left(\frac{R_{\ddot{a}T} + R_{\ddot{a}V}}{R_{k_1}}\right)^2 + \frac{R_{\ddot{a}T} + R_{\ddot{a}V}}{R_{k_1}}} \tag{25.61}$$

und für $R_g \ll R_{k_1}$ (kurze Wellen):

$$\frac{N_{\text{opt}}}{\Delta f}\,[\text{in}\, kT_0] = 1 + 2\,\frac{R_{\ddot{a}T} + R_{\ddot{a}V}}{R_{k_1}} + 2\sqrt{\left(\frac{R_{\ddot{a}T} + R_{\ddot{a}V}}{R_g}\right)^2 + p_g\,\frac{R_{\ddot{a}T} + R_{\ddot{a}V}}{R_g}} \tag{25.62}$$

dabei: p_g = *Rauschfaktor des Gittereingangswiderstandes*; im allgemeinen ist $p_g = 5$.

Vereinfachungen: (25.61) und (25.62) lassen sich bekanntlich in der Form schreiben:

$$N_{\text{opt}}/\Delta f = (1 + 4\,\alpha)\,k\,T_0, \tag{25.63}$$

wenn $\alpha = (R_{\ddot{a}T} + R_{\ddot{a}V})/R_{K_1}$ bzw. $(R_{\ddot{a}T} + R_{\ddot{a}V})/R_g$ und der zweite Summand in der Wurzel vernachlässigt werden kann. Weiter ist in $R_{\ddot{a}V}$ nach (25.60)

$$R^*_{\ddot{a}D}\left(\frac{R_T + R^*_D}{R_T \cdot R^*_D}\right)^2 \gg \frac{1}{R_T} \text{ bzw. } \frac{1}{R^*_D},$$

also:

$$R_{\ddot{a}V} \approx R^*_{\ddot{a}D}\left(\frac{R_T + R^*_D}{R_T \cdot R^*_D}\right)^2 \cdot \frac{1}{S^2}. \tag{25.64}$$

Nun war gemäß (25.56) $R_{\ddot{a}D} \approx R_{\ddot{a}_m}$, mithin

$$R_{\ddot{a}V} = R^*_{\ddot{a}_m}\left(\frac{R_T/R^*_D + 1}{R_T}\right)^2 \cdot \frac{1}{S^2}; \tag{25.65}$$

$R_T/R^*_D = y$ = *Anpassungsverhältnis.* Dieses wird im allgemeinen in der Größenordnung von 1 liegen. Man sieht an Hand von (25.65) rauschmäßig den Einfluß der HF-Verstärkung. Je größer die Steilheit der Verstärkerröhre und je größer ihr Außenwiderstand, um so geringer ist der Einfluß von $R_{\ddot{a}_m}$ auf der Eingangsseite.

Der zu übertragende äquivalente Rauschwiderstand $R_{\ddot{a}V}$ läßt sich also bestimmen, wenn man das Verhältnis kennt, in dem $R_{\ddot{a}_m}$ als $R^*_{\ddot{a}_m}$ transformiert wird. Das ergibt sich folgendermaßen: Der gesamte Widerstand rechts des Vierpols (Abb. 11), R_D, ist in guter Näherung gleich

$$R_{iD} = 1/S_g$$

der Diode. Dieser Betrag ist mit Hilfe der reduzierten Funktion $S_g{}^*$ für jede beliebige Diode und jeden gewünschten Arbeitspunkt leicht zu ermitteln. Nun ist R_T bekannt und mit $y = R_T/R^*_D \approx 1$ ist R^*_D bekannt. Damit kennt man auch:

$$\ddot{u}^2 = R^*_D/R_D = R^*_D/R^*_{iD} = R_T/R_{iD}; \tag{25.66}$$

in R_T kann im allgemeinen der Kreiswiderstand vernachlässigt werden und damit erhält man:

$$R^*_{\ddot{a}_m} = \ddot{u}^2 R_{\ddot{a}_m} = R_T/R_{iD} \cdot R_{\ddot{a}_m}. \quad (25.67)$$

Da $R_T/R_{iD} > 1$, so wird $R^*_{\ddot{a}_m} > R_{\ddot{a}_m}$ sein.

Kennt man also R_T und S der HF-Verstärkerröhre sowie R_{iD} und $R_{\ddot{a}_m}$ der Mischdiode, so ergibt sich nach (25.65) unmittelbar:

$$R_{\ddot{a}V} \approx R_T/R_{iD} \cdot R_{\ddot{a}_m} \frac{4}{R_T} \cdot \frac{1}{S^2},$$

für $y = 1$, oder:

$$R_{\ddot{a}V} = \frac{4 R_{\ddot{a}_m}}{R_{iD} \cdot R_D} \cdot \frac{1}{S^2}; \quad (25.68)$$

hierin ist also $S = \left(\frac{\partial J_a}{\partial U_g}\right)_{U_a = \text{const}}$ die Anodenstromsteilheit der HF-Verstärkerröhre, während

$$R_T = \left(\frac{\partial U_a}{\partial J_a}\right)_{U_g = \text{const.}}$$

Im günstigsten Betriebspunkt spielt $R_{\ddot{a}V}$ gegenüber $R_{\ddot{a}T}$ in (25.61) bzw. (25.62) nur eine geringe Rolle. Bei größeren Stromflußwinkeln der Diode ergeben sich aber Werte, die berücksichtigt werden müssen. So erhält man für die Röhre LG 7 bei $\Theta = 90^0$ nach Abb. 7

$$R_{\ddot{a}_m} = 7\ \text{k}\Omega \quad (\text{Für } U_\sim = 10\ \text{V})$$

und

$$R_{iD} \approx 300\ \Omega$$

Für R_T setzen wir bei Trioden 5···10 kΩ (bei Penthoden entsprechend höhere Werte). Mit $S = 4$ mA/V ergibt sich:

$$R_{\ddot{a}V} = \frac{4{,}7\ \text{k}\Omega}{0{,}3\ \text{k}\Omega \cdot 10\ \text{k}\Omega} \cdot \frac{1}{16}\ \text{k}\Omega^2 = 0{,}58\ \text{k}\Omega,$$

ein Wert, der in der Größenordnung von $R_{\ddot{a}_m}$ liegt. Verwendet man als Mischrohr eine Triode, so gilt für $R_{\ddot{a}_m}$ ebenfalls (25.14) und in (25.68) ist statt R_{iD} der Gittereingangswiderstand R_g' der Mischtriode zu setzen.

§ 26. Einfluß der Elektronenträgheit auf den äquivalenten Rauschwiderstand

Eine wichtige Frage ist die Änderung von $R_{\ddot{a}}$ durch Laufzeiteinflüsse. Im statischen Fall bewirkt die Abnahme der Steilheit durch Laufzeiten eine Erhöhung von $R_{\ddot{a}}$, was man physikalisch als zusätzliches Influenzrauschen der Elektronen, die innerhalb einer Periode nicht mehr die Anode erreichen, verstehen kann. Im dynamischen Fall, damit ist hier der Fall der Mischung gemeint, hängt das Verhalten von $R_{\ddot{a}_m}$ von dem Verhältnis von mittlerer Steilheit und Konversionssteilheit ab.

Ein Verfahren von H. Meinke [3] liefert qualitative Angaben über das Verhalten von Richtkennlinien- und Konversionssteilheit. Diese Methode erlaubt keine quantitativen Aussagen, da erstens eine exakte Berechnung von

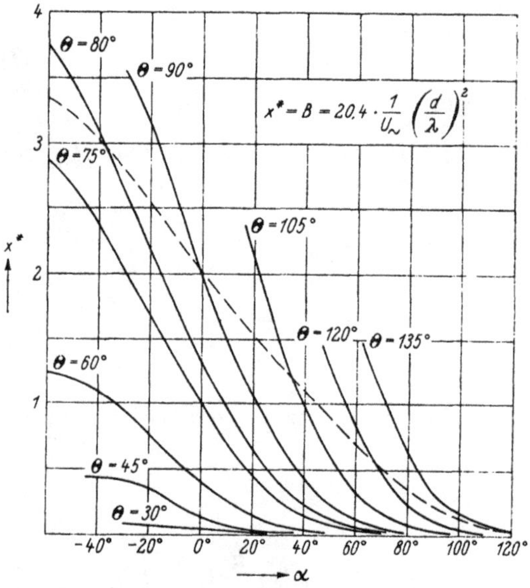

Abb. 13. Reduzierte Umkehrpunkte der Elektronen im Laufzeitfall in Abhängigkeit von Laufzeitwinkel α und Stromflußwinkel Θ; vgl. [3].

$$S_g = \frac{1}{2\pi}\,\frac{\partial}{\partial U_a}\int\limits_{-\Theta}^{\Theta-\Delta} J_a(\omega t)\,d\omega t$$

(Δ = *Laufzeitdefekt*, vgl. H. Meinke [3]) nicht möglich ist, weil der Integrand für $\omega = \Theta - \Delta$ unstetig wird und zweitens Differentiation und Integration nicht mehr vertauschbar sind, also die mittlere Steilheit $\overline{S} \neq S_g$ (der Richtkennliniensteilheit) ist.

Wir wollen hier eine Abschätzung in der Weise machen, daß wir die Richtkennliniensteilheit im Laufzeitfall graphisch ermitteln und mit der geänderten Konversionssteilheit in (25.14) einführen. Es wird angenommen, daß der Rauschfaktor p

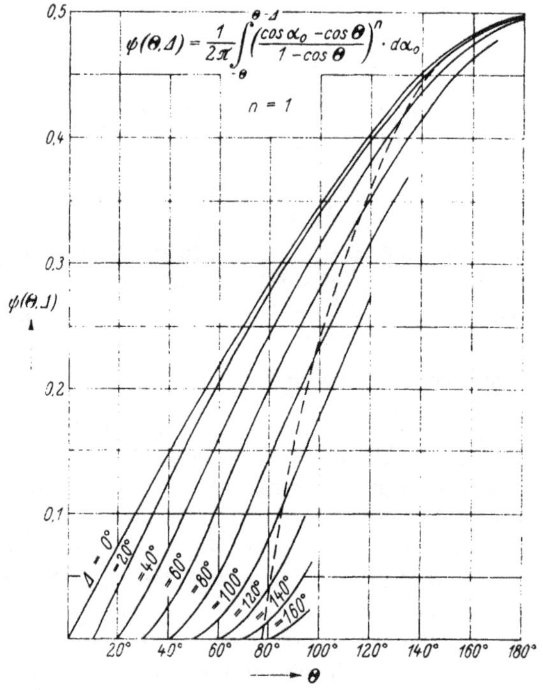

Abb. 14. Laufzeitkorrigierte Stromflußwinkelfunktion $\psi(\Theta, \Delta)$ in Abhängigkeit vom Laufzeitdefekt Δ und Stromflußwinkel Θ für den Kennlinienexponenten $n = 1$.

nicht wesentlich von den in Abb. 3 gegebenen Funktionswerten abweicht. In Abb. 13 sind die reduzierten Umkehrpunkte der Elektronen gemäß:

$$x^* = -\cos\Theta\,\frac{(\alpha-\alpha_0)^2}{2} + \cos\alpha_0 - \cos\alpha - (\alpha-\alpha_0)\sin\alpha_0$$

in Abhängigkeit von α_0 und Θ aufgetragen; (vgl. [3], Gleichung (9) und Abb. 10). In Abb. 14, 15 und 16 sind die laufzeitbehafteten Stromflußwinkelfunktionen $\psi(\Theta, \Delta)$ für $n = 1$; $n = 1{,}3$ und $n = 2$ eingetragen. Sie sind durch graphische Integration der Funktion:

$$\psi(\Theta,\Delta) = \frac{1}{2\pi}\int_{-\Theta}^{\Theta-\Delta}\left(\frac{\cos\alpha_0 - \cos\Theta}{1-\cos\Theta}\right)^n d\alpha_0$$

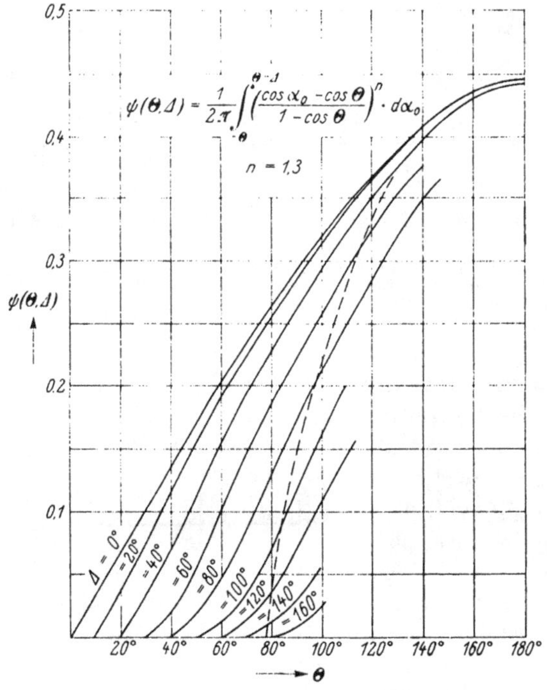

Abb. 15. Laufzeitkorrigierte Stromflußwinkelfunktion $\psi(\Theta, \Delta)$ in Abhängigkeit von Laufzeitdefekt Δ und Stromflußwinkel Θ für den Kennlinienexponenten $n = 1{,}3$.

gewonnen. Die Grenze der positiven Minima, welche sich für die Werte $\alpha_0 = \Theta - \Delta$ ergibt, ist gestrichelt eingetragen. Alle Punkte der Funktionen jenseits dieser Linie müssen also nach oben auf die Grenzlinie verlegt gedacht werden. Abbildung 17 enthält die aus dieser Funktion berechneten Werte von $J'_{gl} = J_{gl}/(k\,U^n_{\sim})$ (für $n = 1{,}3$) für die verschiedenen Laufzeitwinkel Δ. Abb. 18, 19 und 20 enthalten dieselbe Größe, jedoch mit dem Para-

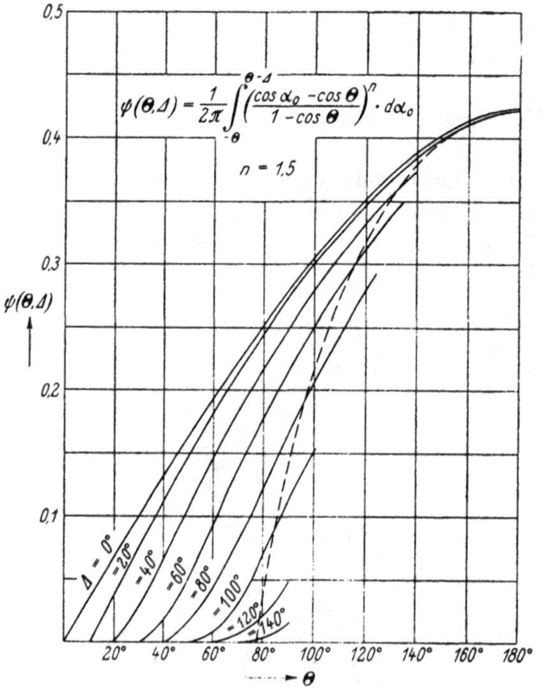

Abb. 16. Laufzeitkorrigierte Stromflußwinkelfunktion $\psi(\Theta, \Delta)$ in Abhängigkeit von Laufzeitdefekt Δ und Stromflußwinkel Θ für $n = 1{,}5$.

meter: $x^* = \frac{m}{e}\,\omega^2\,d^2\,\frac{1}{U_\sim}$ für die Kennlinienexponenten n gleich 1; 1,3 und 1,5. Hieraus lassen sich nun die Richtkennlinienfelder mit $U_\sim$ bzw. U_0 als Parameter bilden und aus ihnen die neuen Steilheiten S_g und S_c entnehmen.

Die Abbildungen 21 und 22 zeigen die reduzierten, laufzeitbehafteten Steilheiten mit x^* als Parameter. Es gilt wieder:

$$x^* = 20{,}4 \cdot (d/\lambda)^2/U_\sim;$$

$$S' = S/(K U_\sim^{n-1}),$$

wobei d in mm und λ in m anzugeben sind. Zu einer vorgegebenen Röhre und Frequenz (d, λ) errechnet man für die verschiedenen Wechselspannungsamplituden den x^*-Wert und entnimmt aus Abb. 21 und 22 die laufzeitbehafteten Steilheiten.

Abb. 23 zeigt für $n = 1{,}3$ die Werte von $S_g'/(S_c')^2$ (vgl. dazu Abb. 1) für die Wechselspannungsamplitude $U_\sim = 4$ V bei verschiedenen Frequenzen (x^*-Werten). Abb. 24 stellt dieselbe Funktion für verschiedene Kennlinienexponenten n und eine bestimmte Frequenz (x^*) in Abhängigkeit von $U_0' = -\cos\Theta$ dar.

Abb. 25 zeigt die im Laufzeitfall geänderten Werte des äquivalenten Rauschwiderstandes der

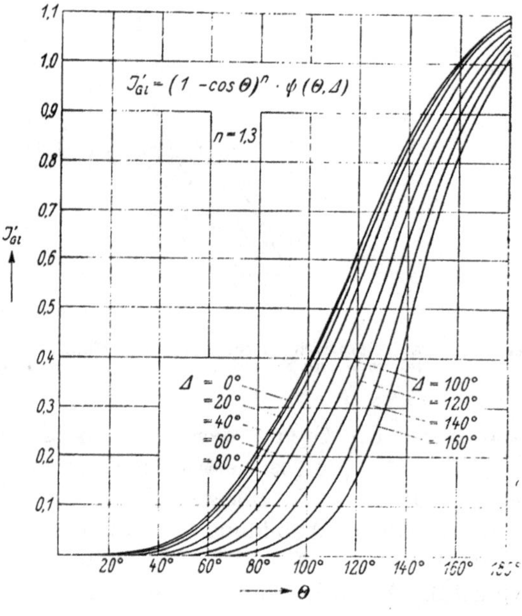

Abb. 17. Reduzierter Diodenstrom nach Abb. 15 berechnet in Abhängigkeit vom Laufzeitdefekt Δ und Stromflußwinkel Θ.

Mischung für die LG 1 bei einer Wellenlänge $\lambda = 50$ cm in Abhängigkeit vom Stromflußwinkel, nach (25.14). Je größer die Wechselspannungsamplitude, um so kleiner ist $R_{ä_{m}}$ im Gegensatz zu Abb. 6 und 7. Nun ist allerdings zu berücksichtigen, daß hier ein mittlerer p-Wert von 4 angenommen wurde, während in Wirklichkeit p mit $U_{\sim}$ ansteigt. Die Kurven werden also tatsächlich stark zusammenlaufen. Abb. 26 gibt denselben Zusammenhang für die Röhre LG 7 bei $\lambda = 50$ cm und Abb. 27 für dieselbe Röhre bei $\lambda = 20$ cm.

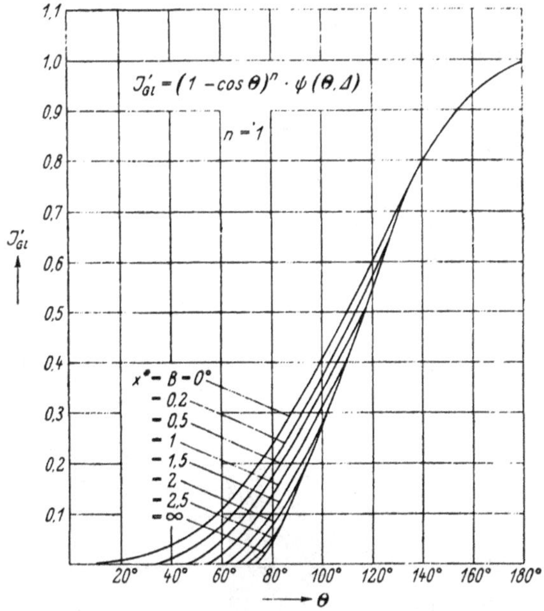

Abb. 18. Reduzierter Diodengleichstrom in Abhängigkeit von x^* und Θ für den Kennlinienexponenten $n = 1$.

B. ANDERE MÖGLICHKEITEN DER HOCHFREQUENZVERSTÄRKUNG IM HYPERFREQUENZGEBIET

Neben den sogenannten Scheibentrioden als Hochfrequenzverstärker lassen sich prinzipiell auch Laufzeitröhren, also Magnetrons und Klystrons und insbesondere die Traveling-Wave-Röhre (vgl. [8]; [9]; [10]) verwenden. Wir können hier davon absehen, die beiden ersten Möglichkeiten genauer zu untersuchen, da der außerordentlich hohe Rauschpegel der Magnetrons und Klystrons sowie auch die notwendige Einschränkung in der Bandbreite eine Anwendung dieser Röhren zur Vorverstärkung im Hyperfrequenzgebiet ausschließt. Dagegen scheint die TWR (Traveling-Wave-Röhre) infolge ihrer erheblichen Bandbreite (um 1000 MHz) und

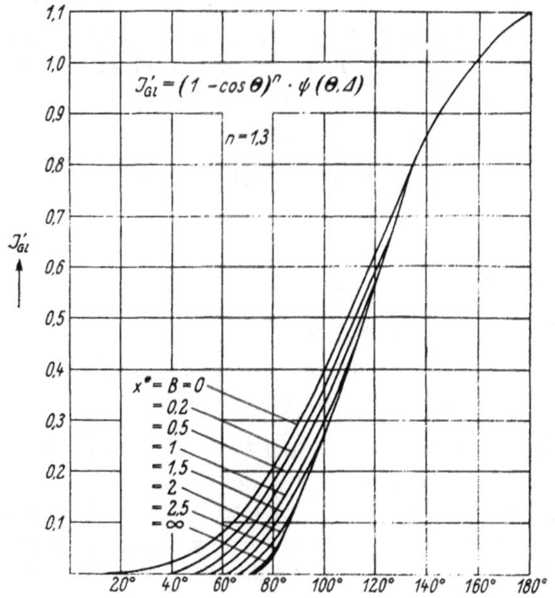

Abb. 19. Reduzierter Diodengleichstrom in Abhängigkeit von x^* und Θ für $n = 1,3$.

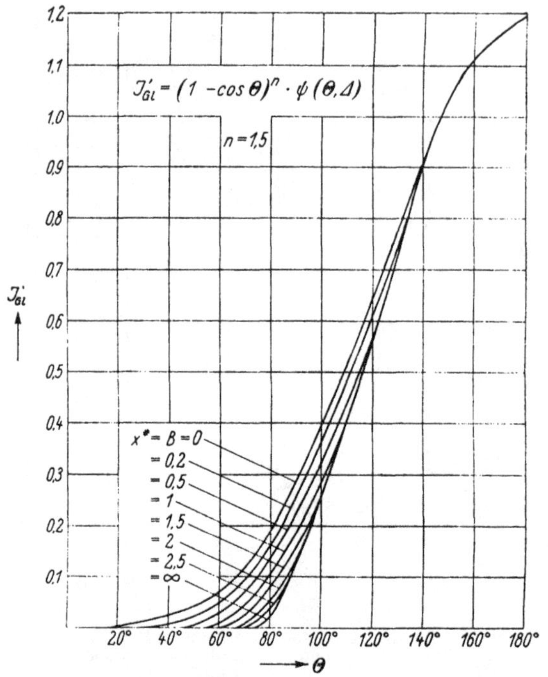

Abb. 20. Reduzierter Diodengleichstrom in Abhängigkeit von x^* und Θ für $n = 1{,}5$.

einer Leistungsverstärkung von 20 bis 30 db bei erträglichem Rauschabstand (20 bis 30 db, d. h. $100 \cdots 1000\, k\, T_0$) bei Frequenzen über 1000 MHz neue Möglichkeiten zu bieten. Jedoch bleibt es danach immer noch ausgeschlossen, die Grenzempfindlichkeit einer optimal eingestellten Eingangsmischstufe mit Detektor zu erreichen. Der Wirkungsgrad der TWR beträgt überdies nur wenige Prozent.

Wir können im Rahmen dieses Buches nicht auf eine Darstellung des Funktionierens einer TWR eingehen, wollen uns an dieser Stelle jedoch noch mit einer Frage befassen, die uns beim Diodenrauschen schon entgegengetreten ist und die uns auch später beim Detektorproblem beschäftigen wird. Es ist dies die Rauscherhöhung.

Gelegentlich der Berechnung des Rauschfaktors (als solchen definieren z. B. Döhler und Kleen die Größe $N\,[k\,T_0\,\Delta f]$ der Grenzempfindlichkeit) der TWR stellten die genannten Autoren fest, daß sich die resultierende Rauschleistung der TWR nicht einfach aus dem Schrotrauschen unter Berücksichtigung der Raumladungsschwächung errechnen läßt. Der Ausdruck für den Rauschfaktor ist

$$N = 50\, F^2 \cdot V_0\, \frac{\overline{\gamma_{\text{opt}}}}{k_0}\, |(y_2 + i x_2)\,(y_3 + i x_3)|^2$$

mit

F^2 = *Raumladeschwächungsfaktor zum Schrotrauschen*;
V_0 = *Gleichspannung* ≈ 1500 V;
$\frac{\overline{\gamma_{\text{opt}}}}{k_0}$ = *normierte Fortpflanzungskonstante* $\approx 1/40$;
x_2, y_2, x_3, y_3 = *Koordinaten der verstärkten Welle*; $i = \sqrt{-1}$;
$k_0 = \omega/\vartheta_0$ = *Kreisfrequenz/Elektronengeschwindigkeit.*

Setzt man in diesen Ausdruck den normalen Wert für F^2 ein, wie er im Langwellengebiet gemessen wurde, so findet man Werte für den Rauschfaktor, die zu niedrig liegen. Wir haben hier wie bei allen Laufzeitröhren den Fall des „*erhöhten Rauschens*" durch Raumladungsinteraktion vor uns. Wie wir schon beim Diodenrauschen sahen, tritt das „untheoretisch" hohe Rauschen dann auf,

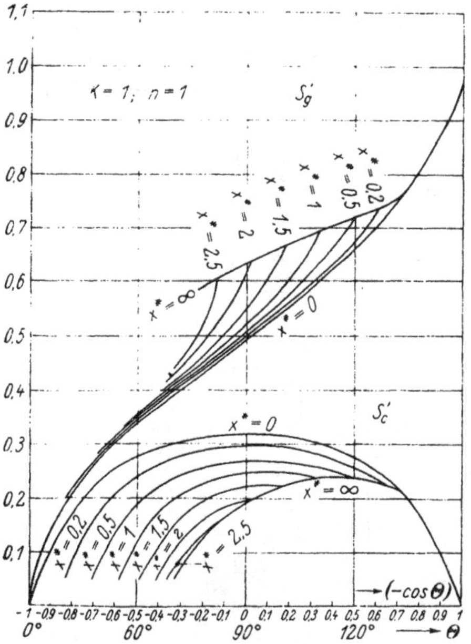

Abb. 21. Reduzierte Richtkennlinien- und Konversionssteilheit in Abhängigkeit von U_0' (= — cos Θ) mit x^* als Parameter für $K = 1$ und $n = 1$.

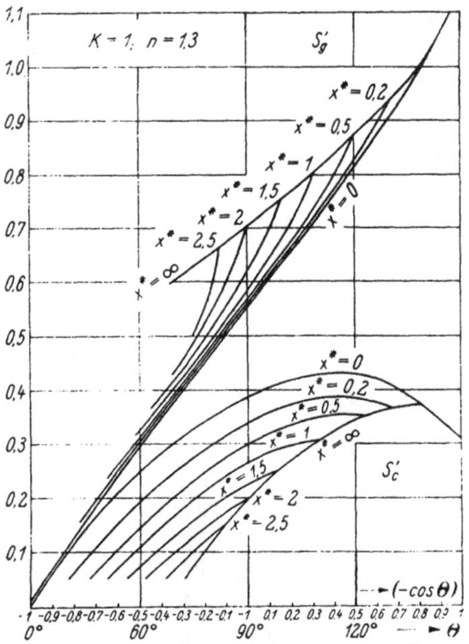

Abb. 22. Reduz. Richtkennlinien- u. Konversionssteilheit in Abhängigkeit von U_0' (= —cos Θ mit x^* als Parameter für $K = 1$ und $n = 1{,}3$.

wenn die Raumladungszone in Wechselwirkung mit z. B. reflektierten Elektronen tritt. Schon bei der Diode ist der erhöhte Rauschfaktor p oder der Überschrotrauschfaktor $F^2 > 1$ dadurch begründet, daß eine Energieabgabe der Elektronen an die Raumladungsschicht stattfindet und umgekehrt. Das führt zu einem exponentiellen Anwachsen der Rauschströme.

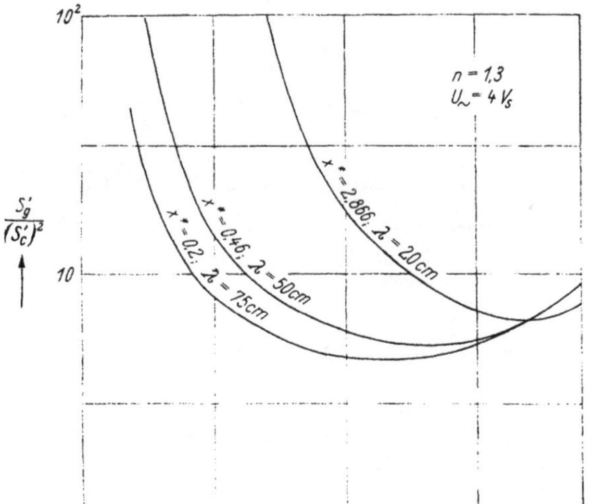

Abb. 23. Laufzeitkorrigierte Werte von $S_g'/(S_c')^2$ als Funktion von x^* und — cos Θ; Werte x^* entsprechend den Wellenlängen λ = 75; λ = 50; λ = 20 cm.

Etwas ähnliches werden wir beim Spitzengleichrichter kennen lernen. Das in allen diesen Fällen und in der Traveling-Wave-Röhre störende Verhalten wird in einer ganz neuen Verstärkerröhrentype, der Electron-Wave-Tube [11] ausgenutzt. Durch v. Haeff wird hier zum ersten Male die Interaktion der von zwei Kathoden stammenden Elektronenströme zur Verstärkung verwandt. Durch diesen Raumladungs-Energieaustausch erhält man Verstärkungen von 60 bis 80 db. Die Bandbreite ist möglicherweise größer als die der TWR, sicher aber 30% bei 3000 MHz, also 1000 MHz. Diese Electron-Wave-Röhre ist besonders für die Verstärkung von Millimeterwellen geeignet, da sie keinerlei abgestimmte Hohlräume oder sonstige abgestimmte Glieder enthält.

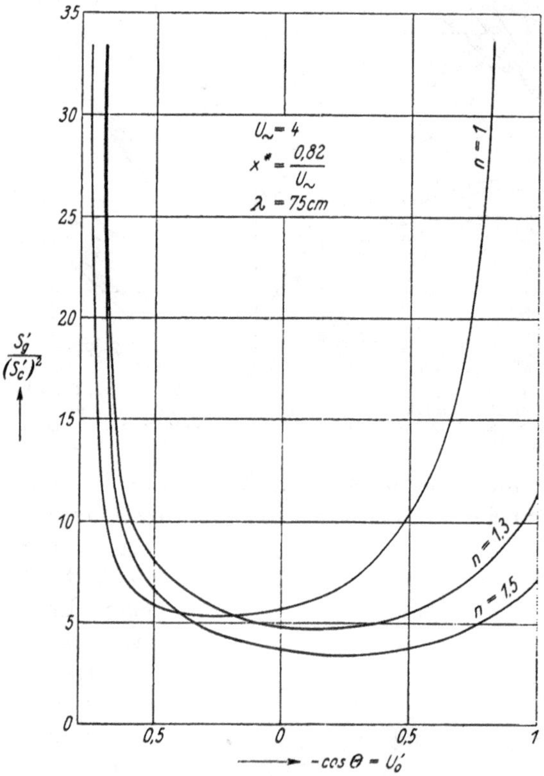

Abb. 24. Laufzeitkorrigierte Werte der Funktion $S_g'/(S_c')^2$ als Funktion von n für $x^* = 0,82/U_\sim$, also $\lambda = 75$ cm.

C. ZUSAMMENFASSUNG VON TEIL VII

Die Berechnung der resultierenden Empfindlichkeit einer Empfangsanordnung mit Hochfrequenzverstärkung erfordert im allgemeinen die Kenntnis der Einzelempfindlichkeiten der Stufen. Durch die Einführung des äquivalenten Rauschwiderstandes der Mischung kann eine Vorausberechnung ohne Kenntnis der Einzelempfindlichkeiten auf Grund der Kennwerte durchgeführt werden. Es wird daher aus dem statisch definierten äquivalenten Rauschwiderstand der Trioden der äquivalente Rauschwiderstand bei der Mischung abgeleitet (25.14). Für Dioden wird in Analogie hierzu auf Grund der Umwandlung des

Stromquellen- in das Spannungsquellenersatzbild ein äquivalenter Rauschwiderstand angegeben. Im dynamischen Fall (Mischfall) läßt sich eine einfache Form angeben, in welcher der ansteigende Rauschfaktor der Dioden berücksichtigt ist (25.28). Es wird ein *„reduzierter“* äquivalenter Rauschwiderstand angegeben (25.33), der unabhängig von der jeweiligen Röhrenkonstanten K gezeichnet werden kann. Nach kurzer Erläuterung möglicher Meßmethoden, wird der äquivalente Rauschwiderstand berechnet, unter Berücksichtigung der allgemeinen Vierpolgleichungen für die Mischdiode (25.44) und (25.45).

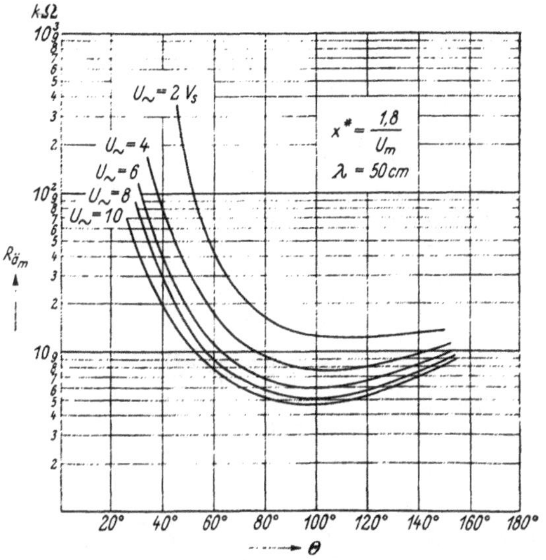

Abb. 25. Werte des äquivalenten Rauschwiderstandes der Mischung $R_{ä_m}$ für die Röhre LG 1 bei Laufzeiteinfluß in Abhängigkeit von $U_\sim$ und Θ für $\lambda = 50$ cm.

Im folgenden wird $R_{ä_m}$, der äquivalente Mischrauschwiderstand, in eine Berechnung des Rauschquellenersatzbildes des Diodensupers eingeführt und die Identität dieser Berechnungsmethode mit einer früheren gezeigt (25.46) = (25.47). Sodann wird die Aufgabe behandelt, die Empfindlichkeit einer Anordnung zu berechnen, bei welcher vor die Mischdiode eine HF-Verstärkerröhre geschaltet ist. Es zeigt sich, daß diese Rechnung leicht mit Hilfe von $R_{ä_m}$ auszuführen ist (25.51), denn man kann so das Rauschen der Mischdiode in einfacher Weise auf die Anodenseite der Vorverstärkerröhre (25.57) und weiter auf die Gitterseite transformieren.

Es ergibt sich die bekannte Formel

$$N_{\text{opt}}/\Delta f = (1 + 4\,\alpha)\,k\,T_0,$$

wobei in $\alpha = R_ä/R_g$ außer $R_ä$ der Vorverstärkerröhre als *Summand* der bezogene äquivalente Rauschwiderstand $R_{äV}$ der Diodenanordnung steht (25.61 und 25.62). Für die Berechnung von $R_{äV}$ kann man Vereinfachungen einführen, die angegeben werden, so daß eine Gleichung entsteht, in

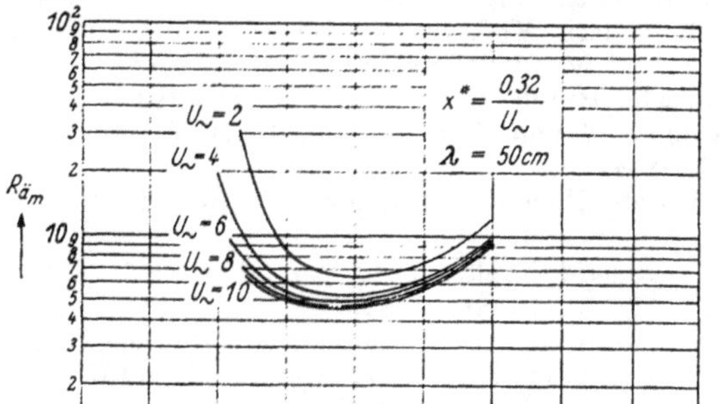

Abb. 26. Äquivalenter Mischrauschwiderstand der Diode LG 7 unter Berücksichtigung des Laufzeiteinflusses für eine Wellenlänge $\lambda = 50$ cm in Abhängigkeit von $U_\sim$ und Θ.

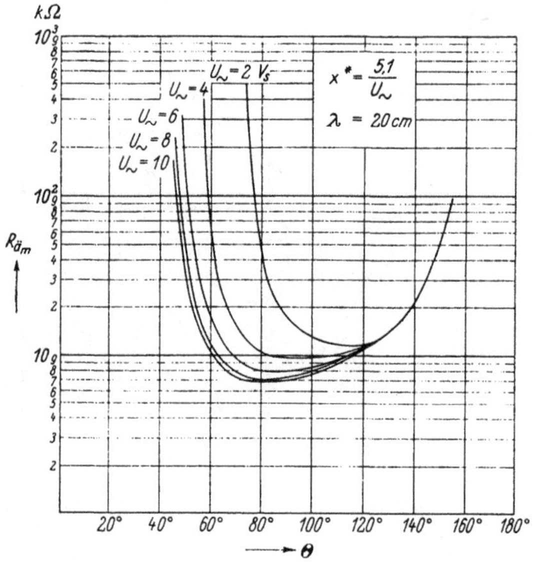

Abb. 27. Dasselbe wie Abb. 26, jedoch für eine Wellenlänge $\lambda = 20$ cm.

welcher außer $R_{ä_m}$ nur noch die Innenwiderstände von Mischdiode und Vorverstärkerröhre und die Steilheit der letzteren enthalten sind (25.68). Dann wird eine Abschätzung der Laufzeiteinflüsse auf den äquivalenten Rauschwiderstand gemacht. Es zeigt sich eine starke Abhängigkeit von der Wechselspannungsamplitude. Die Werte für die Röhre LG 7 z. B. liegen bei $\lambda = 20$ cm und $U_\sim = 4$ V sowie einem Stromflußwinkel $\Theta = 90^0$ um einen Faktor 2 höher gegenüber dem laufzeitfreien Fall. Bei höheren Wechselspannungen sind die Unterschiede geringer. Bei stark von 90^0 abweichenden Stromflußwinkeln treten erhebliche Unterschiede auf.

Kapitel VII schließt mit einer Betrachtung zur Hochfrequenzverstärkung mittels Laufzeitröhren.

Literatur zu Teil VII

1] H. Rothe-W. Kleen: Elektronenröhren als Anfangsstufenverstärker; Bücherei der HF-Technik, Bd. 3

2] H. F. Mataré: Das Rauschen von Dioden und Detektoren im statischen und dynamischen Zustand; E. N. T. 19, H. 7, Juli 1942

3] H. H. Meinke: Das Richtkennlinienfeld einer Diode bei niedrigen und hohen Frequenzen; Telefunken-Röhre H. 21./22, August 1941

4] Torrey u. Whitmer: Crystal-Rectifiers, McGraw-Hill Book Cy, Inc. 1948

5] J. M. O. Strutt u. van der Ziel: Die Diode als Mischröhre, besonders bei Dezimeterwellen; Philips Technische Rundschau 6, 1941, S. 289···298

6] H. F. Mataré: Der Mischwirkungsgrad von Dioden. Zschr. f. HF-Technik und Elektroakustik 6, Bd. 62, S. 165 (1944)

7] W. Kleen: Verstärkung und Empfindlichkeit; Telefunken-Röhre, H. 23, Dezember 1941

8] J. R. Pierce: Bell Laboratories Record XXIV no 12 Dezember 1946, S. 439

9] R. Kompfner: Wireless World, 52, Nov. 1946, S. 369

10] Döhler-Kleen: Über die Wirkungsweise der Traveling-Wave-Röhre. Archiv der Elektr. Übertragung; Bd. 3, H. 2, Febr. 1949; dort weitere Literatur

11] A. v. Haeff: The Electron-Wave Tube. A novel method of Generation and Amplification of microwave energy; Proceed. I. R. E. January 1949, Vol. 37, No 1, S. 4

VIII. TEIL

Zentimeterwellenempfang. Der Detektor als Mischorgan

Die wichtigsten Bezeichnungen

e	= *Basis der nat. Logarithmen*
e_0	= *Elementarladung*
$\alpha \approx e_0/kT$	= *Kennlinienkonstante in* $J = J_0 (e^{\alpha U} - 1)$
α	= unmißverständlich einerseits: $\alpha = R_ä/R_k$ *für* ZF-*Eingang* andrerseits: $\alpha = \mathrm{tg}\,\varrho$, wobei ϱ = *Winkel der Sperrstromgeraden mit der Spannungsachse*
ϱ	= $\Delta J_-/\Delta U_-$ = *Leitwert im Sperrstromgebiet*
ϱ_b	= *Leitwert im verlängerten Flußstromgebiet*
S	= *statische Steilheit in* mA/V
$S_g(\omega t)$	= *momentane Richtkennliniensteilheit*
S_g	= *Mittelwert der Richtkennliniensteilheit*
$J_+ = J_f$	= *Flußstrom*
$J_- = J_s$	= *Sperrstrom*
T	= $\partial^2 J/\partial U^2$ = *Kennlinienkrümmung*
W	= $\partial^3 J/\partial U^3$ = *Krümmungsänderung*
K	= *Raumladungskonstante in* KU^n
k	= *Boltzmannsche Konstante*
$\varphi_n(\Theta)$; $f_n(\Theta)$	= *Stromflußwinkelfunktionen*
R_q	= *Querwiderstand*
R_i	= *Innenwiderstand der spezifischen Charakteristik*
p	= *Rauschtemperaturfaktor (statisch)*
$p(\Theta)$	= *dynamischer Rauschtemperaturfaktor*
$A \approx 1$	= *Rauschtemperaturfaktor (statisch) im Nullpunkt*
J_s	= *äquivalenter Sättigungsstrom* (Rauschdiode)
ζ	= *Symbolischer Rauschtemperaturfaktor*
R_D	= *äußerer Detektorwiderstand*
c	= *Exponent für das Anwachsen von p mit* U_{eff}
$\overline{R_i}$	= *Mittelwert des Innenwiderstandes*
J_0	= *Stromkonstante* (I_n auch normale Besselfunktionen) S. 145

8*

$I_n(xU_\sim)$ = *Modifizierte Besselfunktionen vom Argument* $(xU_\sim)$ *und der Ordnung* n

$R_p = \frac{R_i R_q}{R_i + R_q}$ = *Parallelwiderstand*

J_ω = *Grundwelle des ausgesteuerten* HF-*Stromes*

i_R = *Richtstrom (momentan)*

J_R = *Mittelwert des Richtstromes*

$S_c(\omega t)$ = *Konversionssteilheit (momentan)*

S_c = *Mittelwert der Konversionssteilheit*

J_R^* ; S_c^* usw. sind reduzierte Funktionen

$\Theta^* = \pi - \Theta$ = *Stromflußwinkel im Sperrgebiet*

F^2 = *Raumladungs-Schwächungsfaktor zum Rauschen*

$S_c(l\omega t)$ = *Konversionssteilheit für die* l*-te Oberwelle*

U_{oz} = *Oszillatorspannungsamplitude*

U_h = HF-*Spannungsamplitude*

U_z = ZF-*Spannungsamplitude*

ω_h = $2\pi f_h$; f_h = *Hochfrequenz*

ω_z = $2\pi f_z$; f_z = *Zwischenfrequenz*

ω = $2\pi f$; f = *Oszillatorfrequenz*

x = R_k^*/R_i = *Anpassungsverhältnis auf der* ZF-*Seite*

A. EINLEITUNG

Während im Dezimeterwellengebiet eine Anwendung von Mehrgitterröhren nicht mehr sinnvoll ist, schalten im Zentimeterwellengebiet auch Trioden und Hochvakuumdioden für Verstärkung, Mischung und Gleichrichtung aus. Das liegt zunächst an dem unvermeidlich großen Einfluß der Kapazitäten. Als Beispiel: Eine Kapazität von $C = 10$ pF $\approx 10^{-11}$ F stellt bei $\lambda = 10$ cm einen Blindwiderstand von nur 5,3 Ω dar. Eine Abstandsvergrößerung der Diodenelektroden kommt aber wegen des Laufzeiteinflusses nicht in Betracht. Ferner spielen die schon beträchtlichen Induktivitäten der Zuleitungen eine große Rolle. Schließlich bilden die durch Laufzeiteinflüsse veränderten Eingangswiderstände eine zusätzliche Rauschquelle. Hier stellt nun der Halbleiter in Form des Spitzendetektors das ideale Organ für Gleichrichtung und Mischung dar, denn er besitzt die geforderten, kleinen Kapazitäten ($C \leqq 1$ pF) und ermöglicht durch seinen Aufbau eine weitgehende Herabsetzung der Zuleitungsverluste. Wir werden weiter unten sehen, daß er auch rauschmäßig als „kalter" Widerstand den Röhren mit Glühkathode überlegen ist.

Selbstverständlich ist auch der Detektor nicht frei von Verlusten und schädlichen Impedanzen, und es ist viel Arbeit geleistet worden, das Hochfrequenz-Ersatzschaltbild zu ermitteln. Ferner liefert ein Detektor bei Aussteuerung mit zu großen Oszillatoramplituden Rauschströme, welche diejenigen der Hochvakuumdioden um Zehnerpotenzen übertreffen können. Er ist nur bei kleinster und kleiner Aussteuerung (unter 0,5 V Spitzenspannung) mit Vorteil zu verwenden. Dies genügt jedoch im allgemeinen bei weitem sowohl für den Mischbetrieb als auch für den Empfangsgleichrichter.

Der Detektor verdankt seine Bedeutung vor allem der Tatsache, daß sich der Vorgang der Gleichrichtung in unmittelbarer Nähe der Kontaktspitze (Größenordnung der Randschichtausdehnung 10^{-5} cm) vollzieht. Die geringe Ausdehnung dieser „Schottkyschen Randschicht" ist für das laufzeitfreie Arbeiten verantwortlich. Wie später aus den Erörterungen zum hochfrequenten Ersatzschaltbild hervorgeht, ist diese Randschicht jedoch nie ohne Verluste zugänglich. Wenn man von diesen Serien- und Parallelimpedanzen absieht, behandelt man den Fall des Idealdetektors. In der hier durchgeführten Berechnung ist der Detektor mit seinen Parallel- und Serienverlustwiderständen behandelt. Das hochfrequente Ersatzschaltbild liefert das Verhalten des „natürlichen Detektors". Da die hierin enthaltenen Impedanzen und Transformationen von Fall zu Fall stark schwanken, ist ihre Einführung beim Mischproblem innerhalb der Vierpolgleichungen unzweckmäßig. Es wird vielmehr so verfahren, daß diese stark frequenzabhängigen Glieder bei der Festlegung der Betriebsgrößen (insbesondere des Stromflußwinkels) berücksichtigt werden. Denn eine Serieninduktivität und eine Parallelkapazität, wie sie beim Detektor vorliegen, transformieren nur Spannung und Strom der Randschicht. Die Größe dieser Transformation ist eine Funktion der Betriebsfrequenz. Das Funktionieren der Randschicht, wie es die statische Kennlinie wiedergibt, und die Rauscheigenschaften können dadurch nicht geändert werden. Um von der Theorie auf die Praxis zu schließen, hat man also dann für die gegebene Betriebsfrequenz die Transformation der Spannung (Hochfrequenz- und Oszillatorspannung) an die Randschicht zu ermitteln und mit diesen Daten in die gegebenen Funktionen hineinzugehen.

Erst im Millimetergebiet machen sich beim Detektor Laufzeiteinflüsse geltend, so daß schließlich auch die angegebenen Randschichtfunktionen nicht mehr gültig sind. Hier ist zu bemerken, daß die Frequenzbegrenzung in gewissen Gebieten eine Funktion der halbleitenden Substanz ist. So ist die Gleichrichtung mit Germanium von etwa $\lambda = 10$ cm Wellenlänge an derjenigen mit Silizium unterlegen. Hier treten im Gebiet der höchsten Frequenzen trotz der außerordentlichen Beweglichkeit der Ladungsträger komplizierte Mechanismen in Erscheinung, die mit dem Problem der gemischten Leitung zusammenhängen (vergleiche Teil VIII, b).

B. ALLGEMEINES ZUM SPITZENGLEICHRICHTER

Wenn eine Metallspitze die Oberfläche eines Halbleiters berührt, so bildet sich bekanntlich im Halbleiter eine Zone inhomogener Raumladungsdichte, die sogenannte *Randschicht* aus. Sie entsteht dadurch, daß die verschiedenen Elektronenaustrittsarbeiten eine Potentialschwelle erzeugen, denn es wandern solange Ladungsträger vom Leiter geringerer Austrittsarbeit in denjenigen mit der höheren Austrittsarbeit, bis die entstandene Potentialschwelle die Differenz der Austrittsarbeiten kompensiert. Diese Randschicht ist also höherohmig als der übrige Leiterkörper, worauf ihre Sperrwirkung beruht. Im Prinzip ist die Bildung von Randschichten in allen Leitern denkbar. Sie hat aber nur Bedeutung bei halbleitenden Substanzen, da im Falle der Anwesenheit zu vieler Ladungsträger praktisch keine Sperrwirkung zustande kommt.

Im normalen Fall besitzt also der Halbleiter die geringere Austrittsarbeit. Bei Anlegen einer äußeren Spannung, welche die Elektronen vom Metall zum Halbleiter treibt, nimmt die Randschicht an Ausdehnung zu und wir befinden uns im Sperrgebiet. Dies hat allerdings nur bis zu einer definierten, vom Kristallmaterial abhängigen Sperrspannung Sinn, denn schließlich wird die äußere Spannung so hoch, daß die Randschicht von der Metallseite her zugeweht wird. Dasselbe tritt bei Umkehrung der Spannung (Flußrichtung) von der Halbleiterseite her viel eher ein, da die äußere Spannung dann nicht das Randschicht-Gegenfeld zu überwinden hat.

Eine wesentliche Aufgabe des Detektorbaues ist es, diese Eigenschaften der Randschicht möglichst unverfälscht an die äußeren Klemmen zu übertragen. Das ist nicht leicht, da im Gebiet hoher Frequenzen außer den Ohmschen Serien- und Nebenschlüssen sich der Einfluß innerer Impedanzen geltend macht (s. insbesondere „Zum Ersatzschaltbild des Detektors"). Zunächst handelt es sich darum, den Bahnwiderstand (Serienwiderstand) so niedrig wie möglich zu halten. Beim Spitzendetektor wird er durch den, von der Halbleiterdicke wesentlich unabhängigen Ausbreitungswiderstand bestimmt. Die Nebenschlüsse, insbesondere diejenigen kapazitiven Charakters, werden durch die der eigentlichen Kontaktstelle benachbarten Nadelteile erzeugt. Hier spielen Nadelformfragen und Polierprobleme eine große Rolle [1]. Bei allen Halbleitern, die für Detektoren Verwendung finden, liegt *gemischte Leitung* im uneigentlichen Sinne vor; das heißt: Wir haben Elektronen- und Defektelektronen-leitende Bezirke nebeneinander, die jedoch räumlich voneinander trennbar sind. — Die eigentliche gemischte Leitung, welche für das Problem der Supraleitung von großer Bedeutung ist, ist hier nicht von Interesse. Insbesondere beim Halbleiterverstärker (Transistor) sind die Zonen verschiedener Leitungsart von Bedeutung. Es sei hier erwähnt, daß sich Defektelektronen, also Elektronenlücken, wie positive Elektronen verhalten. Man kann sie auch als „*phasenverschobene*" Elektronen bezeichnen, welche Braggsche Reflexionen am Atomgitter erleiden. Ob nun ein Leiter vorwiegend Elektronen- oder Defektelektronen-leitend ist, hängt davon ab, ob die vorhandenen Störstellen mehr *Donatoren-* oder *Akzeptoren-*Charakter haben (Schottky).

Ein wesentliches Hilfsmittel zum Verständnis der elektrischen Eigenschaften kristalliner Körper liefert die Bänderdarstellung der Energiestufen der Elektronen, die in der modernen Festkörpertheorie eine große Rolle spielt. Wir müssen uns hier darauf beschränken festzustellen, daß ein direkter Zusammenhang besteht zwischen den Energiestufen der Elektronen im freien Atom und den Energiebändern eines Festkörpers, der sich aus vielen Atomen zusammensetzt, die das Kristallgitter bilden. Das Energiebandmodell bildet sozusagen eine Zusammenfassung der vielen nahe beieinanderliegenden Energiestufen der einzelnen, das Kristallgitter zusammensetzenden Atome [1]; [2]; [3]; [4]; [5]. Gemäß der Strukturierung der Bänder in nahe beieinanderliegende Energieniveaus betrachtet man ein Band als *gefüllt*, wenn alle Einzelniveaus durch Elektronen besetzt sind. Zwischen den Bändern liegen *verbotene Zonen*, in denen die Aufenthaltswahrscheinlichkeit für Elektronen gleich Null ist. Für einen Isolator stellt sich das Bild dann wie in Abb. 1 angegeben dar. Das äußere Leitfähigkeitsband ist leer und aus dem darunter liegenden, vollen Band dringen keine Elektronen durch die verbotene Zone hindurch. Ein Halbleiter liefert im kalten Zustand (im allgemeinen schon ab Raumtemperatur) dasselbe Bild, wenn er keine *Störstellen* durch Verunreinigungen enthält. Im Vakuum destilliertes, sehr reines Silizium und Germanium haben z. B. eine verschwindende Leitfähigkeit. Die Energiespanne E zwischen dem äußeren Leitfähigkeitsband und dem darunter liegenden, vollbesetzten Band ist beim Halbleiter kleiner als beim Isolator. Das heißt, beim Halbleiter genügt eine geringe Aktivierung der s-Band-Elektronen (z. B. Erwärmung), um das p-Band anzubesetzen. Dieser Zustand wird mit *innerer* Leitfähigkeit (intrinsic conduction) bezeichnet. Beim reinen Metall überlappen sich das s- und das p-Band teilweise, so daß Leitungselektronen ohne Energiezufuhr von einem Band in das andere, d. h. von einem höheren in einen niederen Energiezustand gelangen können.

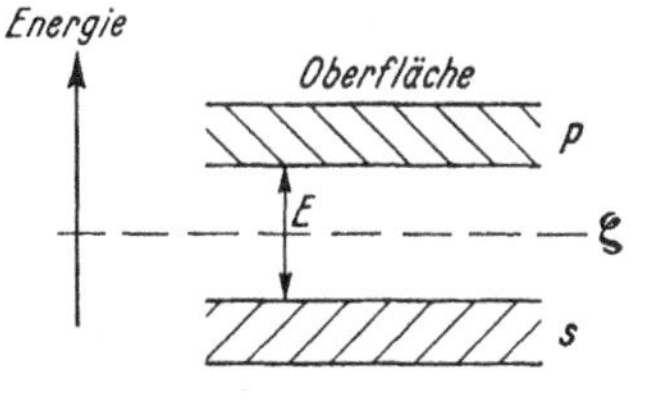

Abb. 1. Bändermodell für einen Isolator und Halbleiter; E groß ≙ Isolator; E klein ≙ Halbleiter.

Die beim Halbleiter viel wichtigere Leitungsart ist die *äußere* „Leitfähigkeit" („extrinsic conduction"), verursacht durch Störstellen im Atomgitter. Beim Silizium und Germanium hat man es bei Zimmertemperatur (300° K), auch wenn das Material im reinsten Zustand vorliegt, mit äußerer Leitfähigkeit zu tun, da spektroskopische Reinheit bei weitem noch keine Freiheit von Gitterstörstellen bedeutet. Sind die Störstellen der Art, daß sie leicht Elektronen an das leere Leitfähigkeitsband (p) abgeben, unter Zurücklassung eines positiv geladenen Restes, so spricht man von *Elektronenleitung* und bezeichnet die Störstellen nach Schottky [6] als „Donatoren" (s. Abb. 2). Diese Donatoren liegen in der Energieskala um den Betrag ΔE vom leeren Leitfähigkeitsband entfernt.

Störstellen einer bestimmten Art wirken entweder als Donatoren oder Akzeptoren. So ist z. B. bekannt und leicht erklärbar, daß Beimischungen der Elemente der 3. Gruppe, wie Bor und Aluminium, Defektelektronenleitung ergeben, während die Elemente der 5. Gruppe wie Phosphor, Antimon und Arsen Elektronenleitung erzeugen. Die halbleitenden Elemente wie *Si* und *Ge* haben jedoch von vorneherein, also im Zustand hoher chemischer Reinheit

(99,99 Gew.%) und ohne künstliche Beimengungen eine bestimmte Leitfähigkeit durch den Rest verbleibender Fremdatome. Diese sind aus reinen Affinitäts- und Reinigungsgründen derart, daß dadurch Silizium defektelektronenleitend, Germanium dagegen meist elektronenleitend wird.

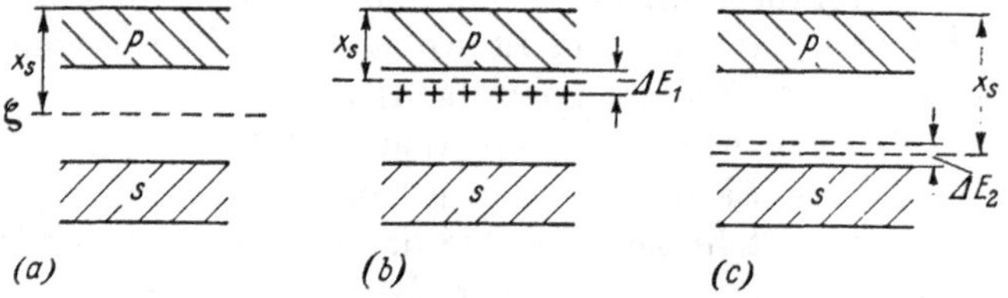

Abb. 2. Die drei Arten von Halbleitung:
a) Durch innere Leitung; Anregung der s-Band-Elektronen notwendig.
b) Typ N, Elektronenleitung; Donator oder Plus-Störstellen.
c) Typ P, Defektelektronenleitung; Akzeptor oder Minus-Störstellen.

In der Praxis läßt sich dies leicht mit Hilfe der Schottkyschen Regel prüfen: *Im Flußgebiet fließen die Ladungsträger vom Kristall zur Metallspitze.* Liegt also Elektronenleitung vor (*Ge*), so ergibt sich die Flußrichtung bei positiver Nadel. Bei Defekt-Elektronenleitung (*Si*) ergibt sich die Flußrichtung bei positivem Kristall. Nach Fowler und Wilson läßt sich zeigen, daß im Fall der äußeren Halbleitung wie der inneren Halbleitung die Zahl n_1 der freien Elektronen pro Volumeneinheit im nahezu leeren Band (p) gleich der Zahl n_2 der freien Löcher je Volumeneinheit (im nahezu gefüllten Band s) ist. Also:

$$n_1 = n_2 = \sqrt{v_1 v_2}\, e^{-\varepsilon/(2kT)} \qquad \text{(B 1)}$$

wobei

$$v_1 = v_2 = 2\left(\frac{2\pi m_1 kT}{h^2}\right)^{3/2} \qquad \text{(B 2)}$$

(Massenwirkungskonstante).

Es ist:

m_1 = *effektive Elektronenmasse*; vgl. [2], Sec. 68;
k = *Boltzmannsche Konstante*;
h = *Planksches Wirkungsquant*;
T = *abs. Temperatur*;
E = *Energieniveaudifferenz der Bänder.*

Wie wir zu Beginn dieses Kapitels bemerkten, ist die Kontakt-Potentialdifferenz zwischen Metall und Halbleiter von großer Bedeutung für das Entstehen einer Randschicht. Es gibt auch „innere“ Randschichtbildung im Halbleiterkörper zwischen Zonen verschiedener Leitfähigkeitsart und sogenannte *Oberflächenzustände* in hochgereinigtem *Ge*, welche weitgehende Unabhängigkeit der Gleichrichtung von der Differenz der Austrittsarbeiten Metall-Halbleiter bewirken, ein Problem, das im *Transistorbau* von großer Bedeutung ist.
Im normalen Fall ist also diese Kontaktpotentialdifferenz annähernd gleich der Differenz der Austrittsarbeiten. Genau genommen besteht beim Metall-

Halbleiter-Kontakt ein Unterschied kT zwischen beiden Größen, also 0,025 Elektronenvolt für Zimmertemperatur. Die Austrittsarbeit eines Halbleiters ist selbstverständlich eine Funktion der vorhandenen Störstellen und ihrer Ionisation [7].

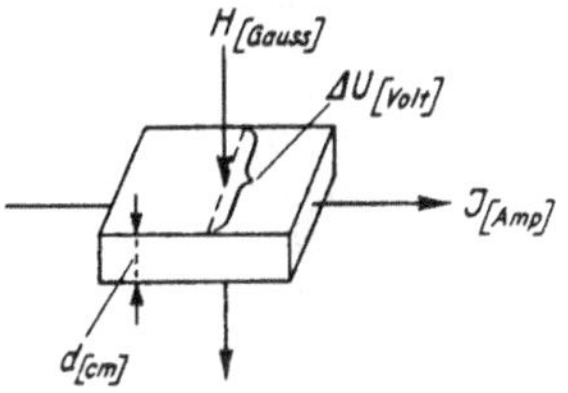

Abb. 3. Zur Messung der *Hall*-Spannung.

In der Praxis besteht oft großes Interesse zu wissen, ob es sich um Elektronen- oder Defektelektronenleitung handelt. Man ergänzt daher die Messung des spezifischen Widerstandes einer Probe durch eine Messung der *Hall-Konstante.* Diese bestimmt sich nämlich aus der Größe der auftretenden Querspannung ΔU (Abb. 3) in einem Leiter, der den Strom J transportiert und von einem dazu senkrechten Magnetfeld der Stärke H [in Gauß] durchsetzt wird. Ist die vom Magnetfeld durchsetzte Leiterdicke d [in cm], so gilt:

$$R = \frac{\Delta U_{[\mathrm{V}]} \cdot d_{[\mathrm{cm}]}}{J_{[\mathrm{A}]} \cdot H_{[\mathrm{Gau\ss}]}} \cdot 10^8 \,\mathrm{cm}^3/(\mathrm{A} \cdot \mathrm{s}) = \frac{\Delta U d}{J H} \, \frac{\mathrm{Gau\ss\, cm}^2}{V s} \,. \tag{B 3}$$

Je nachdem nun Elektronen- oder Defektelektronenleitung vorliegt, ist ΔU negativ oder positiv. In der Festkörpertheorie zeigt man (vgl. [2]; [3]), daß R im Falle des einfachen Elektronenhalbleiters gegeben ist durch:

$$R_1 = -\frac{3\pi}{8} \cdot \frac{1}{e_0 n_1} \tag{B 4}$$

mit

n_1 = *Zahl der Leitungselektronen pro Volumeneinheit*
e_0 = *Elementarladung.*

Für Löcherleitung findet man:

$$R_2 = +\frac{3\pi}{8} \cdot \frac{1}{e_0 n_2} \tag{B 5}$$

mit n_2 = *Zahl der Defektelektronen pro Volumeneinheit.*

Im Falle der gemischten Leitung ist:

$$R = -\frac{3\pi}{8 e_0} \frac{n_1 b_1^2 - n_2 b_2^2}{(n_1 b_1 + n_2 b_2)^2} \tag{B 6}$$

b_1 und b_2 sind die Beweglichkeiten der freien Elektronen bzw. Defektelektronen.

Die Beweglichkeit b errechnet sich leicht aus der Hall-Konstante und dem spezifischen Widerstand ϱ [in Ohm cm] gemäß:

$$b = \frac{8 R}{3 \pi \varrho} \text{ in } \mathrm{cm} \cdot \mathrm{s}^{-1}/(\mathrm{V\, cm}^{-1}). \tag{B 7}$$

In nachfolgender Tabelle seien nach verschiedenen Autoren einige Werte der wichtigsten Konstanten für Germanium verschiedener Leitfähigkeit zusammengestellt (vgl. [8]). Man bemerkt die Unsicherheit in der Bestimmung von D und b:

Spez. Widerstand ϱ Ω cm	Hall-Konstante R cm^3/C	Konzentration der freien Elektronen D cm^{-3}	Beweglichkeit b $\frac{cm/s}{V/cm}$
0,004	1	$0{,}75 \cdot 10^{19}$	400
0,004	0,7	$1 \cdot 10^{16}$	200
0,007	4	$1 \cdot 10^{16}$	2000
0,008	10	$1 \cdot 10^{18}$	1000
0,02	50	$5 \cdot 10^{16}$	800
0,1	800	$1 \cdot 10^{19}$	2000
0,4	700	$1 \cdot 10^{17}$	2000
0,5	700	$1 \cdot 10^{18}$	1000
1	900	$0{,}5 \cdot 10^{17}$	900
12	2000	$0{,}3 \cdot 10^{16}$	1500
20	6000	$0{,}12 \cdot 10^{16}$	3000

Schließlich wollen wir noch das Funktionieren einer Sperrschicht, wie es am Eingang dieses Kapitels beschrieben wurde, näher betrachten. In Abb. 4 sind zu diesem Zweck die Energiestufen-Verhältnisse vor, während und nach der Berührung Metall-Halbleiter gezeichnet. Hierbei sind keine Oberflächenzustände angenommen [9], sondern es ist angenommen, daß die Ausbildung der Potentialschwelle nur der Differenz der Austrittsarbeiten zwischen Metall

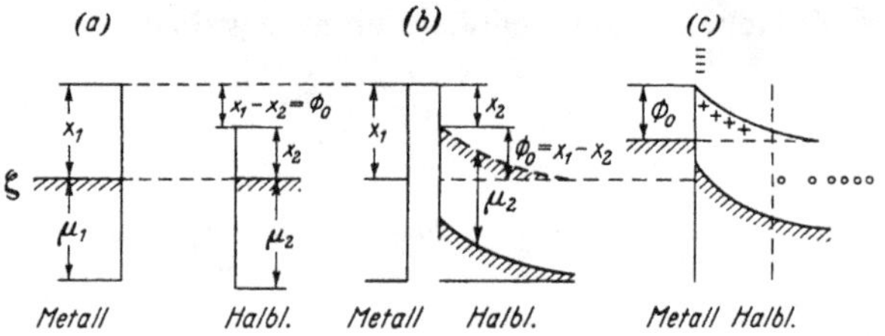

Abb. 4. Energiestufen-Verhältnisse vor, während und nach der Berührung Metall-Halbleiter; X_1 und X_2 sind die Austrittsarbeiten in Metall resp. Halbleiter, μ_1 und μ_2 die chemischen Potentiale; $\Phi_0 = X_1 - X_2 =$ *Oberflächenpotentialschwelle.*

und Halbleiter zuzuschreiben ist (Klassische Schottkysche Sperrschicht). Man sieht, daß sich das Oberflächenpotential im Halbleiter (rechts) um den Betrag der Differenz der Austrittsarbeiten anhebt, bis nach erfolgter Berührung (*c*) die Randverarmung an Ladungsträgern im Halbleiter (H) die Differenz der Austrittsarbeiten Φ_0 kompensiert. Dadurch ist aber im Halbleiter eine Zone geringerer Raumladung entstanden, deren Ausdehnung von der äußeren angelegten Spannung abhängig ist.

Das gleiche Verhalten zeigt, nur mit umgekehrtem Vorzeichen, der Defektelektronenleiter. Wie wir bereits oben bemerkten, sind diese Verhältnisse bei allen Leiterkontakten möglich, haben jedoch nur im Halbleiterfall technische Bedeutung, da zur Ausbildung einer technisch verwertbaren Sperrschicht geringe Dichte der freien Ladungsträger Voraussetzung ist.

Mit diesen kurzen Bemerkungen müssen wir das Gebiet der Kristall- und Halbleiterforschung beschließen, um den Rahmen dieses Buches nicht zu sprengen. Für ein weitergehendes Studium dieser wichtigen Fragen muß auf die ausgezeichneten Werke [1] bis [5] verwiesen werden.

C. DIE DETEKTORKENNLINIE

§ 27. Die Formen der statischen Kennlinie

Die analytische Darstellung der statischen Charakteristik eines Spitzendetektors stellt ein sehr wesentliches Hilfsmittel für die Beurteilung in allen Fällen dar. Es ist zwar seit langem bekannt, daß die statische Charakteristik allein kein Maß für den Wirkungsgrad der Gleichrichtung, insbesondere bei hohen Frequenzen darstellt. Man will jedoch bei weitergehenden Untersuchungen möglichst die statische Charakteristik einbeziehen, da sie am einfachsten zu bestimmen ist (vgl. [11]), und gewisse Rückschlüsse auf das Verhalten des Detektors auch bei höheren Frequenzen möglich sind.

Zur erfolgreichen Behandlung der Probleme des Detektors insbesondere im Betrieb als Mischempfänger und Empfangsgleichrichter bedarf es also zweier Hilfslösungen:

1. Zurückführung aller Funktionen wie Richtstrom, Richtsteilheit, Konversionssteilheit, Amplitude des ausgesteuerten Wechselstromes, Rauschfunktion, Mischwirkungsgrad usw. auf die spezifischen Größen der statischen Kennlinie.
2. Feststellung der Änderung dieser Größen durch die Spannungstransformation, welche durch die merkbaren Impedanzen des Detektors bei hohen Frequenzen entsteht. (Betrachtung des Ersatzschemas.)

Die statische Charakteristik eines Spitzendetektors kann die verschiedensten Formen haben, denn zu den Verschiedenartigkeiten der eigentlichen Randschicht (Defektelektronen oder Elektronen-Leitung; Differenz der Austrittsarbeiten Metall-Halbleiter) kommen noch die verschiedenen Einflüsse der ohmschen Serien- und Parallelwiderstände hinzu. Zunächst wollen wir uns aber ein Bild der Idealcharakteristik machen, wie sie auf Grund der Schottkyschen Theorie gefunden wird [12].

Wir gehen von der Gleichung für die Stromdichte aus. Die metallische Elektrode berühre den Halbleiter längs der Ebene $x = 0$.

$$i = e_0 b n E \pm b k \cdot T \cdot \frac{dn}{dx} \,. \tag{27.1}$$

Hierin sind:

$E = -\frac{\partial \varphi}{\partial x} =$ *elektr. Feldstärke*;

$\varphi =$ *Ortspotential*;

$n =$ *Neutraldichte der Elektronen oder Defektelektronen*;

$e_0 =$ *Absolutwert der Elektronenladung*;

$k =$ *Boltzmannsche Konstante*;

$b =$ *Beweglichkeit* $\left[\text{in } \frac{\text{cm/s}}{\text{V/cm}}\right]$.

Das Pluszeichen gilt bei Elektronenleitung, das Minuszeichen bei Defektelektronenleitung.

Gleichung (27.1) hat also zwei Anteile; der eine, $e_0 b n E$, beschreibt die Abhängigkeit der Stromdichte von der Feldstärke; der andere Teil ist das Diffusionsglied mit seiner Abhängigkeit vom Konzentrationsgefälle $\frac{dn}{dx}$. Für $i=0$ (kein Stromdurchgang) ergibt sich aus (27.1)

$$n = n_h \cdot e^{e_0 \int_0^x E\,dx/kT} \tag{27.2}$$

n_h = *Neutralelektronendichte im Halbleiterkörper.*

$D = \int_0^x E\,dx = E_x - E_0$ ist die *Diffusionsspannung*, die den Spannungswert festlegt, bei welchem die Randschicht durch Ladungsträger zugeweht wird.

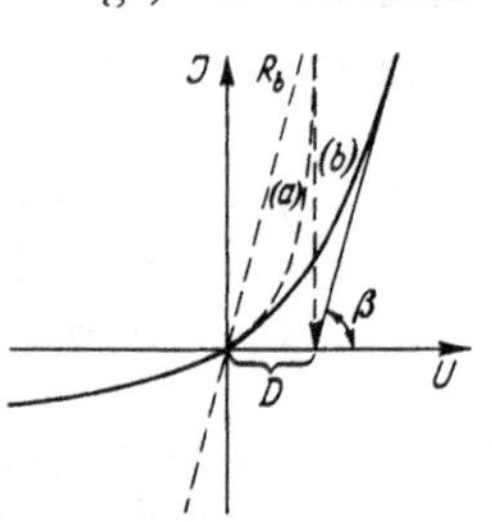

Abb. 5. Zur Ableitung der spezifischen Charakteristik (*a*) aus der gemessenen Kennlinie (*b*);
R_b = *Bahnwiderstand;*
D = *Diffusionsspannung.*

Hier hat also der eigentliche Sperrschichtwiderstand den Wert Null. (Vertikale Tangente der Idealcharakteristik (*a*) in Abb. 5). In Wirklichkeit hat man hierzu in Serie den Bahnwiderstand R_b zu legen, der die Charakteristik in die Art (*b*) verwandelt. Die Tangente an den verlängerten Flußstromast liefert hier den Winkel β, dessen ctg gleich R_b ist.

Vom Nullpunkt ab nach links in die Sperrichtung kann man sich einen qualitativen Überblick verschaffen, wenn man annimmt, daß keine Diffusionsströme mehr existieren. Es läßt sich zeigen, daß dann für die Spannung gilt [2]:

$$U \approx -\gamma^2 \int_{p=p_R}^{p=1} \frac{1-p}{p^3 \cdot f(p)}\, dp. \tag{27.3}$$

Hierin ist:

$\gamma = i/i_0$ = *relat. Stromdichte;*

p = *relat. Elektronenkonzentration* $\frac{n^{\ominus}}{n_h^{\ominus}}$;

p_R = *relat. Elektronenkonzentration am Rand.*

Da das bestimmte Integral auf der rechten Seite von (27.3) von γ, also von der Stromdichte unabhängig ist, folgt, daß in der Sperrichtung die Spannung quadratisch mit der reduzierten Stromdichte resp. mit der wahren Stromdichte i ansteigt: $U \sim i^2$.

Bei der Analyse von gemessenen Kennlinien stellt man jedoch fest, daß auch im Sperrgebiet starke Abweichungen von dieser Gesetzmäßigkeit auftreten. Insbesondere treten linearisierte Sperrstromverläufe auf, die auf Ohmsche Nebenschlüsse hindeuten. Es ist ja auch durchaus anzunehmen, daß selbst bei polierten Oberflächen und gespitzten und elektrolytisch behandelten

Nadeln die Kontaktfläche größer als die wirksame Sperrschicht ist. Wir berücksichtigen dies bei einer weiter unten angegebenen Darstellung der Charakteristik.

Wenn wir zunächst immer noch nach Schottky gemäß (27.1) integrieren unter der Annahme konstanter Raumladung, so erhalten wir für den Strom einen Ausdruck der Form:

$$i = A\,(e^{\alpha U} - 1) \tag{27.4}$$

wobei

$\alpha \quad = e_0/(kT) = 40\ \mathrm{V}^{-1}$ *bei Zimmertemperatur*;
$A \quad = $ *Konstante prop.* $e^{-e_0 \Phi_0/kT}$;
$e_0\Phi_0 = $ *Kontaktpotentialdifferenz*;
$U \quad = $ *Spannung in* Volt.

Die Übereinstimmung mit gemessenen Kennlinien kann nur durch stark von den theoretischen Werten abweichende Konstante erzwungen werden (vgl. [1], S. 84). Die gefundenen α-Werte liegen immer weit unter 40 V^{-1} und im Sperrgebiet müßte nach (27.4) eine Annäherung an $J = A$ erfolgen. In Wirklichkeit wachsen die Stromwerte im Sperrgebiet wesentlich mehr. Dennoch kann Form (27.4) für viele Fälle als Grundlage dienen, insbesondere auch bei Rechnungen zum Verhalten als Mischorgan. Wir legen im folgenden meist eine andere, ebenfalls semi-empirische Form zugrunde, die auf einer Interpretation des Ersatzschaltbildes eines Spitzengleichrichters beruht und unter (C § 29) besprochen wird.

Wie Abb. 5 zeigt, findet man die Diffusionsspannung auch angenähert aus dem Schnittpunkt der an den verlängerten Schwanzstromast gezogenen Tangente mit der Spannungsachse. Abb. 6 stellt die Kennlinie eines hochohmigen Detektors (FeS; PbS; Si; usw.) dar. Die Werte tg $\alpha \approx 0$; tg $\beta = 1$ entsprechen dem häufigsten Fall des früher in der Rundfunktechnik verwandten Detektors. Hoher Widerstand im Nullpunkt (für diesen Punkt und kleine Aussteuerung definiert man meist die Ohmigkeit) heißt *kleiner Schwanzstrom.* Da dann der Schwanzstromwinkel α klein ist — man ersetzt den Schwanzstrom durch eine Widerstandsgerade, die durch den Nullpunkt geht — ist der Widerstand

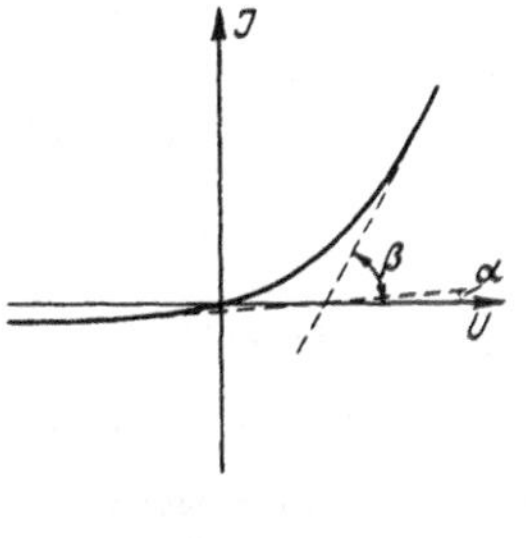

Abb. 6. Kennlinie des hochohmigen Detektors. Abb. 6 bis 14 im gleichen Maßstab.

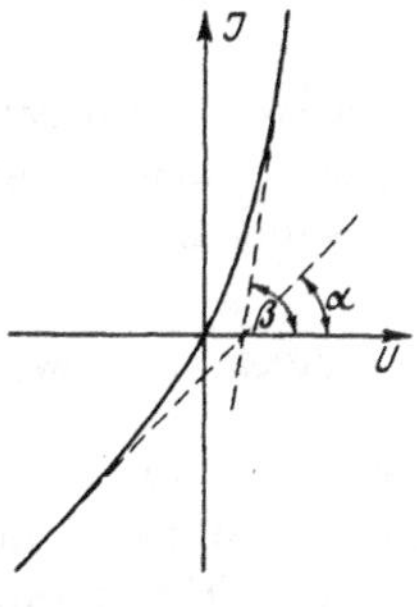

Abb. 7. Kennlinie des niederohmigen Detektors.

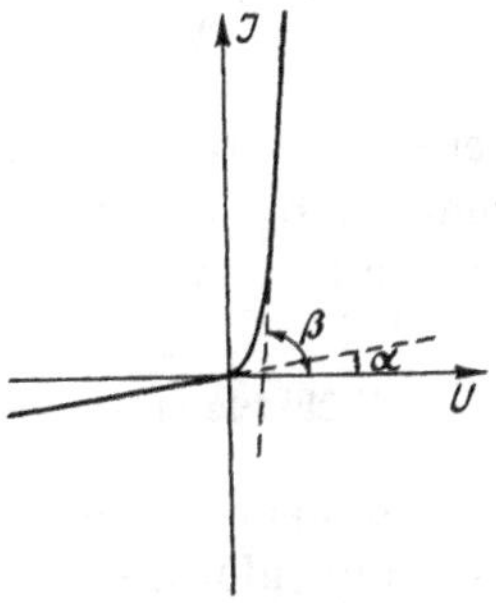

Abb. 8. Kennlinie mit linearem Sperrstrom.

parallel zur Randschicht $R_q = 1/\text{tg}\,\alpha$ groß (s. C § 29). Abb. 7 stellt die normale Kennlinie eines niederohmigen Detektors dar. Hier ist der Schwanzstromanteil wesentlich. Wir werden später sehen, daß diese Form vorwiegend für Empfangsgleichrichter, die Form Abb. 6 dagegen für den Mischbetrieb in Betracht kommt. Häufig verläuft, insbesondere bei aufgedampften Si-Schichten, der Schwanzstrom linear (Abb. 8). Im Nullpunkt ergibt das sehr hohe Werte des dritten Differentialquotienten, also starke Krümmungsänderung $\frac{\partial}{\partial U}\left(\frac{\partial^2 J}{\partial U^2}\right)$. Solche Detektoren eignen sich für gewisse Meßzwecke, wenn man ein Maß für die Wechselstromaussteuerung benötigt. Abb. 9 ist ein häufig auftretendes Kennlinienbild, das meist durch Superposition der Ströme zweier entgegengesetzt gleichrichtender Randschichten (in Parallelschaltung) entsteht. Abb. 10 gibt den Fall des hiermit in Zusammenhang stehenden Carborund-Detektors wieder, der nur mit Vorspannung zu betreiben ist. Abb. 11 gibt den Fall einer Kennlinie, die nicht wie bei Abb. 7 im Nullpunkt (Empfangsgleichrichterbetrieb), sondern erst im Gebiet positiver Vorspannung eine merkliche Krümmung besitzt. Abb. 12 endlich zeigt eine umgekehrte Charakteristik, so wie sie am Schirm des Kathodenoszillographen sichtbar wird, wenn man z. B. auf dem Kristall, der sonst elektronenleitend ist, Defektelektronen-leitende Bezirke mit der Nadel trifft.

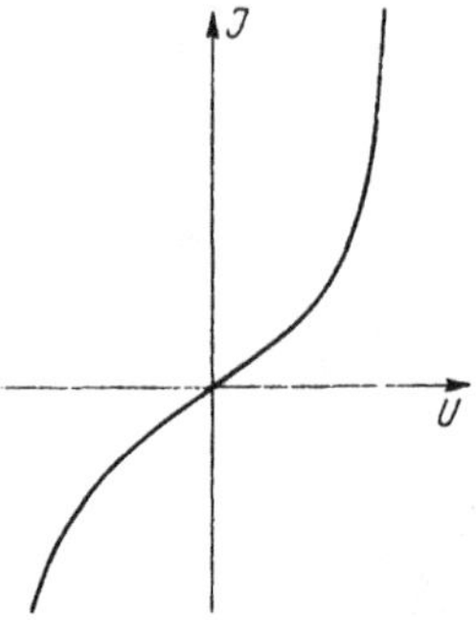

Abb. 9. Kennlinie zweier Sperrschichten in Parallelschaltnug.

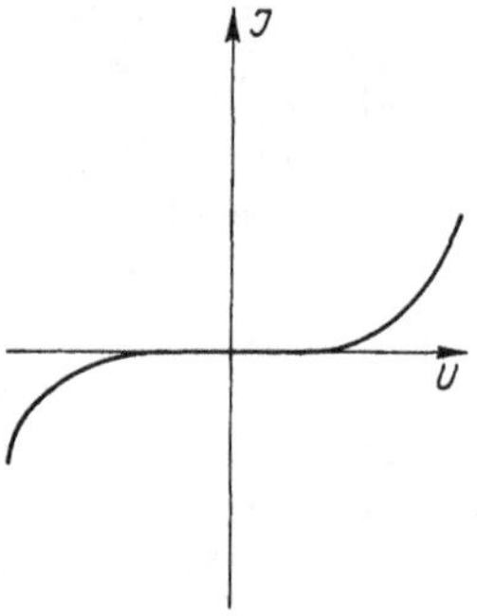

Abb. 10. Kennlinienform des Carborund-Detektors.

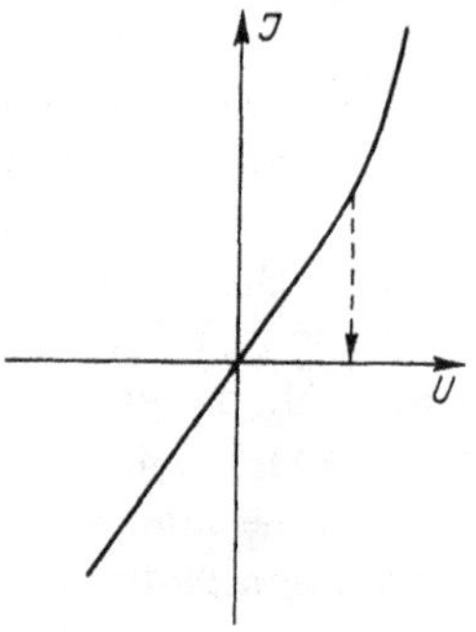

Abb. 11. Kennlinie mit linearem Nulldurchgang.

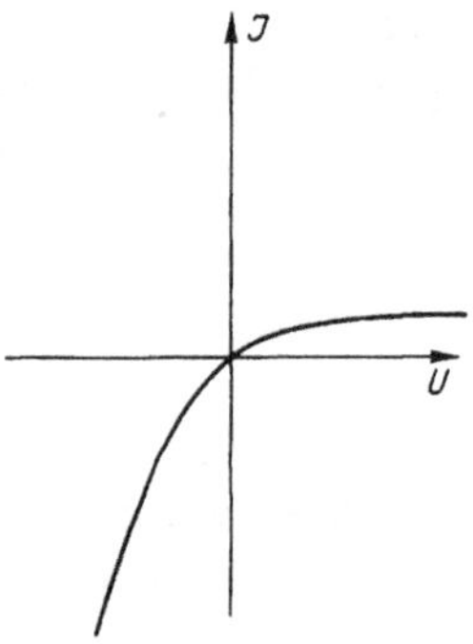

Abb. 12. Kennlinie in Gegenschaltung.

§ 28. Neue Kennlinienformen durch Zusammenschaltung von Detektoren

Um in manchen Betriebsfällen aus vorhandenen Detektoren solche bestimmter Kennlinienform herzustellen, kann man zwei oder mehrere zusammenschalten. Durch richtige Auswahl und Kombination kann man eine ziemliche Variation solcher Gebilde erhalten. Es interessiert vor allem der Meßdetektor. Darunter versteht man im allgemeinen einen solchen mit diodenähnlicher Kennlinie, der im Nullpunktbereich keinen merklichen Schwanzstrom besitzt. Mit solchen Detektoren lassen sich z. B. Wechselspannungsamplituden nach der Kompensationsmethode messen. Dabei ist aber im Zentimeterwellengebiet die Transformation durch die Impedanzen des Ersatzschaltbildes zu berücksichtigen, welche Spannungserhöhungen an der Randschicht erzeugen kann.

Mit einem Detektor, der linearen Schwanzstrom, aber starke Krümmung im Flußgebiet aufweist, läßt sich ebenfalls eine Spannungsmessung vornehmen. Man braucht lediglich von positiven Strömen herkommend solange in den negativen Bereich über Stromnull hinaus vorzuspannen, bis Richtstrom-Null angezeigt wird, da ja am linearen Schwanzstrom keine Gleichrichtung erfolgt.

Man kann auch ein Wechselstrom-anzeigendes Instrument hinter den Detektor schalten und, vom positiven Ast kommend, dieses auf Maximum einregeln. Der Punkt, von dem aus keine Vergrößerung mehr eintritt, ist der Punkt völliger Aussteuerung des linearen Schwanzstromteiles. Es gilt dann für den Effektivwert des Wechselstromes:

$$J_{\mathrm{eff}} = \sqrt{\frac{1}{2\pi}\int_0^{2\pi} \varrho^2 U_\sim^2 \cos^2 \omega t \, d\omega t} = \frac{\varrho U_\sim}{\sqrt{2}}. \tag{28.5}$$

Es bedeuten:

ϱ = tg α = *Schwanzstromleitwert*;
$U_\sim$ = *Wechselspannungsamplitude*;
ω = *Kreisfrequenz.*

Für das Zusammenschalten von Detektoren merkt man sich, daß Hintereinanderschaltung Verbesserung der Sperrwirkung (Hochohmigkeit), Parallelschaltung Verbesserung der Flußrichtung (Niederohmigkeit) erzeugt. Es kann

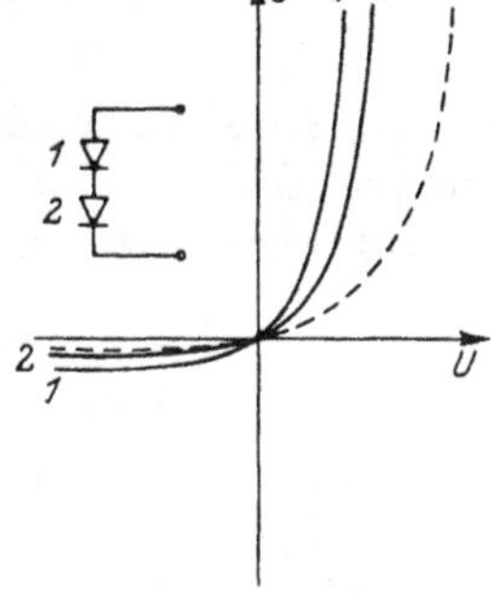

Abb. 13. Hintereinanderschaltung zweier Detektoren (Spannungssummation).

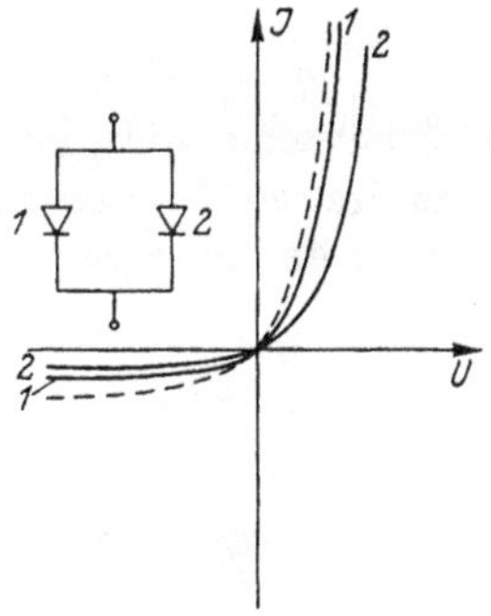

Abb. 14. Parallelschaltung zweier Detektoren (Stromsummation).

unter Umständen von Vorteil sein, z. B. einen Meßdetektor mit verschwindendem Sperrstromanteil durch hintereinandergeschaltete Detektoren zu erzeugen. Vgl. dazu Abb. 13. Die Summenkennlinie wird hier durch Scherung (Addition der Spannungswerte für gleiche Stromwerte) erzeugt. Ebenso kann man (Abb. 14) einen niederohmigen Detektor erzeugen. (Addition der Stromwerte bei gleichen Spannungen.)

§ 29. Analytische Darstellung gemessener Kennlinien und Beziehung zum Ersatzschaltbild eines Detektors

Das Verhalten des Detektors im Zentimeterwellenband ist durch eine Vielzahl von Schaltelementen bestimmt, aus denen sich das Ersatzschaltbild zusammensetzt. Um alle Elemente ihrer Größe nach kennenzulernen, muß man statische Messungen mit Messungen der Kapazitäten bei mittleren Frequenzen (~ 60 MHz) und Impedanzmessungen bei Höchstfrequenzen kombinieren. In diesem Abschnitt soll die statische Charakteristik auf Grund eines einfachen Ersatzschaltbildes (Abb. 15a) abgeleitet werden. Auf dieser analytischen Darstellung fußen dann weitere Betrachtungen insbesondere zum Rauschen.

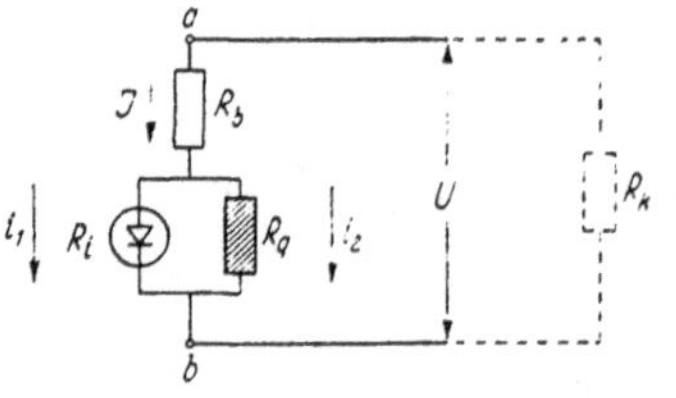

Abb. 15a. Statisches Ersatzschaltbild eines Detektors;
R_b = *Bahnwiderstand*;
R_q = *Querwiderstand*;
$R_i = 1/S$ = *Innenwiderstand der Randschicht.*
S = Steilheit $= \partial i_1/\partial U$

Wir sahen bereits unter B. und C., daß die Randschicht ihr Entstehen einer Verarmung an Ladungsträgern an der Grenzschicht Metall-Halbleiter verdankt (Abb. 4, c). Bei modernen Detektoren, insbesondere mit Germanium-Kristallen, ist die Sperrichtung in dem interessierenden Bereich so hochohmig, daß die Analogie zur Hochvakuumdiode berechtigt erscheint. Denn betrachtet man (27.1):

$$i = -e_0 b n \cdot \frac{d\varphi}{dx} \pm b k T \frac{dn}{dx},$$

so ist einleuchtend, daß das erste Glied der rechten Seite entscheidend ist. Es ist das Raumladungsglied, das vom Ortspotential abhängt. Bei starker Aussteuerung des Sperrgebiets kann man nämlich Nullwerden der Diffusions-

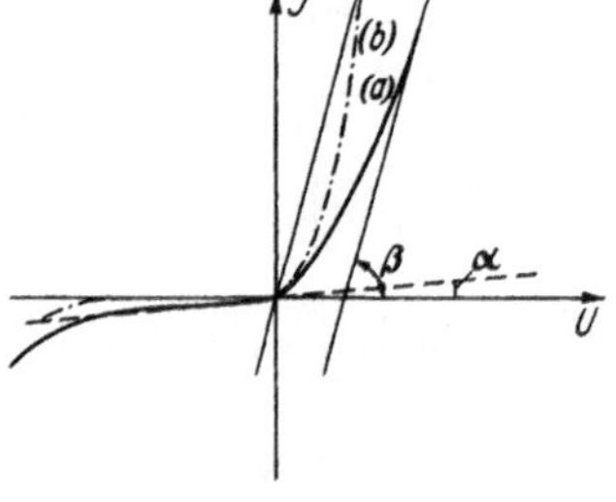

Abb. 15b. Bestimmung der Anteile $\varrho = tg\,\alpha$ und $R_b = 1/tg\,\beta$ aus einer gemessenen Kennlinie.

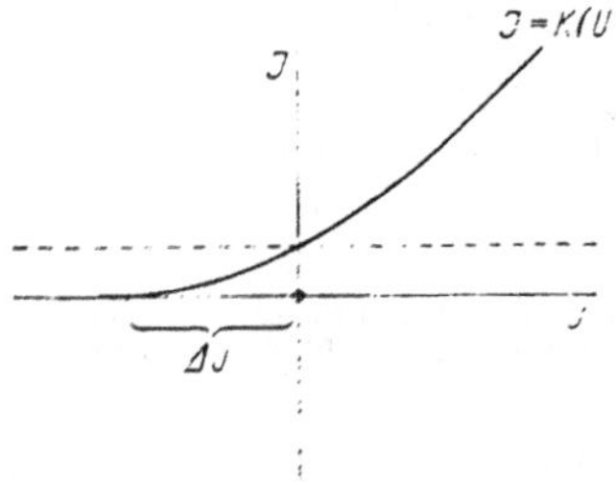

Abb. 16. Kennlinie der Glühkathodendiode.

ströme ansetzen, da dieses Gebiet durch geringes Konzentrationsgefälle ausgezeichnet ist. Man hat also, wie in einer schwach ausgesteuerten Diode, vorherrschende Raumladung. Nimmt man (Abb. 16) eine normale Diodenkennlinie mit dem Anlaufstromgebiet, so entsteht daraus durch Verlagerung der Spannungsachse in den eigentlichen Nullpunkt nach oben ebenfalls eine Kennlinie mit „Schwanzstromanteil".

Betrachten wir Abb. 15a, so sehen wir links die ideale Sperrschicht mit dem Innenwiderstand R_i, dazu in Parallelschaltung den Querwiderstand R_q, der den Schwanzstromanteil und die Ohmschen Nebenschlüsse repräsentiert, während R_b den Bahnwiderstand bedeutet. Der Querleitwert $\varrho = 1/R_q$ findet sich als $\operatorname{tg}\alpha$ einer Widerstandsgeraden, die so zu zeichnen ist, daß sie den Schwanzstromanteil ersetzt und dabei durch den Nullpunkt geht; vgl. [13] und Abb. 15, b. Wir schreiben daher die Kennlinie dieses Ersatzschaltbildes:

$$J = U \Big/ \left(\frac{1}{\varrho_b} + \frac{1}{S + \varrho} \right). \tag{29.6}$$

Es sind also:

$$S = 1/R_i = \textit{Steilheit der idealen Randschicht};$$
$$\varrho_b = \operatorname{tg}\beta = 1/R_b;$$
$$\varrho = \operatorname{tg}\alpha = 1/R_q.$$

Im allgemeinen ist $\varrho_b \gg \varrho$. In Flußrichtung ist für große U (das heißt also 1⋯3 V in Flußrichtung und weniger als die Umkehrspannung (thermischer Effekt) in der Sperrichtung, also —5⋯100 V etwa):

$$S \gg \varrho \text{ und } S \gg \varrho_b.$$

In der Sperrichtung ist $S \approx 0$. Demnach ist für große, positive U

$$\frac{\partial J}{\partial U} = \operatorname{tg}\beta = \varrho_b$$

und für große negative U:

$$\frac{\partial J}{\partial U} = \operatorname{tg}\alpha = \varrho.$$

Das Strom-Spannungsgesetz der idealen Randschicht läßt sich innerhalb der oben angegebenen Spannungsbereiche für positive U durch den Potenzansatz $J = K \cdot U^n$ darstellen. Der Strom durch den Halbleiter wird daher für positive U:

$$J = i_1 + i_2 = K\,(U - J/\varrho_b)^n + \varrho\,(U - J/\varrho_b), \tag{29.7}$$

wobei U die Spannung an den äußeren Klemmen bedeutet. Im Flußstromgebiet ist aber $\varrho_b \gg \varrho$, so daß ohne großen Fehler die Halbleiterkennlinie durch die beiden Äste:

$$J_f = K\,U^n + \varrho\,U = \textit{Flußstrom} \tag{29.8}$$

$$J_s = \varrho\,U = \textit{Sperrstrom} \tag{29.9}$$

darstellbar ist. Dieser Ansatz entspricht also dem angegebenen Gleichstromersatzbild und liefert eine praktisch knickfreie Darstellung sofern $|U| > 10^{-6}$ V, was im Falle einer Verwendung als Mischorgan immer gegeben ist. Als Empfangsgleichrichter betrieben, ist der Halbleiter jedoch nur so kleinen Spannungen ausgesetzt, $|U| < 10^{-8}$ V, daß die Taylorentwicklung von $J(U)$ in Nullpunktsumgebung gemacht werden kann; vgl. Kap. IX. Bei Rauschanalysen kann man in diesem Fall auch die Rauschtemperatur des in der Taylorentwicklung auftretenden differentiellen Widerstandes T_0 gleichsetzen ($T_0 = 300^0$ K).

Die Gültigkeit von (29.8) wurde an zahllosen Detektoren geprüft. Man zieht an den verlängerten Flußstromast die Tangente (oder besser Asymptote, da sich der Flußstromast mehr und mehr einer Geraden nähert) zu ihr die Parallele durch den Nullpunkt und subtrahiert die hierdurch gegebenen Spannungswerte von der gemessenen Kennlinie.

Dann ersetzt man in der angegebenen Weise den Schwanzstromanteil durch eine Widerstandsgerade, subtrahiert diesmal die Stromwerte und erhält so ein Bild der spezifischen Charakteristik, die stets sehr genau das KU^n-Gesetz befolgt. Die gemessenen Kennlinien stellt man vorteilhaft auch, wie im Fall der Glühkathoden-Röhren, doppelt logarithmisch dar: $\log J = n \log U + \log K$. Das führt auf eine lineare Darstellung, so daß die Kontsanten K und n unmittelbar abzulesen sind. Hier sind also vorläufig noch nicht die bei hohen Frequenzen ins Spiel tretenden Induktivitäten und Kapazitäten berücksichtigt. Es interessiert uns noch der Beweis dafür, daß man den linearen Anteil einer Kennlinie als Tangente an die Verlängerung entnehmen kann. Dazu führen wir die gemessene Steilheit $S_m = \frac{\partial J_f}{\partial U}$ und die wahre Steilheit der spezifischen Randschicht: $S = K\,n\,U^{n-1}$ ein. Differentiiert man nämlich (29.8) nach U, so erhält man im Bereich $U > 0$:

$$S_m = K\,n\,U^{n-1} + \varrho = S + \varrho. \tag{29.10}$$

Da nun die Krümmung

$$T = \frac{\partial^2 J}{\partial U^2} = K n (n-1) U^{n-2} = S \cdot \frac{n-1}{U} \tag{29.11}$$

ist, folgt:

$$S_m = T \cdot |U|/(n-1) + \varrho. \tag{29.12}$$

Eine neue Bestimmungsgleichung für den Kennlinienexponenten n entnehmen wir dem dritten Differentialquotienten $W = \frac{\partial^3 J}{\partial U^3}$

$$W = n(n-1)(n-2)\,K \cdot U^{n-3} = T(n-2)/U; \tag{29.13}$$

also ist:

$$n = U\,W/T + 2. \tag{29.14}$$

Dies in (29.12) eingesetzt ergibt:

$$\varrho = S_m - T \cdot \frac{U}{U\,W/T + 1}$$

oder:

$$S_m = \varrho + T\left(\frac{W}{T} + \frac{1}{|U|}\right). \tag{29.15}$$

Der lineare Anteil ϱ der Kennlinie ist also in den Gebieten gleich der Steilheit S_m, wo $T \to 0$. ($|U|$ groß, $\frac{W}{T}$ kann dabei > 0 sein.) Also kann der lineare Anteil aus der Verlängerung der Kennlinie entnommen werden, wie zu beweisen war.

§ 30. Die Richtkennlinien

In welcher Weise der Sperrstromanteil bei Aussteuerung des Detektors durch eine Wechselspannung in Erscheinung treten kann, zeigen Abb. 17a und 17b.

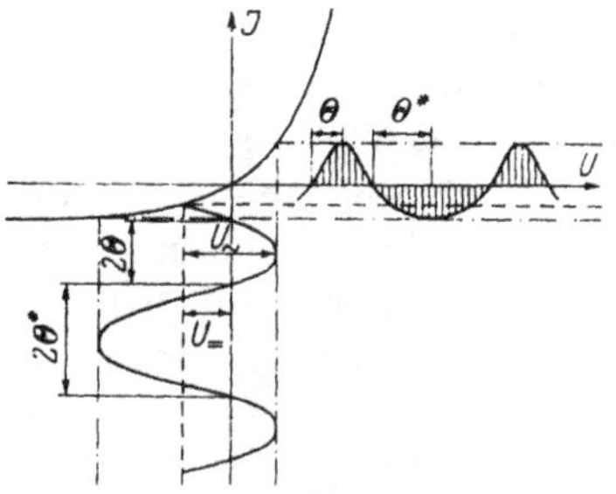

Abb. 17a. Aussteuerungsverhältnisse beim Detektor.
Θ = *Stromflußwinkel im Flußgebiet;*
Θ^* = *Stromflußwinkel im Sperrgebiet.*

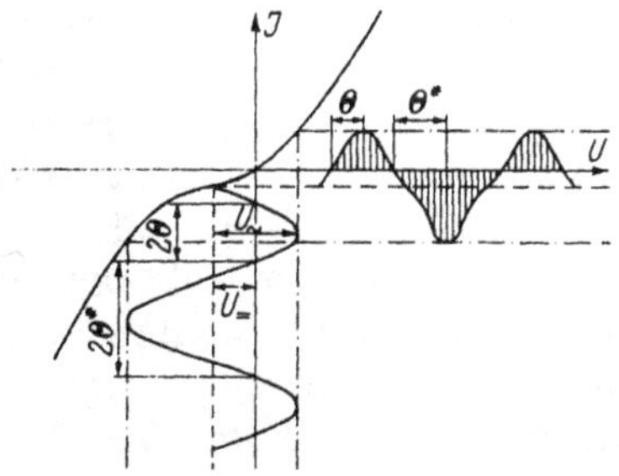

Abb. 17b. Aussteuerungsverhältnisse beim Detektor.
Θ = *Stromflußwinkel im Flußgebiet;*
Θ^* = *Stromflußwinkel im Sperrgebiet.*

Um das Verhalten bei Aussteuerung durch eine Spannung $U_0 + U_{\sim} \cos \omega t$ (dabei $U_{\sim}$ = *Wechselspannungsamplitude*) zu beschreiben, führt man vorteilhaft zwei Stromflußwinkel Θ und $\Theta^* = \pi - \Theta$ ein. Θ^* beschreibt die Aussteuerung des Sperrstromteiles der Kennlinie. Für die Integration der Strom- und Steilheitswerte könnte man von einer Definition des Sperrstrom-Flußwinkels absehen, da die folgenden Integrationen der Kennlinie zu dem gleichen Ergebnis führen:

$$J_R = \frac{1}{2\pi}\left[\int_{-\Theta}^{+\Theta} (K U^n + \varrho U)\, d\omega t + \varrho \int_{\Theta}^{2\pi-\Theta} U\, d\omega t\right]; \tag{30.16}$$

$$J_R = \frac{1}{\pi}\left[\int_{0}^{\Theta} (K U^n + \varrho U)\, d\omega t + \varrho \int_{\Theta}^{\pi} U\, d\omega t\right]; \tag{30.17}$$

$$J_R = \frac{1}{2\pi}\left[\int_{-\Theta}^{+\Theta} (K U^n + \varrho U)\, d\omega t + \varrho \int_{\Theta}^{\Theta+2\Theta^*} U\, d\omega t\right]; \tag{30.18}$$

$$J_R = \frac{1}{2\pi}\left[\int_{-\Theta}^{+\Theta} (K U^n + \varrho U)\, d\omega t - \varrho \int_{-\Theta^*}^{+\Theta^*} (-U_0 + U_{\sim} \cos \omega t)\, d\omega t\right] \tag{30.19}$$

wobei:

$$U = U_0 + U_\sim \cos \omega t$$

und

$$\cos \Theta^* = \cos(\pi - \Theta) = -\cos \Theta = +U_0/U_\sim.$$

In (30.19) ist die Kennlinie in ihre beiden Äste zerlegt, über die von Stromnull ausgehend nach beiden Seiten integriert wird. Dabei ist in diesem Falle die Gleichvorspannung als negativ einzusetzen, da gegenüber der vorigen Integration $\cos \Theta^* = +U_0/U_\sim$ ist, denn es ist $\cos(\pi - \Theta) = -\cos \Theta$. Außerdem ist hier der unabhängige Sperrstromanteil mit negativem Vorzeichen zu versehen (Verschiebung des Nullpunktes). Diese letztere Darstellung ist trotz scheinbarer Kompliziertheit die einfachste für unsere spätere Anwendung. Denn z. B. die Rauschströme im Fluß- sowohl als auch im Sperrgebiet sind positiv. Es entspricht nicht etwa einem negativen Detektorstrom ein negativer Rauschstrom. Stellt man also, was angestrebt wird, die Rauschfunktion aus der Kennlinie dar, so erfaßt man am besten die beiden Kennlinienäste getrennt nach Formel (30.19), wodurch sich nachherige Vorzeichendiskussionen für die resultierenden Ströme erübrigen.

Zunächst sei so die Richtkennlinienfunktion errechnet:

$$J_R = \frac{1}{2\pi}\left[\int_{-\Theta}^{+\Theta} (KU^n + \varrho U)\, d\omega t - \varrho \int_{-\Theta^*}^{+\Theta^*} (-U_0 + U_\sim \cos \omega t)\, d\omega t\right] =$$

$$= \frac{1}{2\pi}\left[KU_\sim^n \int_{-\Theta}^{+\Theta} (\cos \omega t - \cos \Theta)^n\, d\omega t + \varrho U_\sim \int_{-\Theta}^{+\Theta} (\cos \omega t - \cos \Theta)\, d\omega t - \right.$$

$$\left. - \varrho U_\sim \int_{-\Theta^*}^{+\Theta^*} (\cos \omega t + \cos \Theta)\, d\omega t\right];$$

$$J_R = \frac{1}{2\pi} KU_\sim^n \int_{-\Theta}^{+\Theta} (\cos \omega t - \cos \Theta)^n\, d\omega t + \varrho U_0. \tag{30.20}$$

Es ist zu beachten, daß:

$-U_\sim \cos \Theta = U_0$; $\cos(\pi - \Theta) = \cos \Theta^* = -\cos \Theta$; $\sin(\pi - \Theta) = \sin \Theta$.

(30.20) ist die normale Diodenrichtstromfunktion zusätzlich eines Gleichstromgliedes, da ja an der Geraden $J = \varrho \cdot U$ keine Gleichrichtung erfolgt. Die Funktion:

$$\frac{1}{2\pi}\int_{-\Theta}^{+\Theta} (\cos \omega t - \cos \Theta)^n\, d\omega t$$

ist für ganzzahlige n leicht auszuwerten. Für gebrochene Exponenten, die wesentlich häufiger sind, läßt sie sich graphisch finden. Darstellung mittels Γ-Funktionen führt auch zum Ziel. Häufig gibt man die Funktion $\psi_n(\Theta)$ an.

Das ist das Verhältnis dieser Funktion zum Spitzenstrom, für den $\omega t = 90^0$ ist (s. Diodenmischung):

$$\psi_n(\Theta) = \frac{\frac{1}{2\pi}\int\limits_{-\Theta}^{+\Theta} (\cos\omega t - \cos\Theta)^n \, d\omega t}{(1 - \cos\Theta)^n},$$

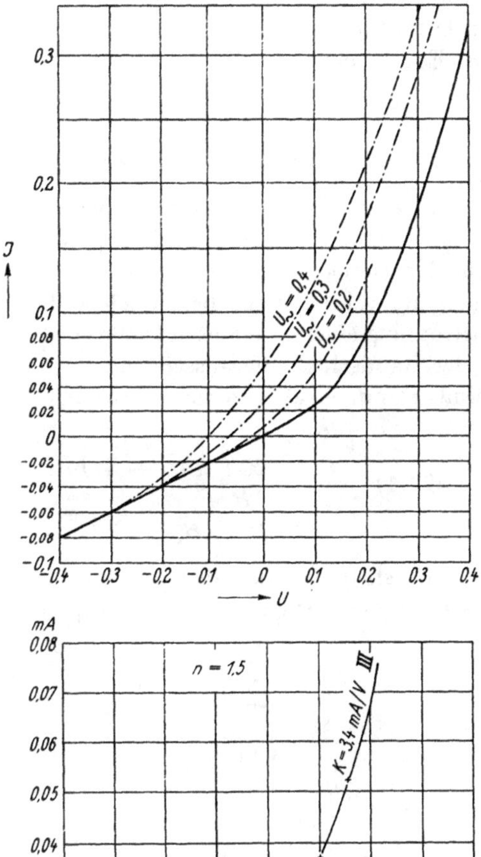

Abb. 18. Berechnetes Richtkennlinienfeld zur statischen Charakteristik $J_f = 2\,U^2$; $J_s = -0{,}2\,U$.

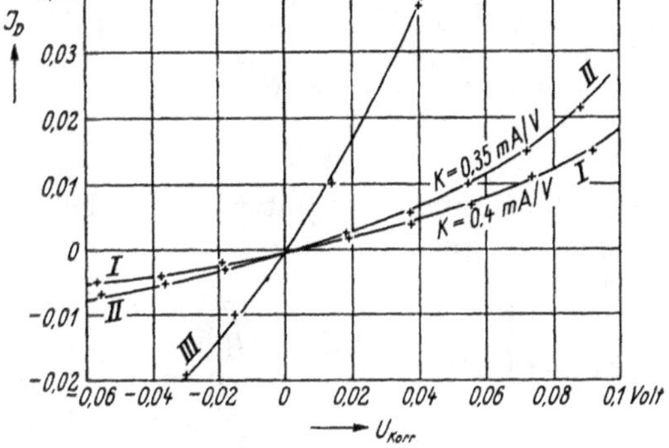

Abb. 19. Detektor-Kennlinien mit $n = 1{,}5$.

Vgl. dazu [14]. Auf diese Weise läßt sich Funktion (30.20) leicht auswerten (vgl. dazu Abb. 18). Dort ist J_R für $n = 2$; $K = 2$; $\varrho = 0{,}2$ aufgetragen für verschiedene Wechselspannungsamplituden (vgl. dazu [15]).

Gleichung (30.20) sagt selbstverständlich nichts über den Einfluß der Detektorimpedanzen bei hohen Frequenzen aus. Dieser Einfluß läßt sich jedoch erschließen, denn er besteht zur Hauptsache in einer Änderung der Spannung an der eigentlichen Randschicht (vgl. unter d und e) gegenüber einer Messung an den zugänglichen Detektorelektroden. Abb. 19 zeigt noch den Einfluß der Konstanten K und n. Es sind mehrere Kennlinien mit $n = 1{,}5$ jedoch wachsendem K aufgetragen.

§ 31. Kennlinie und Rauschen

Wir geben hier eine gedrängte Darstellung der Überlegungen, die sich ausführlich an anderer Stelle finden; vgl. [13] und [16]. Wenn man das Ersatzschaltbild Abb. 15 für den Detektor zugrunde legt, so kann man aus dem Resultat einer normalen Rauschmessung, bei welcher das Detektorrauschen durch die Rauscheinströmung einer gesättigten Diode ersetzt wird, den Rauschtemperaturfaktor p der Randschicht herausschälen.

Das Rauschkurzschlußstromquadrat unserer Anordnung ist:

$$\overline{i^2} = 4\,k T_0 \Delta f \frac{\left(\frac{1}{R_q} + \frac{p}{R_i}\right) \cdot \left(\frac{R_q R_i}{R_q + R_i}\right)^2 + R_b}{\left(\frac{R_q R_i}{R_q + R_i} + R_b\right)^2}. \tag{31.21}$$

Nehmen wir nun eine Einströmung in den angeschlossenen Kreiswiderstand R_k an, so erhalten wir als das resultierende Rauschspannungsquadrat dieser Anordnung gemäß:

$$\overline{u^2} = \int\limits_{f_1}^{f_2} \frac{\sum\limits_0^n \overline{i_n^2}}{\left(\sum\limits_0^n 1/R_n\right)^2}\, df; \tag{31.22}$$

$$\overline{u^2} = 4\,k T_0 \Delta f \left[1/R_k + \frac{\left(\frac{1}{R_q} + \frac{p}{R_i}\right)\left(\frac{R_q R_i}{R_q + R_i}\right)^2 + R_b}{\left(\frac{R_q R_i}{R_q + R_i} + R_b\right)^2} \right] \cdot \left[\frac{\left(R_b + \frac{R_q R_i}{R_q + R_i}\right) R_k}{R_b + \frac{R_q R_i}{R_q + R_i} + R_k} \right]^2. \quad \cdots (31.23)$$

Das hierin enthaltene Rauschstromquadrat wird nun bei der Messung durch die Sättigungseinströmung ersetzt:

$$2\,e J_s \cdot \Delta f = 4\,k T_0 \Delta f \left[1/R_k + \frac{\left(\frac{1}{R_q} + \frac{p}{R_i}\right)\left(\frac{R_q R_i}{R_q + R_i}\right)^2 + R_b}{\left(\frac{R_q R_i}{R_q + R_i} + R_b\right)^2} \right]. \tag{31.24}$$

Man muß nun zwei Fälle unterscheiden:

1. Messung im *Sperrgebiet* oder in *Nullpunktsnähe*: $R_b \ll R_q \parallel R_i$.
   Man erhält dann für den Rauschfaktor p der Randschicht (Abb. 15a):

$$p = 20\, J_s R_i - R_i/R_q - R_i/R_k = 20\, J_s \frac{\partial U}{\partial i_1} - \frac{\partial U}{\partial i_1} \cdot \frac{1}{R_k} - \frac{\partial U}{\partial i_1} \cdot \frac{1}{R_q}. \tag{31.25}$$

2. Messung im *Flußgebiet*: $R_q \gg R_i$

$$2\, e\, J_s \Delta f = 4\, k T_0 \Delta f \left[\frac{p R_i + R_b}{(R_i + R_b)^2} + 1/R_k \right] \tag{31.26}$$

und

$$p = 20\, J_s \frac{(R_i + R_b)^2}{R_i} - \frac{R_b}{R_i} - \frac{(R_i + R_b)^2}{R_i \cdot R_k}. \tag{31.27}$$

Im weiteren Flußgebiet wird schließlich auch $R_i \ll R_b$, so daß dort:

$$p \to \left(20\, J_s R_b - \frac{R_b}{R_k} - 1 \right) R_b / R_i. \tag{31.28}$$

Da in jedem Falle $R_b/R_k < 1$ ist, bleibt:

$$p \approx (20\, J_s\, R_b - 1)\, R_k / R_i. \tag{31.29}$$

Diese Gleichung zeigt ein starkes Anwachsen, da im weiteren Flußgebiet R_i sich immer mehr Null nähert, während R_b einen festen Wert behält. Es kommt noch hinzu, daß hier nicht wie im Gültigkeitsbereich von Formel (31.25) J_s, der gemessene äquivalente Sättigungsstrom, proportional dem Detektorstrom (J) ist, sondern daß J_s stark über die Detektorstromwerte hinaus anwächst. Wenn man den Detektor als Ganzes betrachtet, so setzt man anstatt R_i ein: $R_d = R_i \parallel R_q$ bzw.

$$R_d = \frac{\frac{\partial U}{\partial i_1} \cdot R_q}{\frac{\partial U}{\partial i_1} + R_q}. \tag{31.30}$$

Dadurch fällt das letzte Glied in (31.25) fort und es ist: $J = i_1$. Häufig gibt man an Stelle von p den äquivalenten Rauschwiderstand des Detektors an. Der einfache Zusammenhang ist:

$$R_ä = p \cdot R_d = 20\, J_s \cdot R_d^2 - R_d^2/R_k \tag{31.31}$$

für den ganzen Detektor. Für die Randschicht allein ist nach (31.25)

$$R_ä = 20\, J_s \left(\frac{\partial U}{\partial i_1} \right)^2 - \left(\frac{1}{R_k} + \frac{1}{R_q} \right) \left(\frac{\partial U}{\partial i_1} \right)^2. \tag{31.32}$$

Drückt man den Sättigungsstrom durch die meßbare Rauschspannung aus:

$$\overline{i_s^2} = \overline{u^2} \Big/ \left(\frac{R_k \cdot R_d}{R_k + R_d} \right)^2 \tag{31.33}$$

und führt $\overline{i_s^2}/4\, k T_0 \Delta f$ an Stelle von $20\, J_s$ in (31.31) ein, so erhält man eine andere Auswertungsgleichung, in der dann die Rauschspannung sowie die Widerstände des Kreises und des Detektors bekannt sein müssen:

$$R_{ä} = \frac{\overline{u^2}}{4\,k T_0 \Delta f} (1/R_k + 1/R_d)^2 R_d^2 - R_d^2/R_k. \tag{31.34}$$

Den typischen Verlauf des Rauschtemperaturfaktors im Kennlinienfeld zeigt Abb. 20. Wir interessieren uns nun dafür, wie man diesen Verlauf der Rauschfaktorwerte im Kennlinienfeld analytisch darstellen kann. Wie man aus den meisten Messungen zum Detektorrauschen entnehmen kann, ist der äquivalente Sättigungsstrom bei mäßigen Detektorstromwerten dem Absolutbetrag des Stromes durch den Gleichrichter proportional. Bei größeren Strömen tritt Abweichung nach oben, bei kleineren Stromwerten häufig auch Abweichung nach unten auf. In Analogie zum Diodenrauschen (vgl. [15]) setzen wir daher an, daß die spezifische Randschicht mit dem Innenwiderstand R_i zum Rauschen den Beitrag einer Diode liefert, die im Gebiet kleinster Ströme einen Schwächungsfaktor $F^2 < 1$ hat, bei mittleren Strömen (Spannungen von $3 \cdot 10^{-2}$ bis 1 V etwa) ist $F^2 = 1$ und danach, im Gebiet größerer Ströme, gilt $F^2 > 1$. Man findet, was wir später zeigen, daß dort $F^2 = f(U)$ ist. Und zwar ist wie bei Dioden $F^2 \approx U^c$ mit $c \approx 0{,}6$.

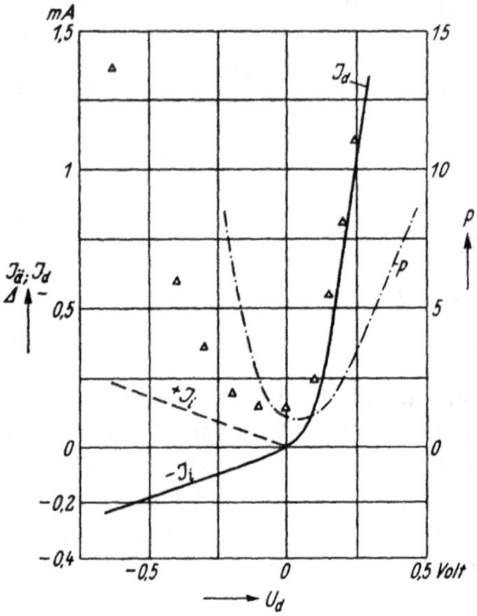

Abb. 20. Statische Kennlinie eines Detektors mit gemessenen äquivalenten Sättigungsstromwerten und Rauschtemperaturfaktorwerten.

Wir betrachten wieder das Schaltbild Abb. 15a. Die Leerlaufrauschspannung an den Klemmen (a; b) ist:

$$\overline{u^2} = 4\,k\,(\zeta T_0 R_q + R_b T_0) \int_{f_1}^{f_2} df; \tag{31.35}$$

ζ bedeutet hier den Rauschfaktor zur Temperatur T_0 von R_q, der zur Berücksichtigung des Rauschens von $R_i \parallel R_q$ einzusetzen ist.

Schaltet man nämlich zwei Widerstände parallel, die mit den Temperaturen T_1 resp. T_2 rauschen, so gilt:

$$\overline{u^2} = 4\,k \left(\frac{T_1}{R_1} + \frac{T_2}{R_2}\right) \left(\frac{R_1 R_2}{R_1 + R_2}\right)^2 \int_{f_1}^{f_2} df \tag{31.36}$$

$$= 4\,k T_1 \frac{1 + (T_2/T_1) \cdot R_1/R_2}{(1 + R_1/R_2)^2} \cdot R_1 \int_{f_1}^{f_2} df \tag{31.37}$$

$$= 4\,k T_1 \zeta_1 R_1 \Delta f, \tag{31.38}$$

wobei

$$\zeta_1 = \frac{1 + T_2/T_1 \cdot R_1/R_2}{(1 + R_1/R_2)^2}$$

ein dimensionsloser Faktor zur Temperatur T_1 ist. Im vorliegenden Falle haben wir, wenn wir mit T die Temperatur der spezifischen Randschicht bezeichnen:

$$T = \frac{1 + p R_a S}{(1 + R_a \cdot S)^2} \cdot T_0 = \zeta T_0 \tag{31.39}$$

oder also:

$$\overline{u^2} = 4k \frac{1 + p R_a \cdot S}{(1 + R_a \cdot S)^2} \cdot T_0 R_a \int_{f_1}^{f_2} df. \tag{31.40}$$

Führen wir ζ in (31.35) ein, so ist:

$$\overline{u^2} = 4k \left[\frac{1 + p R_a S}{(1 + R_a S)^2} \cdot T_0 R_a + R_b \cdot T_0 \right] \Delta f. \tag{31.41}$$

Wir leiten nun einen Ausdruck für den Rauschtemperaturfaktor p der spezifischen Randschicht ab. Das können wir nach einem heuristischen Prinzip zunächst so durchführen, daß wir setzen:

$$4kpT_0 \frac{1}{R_i} \Delta f = 2 e i_1 \Delta f \cdot F^2. \tag{31.42}$$

Daraus: $p = 20\, i_1 \cdot F^2 R_i$, wenn wir mit F^2 den Schwächungsfaktor der spezifischen Randschicht bezeichnen.
Mit

$$i_1 = |J| - (|U| - |J|/\varrho_b)/R_a \tag{31.43}$$

folgt:

$$p = 20\,[|J| - (|U| - |J|/\varrho_b)/R_a]\, F^2 \cdot R_i. \tag{31.44}$$

Wir erhalten den gleichen Ausdruck (31.44), wenn wir setzen:

$$4k\zeta T_0 R_a \Delta f = \left[2 e i_1 \cdot F^2 \Delta f + 4kT_0 \frac{1}{R_a} \Delta f\right] \left(\frac{R_a R_i}{R_a + R_i}\right)^2 \tag{31.45}$$

und nun den Rauschfaktor ζ nach (31.37) ausdrücken.
Aus:

$$\zeta = \frac{1 + p R_a S}{(1 + R_a S)^2} = \left[20\, i_1 F^2 \cdot \frac{1}{R_a} + \frac{1}{R_a^2}\right] \left(\frac{R_a R_i}{R_a + R_i}\right)^2 \tag{31.46}$$

findet man $p = 20 \cdot i_1 \cdot F^2 R_i$.
Für das Leerlaufrauschspannungsquadrat erhält man nach (31.41):

$$\overline{u^2} = 4kT_0 \Delta f \left[\frac{1 + 20\, i_1 F^2 R_a}{(1 + R_a/R_i)^2} R_a + R_b\right]. \tag{31.47}$$

Eine Diskussion von (31.44) zeigt, daß im Bereich kleiner Ströme ($R_a \approx R_i$) der Ausdruck sich schließlich für $J \to 0$ bzw. $U \to 0$ dem Wert Null nähert. Die Randschicht liefert dort *keinen Beitrag* mehr.

Bei mäßigen Strömen ist das negative Glied in der Klammer noch von Bedeutung, bei *großen* Flußströmen tritt jedoch der gesamte Spannungsabfall an R_b auf, so daß $J/\varrho_b \approx U$; also:

$$p \to 20\,|\,J\,|\,F^2 R_i. \tag{31.48}$$

Meßtechnisch interessanter ist der Rauschtemperaturfaktor für den gesamten Detektor, so wie er aus den Rauschmessungen zu entnehmen ist. Es gibt drei Möglichkeiten für die Berechnung:

1. Wir bestimmen aus der Summe der Rauscheinströmungen der Parallelschaltung von R_i und R_q das gesamte Rauschspannungsquadrat der Anordnung Abb. 15a unter Annahme einer raumladungsgeschwächten Sättigungs-Rauscheinströmung von der spezifischen Randschicht her:

$$\Sigma\,\overline{i^2} = 2\,e\,i_1\,F^2\,\Delta f + (4\,k\,T_0/R_q)\,\Delta f; \tag{31.49}$$

$$\overline{u^2} = 4\,k\,T_0 R_q\,(20\,i_1 F^2\cdot R_q + 1)\,\frac{1}{(1+R_q/R_i)^2}\,\Delta f; \tag{31.50}$$

$$\overline{u^2}_{a/b} = 4\,k\,T_0 \Delta f\left[R_q\,(1+20\,i_1 F^2 R_q)\,\frac{1}{(1+R_q/R_i)^2}+R_b\right]. \tag{31.51}$$

Sodann setzen wir diese Rauschspannung derjenigen eines Widerstandes gleich, welcher die Größe des resultierenden Widerstandes besitzt und dessen Rauschfaktor p_d beträgt:

$$4kp_dT_0\left(R_b+\frac{R_iR_q}{R_i+R_q}\right)\Delta f = 4\,k\,T_0\Delta f\left[R_q\,(1+20\,i_1 F^2 R_q)\,\frac{1}{(1+R_q/R_i)^2}+R_b\right].$$

Das ergibt mit $R_b + R_i\,R_q/(R_i + R_q) = R_d$:

$$p_d = \left(\frac{1}{R_q R_d} + 20\,i_1 F^2 \frac{1}{R_d}\right)\left(\frac{R_q R_i}{R_q+R_i}\right)^2 + R_b/R_d. \tag{31.52}$$

2. Dasselbe findet man, indem man die thermisch erhöhten Rauschspannungsquadrate einander gleich setzt:

$$4\,k\,p_d\,T\;R_d\,\Delta f = \left[\left(\frac{1}{R_q}+\frac{p}{R_i}\right)\left(\frac{R_qR_i}{R_q+R_i}\right)^2+R_b\right]4\,kT_0\Delta f \tag{31.53}$$

und dann auf der rechten Gleichungsseite $p = 20\,i_1\,R_i\cdot F^2$ als Rauschtemperaturfaktor der spezifischen Randschicht einsetzt.

3. Eine dritte Methode ist die, gemäß (31.38) einen Rauschtemperaturfaktor ζ dem Widerstand R_q zuzuerteilen, so daß die Rauscheinströmung von R_q das Rauschen der Parallelschaltung ersetzt:

$$4\,k\zeta\,T_0 R_q\Delta f = [2\,e\,i_1 F^2 + 4\,k\,T_0\,1/R_q]\,\Delta f\left(\frac{R_qR_i}{R_q+R_i}\right)^2.$$

Das ergibt:

$$\zeta = \left[20\,i_1\,F^2\frac{1}{R_q}+\frac{1}{R_q^2}\right]\left(\frac{R_qR_i}{R_q+R_i}\right)^2, \tag{31.54}$$

und da $\zeta = \dfrac{1+pR_qS}{(1+R_qS)^2}$, so folgt wieder:

$$p = 20\,i_1\,R_i\,F^2.$$

Dies in

$$p_d = \left(\frac{1}{R_q R_d} + \frac{p}{R_i R_d}\right)\left(\frac{R_q R_i}{R_q + R_i}\right)^2 + \frac{R_b}{R_d} \tag{31.55}$$

eingesetzt, ergibt (31.52). Wir erhalten also als Rauschfaktor des Detektors:

$$p_d = \left[\frac{1}{R_q R_d} + 20\left(|J| - \frac{(|U| - |J| R_b)}{R_q}\right) F^2 \cdot \frac{1}{R_d}\right]\left(\frac{R_q R_i}{R_q + R_i}\right)^2 + \frac{R_b}{R_d}. \tag{31.56}$$

Da $R_i = R_b + R_i R_q/(R_i + R_q)$, folgt:

$$p_d = [1 + 20\,[|J| \cdot R_q - (U - |J| R_b)]\, F^2]\, \frac{(R_d - R_b)^2}{R_q R_d} + \frac{R_b}{R_d}. \tag{31.57}$$

Formel (31.57) drückt aus, wie sich p bei niedrigen Spannungen verhält, also in Bereichen, in denen $R_d > R_b$ ist. Im Bereich größerer Spannungen bzw. Detektorströme, wo sich R_d dem Bahnwiderstand nähert, ergibt sich nach (31.57) ein *Abfallen* der Rauschfaktorwerte. In Wirklichkeit wird aber *gerade dort Zunahme* beobachtet. Die gleiche Diskrepanz weist die von Weißkopf [17] gefundene Näherung auf. In ihr wird der Querwiderstand gleich Null gesetzt und die totale Rauschleistung zu

$$P = \frac{\frac{1}{2}\, e J R_i^2 \Delta f + k T_0 R_b \Delta f}{R_i + R_b} \tag{31.58}$$

bestimmt, woraus sich der Rauschtemperaturfaktor

$$p = \frac{P}{k T_0 \Delta f} = \frac{20\, J R_i^2 + R_b}{R_i + R_b} \tag{31.59}$$

ergibt.

Für das Nullpunktsgebiet ($R_i \gg R_b$) erhalten wir danach: $p = 20 \cdot J \cdot R_i$, im Flußgebiet ($R_i \ll R_b$) ergibt sich:

$$p \approx 1 + 20\,|J| \cdot R_i^2/R_b.$$

Hiernach hätte also p bei starken Flußströmen schließlich auch einen *Abfall* zu zeigen (vgl. dazu [1], S. 186). Das ist mit den bekannten Meßresultaten unvereinbar. Denn p zeigt, von speziellen Fällen abgesehen (Nullpunktsnähe bei Germanium-Detektoren), stets eine *Zunahme*. Betrachten wir unsere Formel (31.57), so stellen wir fest: Im Nullpunkt, wo $R_i \approx R_q \approx R_d$ ist und $R_d \gg R_b$, gilt: $p \approx 1$. Im Sperrgebiet bleibt, solange der Detektor hochohmig ist, $R_i \approx R_q \approx R_d$ und $p = 1$. Wird dagegen J merklich, so tritt das Glied mit dem Faktor 20 mehr hervor, und da dann immer noch $R_d \gg R_b$ ist, stellt sich ein starker Anstieg von p ein. Im Flußgebiet tritt, solange $R_d > R_b$ ist, ein Anwachsen von p ein. Dagegen zeigt auch unsere Formel (31.57) für die Extremwerte $R_d \approx R_b$ einen Abfall des Rauschfaktors. Dies ist, wie in der Formel von Weißkopf dadurch zu erklären, daß schließlich im Bereich $R_i \ll R_q$, also $R_d \approx R_b$, der Schrotrauschanteil der Sperrschicht keinen Spannungsbeitrag mehr liefert. Dieses Verhalten unserer Näherungsformel zeigt, daß es unerlaubt ist, die Sperrschicht im „zugewehten" Zustand durch einen *kalten* Kurzschluß zu ersetzen. Denn da beim stromdurchflossenen

Halbleiter kein thermodynamisches Gleichgewicht herrscht, muß selbst bei hohen Flußströmen das typische Diodenverhalten (p wachsend) zugrunde gelegt werden. Nach der Schottkyschen Theorie besteht ja im zugewehten Zustand nach wie vor der Potentialsprung im Halbleiter, nur nimmt die Schichtlänge konstanter Raumladungsdichte mehr und mehr ab. Da der Detektor kaum bis in das Gebiet $R_d \approx R_b$ verwendet wird und sein Rauschverhalten insbesondere im Gebiet bis zu 1 V Spannung interessiert (Oszillatorspannung bei Mischbetrieb liegt bei einigen Zehntel Volt), so kann man von einem Schaltbild ausgehen, in dem der Bahnwiderstand als klein gegen den Querwiderstand angesetzt wird: $R_b \ll R_q$.
Damit ist:

$$R_d = R_q R_i/(R_q + R_i).$$

Man betrachtet nun nur diesen Widerstand als die Rauschquelle, da in Nullpunktsnähe $R_d \approx R_q$ ($R_i > R_q$), und hier auch nur das Nyquist-Rauschen vorherrscht, während bei weiterer Aussteuerung ($R_i \ll R_q$) der Schrotrauschanteil überwiegt. Wir betrachten wieder die Gesamt-Rauscheinströmung:

$$\Sigma i^2 = 4\,k\,p\,T_0 \frac{1}{R_d}\int df = 4\,k T_0 \frac{1}{R_d}\int df + 2\,e\,|J|\,F^2 \int df, \qquad (31.60)$$

woraus für den resultierenden Rauschtemperaturfaktor folgt:

$$p = 1 + 20\,|J|\,R_d \cdot F^2. \qquad (31.61)$$

F^2 kann hier als Einflußfaktor der Raumladung aufgefaßt werden. Die Struktur dieser Formel ist so, daß p im Flußgebiet nur zunimmt, da R_d auch bei Annäherung an R_b stets endliche Werte beibehält. Gemäß F^2 kann man nun für p vier verschiedene Zonen festlegen:

1. Für kleine Spannungen, $0 < U < 10^{-2}$ V, gilt $F^2 = 0$. Dort ist also $p = 1$.
2. Die zweite Zone, zwischen den Spannungswerten 10^{-2} und etwa $kT/e = 2{,}5 \cdot 10^{-2}$ V ist die Raumladungszone: $F^2 < 1$.

$$p = 1 + 20\,|J| \cdot R_d \cdot F^2 \qquad (31.62)$$

3. Die nächste Zone, das Sättigungsgebiet, ist die bei weitem größte. Sie erstreckt sich von $3 \cdot 10^{-2}$ bis etwa $U = 1$ V. Hier gilt $F^2 = 1$, also

$$p = 1 + 20\,|J| \cdot R_d. \qquad (31.63)$$

4. Die vierte Zone stellt das Gebiet des *erhöhten* Detektorrauschens dar. Hier liegt ein ähnlicher Fall wie bei Dioden vor, in denen die an der Anode elastisch reflektierten Elektronen Raumladungsfluktuationen erzeugen. Diese Raumladungsinteraktion, die als Rauschverstärkermechanismus von den Laufzeitröhren her wohlbekannt ist, liefert exponentielles Anwachsen des Störeffektes.

Sie wird in den „Elektronen-Wellen-Röhren" wie erwähnt zur Verstärkung verwandt [18]. Man findet in diesem Gebiet meist ein Anwachsen des Rauschtemperaturfaktors entsprechend $F^2 = U^{0,6}$, wie im Hochvakuumdiodenfall; vgl. [15]. Abb. 21 stellt eine Reihe von Meßwerten für p in logarithmischer

Auftragung gegen U dar. Die Kurvenneigungen nach den angegebenen vier Approximationen sind eingetragen. Die Werte sind an Si-, FeS- und Ge-Detektoren gemessen. Es ist klar, daß diese Approximationen den feineren Verlauf der p-Kurve nur grob widergeben, da bei kleineren Spannungsbeträgen (31.57) gültig ist. Da man jedoch bei einer Aussteuerung durch einen Oszillator im allgemeinen bereits in das Gebiet $F^2 = 1$ hereinsteuert, so ist eine Zugrundelegung von (31.63) bereits angemessener. Stellt man die vier Rauschzonen zusammen, so ergibt sich also:

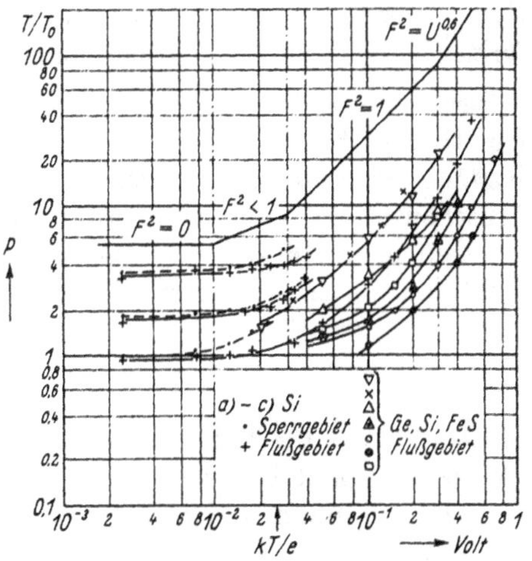

Abb. 21. Meßwerte von p gegen die Vorspannung in logarithmischer Auftragung; F^2-Gebiete; s. Text!

$$\left.\begin{array}{llr} \text{(a)}\ p = A;\ (A \approx 1); & F^2 = 0; & \\ \text{(b)}\ p = A + 20\,|J| \cdot R_d \cdot F^2; & 0 < F^2 < 1; & \\ \text{(c)}\ p = A + 20\,|J| \cdot R_d; & F^2 = 1; & \\ \text{(d)}\ p = A + 20\,|J| \cdot R_d \cdot |U|^c; & F^2 = U^c;\quad c = 0{,}6. & \end{array}\right\} \quad (31.64)$$

Bei höheren Aussteuerungen ist (31.64), (d) zugrunde zu legen. Als einfache Annäherungen ergeben sich, wenn man mit $R_d = \partial U/\partial J$ den differentiellen Arbeitswiderstand bezeichnet:

$$\begin{array}{lr} \text{(a)}\ p \approx 1; & \alpha = 0^0; \\ \text{(b)}\ p \approx 1 + 20\, U \cdot U^c \approx 1 + 20\, U^d;\ c < 1;\ d < 1; & \alpha < 45^0; \\ \text{(c)}\ p \approx 1 + 20\, U; & \alpha = 45^0; \\ \text{(d)}\ p \approx 1 + 20 \cdot U \cdot U^c = 1 + 20\, U^{1,6}; & \alpha > 45^0. \end{array}$$

Formel (c) ergibt im allgemeinen eine gute Annäherung an die tatsächlichen Meßwerte in den meisten praktischen Fällen bei hoher Meßfrequenz.

Eine Anwendung von Formel (d) muß im allgemeinen für eine Aussteuerung über ein Volt vorbehalten bleiben.

Formel (c) kann insbesondere im Mischfall angewandt werden, wo selten Aussteuerspannungen über ein Volt angewandt werden. Die Berücksichtigung der Zone $F^2 < 1$ kann vernachlässigt werden, da der Anschluß an das erste Gebiet mit $F^2 = 0$ automatisch durch $J \to 0$ erfaßt wird. Es ist verständlich, daß der Teil mit $F^2 = 1$ am ausgedehntesten ist. Nach Überlegungen von Bethe [19] befinden sich etwa 5 Ladungsträger im Randschichtkubus mit der Seitenlänge einer Sperrschicht (10^{-6} cm), wenn man eine normale Störstellendichte von $5 \cdot 10^{18}/\text{cm}^3$ annimmt. Anderseits ist klar, daß dann nur volles Schrotrauschen in Frage kommt, da innere Elektrodenabstände von der Größenordnung 10^{-5} bis 10^{-6} cm leicht Feldstärken aufzubauen gestatten, die zu einer Überwindung der Differenz der Austrittsarbeiten zwischen der Fermi-Kante im Metall und dem inneren Energieniveau im Halbleiter führen.

Es sei erwähnt, daß man in der angelsächsischen Literatur alles das, was über dem thermischen Rauschen des Detektorinnenwiderstandes liegt, als *Extrarauschen* (*Extra-Noise*) bezeichnet. Dieser Ausdruck scheint uns eher für den Rauschanteil im Kennlinienbereich über ein Volt Aussteuerung ($F^2 \approx U^{0,6}$) zuzutreffen, wo tatsächlich außerhalb des Sättigungsrauschens liegende Störeffekte auftreten. In diesem Bereich gilt also:

$$p = 1 + 20\,|J| \cdot \frac{\partial U}{\partial J} \cdot U^{0,6}. \tag{31.65}$$

Es ist $U^{0,6} > 1$ für $U > 1$ V. Formel (31.64), (d) kann also erst im Gebiet von 1 V ab Gültigkeit besitzen. Unter Umständen findet man allerdings die mit $F^2 \approx U^{0,6}$ verbundene Neigung der p-Kurve von $\alpha > 45^0$ schon früher.

Das Rauschen im dynamischen Betrieb

Wir wollen nun noch unsere Ableitung benutzen, um das dynamische Rauschen bei Aussteurung durch eine Wechselspannung zu berechnen. Diese Ableitung brauchen wir später für die Behandlung des Mischbetriebs. Mit unserer Kennliniendarstellung (29.8) (29.9) wird im dynamischen Betrieb der Ausdruck für Fluß- und Sperrstrom:

$$\begin{aligned} J_f &= K\,(U_0 + U_\sim \cos \omega t)^n + \varrho\,(U_0 + U_\sim \cos \omega t); \\ J_s &= \varrho\,(-U_0 + U_\sim \cos \omega t). \end{aligned} \tag{31.66}$$

In den meisten Fällen genügt die Anwendung von (31.64), (c) für den Rauschtemperaturfaktor. Das ergibt hier:

$$p(\omega t) = A + 20\,\frac{K\,(U_0 + U_\sim \cos \omega t)^n + \varrho\,(U_0 + U_\sim \cos \omega t)}{KU\,(U_0 + U_\sim \cos \omega t)^{n-1} + \varrho}, \tag{31.67}$$

und wenn: $\varrho \ll S = K \cdot n \cdot U^{n-1}$ und $n \approx 1$, dann:

$$p\,(\omega t) = A + (20/n)\,(U_0 + U_\sim \cos \omega t); \tag{31.68}$$

$$p\,(\omega t^*) = A + 20\,(-U_0 + U_\sim \cos \omega t); \tag{31.69}$$

hier gilt

ωt^* = *Aussteuerwinkel im Sperrgebiet;*
$\Theta^* = \pi - \Theta$ = *Laufzeitwinkel im Sperrgebiet* (vgl. dazu Abb. 17a und 17b). Die Integration ergibt also:

$$p\,(\Theta) = \frac{1}{2\pi}\int_{+\Theta}^{+\Theta} p\,(\omega t)\,d\,\omega t + \frac{1}{2\pi}\int_{-\Theta^*}^{+\Theta^*} p\,(\omega t)^*\,d\,(\omega t)^*; \tag{31.70}$$

$$p(\Theta) = \frac{1}{2\pi} \int_{-\Theta}^{+\Theta} \left[A + \frac{20}{n} (U_0 + U_\sim \cos \omega t) \right] d\omega t +$$

$$+ \frac{1}{2\pi} \int_{-\Theta^*}^{+\Theta^*} [A + 20(-U_0 + U_\sim \cos \omega t)]\, d(\omega t)^* \qquad (31.71)$$

oder:

$$p(\Theta) = A + \frac{20}{\pi} U_\sim \left[\frac{n+1}{n} \sin \Theta + \left(\pi - \frac{n+1}{n} \Theta_{\mathrm{arc}} \right) \cos \Theta \right]. \qquad (31.72)$$

Diese Funktion nimmt für wachsendes n ab, wobei sich die Minimalstellen nach höheren Stromflußwinkeln verschieben. Sie ist von allgemeiner Bedeutung, da sie bei der Berechnung von Rauschströmen, Rauschspannungen und äquivalenten Rauschwiderständen im dynamischen Betrieb auftritt. In reduzierter Form:

$$p'(\Theta) = (p(\Theta) - A)/U_\sim \qquad (31.73)$$

also:

$$p'(\Theta) = \frac{20}{\pi} \left[\frac{n+1}{n} \sin \Theta + \left(\pi - \frac{n+1}{n} \Theta_{\mathrm{arc}} \right) \cos \Theta \right] \qquad (31.74)$$

ist sie in Abb. 22 dargestellt.

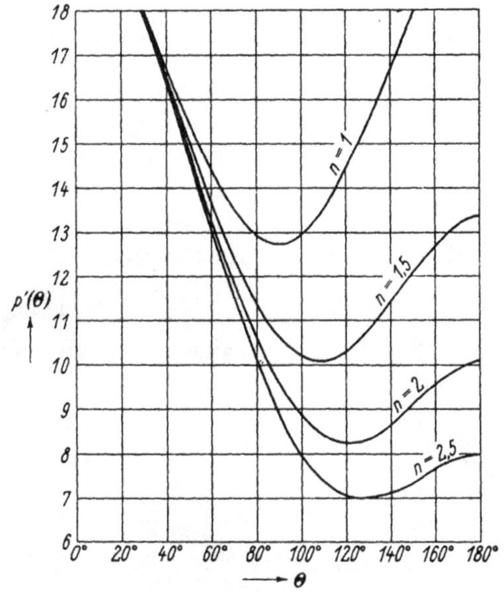

Abb. 22. Reduzierter, dynamischer Rauschtemperaturfaktor $p'(\Theta)$ als Funktion des Stromflußwinkels mit n als Parameter.

Steuert man den Detektor stärker aus, so tritt man von etwa 1 V Spitzenspannung an in das Gebiet $F^2 > 1$ ein. Dann geht man bei der Berechnung von (31.64 d) aus:

$$p(\Theta) = \frac{1}{2\pi}\int\limits_{-\Theta}^{+\Theta}\left[A + \frac{20}{n}(U_0 + U_\sim \cos\omega t)^{1+c}\right] d\omega t +$$

$$+ \int\limits_{-\Theta^*}^{+\Theta^*} [A + 20(-U_0 + U_\sim \cos\omega t)^{1+c}]\, d\omega t \tag{31.75}$$

oder:

$$p(\Theta) = A + \frac{20}{2\pi n} U_\sim^{1,6} \int\limits_{-\Theta}^{+\Theta} (\cos\omega t - \cos\Theta)^{1,6} d\omega t +$$

$$+ \frac{20}{2\pi} U_\sim^{1,6} \int\limits_{-\Theta^*}^{+\Theta^*} (\cos\omega t - \cos\Theta)^{1,6} d\omega t. \tag{31.76}$$

Führt man nun die Funktion:

$$\psi_n(\Theta) = \frac{\frac{1}{2\pi}\int\limits_{-\Theta}^{+\Theta} (\cos\omega t - \cos\Theta)^n d\omega t}{(1 - \cos\Theta)^n} \tag{31.77}$$

ein, so ist:

$$p(\Theta) = A + \frac{20}{n} U_\sim^{1,6} \cdot \psi_{1,6}(\Theta)(1 - \cos\Theta)^{1,6} + 20\, U_\sim^{1,6} \cdot \psi_{1,6}(\Theta^*)(1 - \cos\Theta^*)^{1,6} \quad \ldots (31.78$$

Man wird diese Formel jedoch nur in selteneren Fällen einer sehr großen Aussteuerung zugrunde legen müssen (vgl. Journ. Phys. Rad. t. 11 Mars 1950 S. 130). Man kann auf Grund unseres Rauschansatzes (31.64) auch den dynamischen Fall durchrechnen, wenn man von der üblichen (Schottky-)Kennliniendarstellung (27.4) Gebrauch macht. Das ergibt:

$$p(\omega t) = A + 20\, J_0 [e^{\alpha(U_0 + U_\sim \cos\omega t)} - 1] \overline{R_i}, \tag{31.79}$$

wenn wir im Aussteuerbereich den Innenwiderstand mit seinem Mittelwert einführen. Damit ist dann:

$$p(\Theta) = \frac{1}{\pi}\int\limits_{0}^{\Theta}\left[1 + 20\, J_0 [e^{\alpha U_\sim(\cos\omega t - \cos\Theta)} - 1]\overline{R_i}\right] d\omega t +$$

$$+ \frac{1}{\pi}\int\limits_{\Theta}^{\pi}\left[1 + 20\, J_0 [e^{\lambda U_\sim(\cos\omega t - \cos\Theta)} - 1]\overline{R_i}\right] d\omega t \tag{31.80}$$

$$= 1 + 20\, J_0 \overline{R_i}\left[e^{-\alpha U_\sim \cos\Theta} \frac{1}{\pi}\int\limits_{0}^{\pi} e^{\alpha U_\sim \cos\omega t} d\omega t - 1\right],$$

also:

$$p(\Theta) = 1 + 20\, J_0 \overline{R_i} [e^{-\alpha U_\sim \cos\Theta} I_0(\alpha U_\sim) - 1]. \tag{31.81}$$

Im Bereich der unter (27.4) angegebenen Integrationsgrenzen erhält man das gleiche Ergebnis.

$$I_0(\alpha U_\sim) = \frac{1}{\pi}\int_0^\pi e^{\alpha U_\sim \cos \omega t}\, d\omega t$$

ist die modifizierte Besselfunktion nullter Ordnung vom Argument ($\alpha U_\sim$). Für ganze n errechnet sie sich aus den normalen Besselfunktionen $J_n(z)$ gemäß:

$$I_n(z) = i^{-n} J_n(iz)$$

mit $i = \sqrt{-1}$, da für ganzzahlige n insbesondere:

$$I_n(z) = \frac{(-1)^n}{\pi}\int_0^\pi e^{-z\cos\Theta} \cos n\Theta\, d\Theta = \frac{(-1)^n}{2\pi}\int_0^{2\pi} e^{-z\cos\Theta} \cos n\Theta\, d\Theta,$$

und für normale Besselfunktionen gilt:

$$J_n(-z) = (-1)^n J_n(z);$$

vgl. [20]; [21]; [22]; [23]; [25]. Ebenso gilt für die modifizierten Funktionen:

$$I_n(-z) = (-1)^n I_n(z).$$

Als Summenformel schreibt sich

$$I_n(z) = \sum_{r=0}^{\infty} \frac{\left(\frac{z}{2}\right)^{n+2r}}{r!\ \Gamma(n+r+1)},$$

vgl. [22]; [24]; [26]. Wir benötigen die modifizierten Funktionen I_n später noch bei der Ableitung der Detektorfunktionen im Mischfall.

D. KAPAZITÄTS- UND IMPEDANZMESSUNGEN

Bevor wir uns mit dem eigentlichen Ersatzschema der Kristalldiode befassen, so wie es im Zentimeterwellengebiet gebraucht wird, wollen wir zwei wichtige Messungen und deren Ergebnisse an Detektoren betrachten: 1. Die Kapazitätsmessung, welche Aufschluß über Störstellendichte und Dielektrizitätskonstante gibt und 2. die Impedanzmessung, bei $\lambda = 10$ cm Wellenlänge, welche bei Stromvariation einen Einblick in das Ersatzschema zuläßt.

§ 32a. Kapazitätsmessungen

Um bei diesen Messungen ein genaues Resultat zu erhalten, ist es nicht sinnvoll, normale Brückenmethoden anzuwenden, da die starke Ohmsche Bedämpfung des Detektors eine schwer eineichbare, künstliche Bedämpfung des anderen Brückenzweiges notwendig macht, denn man will ja die Variation der Kapazität entlang der ganzen Kennlinie messen. Es wurde daher eine Methode entwickelt, welche auch stark bedämpfte Kapazitäten kleinen Absolutbetrages mit ausreichender Genauigkeit zu messen gestattet. Sie beruht auf einer Verstimmungsmethode. Es wird der Meßkreis eines Mischkreises für hohe Frequenzen (60 MHz) durch die variable Detektorkapazität verstimmt. Die Bedämpfung kann aus der Halbwertsbreite der Resonanzkurve entnommen werden. Das Prinzipschaltbild der Anordnung[1]) zeigt Abb. 23. Die geeichte Abstimmkapazität C_1 beträgt hier etwa 22 pF Maximalwert, d. h. es sind bei der durch die Feinskala ermöglichten Unterteilung noch Differenzen von 0,022 pF ablesbar. Damit sind auch die Feinheiten des Randschichtmechanismus bei Vorspannungsänderung vom weiteren Sperrgebiet bis in den ersten Teil der positiven Charakteristik erfaßbar.

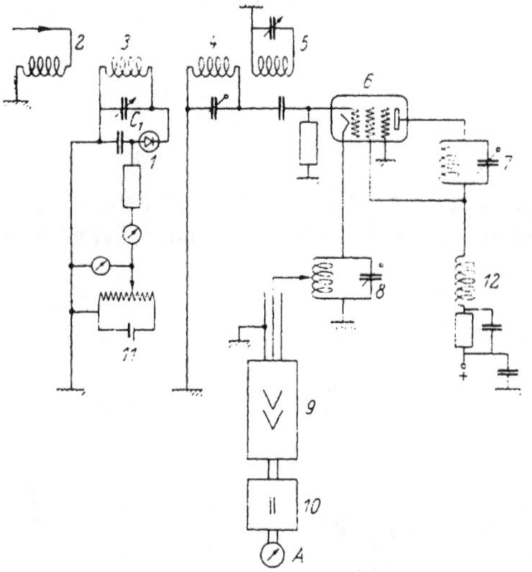

Abb. 23. Schema eines Hochfrequenz-Kapazitätsmeßgerätes für Detektoren.

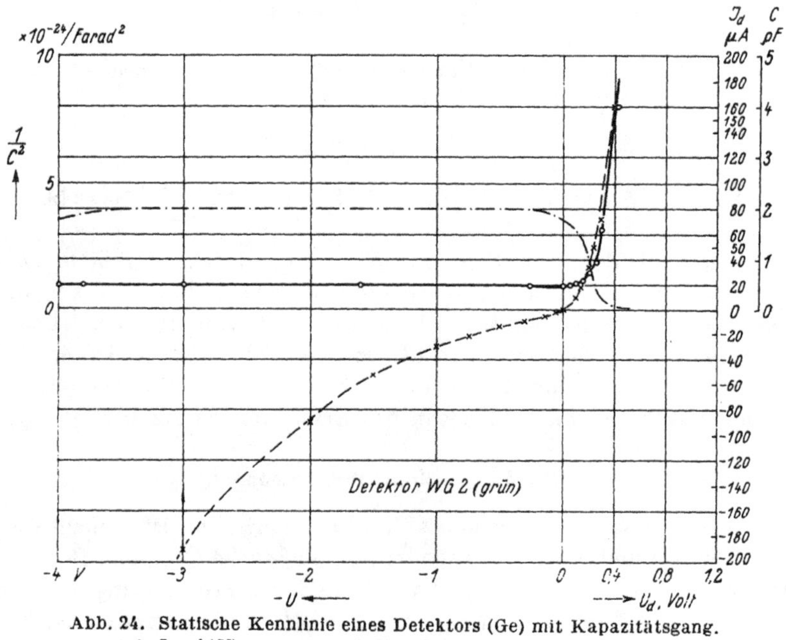

Abb. 24. Statische Kennlinie eines Detektors (Ge) mit Kapazitätsgang. × ≙ $J = f(U)$; — · — ≙ $1/C^2 = f(U)$; — ≙ C [pF] $= f(U)$.

[1]) Französ. Patentanmeld. P. V. 566 880; Westinghouse, Paris.

Ein sehr schwaches Signal ($60 \cdot 10^6$ Hz) wird bei *2* auf den Meßkreis eingekoppelt. Es ist so schwach, daß der dadurch erzeugte Richtstrom des Detektors vernachlässigbar ist. Der Mischkreis *4* ist gegen den Meßkreis *3* entkoppelt. In unserer Abb. 23 erzeugt die Mischpenthode *6* selbst die Oszillatorfrequenz *7*. Für diese Frequenz besteht außerdem ein Saugkreis *5*, der auch den vom Oszillator herrührenden Anteil am Richtstrom des Meßdetektors verschwindend klein hält. Ein Zwischenfrequenzverstärker *9* mit Gleichrichter *10* und Anzeigeinstrument verstärkt die am Kreis *8* entstehende ZF-Spannung. Mittels dieser Anordnung wurden viele Kapazitätsmessungen an Spitzendetektoren durchgeführt[1]). Das Ergebnis einiger Messungen ist in Abb. 24 bis 27 dargestellt. Der charakteristische Verlauf der Kapazität entlang der Kennlinie ist folgender: Im Sperrgebiet bleiben die Werte ziemlich konstant, nehmen nur

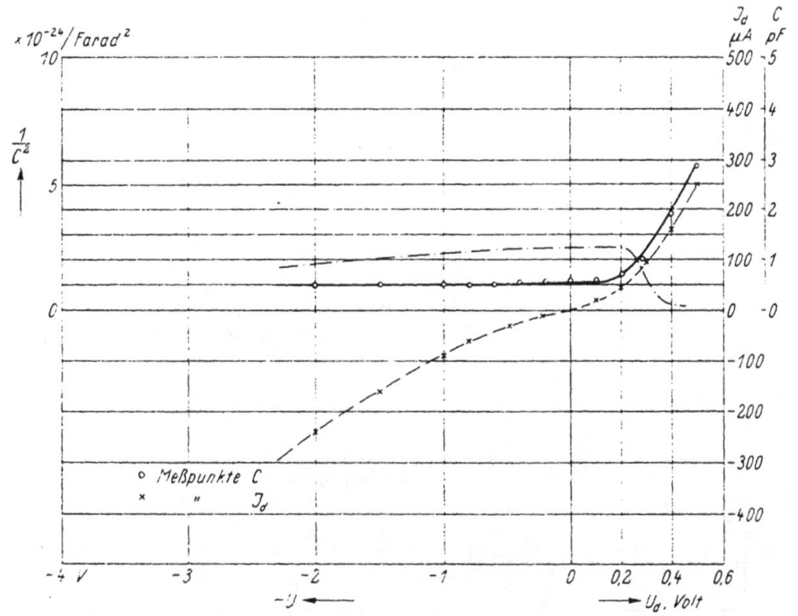

Abb. 25. Statische Kennlinie eines Detektors (Ge) mit Kapazitätsgang.
× ≡ $J = f(U)$;
— · — ≡ $1/C^2 = f(U)$;
— ≡ C [in pF] $= f(U)$.

bei großen Sperrströmen merklich zu. Der Durchschnittswert im Sperrgebiet liegt unter 1 pF. Im Flußgebiet nehmen die Werte stark zu, und zwar um so stärker, je steiler der Kennlinienverlauf ist. Es werden hier Werte von 5 und mehr pF erreicht. Es ist interessant, daß im Sperrgebiet bis zu beträchtlichen Spannungswerten die Kapazität konstant bleibt, während im Flußgebiet schon bei Strömen der *gleichen Größe* ein starker Kapazitätsanstieg festzu-

[1]) Durchgeführt in der Cie. F. & S. Westinghouse, Laboratoire Paris an Germanium-Detektoren.

stellen ist. Das ist dadurch bedingt, daß die Verarmungszone im Sperrgebiet groß, im Flußgebiet aber sehr klein ist und mehr und mehr an Tiefe abnimmt. Außer der C-Kurve ist auch $1/C^2$ aufgetragen. Die Berührungsflächen der Nadelelektroden wurden mikroskopisch ausgemessen und liegen bei $F = 2{,}8 \cdot 10^{-3}\,\mathrm{mm}^2$. Wir können nun gemäß Schottky [6] die Sperrschichtausdehnung l errechnen. Mit der Dielektrizitätskonstante $\varepsilon = 18$ für Germanium ([1]) erhält man aus:

$$C\,[\text{in pF/cm}^2] = \varepsilon F/(3{,}6\,\pi \cdot l_{[\text{cm}]})$$

$$\text{für } C = 0{,}5\,\text{pF}$$

$$l \approx [18 \cdot 2{,}8 \cdot 10^{-5}/(3{,}6\,\pi \cdot 0{,}5)]\,\text{cm} = 8{,}9 \cdot 10^{-5}\,\text{cm}.$$

Im Sperrgebiet ist also die Ausdehnung der Randschicht groß. Im Flußgebiet erreicht man schon bei Strömen von 200 μA zehnmal höhere Kapazitätswerte und daher Sperrschichtausdehnungen von $9 \cdot 10^{-6}$ cm und geringer.

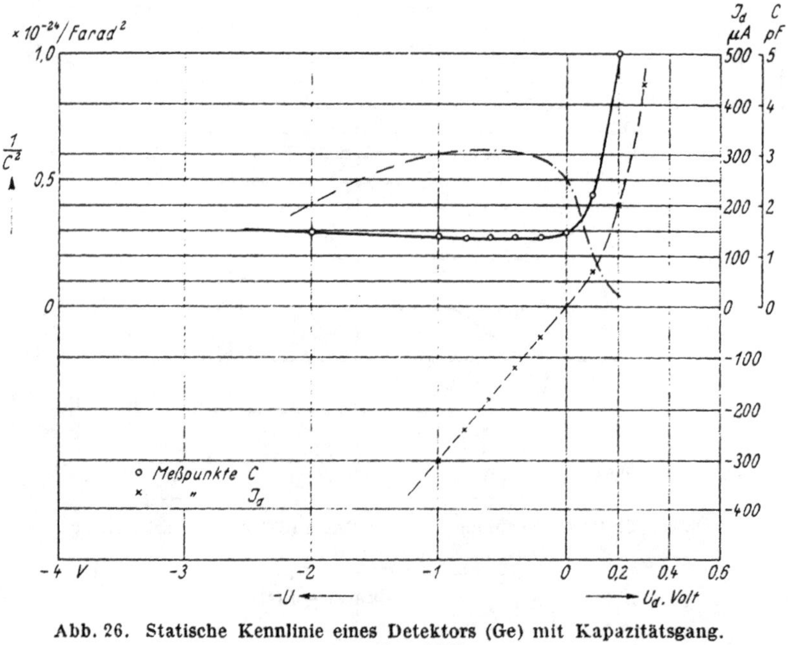

Abb. 26. Statische Kennlinie eines Detektors (Ge) mit Kapazitätsgang.
$\times \equiv J = f(U)$;
$— \cdot — \equiv 1/c^2 = f(U)$;
$— \equiv C\,[\text{in pF}] = f(U)$.

Aufschlußreich ist ferner die Ermittlung der Störstellendichte n_A (für Elektronenleitendes Ge) aus der Steilheit der $1/C^2$-Kurve im Flußstromgebiet: Nach Schottky (a.a.O.) gilt:

$$\frac{\partial\,(1/c^2)}{\partial U} = \frac{8\,\pi}{\varepsilon \cdot e_0} \cdot \frac{1}{n_A}.$$

Gibt man C in F/cm², U in V an und ε und e_0 in elektrostatischen Einheiten, so ist:

$$n_A \;[\text{je cm}^3] = \frac{8\pi}{\varepsilon \cdot e_0} \cdot 27 \cdot 10^{20} \frac{\partial U}{\partial\,(1/c^2)} \quad [\text{V (F/cm}^2)^2].$$

Dies ergibt unter Annahme einer einwertigen Elementarladung der Störstellen mit $e = 4{,}78 \cdot 10^{-10}$ und mit $\varepsilon = 18$:

$$n_A \;[\text{je cm}^3] = 7{,}6 \cdot 10^{30} \frac{\partial U}{\partial\,(1/c^2)}.$$

Für den Detektor Abb. 26 erhält man damit z. B., da hier mit einer Steigung $3{,}29 \cdot 10^{14} \frac{1}{(\text{F/cm}^2)^2}$ zwischen 0 und $+0{,}15$ V gerechnet werden muß:

$$n_A = 3{,}5 \cdot 10^{15} \text{ je cm}^3.$$

Für das Beispiel Abb. 27 ergibt sich zwischen $U = 0{,}15$ und $0{,}3$ V:

$$n_A = 4{,}2 \cdot 10^{16} \text{ je cm}^3.$$

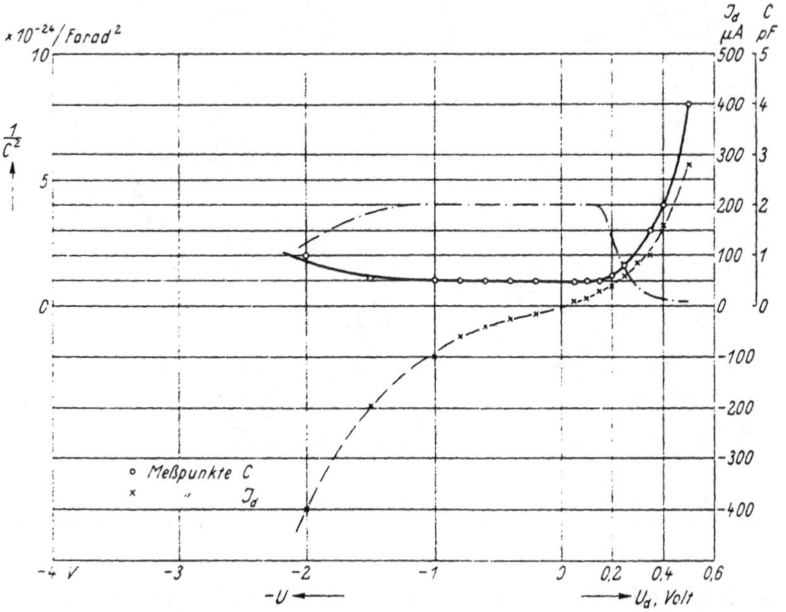

Abb. 27. Statische Kennlinie eines Detektors (Ge) mit Kapazitätsgang.
× ≡ $J = f(U)$;
– – · – – ≡ $1/c^2 = f(U)$;
— ≡ C [in pF] $= f(U)$.

Diese Zahlen stimmen mit anderen, in der neueren Literatur angegebenen Werten überein. Der Wert der Berührungsfläche geht quadratisch ein. Schon wenn diese um einen Faktor 3 falsch gemessen ist, erhält man Werte, die bei 10^{17} liegen. Bei hochgereinigtem Germanium hat man es aber allem Anschein nach mit so geringen Störstellendichten zu tun.

§ 32b. Impedanzmessungen

Um über das Verhalten des Spitzendetektors im Hyperfrequenzgebiet Aufschluß zu erhalten, sind systematische Impedanzmessungen unerläßlich. Insbesondere geben Messungen bei variiertem Detektorstrom Aufschluß über das innere Verhalten, d. h. die Verteilung der Impedanzen. Denn da man durch die vorangegangenen Kapazitätsmessungen das Verhalten der Sperrschichtkapazität bei Stromvariation kennt, lassen sich leicht Schlüsse über den Ein-

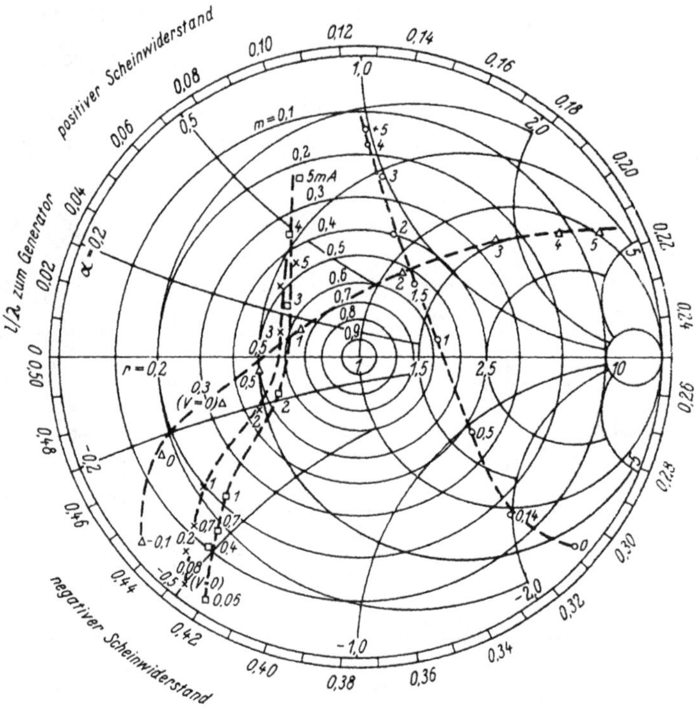

Abb. 28. Impedanzverlauf eines Detektors im Mischkreis für $\lambda = 10$ cm in Abhängigkeit von der Vorspannung. Eingetragen in das Smithsche Polardiagramm; *Angeschriebene Werte = Detektorstrom* in mA.

fluß der Nadelinduktivität und die inneren Bedämpfungen ziehen. Es seien in zwei Smithschen Polardiagrammen die Impedanzgänge mehrerer Detektoren erläutert. Abb. 28 stellt den Impedanzgang von 4 Ge-Detektoren dar. Die Detektoren wurden in einen 10-cm-Mischkreis eingesetzt, der ohne Oszillatorbeaufschlagung als Abschluß einer Meßleitung geschaltet war. Dadurch war es möglich, zu hohe Fehlanpassungswerte zu vermeiden und bei der Stromänderung im Rahmen des Polardiagramms zu bleiben. Das Ergebnis der Impedanzmessungen ist nun, wie aus Abb. 28 und 29 ersichtlich, folgendes: Alle Detektoren verhalten sich bei kleinem Strom (Nullgebiet und Sperrgebiet) kapazitiv, um bei größer werdenden Strömen (Flußgebiet) mehr und mehr induktives Verhalten zu zeigen (die an die Impedanzkurven geschriebenen Zahlen sind die Detektorströme in mA). Ein interessantes Beispiel ist die durch den Ohmschen Punkt 0,5 hindurch gehende Kurve der Abb. 29. Bei großen Strömen (12 mA) beginnend, ist dieser Detektor induktiv und wird bis zum Nullpunkt kapazitiv. Dann jedoch, bei —0,5 mA Inversstrom, kehrt sich der Gang um und er wird wieder induktiv (bis —12 mA), wobei die Impedanzkurve einmal beim Ohmschen Punkt 0,5, das andere Mal bei 0,75 die

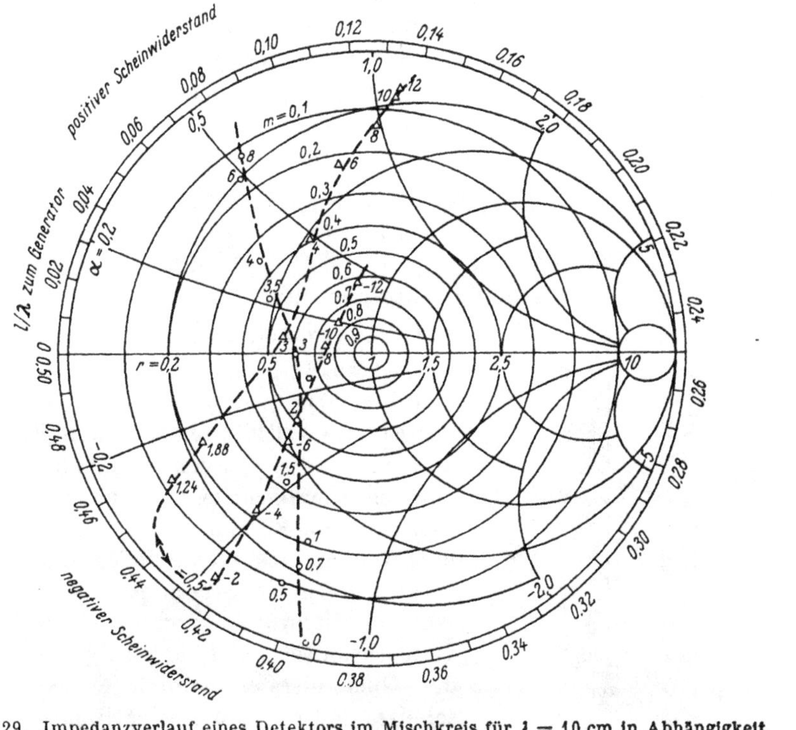

Abb. 29. Impedanzverlauf eines Detektors im Mischkreis für $\lambda = 10$ cm in Abhängigkeit von der Vorspannung. Eingetragen in das Smithsche Polardiagramm; *Angeschriebene Werte = Detektorstrom* in mA.

reelle Achse schneidet. Dieses Verhalten deutet im Zusammenhang mit den vorangegangenen Kapazitätsmessungen darauf hin, daß im Flußgebiet (und auch im weiteren Sperrgebiet) die Randschicht zugeweht ist und keinen Beitrag mehr liefert (wohlgemerkt zum Impedanzverhalten!), ja, daß sie auch den Querwiderstand kurzschließt. Es bleibt also nur die Nadelinduktivität. Wird dagegen die Schicht hochohmig, so spielt die Nadelimpedanz eine geringere Rolle und das Gesamtverhalten ist durch den Wert der Randschichtkapazität bestimmt, wenngleich diese kleiner als im Flußgebiet ist. Wir haben damit wesentliche Gesichtspunkte für unsere folgende Betrachtung zum Ersatzschema gewonnen.

E. DISKUSSION DES HOCHFREQUENZ-ERSATZSCHALTBILDES

Das Ersatzschaltbild des Spitzendetektors wird mit zunehmender Frequenz komplizierter. Um die in einem solchen Schaltbild vorhandenen Größen zu erfassen, genügt es nicht, Impedanzmessungen bei der fraglichen Frequenz auszuführen, vielmehr sind sich ergänzende Messungen in mehreren Frequenzbereichen auszuführen. Das komplizierte Schaltbild für hohe Meßfrequenz muß dann die vereinfachten Schaltbilder bei niederer Frequenz enthalten bzw. durch sein Frequenzverhalten zu einem einfacheren Schaltbild degenerieren.

In Ergänzung zu den oben mitgeteilten Kapazitätsmessungen wurden auch Messungen an Detektorhülsen durchgeführt. Diese Werte liegen bei

$$C_0 = (0{,}2 \pm 0{,}05)\ \mathrm{pF}$$

für Keramikdetektorkörper. Bei Einführung einer Spitze, die gegen eine dünne Trolitulhaut von unter $^1/_{10}$ mm Stärke preßt, vergrößert sich der Wert durch die Streukapazität um $C' \approx 0{,}07$ pF; vgl. Abb. 30. Mißt man die Nadelinduktivität an einem Kurzschlußdetektor, so findet man den Wert:

$$L = 2 \text{ bis } 4 \text{ cm (Nanohenry)}.$$

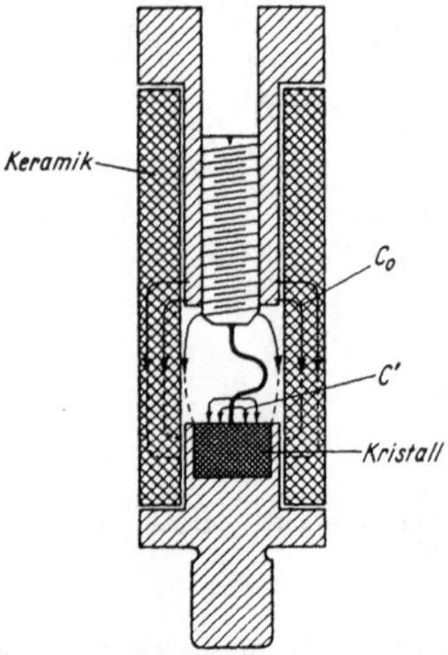

Abb. 30. Verteile Kapazitäten im Detektor;
C_0 = Gehäusekapazität;
C' = Nadelkapazität.

Dies ist aus Impedanzmessungen bei $\lambda = 50$ cm und $\lambda = 20$ cm zu entnehmen. Wenn wir nun das Ersatzschaltbild in seiner komplexen Form darstellen, so ergibt sich etwa Abb. 31. An den äußeren Klemmen liegt die Fassungskapazität C_0. Hinter der Induktivität L der Nadel greift die Streukapazität C' an, die auf die Einfassung wirkt. Die innere Streukapazität C'', die noch vor dem Bahnwiderstand R_b eingreift, ist als verlustbehaftet mit R'' in Serie geschaltet. R_q ist der Querwiderstand durch Ohmsche Nebenschlüsse und C_R ist die reine Randschichtkapazität. Die Randschicht mit dem Innenwiderstand R_i liegt dazu parallel. Für die praktische Auswertung läßt sich dieses Schaltbild oft in ein vereinfachtes überführen, das bei vielen Rechnungen genügt. Man betrachtet die Gehäusekapazität C_0 als wegstimmbar, ferner die Streukapazität C' als parallel zur Randschichtkapazität C_R liegend. Bei den verlustbehafteten Kapazitäten C'' kann R'' so groß angenommen werden, daß dieser Zweig unterdrückt werden darf. Dadurch erhält man das Schema Abb. 32, in dem wir also unter C die Parallelschaltung von C_R und C' und unter R_p die Parallelschaltung von R_i und R_q verstehen. Daß auch der Realteil des Leitwertes dieser Anordnung einen Frequenzgang hat, ersieht man aus:

$$G = \frac{1 + R_p \cdot j\omega C}{j\omega L (1 + R_p \cdot j\omega C) + R_p + R_b (1 + j\omega C R_p)}, \tag{E 1}$$

das den Leitwert der Abb. 32 darstellt. Es folgt für den Realteil:

$$G_{\text{reell}} = \frac{R_p (1 - \omega/\omega_0)^2 + R_b + R_p [R_b R_p \omega^2 C^2 + (\omega/\omega_0)^2]}{\{R_p [1 - (\omega/\omega_0)^2] + R_b\}^2 + (R_b R_p C + L)^2 \omega^2}, \tag{E 2}$$

wobei $\omega_0 = 1/\sqrt{LC}$ die Eigenfrequenz ist.
Im Resonanzfall durchläuft der Leitwert also den Betrag:

$$G_{\text{resonanz}} = \frac{R_b + R_p (R_b R_p \omega^2 C^2 + 1)}{R_b^2 + (R_b R_p C + L)^2 \omega^2}. \tag{E 3}$$

Das Widerstandsverhalten ist in solchem Falle einfacher. Wir erhalten die reelle Widerstandsfunktion:

$$R = \frac{R_p}{1 + R_p^2 \omega^2 C^2} + R_b. \tag{E 4}$$

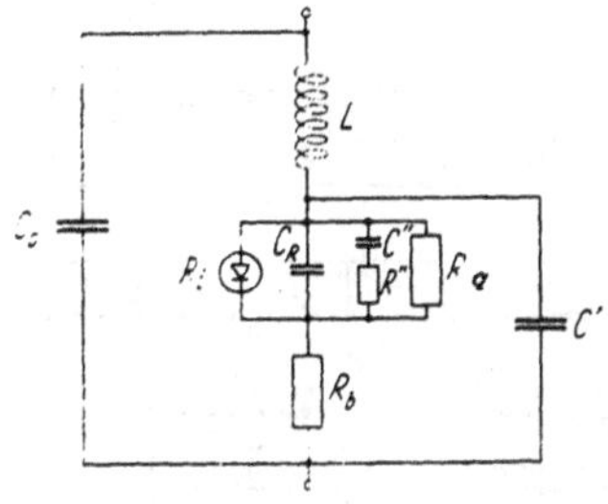

Abb. 31. Ersatzschaltbild des Detektors im Hyperfrequenzgebiet. (Vgl. Abb. 15 a.)
L = *Nadelinduktivität;*
C_0 = *Gehäusekapazität;*
C' = *Nadelkapazität;*
C_R = *Randschichtkapazität;*
C'' = *durch R'' bedämpfte Kapazität einer Parasitberührung.*

Mit wachsender Frequenz nähert man sich hier einfach dem Wert von R_b. Schließlich tritt also der gesamte Spannungsabfall an R_b auf. Wir sehen in Abb. 33 den Kurvenverlauf, aufgetragen für den Normalwert $C = 0{,}5$ pF und für normale Verhältnisse R_p zu R_b. Schon bei einer Frequenz von 500 MHz tritt dabei als resultierender Widerstand fast nur noch der Bahnwiderstand in Erscheinung. Der Gleichrichterwirkungsgrad der Detektoren muß danach im Gebiet hoher Frequenzen beträchtlich abnehmen. So einfach, wie hier dargestellt, sind die Verhältnisse in Wirklichkeit aber nicht und es muß angenommen werden, daß der Mechanismus der Gleichrichtung im Gebiet höherer Frequenzen in stärkerem Maße erhalten bleibt. Wir kommen unter F. § 37 hierauf zurück.

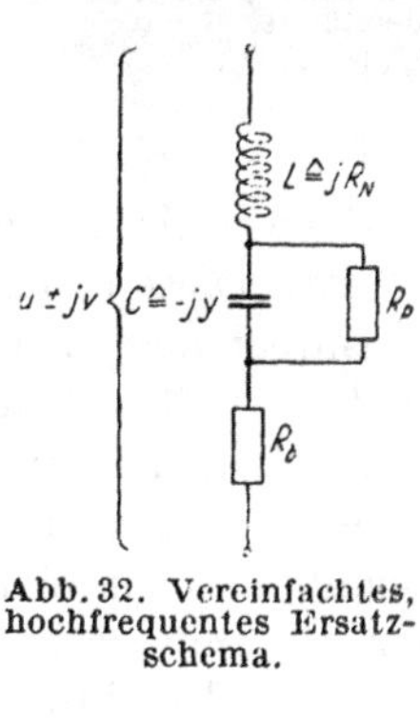

Abb. 32. Vereinfachtes, hochfrequentes Ersatzschema.

Zunächst müssen wir noch weiter auf die Behandlung des feineren Ersatzschaltbildes eingehen. Wenn man das Schaltbild Abb. 34 zugrunde legt, so kann man, wenn C und L gemessen sind, leicht die Widerstände R_p und R_b finden, für die man Näherungswerte ja auch aus der Kennlinie entnehmen kann. Die Tangente an den verlängerten Kennlinienast im Flußgebiet liefert bekanntlich den Bahnwiderstand, während sich jeder Querwiderstand in einer Vergrößerung des Sperrstromes bemerkbar macht. (Tangente an den Sperrstromast). Nehmen wir nun an, die gemessene Impedanz des Detektors bei Zentimeterwellen sei durch den Punkt P (Vektor α_0) im Widerstandsdiagramm (Abb. 35) gegeben, so können wir zunächst die bekannte Kapazität C_0 durch Drehung um den durch C_0 gegebenen Betrag entgegen dem Uhrzeigersinn eliminieren. Nun kann man den durch R_b gegebenen Widerstandsbetrag abziehen und erhält Punkt P' (Vektor α). Dabei ist vorausgesetzt, daß $R_b \ll 1/(\omega C')$, also daß C' parallel C_R liegt. Nun wird der Einfluß der Induktivität L berücksichtigt. Man wendet von P' senkrecht nach unten um ωL. Der neue Punkt im Diagramm ist die Impedanz, welche durch Parallelschaltung von R_q mit $1/S$ und $C_R + C' = C$ entsteht. Ist hier aus den vorangegangenen

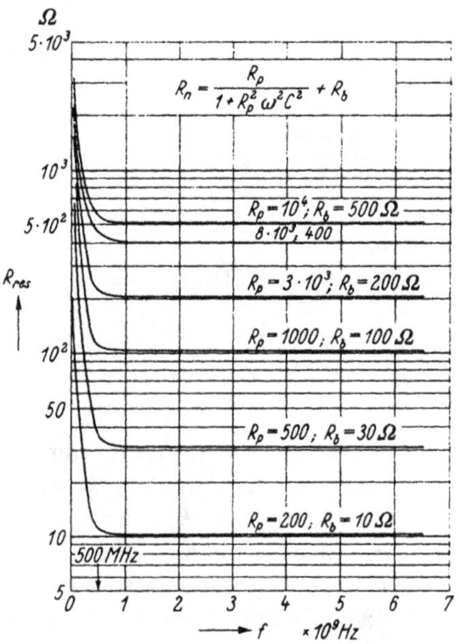

Abb. 33. Resonanzwiderstand des vereinfachten Ersatzschemas als Funktion der Frequenz für verschiedene Parallel- und Bahnwiderstände. $R_p = R_i\, R_q/(R_i + R_q)$.

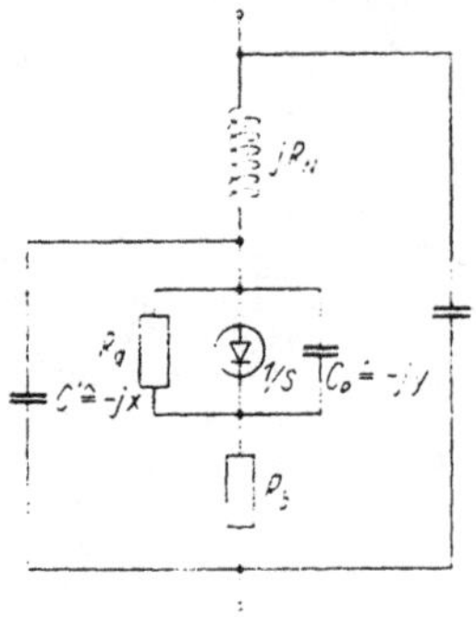

Abb. 34. Vereinfachtes Ersatzschaltbild des Detektors mit Impedanzen.

Messungen C bekannt, so muß die Linksdrehung um $1/\omega C$ auf die reelle Achse führen, wobei der dann abgelesene Ohmsche Widerstand R_p ist. Diese etwas komplizierte Analyse vereinfacht sich dadurch, daß C_0 gegenüber dem in C zusammengefaßten Einfluß klein ist, ebenso R_b gegenüber R_p. Mithin fällt Punkt P angenähert auf P'. Der auf solche Art aus der Impedanzmessung entnommene R_p-Wert muß dann also mit dem aus der Kennlinie entnommenen übereinstimmen. Indem man auf diese Weise vorgeht, erhält man aus der Impedanzmessung eine der jeweils gesuchten Größen, wenn die anderen bekannt sind. Berücksichtigt man den Nullpunktswiderstand des Detektors, der bei Gleichstrommessung bzw. langen Wellen die Hintereinanderschaltung von R_b und R_p (Abb. 31) darstellt, so erhält man ein weiteres Bestimmungsstück, das jedoch im Kreisdiagramm nicht verwendet werden kann infolge der Transformation von C (s. unten). Sind also L und C bekannt (Abb. 31), so lassen sich R_p und R_b ermitteln und umgekehrt . Ersteres dürfte die wichtigste Anwendung der Messung darstellen, da die Messung von L und C bei niederer Frequenz mit größerer Genauigkeit erfolgen kann, als die Widerstandswerte aus der Kennlinie zu bestimmen sind, denn die Tangenten geben ja nur grobe Näherungswerte.

Durchrechnung verschiedener Ersatzschaltbilder und Meßresultate

Bezeichnungen:

L = *Nadelinduktivität*;
C = *Nadelkapazität*;
x = *kapazitiver Widerstand von* C';
y = *kapazitiver Widerstand von* C_R;
z = *kapazitiver Widerstand von* C_0;
R_N = *induktiver Widerstand der Detektornadel*;
R_b = *Bahnwiderstand*;
R_q = *Querwiderstand*;
S = *Steilheit* [mA/V] *des spezifischen Gleichrichters*;
R_p = *Parallelschaltung von* R_q *und* $1/S$;
$u \pm jv$ = *komplexer Eingangswiderstand des Detektors*;
R_E = *Ohmscher Eingangswiderstand des Detektors bei langen Wellen.*

Betrachten wir nun das allgemeine Schaltbild Abb. 34, so sehen wir, daß von den 6 Größen: $R_p = R_q$ parallel $1/S$; C_R; C_0:C'; $L(jR_N)$; R_b drei bekannt sind durch die vorgenannten Messungen. Es sind dies: x, z und R_N. Zu bestimmen sind dann noch y, R_b und R_p, was durch Rechnung erfolgen kann, indem man 3 Gleichungen aufstellt, in denen diese Unbekannten zusammen mit bekannten Größen auftreten.

$$u + jv = f(x, y, z, R_N, R_b, R_p);$$
$$R_E = R_b + R_p.$$

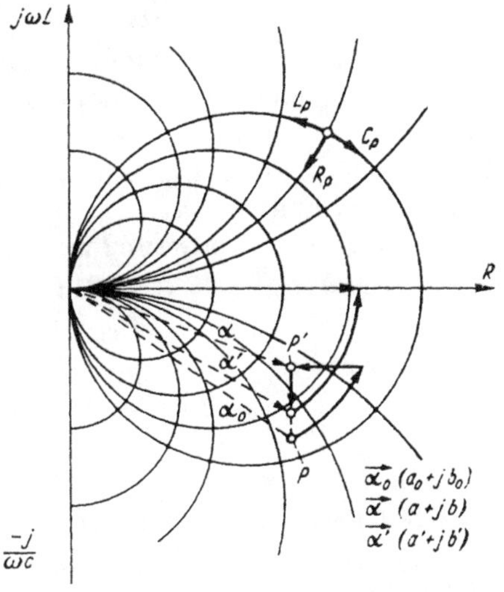

Abb. 35. Widerstandsdiagramm mit Transformationsgang der inneren Impedanzen des Detektors; s. Text.

Dieses Gleichungssystem ist zwar lösbar, jedoch zeigt es sich, daß die Lösungen, die von der Form sind:

$$R_p = f(x, z, R_N, R_E, u, v);$$
$$y = g(x, z, R_N, R_E, u, v);$$
$$R_b = h(x, z, R_N, R_E, u, v),$$

nur mit größerem Rechenaufwand zu finden sind. Wir können aber das allgemeine Ersatzschaltbild in angepaßter Weise modifizieren, so daß alle praktisch vorkommenden Fälle lösbar sind. Wir geben im folgenden 3 Detektorersatzschaltbilder nebst Lösungen an. Welches dieser Ersatzschaltbilder für einen bestimmten Detektortyp und die betrachtete Frequenz den tatsächlichen Verhältnissen am meisten entspricht, muß natürlich von Fall zu Fall entschieden werden.

Ersatzschaltbild Abb. 32[1]): In C sind zusammengefaßt: C', C_R und C_0. Wir nehmen also an, daß die Betriebsfrequenz so niedrig ist, daß die Blindwiderstände von C_0 und C' gegenüber R_b als groß angesetzt werden können. Bezeichnen wir den kapazitiven Widerstand dieser 3 Kapazitäten mit y, so gilt für den Eingangswiderstand dieser Schaltung:

$$u + jv = jR_N + R_b - j\frac{y \cdot R_p}{R_p - jy}. \qquad \text{(E 5)}$$

Da für lange Wellen x, y und z nach ∞ gehen und $R_N = 0$, folgt $R_E = R_b + R_p$. Hier sind die Größen u, v, R_N und R_E, wie bereits ausgeführt, meßbar. Aus ihnen ergeben sich R_p, y und R_b in Ohm. Die Beziehungen lauten:

$$R_p = R_E - u + \frac{(R_N - v)^2}{R_E - u}; \qquad \text{(E 6)}$$

$$y = (R_N - v)\left[1 + \left(\frac{R_N - v}{R_E - u}\right)^2\right]; \qquad \text{(E 7)}$$

$$R_b = R_E - R_p. \qquad \text{(E 8)}$$

Die Beziehung (E 7) gibt hier den kapazitiven Widerstand der 3 Kapazitäten C_0, C' und C_R an. Daraus ergibt sich bei bekannter Frequenz die Kapazität $[C_0 + C' + C_R]$ in Farad, und daraus wieder bei bekanntem C_0 und C' die Randschichtkapazität C_R. (Für $R_p = 0$ wird nach (E 8) $R_b = R_E$, nach (E 6) wird $u = R_E$ und $v = R_N$, wie zu erwarten.)

Als Beispiel für eine Messung sei angeführt:

$$u = 47\,\Omega; \quad v = -81\,\Omega; \quad R_N = 60\,\Omega; \quad R_E = 1500\,\Omega$$
$$C_0 + C' = 0{,}33\ \text{pF}$$

Daraus ergibt sich: $R_p = 1460\,\Omega$ nach (E 6);
$y = 142\,\Omega$ nach (E 7);
$R_b = 40\,\Omega$ nach (E 8).

$142\,\Omega$ bei $\lambda = 20$ cm sind 0,75 pF äquivalent: $C' + C_0 + C_R = 0{,}75$ pF. Das Schaltbild nach Abb. 32 liegt also für diesen Detektor damit zahlenmäßig fest.

Ersatzschaltung Abb. 36: Kann der Widerstand $R_b = 0$ gesetzt werden (verschwindender Bahnwiderstand), so lassen sich die Verhältnisse durch Abb. 36 approximieren. Der Eingangswiderstand dieser Schaltung ist:

$$u + jv = \frac{z(-jyR_p/(R_p - jy) + jR_N)}{z - R_N + yR_p/(R_p - jy)}. \qquad \text{(E 9)}$$

[1]) Die Durchrechnung dieses und der beiden folgenden Ersatzschaltbilder wurden erstmalig von H. W. Burmeister durchgeführt

Für lange Wellen $y \to \infty$; $z \to \infty$ ist der Eingangswiderstand $R_E = R_p$. Aus (E 9) ergibt sich:

$$y = \frac{u R_E}{R_N(1 - 2v/z + (u^2 + v^2)/z^2) - v + (u^2 + v^2)/z}. \tag{E 10}$$

Falls sowohl $u \ll z$ als auch $v \ll z$, gilt in erster Näherung:

$$y \approx \frac{u R_E}{R_N(1 - 2v/z) - v + (u^2 + v^2)/z}; \tag{E 11}$$

y bedeutet den kapazitiven Widerstand der beiden parallelen Kapazitäten C_R und C'. Bei bekannter Frequenz und bekanntem C' ergibt sich daraus C_R in pF.

Für $z \to \infty$ ergibt sich aus (E 11) $y = \frac{u R_E}{R_N - v}$, ein Ausdruck, der sich, wie es sein muß, auch für $R_b = 0$ aus den Gleichungen (E 6), (E 7) und (E 8) ergibt. Bevor wir die Meßresultate nach diesen Methoden diskutieren, wollen wir für die letzte Darstellung Abb. 37 die Gleichungen aufstellen.

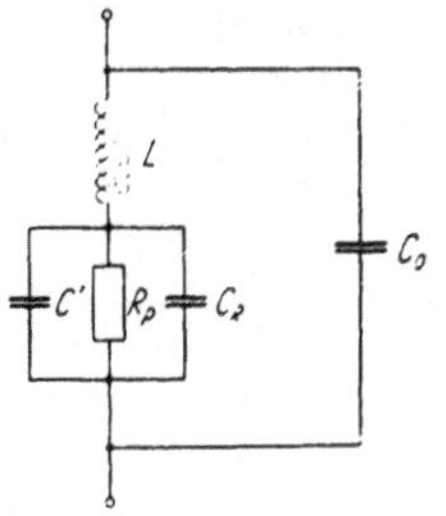

Abb. 36. Vereinfachtes Ersatzschaltbild ohne Bahnwiderstand.

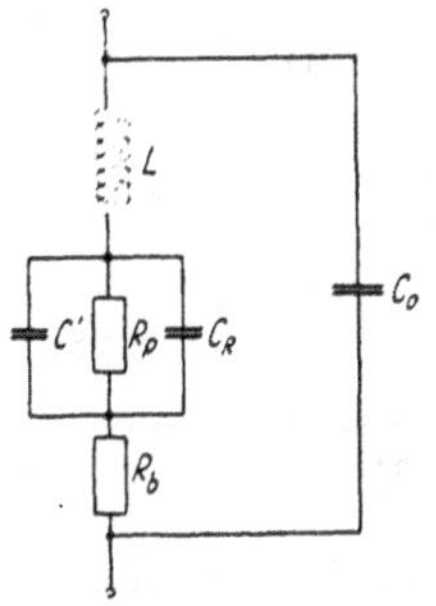

Abb. 37. Verbessertes Ersatzschema für die Berechnung.

Ersatzschaltbild Abb. 37: Wir vernachlässigen nicht mehr den Bahnwiderstand, was bei kleinen Parallelwiderständen R_p einen größeren Fehler geben kann (z. B. weiteres Flußgebiet). Es ergeben sich dann für R_p, y und R_b die Lösungen:

$$R_p = R_E - u \cdot \alpha + \frac{(R_N - \alpha \cdot \beta)^2}{R_E - u\alpha} \tag{E 12}$$

mit

$$\alpha = \frac{1}{1 - 2v/z + (u^2 + v^2)/z^2}; \quad \beta = v - \frac{u^2 + v^2}{z};$$

$$y = (R_N - \alpha \cdot \beta)\left[1 + \left(\frac{R_N - \alpha \cdot \beta}{R_E - u \cdot \alpha}\right)^2\right]; \tag{E 13}$$

$$R_b = R_E - R_p. \tag{E 14}$$

Ist $u \ll z$ und $v \ll z$, so wird $\alpha - 1/(1 - 2v/z)$. Für $z \to \infty$ ergeben sich aus (E 12) die Werte $\alpha = 1$ und $\beta = v$. Aus (E 12) folgt dann weiter:

$$R_p = R_E - u + \frac{(R_N - v)^2}{R_E - u}.$$

Nach (E 13) wird:

$$y = (R_N - v)\,[1 + (R_N - v)^2/(R_E - u)^2],$$

was den Gleichungen (E 6) und (E 7) entspricht. Wegen des komplizierten Aufbaues der Gleichungen empfiehlt es sich nicht, sie zur Auswertung bei Serienmessungen zu verwenden. Sie sollen vielmehr dazu dienen, die Fehlergröße bei Anwendung der Ersatzschaltungen 32 und 36 abzuschätzen.

Meßresultate: Als Meßergebnisse für die bei längeren Wellen meßbaren Induktivitäten und Kapazitäten ergaben sich für eine bestimmte Type (Silizium-Detektoren, Herstellung Telefunken): $C_0 = 0{,}2$ pF; $C' = 0{,}1$ pF; $L = 6$ nHy. Man erhält folgende Meßwerte

Tabelle I

Detektor:		10		Z 11	16		23	
λ	cm	20,8	54	20,8	20,8	54	20,8	54
u	Ω	12,9	23,5	9,5	58,8	385	35	309
v	Ω	− 102	− 450	− 219	− 114	− 360	− 133	− 576
R_E	Ω	16 000	16 000	20 000	3750	3750	1750	1750
R_p	Ω	15 980	15 800	19 939	3750	3400	1750	1700
R_b	Ω	20	200	7	50	350	20	50
y	Ω	162	470	340	174	385	199	690
C	pF	0,68	0,6	0,37	0,63	0,74	0,55	0,41

Detektor:		34		V 46	51	
λ	cm	20,8	54	20,8	20,8	54
u	Ω	38	500	40,7	59	180
v	Ω	− 130	− 460	− 170	− 100	− 216
R_E	Ω	4000	4000	3300	460	460
R_p	Ω	3970	3600	3275	460	460
R_b	Ω	30	400	20	0	0
y	Ω	190	490	230	185	405
C	pF	0.58	0,65	0,48	0,6	0.77

Die hier nach (E 7) errechneten Kapazitätswerte kommen bei einzelnen Detektoren etwas hoch heraus (C_R theoretisch $0{,}7 \cdot 10^{-2}$ pF). Als Grund muß angenommen werden, daß für diese Detektoren das Ersatzschaltbild 32 nicht erschöpfend ist. Das wirkt sich vor allem bei C_0 aus, das in Abb. 32 gegenüber Abb. 34 vergrößert erscheint. Ob und in welcher Weise sich diese C_0-Transformation auf die Gesamtkapazität auswirkt, ist von dem Größenverhältnis der einzelnen Schaltelemente abhängig. Bezieht man sich zur Berechnung auf Abb. 36 und (E 11), so ergeben sich kleinere Kapazitätswerte:

Detektor Z 11 hat $C = 0{,}24$ pF
,, V 46 hat $C = 0{,}26$ pF.

Nach Schaltung Abb. 37 erhält man folgende Meßwerte:

Tabelle II

Detektor:		12	28	32	35	40	42
λ	cm	20,8	20,8	20,8	20,8	20,8	20,8
u	Ω	85	13,9	65,6	100	88	80
v	Ω	− 28	− 150	− 121	− 52	− 38	− 70
R_E	Ω	1000	4300	2250	280	216	300
R_p	Ω	923	4296	2200	250	206	297
R_b	Ω	77	4	50	30	10	3
y	Ω	170	209	101	156	155	175
C	pF	0,65	0,53	0.6	0,7	0,7	0,63

Schaltung Abb. 37 liefert also die maßgebenden Größen R_p und C des Detektors mit genügender Genauigkeit. R_b, das nach (E 8) als Differenz zweier großer Zahlen errechnet ist, unterliegt allerdings größeren Schwankungen.

Wie bereits erwähnt, ergeben die Neigungen der Asymptoten an das nähere Sperrstromgebiet (vor thermischem Umkehrpunkt) und an das Flußgebiet die angenäherten Werte von R_b und R_q bzw. R_p. Diese Tatsache wollen wir uns zunutze machen, um die hochfrequenten Meßresultate einer Prüfung zu unterziehen. In der folgenden Zusammenstellung sind R_b und R_p (abgerundet) der Tabelle II entnommen, während $\varrho_b = \operatorname{tg} \beta = 1/R_b$ und $\varrho_p = \operatorname{tg} \alpha = 1/R_p$ aus den Kennlinien entnommen sind.

Detektor:	R_p kΩ	$1/\varrho_p$ kΩ	R_b Ω	$1/\varrho_b$ Ω
23	1,7	3.0	50	500
29	1,4	1,2	60	400
31	1,2	1,2	0	0
28	4,3	5	4	200
35	0,25	0,3	100	100
42	0,3	0,3	3	50
51	0,46	0,5	0	50

Wie diese Zusammenstellung zeigt, stimmen R_p nach der Hochfrequenz-Messung und aus der Kennlinie gut überein. Dagegen findet man bezüglich R_b stärkere Abweichungen. Das liegt zunächst an der Ungenauigkeit der Tangentenwinkel-Ablesung, dann aber auch an der C_0-Transformation. Man muß außerdem bedenken, daß jede Tangente eigentlich nur ein Maß für $(R_p + R_b)$ liefert und daher für einen Restbetrag von R_p die Fehler groß sind, da immer $R_p \gg R_b$.

Welche nun die anzustrebende Form des Ersatzschaltbildes eines Detektors ist, kann in voller Allgemeingültigkeit nicht gesagt werden, da es auf den Verwendungszweck (Gleichrichter, Mischdetektor oder Empfangsgleichrichter) ankommt. Bezüglich des Ersatzschaltbildes kann man jedoch sagen:

$$L \to 0; \quad C = C_R; \quad R_b \to 0; \quad R_p = 1/S,$$

so daß infolge von

$$R_p = \frac{R_q}{1 + S \cdot R_q} \tag{E 15}$$

der Wert $R_q \to \infty$ verlangt wird. (Der Verlustwiderstand R_q liegt der spezifischen Randschicht parallel und $1/R_p = 1/R_q + S$.) C_R ist reine Randschichtkapazität, die etwa $0{,}7 \cdot 10^{-2}$ pF betragen darf. Das Ziel ist also, den schädlichen Einfluß aller äußeren Teile herabzusetzen. Die Nadelkapazität $C' = 7 \cdot 10^{-2}$ pF und C_0 = Hülsenkapazität $\approx 0{,}2$ pF sind wenig beeinflußbar, dagegen lassen sich L und R_b stärker herabdrücken.

Was den kapazitiven Nebenschluß anlangt, so ist festzustellen, daß das Ersatzschaltbild Abb. 32 die Verhältnisse wegen der Konzentrierung aller Kapazitäten parallel der Randschicht nur unvollkommen wiedergibt, wenn in C auch C_0 einbezogen ist (vgl. [1]). Denn in Wirklichkeit ist C_0 durch den äußeren Kreis, an welchem der Detektor liegt, wegstimmbar, so daß nur C' und C_R bleiben. Das ergibt einen Wert von $7 \cdot 10^{-2}$ pF im Groben. Setzen wir diesen Wert in (27.4) ein und bestimmen wieder die Frequenz bei der praktisch $R_r = R_b$ wird (Abb. 33), so erhalten wir Frequenzwerte, die um einen Faktor 10 höher liegen; unser Markierungswert liegt dann also anstatt bei 500 MHz bei 5000 MHz. Man weiß, daß niederohmige Ge- und Si-Detektoren auch noch bei $\lambda = 3$ cm (also 10 000 MHz) gut arbeiten, wenn die Kreise, in welche sie eingebaut werden, genügend verlustfrei sind und die C-Werte durch L-Überschuß abgestimmt werden (Hohlräume). Die Eigenresonanz moderner Zentimeterwellendetektoren liegt überdies bei $\lambda = 5$ cm.

Bei Betrachtung des Ersatzschaltbildes des Detektors erkennt man übrigens, daß der Bahnwiderstand R_b unter Umständen eine Abweichung von der üblichen Art der Anpassung erforderlich macht. Denn man will ja den Hauptleistungsbetrag nicht im Bahnwiderstand verzehren, sondern in den Widerstand $R_p = R_q/(1 + SR_q)$ fließen lassen. Nach Abb. 38 liegt an R_p die Spannung:

$$U_p = \frac{U_1}{R_i + R_b + R_p} \cdot R_p. \tag{E 16}$$

Die in R_p vernichtete Leistung ist daher:

$$N_p = \frac{U_1^2}{(R_i + R_b + R_p)^2} \cdot R_p. \tag{E 17}$$

Sie wird für $R_i + R_b = R_p$ ein Maximum. *Es ist also so anzupassen, daß* $R_p - R_b = R_i$ (E 18). Da nun im allgemeinen $R_p \gg R_b$, so bedeutet dies ins-

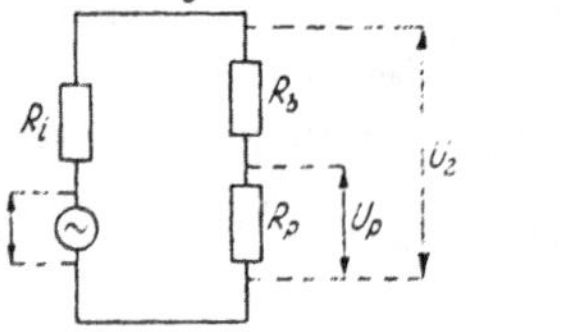

Abb. 38. Zur Leistungsbilanz bei Anpassung des Detektors an einen Generator mit dem Innenwiderstand R_i.

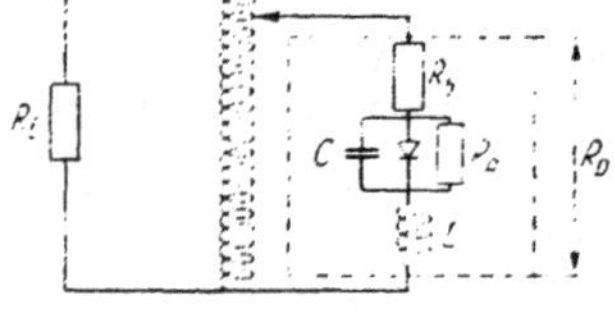

Abb. 39. Anpassung des Ersatzwiderstandes R_D des Detektors.

besondere, daß der Detektor an hochohmige Kreise ($R_i \gg R_D$) *loser* anzukoppeln ist (Abb. 39), als im Falle $R_b = 0$. Man kann ja auch schreiben:

$$(R_p + R_b) - 2\,R_b = R_D - 2\,R_b = R_i \qquad \text{(E 19)}$$

(R_D = *gesamter Detektorwiderstand.*) In R_p fließt also maximale Leistung, wenn die Transformation so geschieht, daß der gesamte Detektorwiderstand in der durch Gleichung (E 19) angegebenen Weise an R_i angepaßt wird.

F. FREQUENZWANDLUNG (MISCHUNG) MIT DETEKTOREN

§ 33. Das Rauschquellenersatzbild

Der Detektor stellt, wie wir bereits sahen, ein Netzwerk dar, das in vereinfachter Form im wesentlichen aus zwei parallel geschalteten Rauschquellen besteht, von denen die eine mit wachsendem Strom einen konstanten Rauschbeitrag liefert, die andere dagegen Diodencharakter zeigt, was Erhöhung des Rauschfaktors bedeutet.

Als weitere äußere Rauschquellen kommen im Fall der Mischung hinzu: Das Antennenrauschen, das Rauschen des Oszillatoreingangswiderstandes, das Kreisrauschen, das Oszillatormischrauschen und das Rauschen der ersten ZF-Verstärkerröhre, das durch den äquivalenten Rauschwiderstand berücksichtigt wird. Abb. 40 stellt dieses Netzwerk dar.

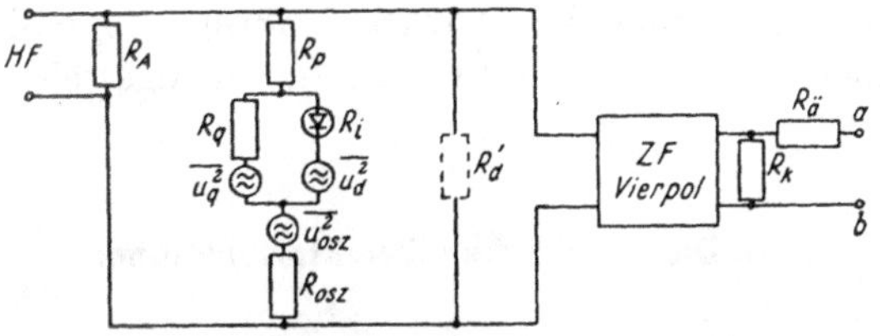

Abb. 40. Rauschquellenersatzschema des Mischdetektors.

Bei symmetrischen Gleichtakt-Gegentakt-Anordnungen (siehe Diodenmischung) läßt sich die Rauschquelle $\overline{u_{osz}^2}$ des Oszillators weitgehend eliminieren und im allgemeinen auch das Rauschen des Kopplungswiderstandes des Oszillators, da meist die Oszillatorleistung groß ist im Vergleich zu der für die Aussteuerung benötigten (kleiner Kopplungswiderstand). Wir erhalten so die in Abb. 41 wiedergegebene Vereinfachung des Rauschquellenersatzschemas, das wie im Diodenfall berechnet wird. Man transformiert R_k und $R_ä$ als $R_k{}^*$ und $R_ä{}^*$ auf die linke Vierpolseite (Detektorseite). Ist der Vierpol verlustfrei angenommen und enthält selbst keinerlei Rauschquellen, so kann man eine solche Transformation ohne Bedenken durchführen, da es sich bei äquivalenten

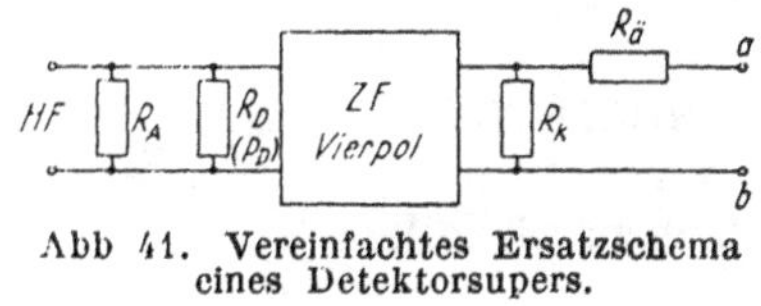

Abb. 41. Vereinfachtes Ersatzschema eines Detektorsupers.

Rauschwiderständen ja um zwar fiktive aber in ihrer Eigenschaft rein Ohmsche Bedämpfungswiderstände handelt. Man erhält so, wie im Diodenfall, als Rauschleistung je Hertz Bandbreite:

$$\frac{N}{\Delta f} = \frac{4}{\bar{\eta}} \left[\frac{R_{\ddot{a}}^*}{R_k^*} + \left(\frac{p(\Theta)}{R_D} + \frac{1}{R_k^*} \right) \left(\frac{\overline{R_D}}{R_k^* + R_D} \right)^2 \cdot R_k^* \right] k T_0, \tag{33.1}$$

wobei der Mischwirkungsgrad durch:

$$\bar{\eta} = \left(S_c \frac{\overline{R_D} \cdot R_k^*}{\overline{R_D} + R_k^*} \right)^2 \cdot \frac{R_D}{R_k^*} \tag{33.2}$$

gegeben ist; vgl. V; wir gehen unter (33.4) bei der Berechnung der Empfindlichkeit näher auf diese Funktion ein.

Für die rauschmäßige Zusammensetzung des Detektorwiderstandes R_D ergibt sich nach (31.21)

$$R_{\ddot{a}D} = \left(\frac{1}{R_q} + p' S \right) \left(\frac{R_q \cdot 1/s}{R_q + 1/s} \right)^2 + R_b,$$

wobei p' = *Rauschfaktor der spezifischen Randschicht.* Da $R_i \ll R_q$, ist:

$$R_{\ddot{a}D} = p'/S + R_b$$

Da im allgemeinen $R_b \ll p'/S$, so bleibt als Rauschwiderstand $R_{\ddot{a}D} = p'/S$ und da $1/S = R_D$ ergibt sich in erster Näherung Formel (33.1).

Bevor wir nun zur Einführung der Detektorfunktionen $\bar{\eta}$ und $p(\Theta)$ schreiten, sollen die spezifischen Detektorfunktionen zusammengestellt werden.

§ 34. Die spezifischen Detektorfunktionen

1. Kennliniendarstellung:

$$\left. \begin{aligned} J_+ &= K U^n + \varrho U; \\ J_- &= -\varrho U. \end{aligned} \right\} \tag{34.3}$$

2. Richtstrom: für $U = U_0 + U_\sim \cos \omega t$ (34.4)

(*momentan*): $i_R = K (U_0 + U_\sim \cos \omega t)^n.$

(*Mittelwert*): $$J_R = \frac{1}{2\pi} K U_\sim^n \int_{-\Theta}^{+\Theta} (\cos \omega t - \cos \Theta)^n \, d\omega t + \varrho U_0; \tag{34.5}$$

vgl. dazu (30.20).

$$J_R = K \cdot U_\sim^n (1 - \cos \Theta)^n \psi_n(\Theta) + \varrho U_0; \tag{34.6}$$

$$J_R = K U_\sim^n \cdot \overline{J_R^*} + \varrho U_0. \tag{34.7}$$

Die wichtige Teilfunktion $J_R^* = f(\Theta)$ für verschiedene n findet man in Abb. 42.

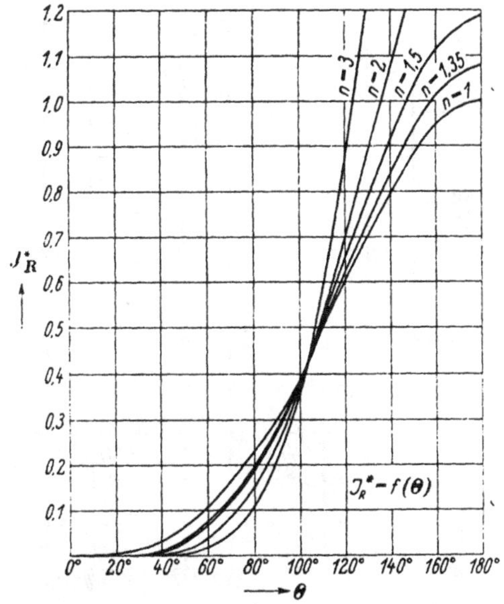

Abb. 42. Reduzierter Richtstrom als $f(\Theta, n)$.

3. Amplitude der Grundwelle des durch den Gleichrichter fließenden Hochfrequenzstromes:

$$J_\omega = \frac{1}{\pi}\int_{-\Theta}^{+\Theta} K\,(U_0 + U_\sim \cos\omega t)^n \cos d\,\omega t +$$

$$+ \frac{1}{\pi}\int_{-\Theta}^{+\Theta} \varrho\,(U_0 + U_\sim \cos\omega t)\cos\omega t\, d\omega t +$$

$$+ \frac{\varrho}{\pi}\int_{-\Theta^*}^{+\Theta^*} (-U_0 + U_\sim \cos\omega t)\cos\omega t\, d\omega t; \qquad (34.8)$$

(Zu beachten ist das Pluszeichen vor dem dritten Integral, da es sich um eine Wechselkomponente handelt.) Das ergibt ausgeführt:

$$J_\omega = K\,(U_0 + U_\sim)^n \cdot f_n(\Theta) + \varrho\, U_\sim, \qquad (34.9)$$

wobei

$$f_n(\Theta) = \frac{2}{\pi\,(1 - \cos\Theta)^n}\int_0^\Theta (\cos\omega t - \cos\Theta)^n \cos\omega t\, d\omega t. \qquad (34.10)$$

Wir definieren:

$$J_\omega^* = (1 - \cos\Theta)^n \cdot f_n(\Theta); \qquad (34.11)$$

s. dazu Abb. 43.

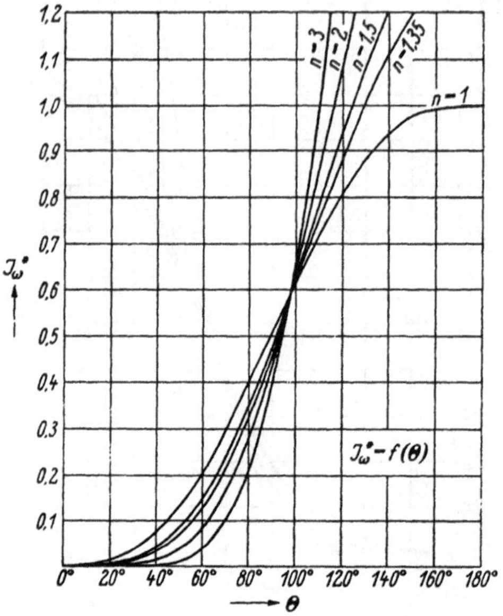

Abb. 43. Grundwelle des HF-Stromes (reduziert) als $f(\Theta, n)$.

4. Richtkennliniensteilheit:

$$S_g(\omega t) = \left(\frac{\partial i_R}{\partial U_0}\right)_{U_\sim = \mathrm{const}} = K \cdot n\,(U_0 + U_\sim \cos \omega t)^{n-1} + \varrho \qquad (34.12)$$

$$\begin{aligned} S_g = {} & \frac{1}{\pi} K \cdot n \int_0^{\Theta} (U_0 + U_\sim \cos \omega t)^{n-1}\, d\omega t + \\ & + \frac{K}{\pi} (U_0 + U_\sim \cos \Theta)^n \frac{\partial \Theta}{\partial U_0} + \\ & + \frac{\varrho}{\pi} \int_0^{\Theta} d\omega t + \frac{\varrho}{\pi} (U_0 + U_\sim \cos \Theta) \frac{\partial \Theta}{\partial U_0} + \\ & + \frac{\varrho}{\pi} \int_0^{\Theta^*} d\omega t - \frac{\varrho}{\pi} (-U_0 + U_\sim \cos \Theta^*) \frac{\partial \Theta^*}{\partial U_0}. \end{aligned}$$

Da die Differentiation der Integralgrenzen keinen Beitrag liefert, bleibt:

$$S_g = \frac{K \cdot n}{\pi} \int_0^{\Theta} (U_0 + U_\sim \cos \omega t)^{n-1}\, d\omega t + \underbrace{\frac{\varrho}{\pi} \Theta + \frac{\varrho}{\pi} (\pi - \Theta)}_{\varrho}. \qquad (34.13)$$

Wir führen die in Abb. 44 dargestellte Funktion ein:

$$S_g^* = \frac{n}{\pi} \int_0^{\Theta} (\cos \omega t - \cos \Theta)^{n-1}\, d\omega t. \qquad (34.14)$$

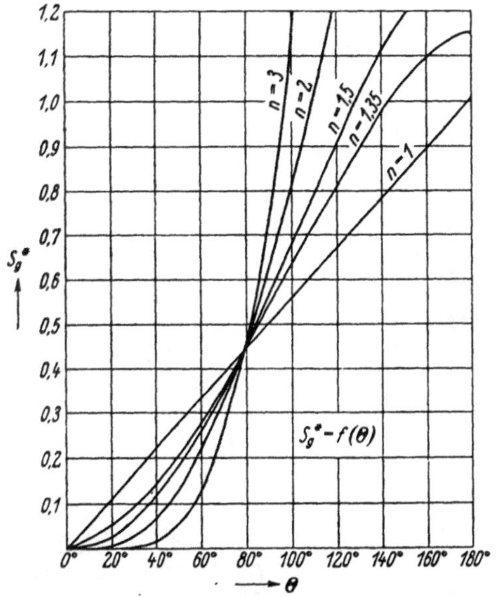

Abb. 44. Reduzierte Richtkennlinienstellheit als $f(\Theta, n)$.

Dann gilt also:

$$S_g = K\,U_\sim^{n-1} \cdot S_g^* + \varrho. \tag{34.15}$$

5. Konversionssteilheit:

$$S_c(\omega t) = \left(\frac{\partial i_R}{\partial U_\sim}\right)_{U_0 = \text{const}} = K \cdot n\,(U_0 + U_\sim \cos\omega t)^{n-1} \cos\omega t \quad \ldots (34.16)$$

$$\begin{aligned} S_c = {} & \frac{1}{\pi} K n \int_0^\Theta (U_0 + U_\sim \cos\omega t)^{n-1} \cdot \cos\omega t\, d\omega t + \\ & + \frac{K}{\pi} (U_0 + U_\sim \cos\Theta)^n \frac{\partial\Theta}{\partial U_\sim} + \\ & + \frac{\varrho}{\pi} \int_0^\Theta \cos\omega t\, d\omega t + \frac{\varrho}{\pi} (U_0 + U_\sim \cos\Theta) \frac{\partial\Theta}{\partial U_\sim} - \\ & - \frac{1}{\pi} \varrho \int_0^{\Theta^*} \cos\omega t\, d\omega t + \frac{1}{\pi} \varrho (-U_0 + U_\sim \cos\Theta^*) \frac{\partial\Theta^*}{\partial U_\sim} = \\ = {} & \frac{K}{\pi} n \int_0^\Theta (U_0 + U_\sim \cos\omega t)^{n-1} \cos\omega t\, d\omega t + \\ & + \frac{\varrho}{\pi} (\sin\Theta - \sin\Theta^*). \end{aligned}$$

Also:

$$S_c = K\, U_{\sim}^{n-1} \cdot S_c^*, \tag{34.17}$$

wobei

$$S_c^* = \frac{n}{\pi} \int_0^{\Theta} (\cos \omega t - \cos \Theta)^{n-1} \cos \omega t \, d\omega t; \tag{34.18}$$

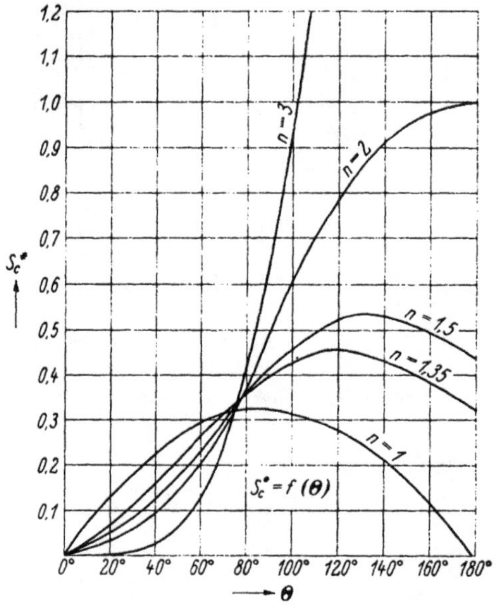

Abb. 45. Reduzierte Konversionssteilheit als $f(\Theta, n)$.

vgl. dazu Abb. 45. Bildet man den partiellen Differentialquotienten der Amplitude der Grundwelle des Hochfrequenzstromes nach der Gleichspannung, so erhält man:

$$\left(\frac{\partial J_\omega}{\partial U_0}\right)_{U_\sim = \text{const}} = \frac{1}{\pi} K \cdot n \int_{-\Theta}^{+\Theta} (U_0 + U_\sim \cos \omega t)^{n-1} \cos \omega t \, d\omega t +$$

$$+ \frac{1}{\pi} \varrho \int_{-\Theta}^{+\Theta} \cos \omega t \, d\omega t - \frac{\varrho}{\pi} \int_{-\Theta^*}^{+\Theta} \cos \omega t \, d\omega t =$$

$$= \frac{2}{\pi} K \cdot n \int_0^{\Theta} (U_0 + U_\sim \cos \omega t)^{n-1} \cos \omega t \, d\omega t; \tag{34.19}$$

das ist identisch gleich:

$$2 \left(\frac{\partial J_R}{\partial U_\sim}\right)_{U_0 = \text{const}} = 2\, S_c. \tag{34.20}$$

Mithin gilt:

$$\left(\frac{\partial J_\omega}{\partial U_0}\right)_{U_\sim = \text{const}} = 2 \left(\frac{\partial J_R}{\partial U_\sim}\right)_{U_0 = \text{const}} = 2\, S_c. \tag{34.21}$$

Die Steilheit für den Richtstrom ist:

$$\Delta J_R = \frac{\partial J_R(U_0, U_\sim)}{\partial U_\sim} \Delta U_\sim \tag{34.22}$$

$$\Delta J_R = S_c(U_0, U_\sim)\, \Delta U_\sim .$$

Die Steilheit für den Wechselstrom:

$$\Delta J_\omega = \frac{\partial J_\omega(U_0, U_\sim)}{\partial U_\sim} \Delta U_\sim . \tag{34.23}$$

Zusammenstellung der bekannten, für die Diodenmischtheorie bereits errechneten Funktionen für Kennlinienexponenten n von 1 bis 3.

$$\left.\begin{aligned}
J^*_{R\,(n=1)} &= \frac{1}{\pi}(\sin\Theta - \Theta\cos\Theta)\\
J^*_{R\,(n=2)} &= \frac{1}{\pi}[\Theta(\cos^2\Theta + {}^1/_2) - {}^3/_2 \sin\Theta\cos\Theta]\\
J^*_{R\,(n=3)} &= \frac{1}{\pi}\left[\frac{5}{2}\sin\Theta - \frac{11}{6}\sin^3\Theta - \frac{3}{2}\Theta\cos\Theta - \Theta\cos^3\Theta\right]\\
J^*_{\omega\,(n=1)} &= \frac{1}{\pi}(\Theta - \cos\Theta\sin\Theta)\\
J^*_{\omega\,(n=2)} &= \frac{2}{\pi}\left(\sin\Theta - \frac{1}{3}\sin^3\Theta - \Theta\cos\Theta\right)\\
J_{\omega\,(n=3)} &= \frac{1}{2\pi}\left[6\Theta\left(\frac{5}{4} - \sin^2\Theta\right) - \sin\Theta\cos\Theta\left(\frac{15}{2} - \sin^2\Theta\right)\right]\\
S^*_{g\,(n=1)} &= \frac{\Theta}{\pi}\\
S^*_{g\,(n=2)} &= \frac{2}{\pi}(\sin\Theta - \Theta\cos\Theta)\\
S^*_{g\,(n=3)} &= \frac{3}{\pi}\left[\Theta\left(\frac{3}{2} - \sin^2\Theta\right) - \frac{3}{2}\sin\Theta\cos\Theta\right]\\
S^*_{c\,(n=1)} &= \frac{1}{\pi}\sin\Theta\\
S^*_{c\,(n=2)} &= \frac{1}{\pi}(\Theta - \cos\Theta\sin\Theta)\\
S^*_{c\,(n=3)} &= \frac{3}{\pi}\left(\sin\Theta - \frac{1}{3}\sin^3\Theta - \Theta\cos\Theta\right).
\end{aligned}\right\} \tag{34.24}$$

6. Optimaler Mischwirkungsgrad:

Um von den jeweiligen Anpassungsforderungen unabhängig zu sein, befassen wir uns zunächst mit dem optimalen Mischwirkungsgrad, der eine reine Funktion der Detektorkonstanten ist. Dieser errechnet sich analog dem Mischdiodenfall aus:

$$\bar{\eta}_{\text{opt}} = \frac{1}{4}\left[\frac{K U_\sim^{n-1} \cdot S_c^*}{K U_\sim^{n-1} \cdot S_g^* + \varrho}\right]^2 . \tag{34.25}$$

Ist der Schwanzstromanteil ϱ klein, so erhält man wieder in erster Näherung den dem Diodenfall entsprechenden optimalen Wirkungsgrad. Legt man für die Ableitung der Diodenfunktionen die Kennliniendarstellung (37.4) zugrunde, so ergeben sich die folgenden Funktionen:

1a. Kennlinie:

$$J = J_0 (e^{\alpha U} - 1),$$

wobei

$\alpha = \frac{e_0}{kT}$ in V^{-1}

e_0 = *Elementarladung*;
k = *Boltzmannsche Konstante*;
T = *abs. Temperatur.*

2a. Richtstrom

(*momentan*): $$i_R = J_0 (e^{\alpha (U_0 + U_\sim \cos \omega t)} - 1) \tag{34.26}$$

(*Mittelwert*): $$J_R = \frac{1}{\pi} \int_0^{\Theta} J_0 (e^{\alpha (U_0 + U_\sim \cos \omega t)} - 1)\, d\omega t + \frac{1}{\pi} \int_{\Theta}^{\pi} J_0 (e^{\alpha (U_0 + U_\sim \cos \omega t)} - 1)\, d\omega t. \tag{34.27}$$

Da die Integranden gleich sind, erhält man:

$$J_R = J_0 [e^{-\alpha U_\sim \cos \Theta} I_0 (\alpha U_\sim) - 1] = J_0 [e^{\alpha U_0} I_0 (\alpha U_\sim) - 1]. \tag{34.28}$$

$I_0 (\alpha U_\sim)$ ist die modifizierte Besselfunktion nullter Ordnung vom Argument $\alpha U_\sim$. Für diese und die folgenden modifizierten Besselfunktionen höherer Ordnung vergleiche Abb. 46.

3a. Grundwelle des Hochfrequenzstromes:

$$J_\omega = \frac{2}{\pi} \int_0^{\Theta} J_0 (e^{\alpha (U_0 + U_\sim \cos \omega t)} - 1) \cos \omega t\, d\omega t + \frac{2}{\pi} \int_{\Theta}^{\pi} J_0 (e^{\alpha (U_0 + U_\sim \cos \omega t)} - 1) \cos \omega t\, d\omega t; \tag{34.29}$$

$$J_\omega = 2 J_0 e^{\alpha U_0} I_1 (\alpha U_\sim). \tag{34.30}$$

4a. Richtkennliniensteilheit:

$$S_g (\omega t) = \left(\frac{\partial i_R}{\partial U_0}\right)_{U_\sim = \text{const}} = \left[\frac{\partial J_0 (e^{\alpha (U_0 + U_\sim \cos \omega t)} - 1)}{\partial U_0}\right]_{U_\sim = \text{const}} = \alpha \cdot J_0 \cdot e^{\alpha (U_0 + U_\sim \cos \omega t)}; \tag{34.31}$$

$$S_g = \left(\frac{\partial J_R}{\partial U_0}\right)_{U_\sim = \text{const}} = \alpha J_0 e^{\alpha U_0} I_0 (\alpha U_\sim). \tag{34.32}$$

5a. Konversionssteilheit:

$$S_c(\omega t) = \left(\frac{\partial i_R}{dU_\sim}\right)_{U_0 = \text{const}} = \left[\frac{\partial J_0\left(e^{\alpha(U_0 + U_\sim \cos\omega t)} - 1\right)}{\partial U_\sim}\right]_{U_0 = \text{const}} =$$

$$= \alpha J_0 \cos\omega t\, e^{\alpha(U_0 + U_\sim \cos\omega t)}; \qquad (34.33)$$

$$S_c = \left(\frac{\partial J_R}{\partial U_\sim}\right)_{U_0 = \text{const}} = J_0 e^{\alpha U_0} \frac{\partial I_0(\alpha U_\sim)}{\partial U_\sim} =$$

$$= J_0 e^{\alpha U_0} \cdot \alpha \cdot I_1(\alpha U_\sim). \qquad (34.34)$$

Denn da

$$2\frac{dI_\nu(z)}{dz} = I_{\nu+1}(z) + I_{\nu-1}(z),$$

(vgl. [20]; [24]), ergibt sich:

$$\frac{dI_0(z)}{dz} = I_1(z).$$

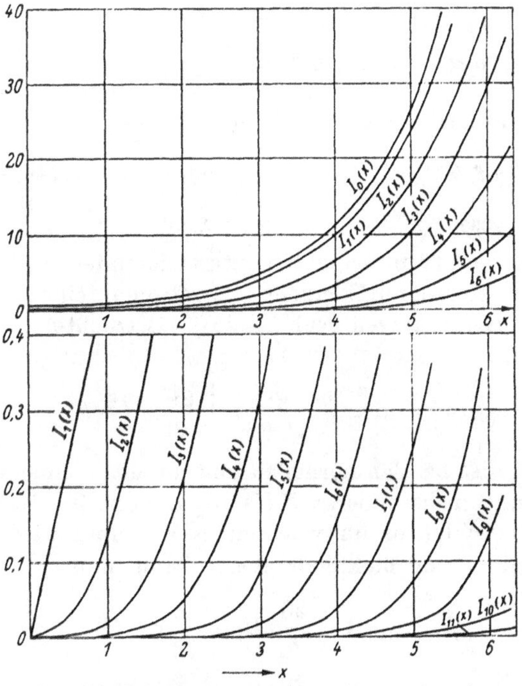

Abb. 46. **Modifizierte Besselfunktionen bei variablem Argument x, der nullten bis 9. Ordnung.**

6a. Mischwirkungsgrad:

$$\eta_{\text{opt}} = \frac{1}{4}\left[\frac{\alpha J_0 e^{\alpha U_0} I_1(\alpha U_\sim)}{\alpha J_0 e^{\alpha U_0} I_0(\alpha U_\sim)}\right]^2 = \frac{1}{4}\left[\frac{I_1(\alpha U_\sim)}{I_0(\alpha U_\sim)}\right]^2. \qquad (34.35)$$

Die modifizierten Besselfunktionen $I_0(\alpha U_\sim)$; $I_1(\alpha \cdot U_\sim)$ usw. sind in Abb. 46 für die vorkommenden Ordnungen bei variablem Argument aufgetragen.

§ 35. Berechnung des Rauschstromquadrats

Das Rauschkurzschlußstromquadrat eines Halbleiters mit den Rauschfaktorfunktionen $p(\omega t, \Theta)$ und $p(\omega t, \Theta^*)$ im Fluß- und Sperrgebiet ergibt sich allgemein zu:

$$\overline{i_m^2} = 4\,k T_0 \int_0^\infty df \left\{ \frac{1}{\pi} \int_0^\Theta p(\omega t, \Theta)\, S(\omega t)\, d\omega t + \frac{1}{\pi} \int_0^{\Theta^*} p(\omega t, \Theta^*) \cdot S_i(\omega t)\, d\omega t \right\}. \quad \ldots (35.36)$$

Stellt man nun den Rauschtemperaturfaktor dar nach der bereits unter (28.5) abgeleiteten Approximation:

$$p = A + 20\,|\,J\,| \cdot R_D \cdot F^2 \qquad (35.37)$$

mit $F^2 \approx 1$ und $A \approx 1$ (Nullpunktsrauschfaktor),
so läßt sich p wie in (31.68) und (31.69) in zwei Anteile für Fluß- und Sperrstrom aufspalten. Man kann dabei voraussetzen, daß

$$\varrho \ll S = K\,n\,U^{n-1}$$

$$p(\omega t, \Theta) = A + \frac{20}{n}\, U_\sim\, (\cos \omega t - \cos \Theta)\, F^2; \qquad (35.38)$$

$$p(\omega t, \Theta^*) = A + 20 \cdot U_\sim\, (\cos \omega t - \cos \Theta^*)\, F^2. \qquad (35.39)$$

Die Spannung ist gesetzt: $U_0 + U_\sim \cos \omega t$.

Diese Darstellung genügt in technisch interessierenden Fällen vollkommen, da auch stets Detektoren mit kleinem Sperrstromanteil im Aussteuergebiet günstigen Wirkungsgrad zeigen [vgl. (34.25)]. Betrachtet man nämlich den genauen Ausdruck:

$$p(\omega) = A + 20\, \frac{K U^n + \varrho U}{K n U^n + \varrho U} \cdot U \cdot F^2, \qquad (35.40)$$

so sieht man, daß dies bei den normalen und im allgemeinen erfüllten Forderungen: $K > \varrho$ und insbesondere: $K U^n \gg \varrho\, U$ zutrifft. Man bemerkt aber auch, daß der Rauschfaktor für wachsendes n kleiner wird. Als bezüglich der Oszillatoraussteuerung maximale Werte kann man einführen:

$$p_{f\,(\max)} = A + \frac{20}{n} \cdot U_\sim\, (1 - \cos \Theta) \qquad (35.41\,a)$$

$$p_{s\,(\max)} = A + 20 \cdot U_\sim\, (1 - \cos \Theta^*). \qquad (35.41\,b)$$

Als „reduzierte", d. h. von der Oszillatorspannungsamplitude unabhängige Größen ergeben sich:

$$p_f'{}_{(\max)} = \frac{p_{f\,(\max)} - A}{U_\sim} = \frac{20}{n}\,(1 - \cos \Theta) \qquad (35.42\,a)$$

$$p_s'{}_{(\max)} = \frac{p_{s\,(\max)} - A}{U_\sim} = 20\,(1 + \cos \Theta) \qquad (35.42\,b)$$

Nach Formel (35.36) erhält man dann:

$$\overline{i_m^2} = 4\,k\,T_0 \int\limits_{f_1}^{f_2} df \left\{ \frac{1}{\pi} \int\limits_0^{\Theta} \left[A + \frac{20}{n} U_{\sim} (\cos\omega t - \cos\Theta) \right] K\,n\,U_{\sim}^{n-1} \text{ mal} \right.$$

$$\left. \text{mal} (\cos\omega t - \cos\Theta)^{n-1}\,d\omega t + \frac{1}{\pi}\,\varrho \int\limits_0^{\Theta^*} [A + 20\,U_{\sim} (\cos\omega t - \cos\Theta)]\,d\omega t \right\}, \quad \ldots (35.43)$$

oder:

$$\overline{i_m^2} = 4\,k\,T_0\,\Delta f \left\{ \frac{A}{\pi} \int\limits_0^{\Theta} S(\omega t)\,d\omega t + \frac{K}{\pi}\,20\,U_{\sim} \int\limits_0^{\Theta} (\cos\omega t - \cos\Theta)^n\,d\omega t + \right.$$

$$\left. + A\,\frac{\varrho}{\pi} \int\limits_0^{\pi-\Theta} d\omega t + \frac{20}{\pi}\,\varrho U_{\sim} \int\limits_0^{\pi-\Theta} (\cos\omega t + \cos\Theta)\,d\omega t \right\}; \quad (35.44)$$

$$\overline{i_m^2} = 4\,kT_0\,\Delta f \left\{ A \cdot S_g + 20\,(J_R - \varrho U_0) + \varrho\,\frac{\pi - \Theta_{\text{arc}}}{\pi} \cdot A + \right.$$

$$\left. + \frac{20}{\pi}\,\varrho U_{\sim} \left[\sin\omega t \Big|_0^{\pi-\Theta} + \omega t \cos\Theta \Big|_0^{\pi-\Theta} \right] \right\} \quad (35.45)$$

$$\overline{i_m^2} = 4\,k\,T_0\,\Delta f \left\{ A \cdot S_g + A \cdot \varrho\,\frac{\pi - \Theta_{\text{arc}}}{\pi} + \right.$$

$$\left. + 20 \left[J_R - \varrho U_0 + \frac{\varrho U_{\sim}}{\pi} (\sin\Theta + (\pi - \Theta)\cos\Theta) \right] \right\}. \quad (35.46)$$

Und in für die Auswertung einfacherer Form:

$$\overline{i_m^2} = 4\,kT_0\,\Delta f \left\{ A \cdot \underbrace{K \cdot U_{\sim}^{n-1} (1 - \cos\Theta)^{n-1} \cdot \psi_{n-1}(\Theta)}_{S_g^*} + \varrho \left(1 - \frac{\Theta}{\pi}\right) \cdot A + \right.$$

$$\left. + 20 \left[\underbrace{K U_{\sim}^n (1 - \cos\Theta)^n \psi_n(\Theta)}_{J_R^*} + \underbrace{\frac{\varrho}{\pi} U_{\sim} (\sin\Theta + (\pi - \Theta)\cos\Theta)}_{\varrho U_{\sim} \cdot J_2^*} \right] \right\}; \quad \ldots (35.47)$$

für J_2^* siehe Abb. 47.

Der Klammerausdruck $\left\{\cdots\right\} p_m$ kann als dynamischer Rauschtemperaturfaktor im Mischfall aufgefaßt werden.

Diskussion: Eine Betrachtung dieser Gleichung liefert einen Überblick über die Größe des Rauschstromquadrates des Detektors bei der Frequenzwandlung. Es muß bemerkt werden, daß es sich nur um das Rauschkurzschlußstromquadrat handelt. Der Fall der variablen, zwischenfrequenten Last wird weiter unten erörtert.

Zunächst ist aus (35.47) zu ersehen, daß der Rauschstromanteil des Sperrstromgebietes stark eingeht. Die Glieder mit ϱ als Faktor überwiegen bei abnehmendem Stromflußwinkel Θ. Für extremen C-Betrieb erhält man daher:

$$\lim_{\substack{\Theta\to 0^0\\ \Theta^*\to\pi}} \overline{i_m^2} = 4\,k\,\Delta f \underbrace{\left\{A + 20\,U_\sim\right\}}_{p_m} \varrho\, T_0; \qquad (35.48)$$

der Detektor rauscht also im Sperrstromgebiet im dynamischen Betrieb so, als ob sein Innenwiderstand

$\frac{1}{\varrho} = \frac{\partial U}{\partial J}$ die Temperatur $(1 + 20\,U_{\sim\,[\mathrm{V}]})\,T_0$ hätte.

($U_{\sim\,[\mathrm{V}]}$ = Zahlenwert von $U_\sim$ in V).

Der andere Grenzfall: $\Theta = \pi$; $\Theta^* = 0^0$ liefert den der Diode analogen Fall:

$$\lim_{\substack{\Theta\to\pi\\ \Theta^*\to 0^0}} \overline{i_m^2} = 4\,k\,T_0\,\Delta f \left\{\underbrace{A\cdot K U_\sim^{n-1}\, S_g^* + 20\,K U_\sim^n\, J_R^*}_{p_m}\right\} =$$

$$= 4\,k\,T_0\,\Delta f \left\{A\cdot S_g + 20\,(J_R - \varrho U_0)\right\} \qquad (35.49)$$

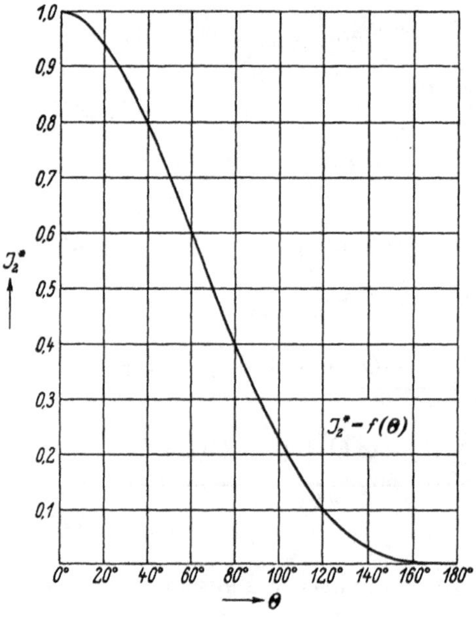

Abb. 47. Reduzierte Stromfunktion (Mischrauschen) als $f(\Theta)$.

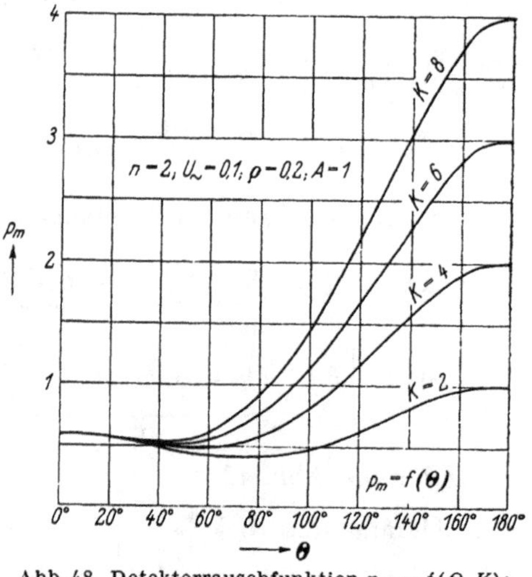

Abb. 48. Detektorrauschfunktion $p_m = f(\Theta, K)$; $n = 2$; $\varrho = 0{,}2$; $U_\sim = 0{,}1$; $A = 1$.

entsprechend (34.7) und (34.15). Bei Dimensionsbetrachtungen beachte man stets, daß es sich hier um Zahlenwertgleichungen handelt und daß in den zugehörigen Größengleichungen bei dem hier häufig auftretenden Faktor 20 die Benennung A s / W s steht.

Aus (35.49) schließt man, daß das Mischrauschen im positiven Gebiet durch Richtkennliniensteilheit und Richtstrom bestimmt ist. Ein Vergleich von (35.48) und (35.49) zeigt, daß es auf das Verhältnis der analog gebildeten Ausdrücke:

$$\left.\begin{matrix}\left(\frac{\partial J}{\partial U}\right)_{\text{sperr}} + 20\left(\frac{\partial J}{\partial U}\right)_{\text{sperr}} \cdot U_{\sim} \\ S_{g\,\text{fluß}} + 20\,J_{\text{fluß}}\end{matrix}\right\} \tag{35.50}$$

für Sperrstrom und Flußstrom ankommt. Für eine numerische Auswertung interessieren mittlere Werte der Konstanten. Als solche sind anzunehmen:

$$2 < n < 5; \quad 10^{-5} < \varrho < 0{,}2; \quad 10^{-1} < K < 20 \text{ in mA/V}^n.$$

Wir setzen hier für den Vergleich die Werte: $n = 2$; $\varrho = 0{,}2$; $K = 2$. Bei modernen Detektoren liegt K höher und ϱ meist niedriger; vgl. unter (35.42). Unter Annahme einer Wechselspannungsamplitude von 5 V erhält man nach (35.37)

$$\overline{i_m^2} = 4\,k\,T_0\,\Delta f\left\{S_g + 0{,}2\,\frac{\pi-\Theta}{\pi} + 20\,(J_R + 5\cdot 0{,}2\cdot J_2^*)\right\}$$

$$= 4\,k\,T_0\,\Delta f\left\{10\,S_g^* + 0{,}2\,\frac{\pi-\Theta}{\pi} + 20\,(50\,J_R^* + J_2^*)\right\}.$$

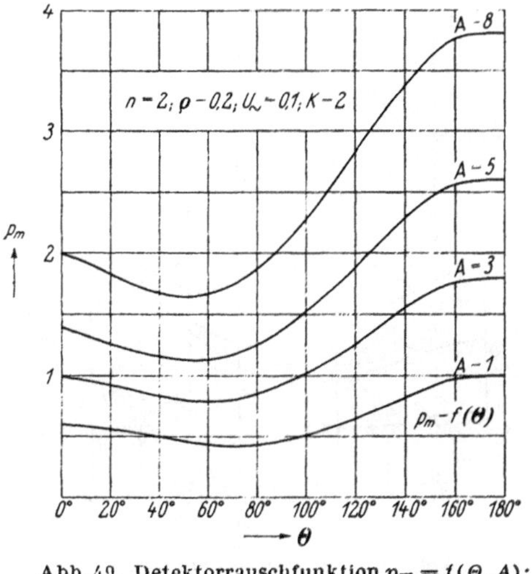

Abb. 49. Detektorrauschfunktion $p_m = f(\Theta, A)$; $n = 2$; $\varrho = 0{,}2$; $U_{\sim} = 0{,}1$; $K = 2$.

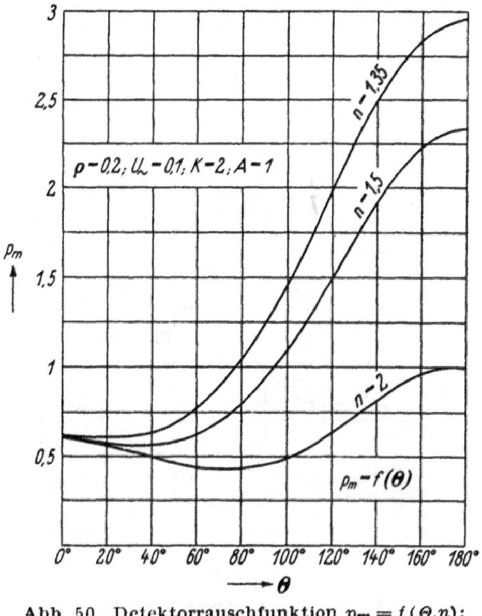

Abb. 50. Detektorrauschfunktion $p_m = f(\Theta, n)$; $A = 1$; $\varrho = 0{,}2$; $U_{\sim} = 0{,}1$; $K = 2$.

Nimmt man hier den mittleren Stromflußwinkel $\Theta = 90^0$ an, so erhält man für den Klammerausdruck den Betrag $p_{m\,(90^0)} = 258$, der zeigt, daß große Wechselspannungsamplituden große Rauschströme zur Folge haben. Bei $U_{\sim} = 0{,}5$ V ist unter Annahme der gleichen Kennlinienkonstanten $p_{m\,(90^0)} = 3{,}8$. Einen genaueren Überblick über den Verlauf der Funktion (35.47) und ihre Abhängigkeit von den verschiedenen Detektorkonstanten erhält man an Hand der Abb. 48···52. Dort ist die Funktion p_m (als Rauschtemperaturfaktor aufzufassen) für den Detektor in Abhängigkeit vom Stromflußwinkel aufgetragen.

Abb. 48 zeigt zunächst die Abhängigkeit von der Raumladungskonstanten K im positiven Kennlinienteil. Bei großen Raumladungskonstanten ist es danach vorteilhaft, in den A-Betrieb zu gehen. Bei Stromflußwinkeln unter 90° ist der Einfluß jedoch gering. Abb. 49 stellt die Abhängigkeit vom Nullpunktsrauschen (Faktor A) dar. Je größer das Rauschen im Nullpunkt, desto größer ist selbstverständlich das Mischrauschen, jedoch verschiebt sich bei wachsendem A der günstigste Betriebspunkt zu kleineren Stromflußwinkeln. Abb. 50 gibt die Abhängigkeit vom Kennlinienexponent n im positiven Teil der Charakteristik. *Je größer n, um so kleiner das Mischrauschen.* Das Minimum ist flach und liegt wie vorher bei Stromflußwinkeln unter 90°. Letzteres wird besonders deutlich beim Auftragen der Empfindlichkeits- bzw. Rauschfunktion mit dem Parameter $U_\sim$ (Wechselspannungsamplitude) in Abb. 51. Die Abhängigkeit von der Aussteuerung ist demnach *sehr groß*. Bei Übergang zu kleineren Strom-

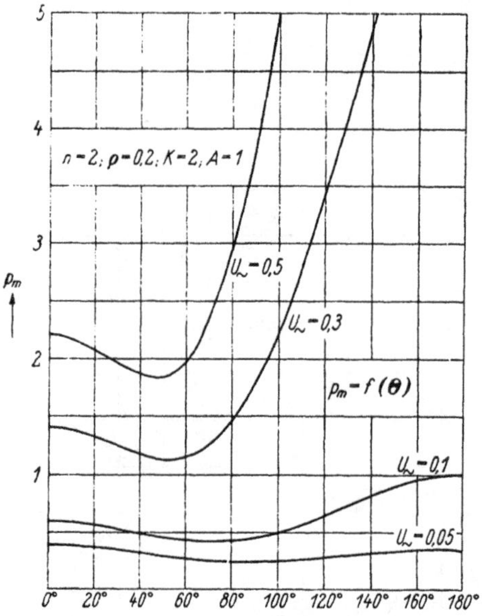

Abb. 51. Detektorrauschfunktion
$p_m = f(\Theta, U_\sim)$; $n = 2$; $\varrho = 0{,}2$; $A = 1$; $K = 2$.

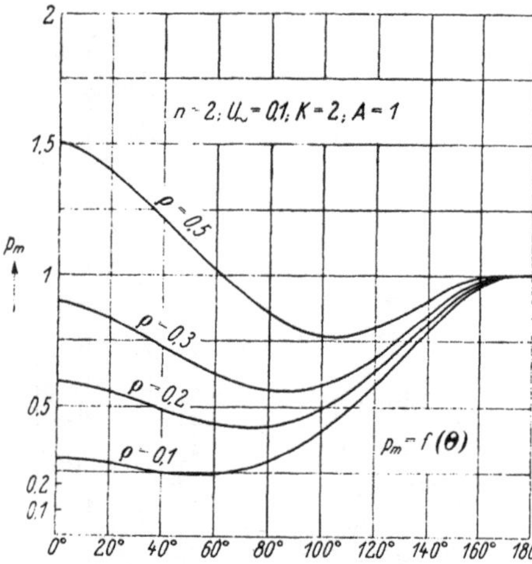

Abb. 52. Detektorrauschfunktion
$p_m = f(\Theta, \varrho)$; $n = 2$; $A = 1$; $U_\sim = 0{,}1$; $K = 2$.

flußwinkeln läßt sich aber hier auch eine gewisse Unabhängigkeit erreichen. Man ersieht, daß Wechselspannungsamplituden über 0,6 V vom Rauschstandpunkt indiskutabel sind.

Gegen einen zu starken Übergang in den C-Betrieb spricht nun die Abhängigkeit vom Schwanzstrom ($\varrho = \operatorname{tg} \alpha = (\Delta J/\Delta U)_{\text{sperr}}$), die in Abb. 52 veranschaulicht ist. Bei wachsendem Sperrstrom verschiebt sich danach das Minimum zu *größeren Stromflußwinkeln*, jedoch auch bei ϱ-Werten von 0,5 nicht weiter als bis $\Theta = 100°$.

Kennt man also die statische Kennlinie und den Rauschfaktor im Nullpunkt (kann approximativ stets gleich 1 gesetzt werden), so kann man aus den Kurven Abb. 48···Abb. 52 die Abhängigkeit der Rauschgröße von den Betriebsgrößen ($U_\sim$ und Θ) abschätzen. Mit Ausnahme von K gelten die hieraus gezogenen Folgerungen auch für die Empfindlichkeit. Über ihren Verlauf kann man jedoch erst an Hand der noch abzuleitenden gesamten Empfindlichkeitsfunktion Aussagen machen.
Wir betrachten nun noch die Mischrauschfunktion für den Fall der Kennliniendarstellung (27.4)

$$J = J_0\,(e^{\alpha U} - 1)$$

Für das Mischrausch-Kurzschlußstromquadrat findet man:

$$\overline{i_m^2} = 4\,kT_0 \int_{f_1}^{f_2} df \left\{ \frac{1}{\pi} \int_0^{\Theta} [A + 20\,J_0\,(e^{\alpha U_\sim (\cos\omega t - \cos\Theta)} - 1)\,\overline{R_i}]\,S\,(\omega t)\,d\omega t + \right.$$

$$\left. + \frac{1}{\pi} \int_{\Theta}^{\pi} [A + 20\,J_0\,(e^{\alpha U_\sim (\cos\omega t - \cos\Theta)} - 1)\,\overline{R_i}]\,S\,(\omega t)\,d\omega t \right\}. \qquad (35.51)$$

Da die Integranden gleich sind (gleiche Kennliniendarstellung in Fluß- und Sperrgebiet), so führt man dies zurück auf:

$$\overline{i_m^2} = 4\,kT_0 \int_{f_1}^{f_2} df \left\{ \frac{1}{\pi} \int_0^{\pi} [A + 20\,J_0\,(e^{\alpha U_\sim (\cos\omega t - \cos\Theta)} - 1)\,\overline{R_i}]\,S\,(\omega t)\,d\omega t \right\}. \qquad \ldots (35.52)$$

Die Integration liefert, da $R_i = \dfrac{1}{S\,(\omega t)}$ und $S\,(\omega t) = \left(\dfrac{\partial J_R}{\partial U_0}\right)_{U_\sim = \text{const}}$:

$$\overline{i_m^2} = 4\,kT_0\,\Delta f \left\{ A\,\alpha\,J_0\,e^{\alpha U_0}\,I_0\,(\alpha U_\sim) + 20\,J_0\,[e^{-\alpha U_\sim \cos\Theta}\,I_0\,(\alpha U_\sim) - 1] \right\};$$

$$\overline{i_m^2} = 4\,kT_0\,\Delta f\,J_0 \left\{ e^{\alpha U_0} I_0\,(\alpha U_\sim)\,[\alpha A + 20] - 20 \right\} \qquad (35.53)$$

Hierin sind wieder:

J_0 = *Kennlinienkonstante.*
U_0 = *Gleichvorspannung.*
$I_0(\alpha U_\sim)$ = *modifizierte Besselfunktion nullter Ordnung vom Argument* $(\alpha U_\sim)$
$A \approx 1$ = *Nullpunktsrauschfaktor.*
α = *Kennlinienkonstante* $\approx e_0/kT$.

Aus (35.53) geht hervor, daß das mittlere Rauschstromquadrat in diesem Falle proportional $F = e^{\alpha U_0}\,I_0\,(\alpha \cdot U_0/\cos\Theta)$,
da ja: $I_n(-z) = (-1)^n\,I_n(z)$.
Da nun $I_0(z)$ eine mit dem Argument monoton zunehmende Funktion ist, so findet man für ein bestimmtes U_0, daß die Funktion F von $\Theta = 0^0$ bis $\Theta = 90^0$ anwächst und von $\Theta = 90^0$ bis $\Theta = 180^0$ wieder abnimmt. Dieses Verhalten gilt jedoch nur für $U_0 \neq 0$, da für $U_0 = 0$ und $\Theta = 90^0$ das Argument von

$I_0(z)$ unbestimmt wird. Man formt daher besser um und betrachtet die Funktion:

$$F = e^{-\alpha U_\sim \cos\Theta}\, I_0(\alpha U_\sim)$$

für $U_\sim = \text{const.}$ Das ergibt eine von $\Theta = 0$ über $\Theta = 90^0$ bis $\Theta = 180^0$ monoton anwachsende Funktion.

Man sieht ein, daß dieses Verhalten der Rauschfunktion sich viel weniger mit dem gemessenen Rauschverhalten verträgt, das ja eine starke Zunahme im Sperrgebiet zeigt.

§ 36. Berechnung der Empfindlichkeit

Wir betrachten nun einen ganzen Detektor-Superheterodyne, wie er im Ersatzschaltbild Abb. 40 dargestellt ist. Als innere Rauschquellen sind insbesondere diejenigen des Querwiderstandes R_q, der spezifischen Randschicht R_i und diejenige des Oszillators eingezeichnet. Man kann nun wieder, wie in Teil VIII, C § 31 beschrieben, das detaillierte Rauschquellenersatzbild des Halbleiters dadurch ersetzen, daß man dem gesamten ZF-Widerstand R_D einen Rauschtemperaturfaktor p_D geeigneter Größe zuordnet. Wir erhalten so Abb. 41 und damit die bereits für den Diodensuper gefundene Empfindlichkeitsfunktion:

$$\frac{N}{\Delta f}[\text{in } k T_0] = \frac{4}{2\pi}\int_0^{2\pi} \frac{1}{\eta(\omega t)} \left\{\frac{R_{\ddot a}^*}{R_k^*} + \left(\frac{p_D(\omega t)}{R_D(\omega t)} + \frac{1}{R_k^*}\right)\left(\frac{R_D(\omega t)}{R_k^* + R_D(\omega t)}\right)^2 R_k^*\right\} d\omega t. \quad \ldots (36.54)$$

Wir unterstellen wieder (vgl. Diodenmischung und [27]), daß die Einführung von Mittelwerten in die Netzwerkfunktion zulässig ist und erhalten vereinfacht:

$$\frac{N}{\Delta f}[\text{in } k T_0] = \frac{4}{\bar\eta}\left[\frac{R_{\ddot a}^*}{R_k^*} + \left(\frac{p_D(\Theta)}{\overline{R_D}} + \frac{1}{R_k^*}\right)\left(\frac{\overline{R_D}}{R_k^* + \overline{R_D}}\right)^2 \cdot R_k^*\right]. \quad (36.55)$$

Hierin ist:

$$\bar\eta = \left(S_c \cdot \frac{\overline{R_D} \cdot R_k^*}{\overline{R_D} + R_k^*}\right)^2 \frac{\overline{R_D}}{R_k^*}$$

mit $\quad \alpha = R_{\ddot a}^*/R_k^* = R_{\ddot a}/R_k; \quad x = R_k^* \cdot S_g \approx R_k^*/\overline{R_D}$

wird (36.55) zu

$$\frac{N}{\Delta f}[\text{in } k T_0] = \frac{1}{\bar\eta_{\text{opt}}}\left[\underbrace{\frac{1 + p_D(\Theta)\cdot x}{x}}_{F_1} + \alpha \underbrace{\frac{(1+x)^2}{x}}_{F_2}\right]. \quad (36.56)$$

In diesem Falle ist also nach (31.73):

$$p_D(\Theta) = A + \frac{20}{\pi} U_\sim \left[\frac{n+1}{n}\sin\Theta + \left(\pi - \frac{n+1}{n}\Theta_{\text{arc}}\right)\cos\Theta\right]$$

gegeben (vgl. Abb. 22).

S_g in x errechnet sich nach (34.15); (S_g^* siehe Abb. 44 und $\bar{\eta}_{opt}$ wird nach (34.25) errechnet:

$$\bar{\eta}_{opt} = \frac{1}{4}\left[\frac{K U_{\sim}^{n-1} S_c^*}{K U_{\sim}^{n-1} S_g^* + \varrho}\right]^2$$

S_g^* s. Abb. 45.

Die Funktionalgleichung (36.56) läßt sich also wie im Diodenfall zur Bestimmung des günstigsten Betriebspunktes und der erreichbaren Empfindlichkeit heranziehen. Den im Diodenfall definierten Rückwirkungsfaktor γ kann man bei der Detektormischung unterdrücken, da sich wie wir gesehen haben, ein Übergang in den C-Betrieb aus Rauschgründen verbietet.

Auch bei der Diode ergab sich eine Grenze für die Verkleinerung des Stromflußwinkels, da dort ein Mindeststrom gefordert wird, denn wenn eine zu kleine Zahl von Ladungsträgern am Signaltransport beteiligt ist, tritt volles Schrotrauschen ein. Daher nimmt bei sehr kleinem Stromflußwinkel die notwendige Amplitude der Aussteuerspannung so zu, daß dadurch sehr hohe $p(\Theta)$-Werte auftreten. Man findet daher, daß auch bei der Diode die Erhöhung des Mischwirkungsgrades im C-Betrieb und die mögliche Rauschkompensation nur unvollkommen auszunutzen sind. Werte von 70^0 für Θ scheinen das Optimum zu ergeben. Beim Detektor wird das Optimum im allgemeinen sogar bei Stromflußwinkeln über $\Theta = 90^0$ liegen. Rechnet man mit dem Stromflußwinkel der spezifischen Randschicht, so können sich etwas niedrigere Werte ergeben, da ja durch den Bahnwiderstand eine automatisch sich einstellende negative Vorspannung gegeben ist.

§ 37. Frequenzabhängigkeit der Empfindlichkeit

Die Tatsache, daß ein Detektor im Gebiet der Hyperfrequenzen bis zu Wellenlängen von wenigen mm Länge noch gleichzurichten vermag und als Mischorgan mit gutem Wirkungsgrad zu verwenden ist, hat zu vielen Untersuchungen Anlaß gegeben. Besonderes Augenmerk wurde dabei auf die Größe der Kapazität gerichtet. Nimmt man hier an, daß die Werte der Sperrschichtkapazität im äußeren Flußgebiet zugrunde zu legen sind, so erscheint das Funktionieren des Detektors allerdings erstaunlich, denn eine Kapazität von 2 bis 3 pF stellt eine Impedanz von 9···13 Ω bei $\lambda = 5$ cm dar. Man kann also sagen, daß die hohen Sperrwiderstände, die meist größer als 5000 Ω sind, einfach kurzgeschlossen werden. Im weiteren Flußgebiet bleibt nur der Bahnwiderstand R_b. Auf diese Weise ist das Funktionieren der Sperrschicht auf einen winzigen Teil im Flußgebiet beschränkt.

Man hat versucht, durch Einbeziehung von Relaxationseffekten eine Kapazitätsverminderung bei hohen Frequenzen abzuleiten; vgl. [1], S. 97···107. Diese auf Lawson zurückgehenden Überlegungen bringen jedoch keine quantitative Erklärung. Die Elektronen, welche dem Strom durch Relaxationseffekte im Mikrowellenband entzogen werden — dadurch soll ja die Kapazitätsverkleinerung erklärt werden —, nehmen auch an der Gleichrichtung nicht mehr teil. Es träte also automatisch eine Herabsetzung der Steilheit und des Mischwirkungsgrades auf. Die von Lawson hierzu durchgeführten Rechnungen sind von grundsätzlichem Interesse. Es scheint uns aber, daß ein viel wichtigerer Punkt der Erwähnung bedarf: Im vollständigen Ersatzschaltbild des Detektors (Abb. 34) liegt der Ansatzpunkt der Hülsen- und Streukapazitäten *hinter* dem Bahnwiderstand. Diese beiden Kapazitäten sind also durch den äußeren Kreis abstimmbar. (Für C' ist der Einfluß von L vernachlässigt.) Wir sehen aus den Messungen (Kap. D), daß C_0 beiweitem den größten Wert hat.

$$C_0 \approx 0{,}2 \cdots 0{,}3\ \text{pF};$$
$$C' \approx 0{,}07 \cdots 0{,}1\ \text{pF}.$$

Beträgt also $\Sigma C = C_R + C_0 + C' \approx 0{,}5$ pF, wie in den meisten Fällen im Nullpunkt, so entfällt auf die Randschicht und die inneren Streukapazitäten $C_R \approx 0{,}2$ pF. Dieser Wert ist meist noch wesentlich kleiner und daher rührt z. T. die Tatsache, daß im hochohmigen Kreis großer Güte (L-Überschuß) der Detektor mit gutem Wirkungsgrad arbeitet; vgl. hier Teil VIII, E. Außerdem kommt, wie durch Impedanzmessungen ermittelt wurde, der Umstand hinzu, daß der Detektor durch die Größe seiner Schaltelemente eine innere Transformation ausführt, die ihn an den äußeren Klemmen niederohmiger erscheinen läßt. Der Querwiderstand zur Randschicht kann dabei höher liegen. Dies ist für Anpassungsprobleme im Zentimeterwellengebiet von großem Vorteil, wenn man z. B. den Detektor in Breitbandempfängern an 60 oder 70 Ω-Leitungen anpassen muß.

Es erscheint durchaus sinnvoll, noch bis in das weitere Hyperfrequenzgebiet die Gegebenheiten des dynamischen Betriebes auf der Basis der statischen Charakteristik, so wie sie hier dargestellt wurden, zugrunde zu legen. Für die Definition des Betriebspunktes (vor allem durch den Stromflußwinkel Θ gegeben) muß aber der Spannungsabfall am Bahnwiderstand und an der Nadelinduktivität L berücksichtigt werden. Bei $\lambda = 10$ cm beträgt für hohe L-Werte von ≈ 4 nHy die Impedanz schon etwa 70 Ω, kommt also in die Größenordnung des Bahnwiderstandes. Nun bedeutet für die Einstellung des wahren Stromflußwinkels an der Randschicht selbst der Bahnwiderstand eine Herabsetzung von U_0, die Induktivität aber eine Herabsetzung von $U_\sim$. Sind diese für die gegebene Frequenz, z. B. $\lambda = 10$ cm, von gleicher Größe, so fällt der Einfluß bezüglich Θ heraus, da:

$$\cos\Theta = -\frac{U_0 - \alpha U_0}{U_\sim - \beta U_\sim} \approx -\frac{U_0}{U_\sim}$$

für $\alpha = \beta < 1$, und man kann mit dem an den äußeren Detektorklemmen bestimmten Stromflußwinkel rechnen. Da unsere Überlegungen vorwiegend den Frequenzbereich um $\lambda = 10$ cm betreffen, so kann man also die quantitativen Ergebnisse in diesem Bereich durchaus zu Vergleichen heranziehen. Die Meßergebnisse ($k\,T_0$-Zahlen), welche man im Bereich der Hyperfrequenzen bei Empfindlichkeitsmessungen erhält, befinden sich auch durchaus im Einklang mit den theoretisch gefundenen Werten; vgl. hierzu Abschnitt K.

G. OBERWELLENMISCHUNG MIT DETEKTOREN

§ 38. Konversionsverluste

Um die Konversionsverluste für den Fall der Mischung mit Harmonischen der Grundfrequenz des Oszillators zu ermitteln, müssen wir zunächst die Konversionssteilheit des Mischdetektors für die Oberwellen errechnen; vgl. [28]. Gemäß (34.18) gilt hier allgemein:

$$S_c(2\,\omega t) = \frac{1}{\pi}\int_0^{\Theta} K U_{\sim}^{n-1} (\cos \omega t - \cos \Theta)^{n-1} \cos 2\,\omega t\, d\omega t; \qquad (38.1)$$

$$\underset{(n=1)}{S_c(2\,\omega t)} = \frac{K}{\pi} \sin\Theta \cos\Theta = \frac{K}{2\pi} \sin 2\,\Theta; \qquad (38.2)$$

$$\underset{(n=1)}{S_c(l\,\omega t)} = \frac{K}{\pi} \cdot \frac{1}{l} \sin l\,\Theta. \qquad (38.3)$$

Diese Formel gibt leicht Übersichtswerte für $S_c(l\omega t)$ im Falle der Mischung mit Harmonischen.

Wir geben noch die Konversionssteilheiten für einen Kennlinienexponenten $n = 2$:

$$\underset{(n=2)}{S_c(l\omega t)} = \frac{K}{\pi} \cdot 2\,U_{\sim} \int_0^{\Theta} (\cos \omega t - \cos \Theta) \cos l\omega t\, d\omega t \qquad (38.4)$$

$$= \frac{2K}{\pi} U_{\sim} \left\{ \int_0^{\Theta} \cos \omega t \cos l\omega t\, d\omega t - \frac{1}{l} \sin l\Theta \cos \Theta \right\}$$

$$= \frac{2K}{\pi} U_{\sim} \left\{ \frac{1}{(1-l^2)} \Big[\cos l\omega t \sin \omega t - l \sin l\omega t \cos \omega t \Big]_0^{\Theta} - \right.$$

$$\left. - \frac{1}{l} \sin l\Theta \cos \Theta \right\}$$

$$\underset{(n=2)}{S_c(l\omega t)} = K U_{\sim} \frac{2}{l\,(l^2-1)\,\pi} (\sin l\Theta \cos \Theta - l \sin \Theta \cos l\Theta)$$

$$= K U_{\sim} S_c^{*}(l\omega t) \qquad (38.5)$$

für $l \geqq 1$; für $1 < n < 2$, z. B. $n = 1{,}5$ läßt sich eine Auswertung sinnvoll nur rechnerisch mittels Simpsonscher Regel durchführen; Ergebnisse vgl. [28] u. Anhang C. Allgemein ist also:

$$S_{c_l} = \frac{nK}{\pi} U_{\sim}^{n-1} \int_0^{\Theta} (\cos \omega t - \cos \Theta)^{n-1} \cos l\omega t\, d\omega t. \qquad (38.6)$$

Bei überschlägigen Vergleichen betrachtet man den Quotienten:

$$\left[\frac{S_c(l\omega t)}{S_c(\omega t)}\right]_{(n=1)} = \frac{\sin l\Theta}{l \sin \Theta}, \qquad (38.7)$$

der ein Maß für den Steilheitsverlust darstellt ($n = 1$). Verwendet man den Kennlinienansatz (27.4):

$$J = J_0 (e^{\varkappa U} - 1),$$

so wird die Grundwelle des durch den Gleichrichter fließenden Hochfrequenzstromes der Frequenz $2\,\omega$:

$$J_{2\omega} = \frac{2}{\pi}\int_0^{\pi} J_0 (e^{\varkappa (U_0 + U_{\sim} \cos \omega t)} - 1) \cos 2\,\omega t\, d\omega t. \qquad (38.8)$$

Das ergibt:

$$J_{2\omega} = 2\,J_0 \left\{ e^{\varkappa U_0} \cdot \frac{1}{\pi}\int_0^{\pi} e^{\varkappa U_{\sim} (\cos \omega t - \cos \Theta)} \cos 2\,\omega t\, d\omega t - \frac{1}{\pi}\int_0^{\pi} \cos 2\,\omega t\, d\omega t \right\} \qquad \ldots (38.9)$$

oder:

$$J_{2\omega} = 2\,J_0 \frac{1}{\pi} e^{\varkappa U_0} \int_0^{\pi} e^{-\varkappa U_{\sim} \cos \Theta}\, e^{\varkappa U_{\sim} \cos \omega t} \cos 2\,\omega t\, d\omega t =$$

$$= 2\,J_0 e^{\varkappa U_0} \frac{1}{\pi}\int_0^{\pi} e^{\alpha U_{\sim} \cos \omega t} \cos 2\,\omega t\, d\omega t = 2\,J_0 e^{\alpha U_0} \cdot I_2 (\alpha U_{\sim}); \qquad (38.10)$$

vgl. Abb. 46. Für $J_{l\omega}$ ergibt sich:

$$J_{l\omega} = 2\,J_0 e^{\varkappa U_0} \cdot I_l (\alpha U_{\sim}), \qquad (38.11)$$

vgl. Abb. 46. Somit erhält man nach der Beziehung (34.21):

$$S_{c_2} = \frac{1}{2}\left(\frac{\partial J_{2\omega}}{\partial U_0}\right)_{U_{\sim} = \text{const}} = J_0 \alpha\, e^{\alpha U_0} \cdot I_2 (\alpha U_{\sim})$$

und:

$$S_{c_l} = J_0 \cdot \alpha\, e^{\varkappa U_0} \cdot I_l (\alpha U_{\sim}). \qquad (38.12)$$

§ 39. Mischwirkungsgrad

Der Mischwirkungsgrad, so wie wir ihn in der Empfindlichkeitsfunktion brauchen, ist ebenfalls durch die geänderte Konversionssteilheit bestimmt:

$$\eta_l = \left(S_{c_l} \cdot \frac{1/S_g \cdot R_k^*}{1/S_g + R_k^*}\right)^2 \cdot \frac{1/S_g}{R_k^*}. \qquad (39.13)$$

Der vom zwischenfrequenzseitigen Anpassungsverhältnis $x = R_k^* \cdot S_g$ unabhängige, optimale Mischwirkungsgrad ist:

$$\eta_{\text{opt}(l)} = \frac{1}{4}\left[\frac{\frac{n\,K}{\pi} U_{\sim}^{n-1} \int_0^{\Theta} (\cos \omega t - \cos \Theta)^{n-1} \cos l\,\omega t\, d\omega t}{K U_{\sim}^{n-1} S_g^* + \varrho}\right]^2. \qquad (39.14)$$

Der bekannte Zusammenhang mit η_l ist:

$$\eta_l = \eta_{\text{opt}(l)} \cdot \frac{4\,x}{(1 + x)^2}. \qquad (39.15)$$

Für die Kennlinienexponenten $n = 1$ und $n = 2$ erhalten wir:

$$\eta_{\substack{\text{opt}(l)\\(n=1)}} = \frac{1}{4}\left[\frac{\frac{K}{\pi l}\sin(l\Theta)}{K\Theta/\pi + \varrho}\right]^2 \tag{39.16}$$

für $l \geqq 1$ und:

$$\eta_{\text{opt}(l)} = \frac{1}{4}\left[\frac{\frac{2K}{\pi}U_{\sim}\frac{1}{l(l^2-1)}(\sin l\Theta\cos\Theta - l\sin\Theta\cos l\Theta)}{KU_{\sim}\frac{2}{\pi}(\sin\Theta - \Theta\cos\Theta) + \varrho}\right]^2$$

$$\eta_{\text{opt}(l)} = \frac{1}{4}\left[\frac{\frac{1}{l}\sin l\Theta\cos\Theta - \cos l\Theta\sin\Theta}{(l^2-1)\cdot(\sin\Theta - \Theta\cos\Theta) + \frac{\pi\varrho}{2KU_{\sim}}}\right]^2 \tag{39.17}$$

für $l > 2$. Für die Kennliniendarstellung (27.4) ergibt sich:

$$\eta_{\text{opt}(l)} = \frac{1}{4}\left[\frac{I_l(\alpha U_{\sim})}{I_0(\alpha U_{\sim})}\right]^2; \tag{39.18}$$

vgl. (34.35).

§ 40. Empfindlichkeit bei Oberwellenmischung

Diese ergibt sich genau so wie für die Grundwellen nach Formel (36.56). Die Größen $x = R_k^* \cdot S_g$ und $\alpha = R_ä/R_k$ bleiben erhalten, ebenso $p_D(\Theta)$, da diese nur durch die Grundwelle des Oszillators bestimmt werden. Die Rauschfunktion $p_D(\Theta)$ ist ja wie S_g bezüglich der Zwischenfrequenz nur durch die Größe der Grundwellenaussteuerung bestimmt, gegen welche die Oberwellenaussteuerung stets verschwindend gering ist. Es läßt sich auch zeigen, daß die Konversionsverluste bzw. der Mischwirkungsgrad vorwiegend dadurch bestimmt sind, für welche Frequenz am Mischkreis eine merkliche Impedanz herrscht. Die numerischen Unterschiede in den Konversionsverlust-Werten bei Grundwellenmischung sind unter Berücksichtigung der durch die Harmonischen entstehenden Zusatzspannungen (Annahme endlicher Impedanzen für die Harmonischen) nur verschwindend größer; vgl. [1], S. 167···170. Also ist auch die Einwirkung der Grundwelle, für die im Falle der Oberwellenmischung eine kleine Impedanz am Mischkreis vorhanden ist, verschwindend. Ihr Einfluß macht sich jedoch im Rauschen bemerkbar; vgl. Teil V, § 9. Wir finden also bei Oberwellenmischung:

$$\left(\frac{N}{\Delta f}\right)_l = \frac{1}{\eta_{\text{opt}(l)}}\left[\underbrace{\frac{1 + p_D(\Theta)\cdot x}{x}}_{F_1} + \underbrace{\alpha\frac{(1+x)^2}{x}}_{F_2}\right] k\,T_0. \tag{40.19}$$

Die Auswertung kann also wie oben vorgenommen werden, nur ist mit der neuen Wirkungsgrad-Funktion nach (39.14) zu multiplizieren.

H. DISKUSSION

§ 41. Die Abhängigkeit der Empfindlichkeit von den einzelnen Parametern

Für das Studium der Abhängigkeit der Empfindlichkeitsfunktion, wie sie allgemein durch (40.19) für den Detektorsuper aufgestellt ist, kann man sich wieder, bezüglich des Zusammenwirkens mit dem ZF-Eingang, der von der Diodenmischung her bekannten Gesetzmäßigkeiten bedienen. Danach ist der Verlauf der Funktion $F_1 = f(x)$ für $p(\Theta) =$ const sehr unkritisch und bleibt für x-Werte von 1 an aufwärts ziemlich konstant. Dagegen besteht fast lineare Abhängigkeit von $p(\Theta)$. Wir haben also in diesem Funktionsteil vor allem die Größe von $p(\Theta)$ zu berücksichtigen. Dabei haben wir gesehen [vgl. (31.73) und Abb. 22], daß $p(\Theta)$ stark vom Kennlinienexponenten n und vom Stromflußwinkel abhängt. Optimal sind Stromflußwinkel zwischen 80^0 und 140^0 und der Kennlinienexponent n soll so groß als möglich sein. Der Funktionsteil F_2 ist linear vom Rauschen des ZF-Verstärkereingangs (α) abhängig und zeigt ein scharfes Minimum im Anpassungsfalle $x = 1$. Es bleibt die Betrachtung von $\eta_{\mathrm{opt}(\zeta)}$. Diese Funktion nähert sich für Grundwellenmischung im optimalen Falle dem Wert 25% (= $^1/_4$). In der Darstellung (39.14) ist es im wesentlichen das Verhältnis S_c/S_g, das sich für kleine Stromflußwinkel und für größere n rascher dem Optimalwert nähert. In der Darstellung nach (39.18) erhält man für Grundwellenmischung und nicht zu kleine Werte von $\alpha U_\sim$ ebenfalls eine Annäherung an 1. Da $I_0(\alpha U_\sim) = I_0[\alpha(-U_0/\cos\Theta)]$, so ergibt sich, daß $\Theta = 90^0$ hier im allgemeinen den günstigsten Wert darstellt; vgl. Abb. 46. Bezüglich K, der Raumladungskonstante, ist zu sagen, daß rauschmäßig ein kleines K günstig ist. Jedoch geht K noch in den Wirkungsgrad ein [(34.25); (34.17)], wo ein kleines Verhältnis ϱ/K angestrebt wird. Daher[1]) lautet die Forderung $K \gg \varrho$.

Bei einer Vorausberechnung der Empfindlichkeit empfiehlt es sich jedoch nach den Formeln (39.14); (39.16) oder (39.17) abzuschätzen, da, wie oben bereits ausführlich erörtert, die n-Werte ziemlich genau aus den gemessenen Detektorkennlinien entnehmbar sind. Die in Formel (27.4) auftretenden α-Werte, die ja auch im Argument der modifizierten Besselfunktionen vorkommen, sind jedoch mit größerer Ungenauigkeit behaftet (dieses α ist hier zu unterscheiden von der üblichen Abkürzung $\alpha = R_{ä}/R_k$ für den ZF-Verstärker-Eingang).

§ 42. Der Unterschied: Super — Empfangsgleichrichter

Nachdem die wesentlichen Bestimmungsstücke für die Empfindlichkeit des Detektorsupers entwickelt sind, wollen wir uns Teil IX vorgreifend mit der Frage des grundsätzlichen Unterschieds zwischen Super und Empfangsgleichrichter befassen.

[1]) Ergebnis einer auch von H. Behling (Telefunken) durchgeführten Untersuchung.

Um diesen Unterschied klar herauszustellen, greifen wir auf den Diodensuper zurück. Wir geben ein ganz allgemeines Stromgesetz vor:

$$J = 0; \qquad J_+ = f(U_+), \tag{42.1}$$

also eine Kennlinie, welche nur einen positiven Ast habe und bei Stromnull beginnen soll. Geben wir auf eine solche Kennlinie Spannungen verschiedener Größe, so kann man im normalen Falle [$f(U_+)$ muß in dem betrachteten Gebiet stetige Ableitungen besitzen] die Funktion J in eine Taylor-Reihe nach den kleinen Spannungen entwickeln:

$$J = f(U + \Delta U) = f(U) + \frac{\Delta U}{1!} f'(U) + \frac{\Delta U^2}{2!} f''(U) + \cdots \tag{42.2}$$

Wir wollen dies nun auf die Kennlinie einer beliebigen Diode anwenden, an welche außer der Hochfrequenzspannung $U_h \cos \omega_h t$ eine Oszillatorspannung $U_{oz} \cos \omega t$ angelegt sei. Dabei soll $U_{oz} \gg U_h$ sein. Ferner liegt dann an der gleichen Diode die entstehende ZF-Spannung $U_z \cos \omega_z t$ und eine Vorspannung U_0. Als Zwischenfrequenz bezeichnen wir die Differenzfrequenz $\omega_z = \omega_h - \omega$. Da nun $U_0 \gg U_z$ und $U_{oz} \gg U_z$, so kann man schreiben:

$$\begin{aligned} J = {} & J(U_0 + U_{oz} \cos \omega t) + \\ & + (U_h \cos \omega_h t + U_z \cos \omega_z t) \cdot S(U_0 + U_{oz} \cos \omega t) + \cdots \end{aligned} \tag{42.3}$$

Die Entwicklung der Funktionen J und S in Fourierreihen:

$$J(U_0 + U_{oz} \cos \omega t) = a_0 + a_1 \cos \omega t + \cdots; \tag{42.4}$$

$$S(U_0 + U_{oz} \cos \omega t) = b_0 + b_1 \cos \omega t + \cdots \tag{42.5}$$

liefert für die Koeffizienten die folgenden Gleichungen:

$$a_0 = \frac{1}{2\pi} \int_0^{2\pi} J(U_0 + U_{oz} \cos \omega t)\, d\omega t; \tag{42.6}$$

$$a_1 = \frac{1}{\pi} \int_0^{2\pi} J(U_0 + U_{oz} \cos \omega t) \cos \omega t\, d\omega t; \tag{42.7}$$

$$b_0 = \frac{1}{2\pi} \int_0^{2\pi} S(U_0 + U_{oz} \cos \omega t)\, d\omega t; \tag{42.8}$$

$$b_1 = \frac{1}{\pi} \int_0^{2\pi} S(U_0 + U_{oz} \cos \omega t) \cos \omega t\, d\omega t. \tag{42.9}$$

Nun ist nach (42.3); (42.4) und (42.5):

$$\begin{aligned} J = {} & a_0 + a_1 \cos \omega t + \cdots \\ & + (b_0 + b_1 \cos \omega t + \cdots)\, [U_h \cos (\omega_h t + \varphi_h) + U_z \cos (\omega_z t + \varphi_z)] \\ & \ldots \end{aligned} \tag{42.10}$$

unter Berücksichtigung verschiedener Phasenlage. Führen wir die letzte Multiplikation durch und beachten, daß

$$\cos\alpha\cos\beta = \frac{1}{2}[\cos(\alpha+\beta)+\cos(\alpha-\beta)],$$

so wird aus (42.10):

$$\begin{aligned} J = a_0 + a_1\cos\omega t + \cdots + b_0 U_h \cos(\omega_h t + \varphi_h) + b_0 U_z \cos(\omega_z t + \varphi_z) + \\ + \frac{b_1}{2} U_h \cos[(\omega_h + \omega)t + \varphi_h] + \frac{b_1}{2} U_h \cos[(\omega_h - \omega)t + \varphi_h] + \\ + \frac{b_1}{2} U_z \cos[(\omega_z + \omega)t + \varphi_z] + \frac{b_1}{2} U_z \cos[(\omega_z - \omega)t + \varphi_z]. \end{aligned} \tag{42.11}$$

Die Beziehung zwischen Oszillatorfrequenz, Hochfrequenz und Zwischenfrequenz ist:

$$\omega_h = \omega_z + \omega; \qquad \omega_z = \omega_h - \omega.$$

Daher wird:

$$J_h = b_0 U_h \cos(\omega_h t + \varphi_h) + \frac{b_1}{2} U_z \cos(\omega_h t + \varphi_z); \tag{42.12}$$

$$J_z = b_0 U_z \cos(\omega_z t + \varphi_z) + \frac{b_1}{2} U_h \cos(\omega_z t + \varphi_h), \tag{42.13}$$

der hochfrequente und der zwischenfrequente Stromanteil, wie sie aus der allgemeinen Gleichung (42.11) hervorgehen. Dabei nennt man

$b_0 = S_g =$ *Richtkennliniensteilheit*;
$b_1/2 = S_c =$ *Konversionssteilheit.*

Diese Gleichungen ergeben, als Amplitudengleichungen geschrieben, die bekannten Vierpolgleichungen für den Diodensuper:

$$J_h = S_g \cdot U_h + S_c \cdot U_z; \tag{42.14}$$

$$J_z = S_g\, U_z + S_c \cdot U_h. \tag{42.15}$$

Der Nutzstrom J_z (ZF-Einströmung) wird also durch das Produkt $U_h \cdot S_c$ bestimmt. Für die hochfrequente Signaleinströmung ist die wirksame Steilheit durch b_1 nach (42.9) gegeben und durch die Oszillatorspannung mitbestimmt. Man erkennt hieraus die Möglichkeit, unabhängig vom jeweiligen statischen Eingangswiderstand, der hochfrequenten Einströmung einen so hohen Widerstand anzubieten, daß sich eine technisch verwendbare Spannung ergibt. Dabei sei angenommen, daß die normale Transformation des niederohmigen Antennenwiderstandes auf die Diode durch einen verlustlosen Vierpol erzeugt werde. Man kann nun weiter durch Einführen des Stromflußwinkels Θ als Parameter zeigen, daß durch extreme Aussteuerung seitens des Oszillators, jedoch Beibehaltung des normalen Arbeitspunktes durch entsprechend große Vorspannung, die Grenzempfindlichkeit unendlich (kT-Zahl = Null) für das Mischorgan erreicht wird. Die Empfindlichkeit des Supers ist bekanntlich:

$$\frac{N}{\Delta f}[\text{in } kT_0] = \frac{1}{\gamma} \cdot \frac{1}{\eta_{\text{opt}}} \left[\frac{1 + p(\Theta)\cdot x}{x} + \alpha\,\frac{(1+x)^2}{x}\right] \tag{42.16}$$

$x = R_k^*/R_i$;
$\alpha = R_{\ddot{a}}/R_k$;
R_k = ZF-*Eingangswiderstand*;
p = *Rauschfaktor*;

$$\gamma = \frac{1}{1 - \frac{x}{1+x}\left(\frac{S_c}{S_g}\right)^2} = \textit{Rückwirkungsfaktor};$$

dieser läßt sich, da $\eta_{\mathrm{opt}} = \frac{1}{4}(S_c/S_g)^2$ auch schreiben:

$$\gamma = \frac{1}{1 - 4\eta_{\mathrm{opt}}\frac{x}{1-x}}$$

und steigt mit wachsendem x und abnehmendem Θ. Wir schreiben (42.16) nun um:

$$\frac{N}{\Delta f} = \left[\frac{(1+x)^2}{x \cdot \eta_{\mathrm{opt}}} - 4(1+x)\right]\left[\frac{p x + 1}{(1+x)^2} + \alpha\right]. \tag{42.17}$$

Geht nun $x \to \infty$, also auch $R_k^* \to \infty$, so wird α extrem klein. Um den Grenzwert für $x \to \infty$ aufzustellen, schreiben wir:

$$\frac{N}{\Delta f} = \frac{p + 1/x}{\eta_{\mathrm{opt}}} - \frac{4p + 4/x}{1 + 1/x}. \tag{42.18}$$

Somit ist:

$$\lim_{x \to \infty} \frac{N}{\Delta f} = p\left(\frac{1}{\eta_{\mathrm{opt}}} - 4\right) = 4p(S_g/S_c - 1). \tag{42.19}$$

Da nun $S_g/S_c \to 1$ für $\Theta \to 0^0$, so ist

$$\lim_{\substack{x \to \infty \\ \Theta \to 0^0}} \frac{N}{\Delta f} = 0,$$

wenn, wie für Dioden gilt: $p \to 4$ (ohne Aussteuerung). Man erkennt, daß die Grenzempfindlichkeit des Supers durch die Rückwirkung unendlich hoch zu machen wäre, so daß nur das hier nicht berücksichtigte Antennenrauschen die Empfindlichkeit bestimmen würde.

Betrachten wir jetzt folgenden allgemeinen Fall: Wieder nehmen wir an, daß verschiedene Spannungen auf die Kennlinie $J = f(U)$ gegeben werden. Wir nehmen jedoch jetzt an, daß U_{oz}; U_z und U_h von gleicher Größenordnung sind. Nur U_0 soll groß gegen diese Wechselspannungsamplituden sein. Das ergibt keine Mischung im eigentlichen Sinne, da Oszillatorspannungsamplitude und Hochfrequenzamplitude vergleichbar sind. Dann gilt die Taylor-Entwicklung:

$$J = J(U_0) + (U_h \cos \omega_h t + U_{oz} \cos \omega t + U_z \cos \omega_z t) \cdot S(U_0) + \cdots$$

Dabei ist nun $S(U_0)$ einfach die mittlere Steilheit, oder hier die Richtkennliniensteilheit S_g. Man kann daher schreiben:

$$J = J_0 + S \sum_n U_n \cos \omega_n t; \qquad \omega_n = \begin{cases} \omega_h \\ \omega \\ \omega_z \end{cases} \tag{42.20}$$

Ist also die Oszillatorspannung mit der Signalspannung größenordnungsmäßig vergleichbar, so kann keine ZF-Bildung zustande kommen:

$$b_1 = 2\,S_c = 0.$$

Lassen wir nun die Oszillatorspannung ganz fort, so ergibt sich der Fall des Empfangsgleichrichters. Nach (42.20) ist also die Nutzspannung nur von S, der statischen Steilheit, abhängig. Daher ist auch der Optimalwert der Empfindlichkeit des Empfangsgleichrichters zahlenmäßig höher, die Empfindlichkeit also geringer, als beim Überlagerungsempfänger. Aus der später (siehe Teil IX) für einen Empfangsgleichrichter abzuleitenden Empfindlichkeitsformel:

$$\frac{N}{\Delta f} = \text{const} \cdot \frac{S}{T} \sqrt{\frac{S}{\Delta f}}\, k\, T_0 \qquad (42.21)$$

folgt, daß hier durch das kennlinienbedingte Verhältnis T/S und die jeweilige Arbeitspunktsteilheit eine feste Grenze gesetzt ist. Über die Vorzüge des Empfangsgleichrichters berichten wir in Kap. IX. Beim Detektor kann man nun die genannte Rückwirkung ($\Theta \to 0^0$) nicht wie im Diodenfall ausnutzen, da das starke Aussteuerung des Sperrgebietes bedeuten würde, was aus Gründen des Rauschens falsch ist. Indes gelten auch beim Detektor die Vierpolgleichungen (42.14) und (42.15), durch welche die hochfrequente Nutzspannungsamplitude mit der Konversionssteilheit verknüpft ist, die von der Kennliniensteilheit weniger stark abhängig ist.

Betrachten wir Funktion (42.16), so ist klar, daß das Spezifische des Mischbetriebes im Stromflußwinkel liegt. Man kann z. B. als Grenzbetrachtung den Übergang: Super—Empfangsgleichrichter machen, indem man $\Theta \to 180^0$ gehen läßt. Dann wird $\eta_{\text{opt}(n=2)} \approx 0{,}05$; vgl. 29 Abb. 3. Der Rückwirkungsfaktor γ ist praktisch $= 1$. Da S_g dann groß ist, sind die Minima der Funktionen F_1 und F_2 in Abhängigkeit von x überschritten, ebenso dasjenige der Rauschfunktion $p(\Theta)$, so daß die Empfindlichkeit um Faktoren geringer wird. Sie ist aber dann immer noch der Empfindlichkeit des Empfangsgleichrichters überlegen, weil (42.15) erfüllt ist. Diese Gleichung geht erst in die Gleichung (42.20) des Empfangsgleichrichters über, wenn die Oszillatorspannungsamplitude so klein ist, daß sie mit der HF-Eingangsamplitude vergleichbar geworden ist. Will man diese Betrachtung auf den Detektor anwenden, so muß man bezüglich des Stromflußwinkels eine Einschränkung machen, denn es gibt hier einen Stromfluß in positiver und negativer Richtung mit den beiden Stromflußwinkeln Θ und Θ^*, die sich zu π ergänzen. Man muß dann z. B. die Betrachtung für Θ (in pos. Richtung) durchführen. $\Theta = 0^0$ heißt dann z. B.: der Stromfluß findet nur in negativer Richtung statt.

Während die übrigen Diodengesetzmäßigkeiten analog übertragbar sind, scheidet eine Ausnutzung der Rückwirkung bzw. Verbesserung des Mischwirkungsgrades η auf Grund des Faktors γ beim Detektor aus, da mit zu starker Aussteuerung des negativen Bereiches das Rauschen stark zunimmt. Das günstigste Aussteuerungsmaß gibt die integrale Rauschfunktion $p(\Theta)$; vgl. dazu Abb. 22.

Zu bedenken ist noch, wie oben bereits erwähnt, daß der „Stromflußwinkel", der beim Detektor meist durch einen Vorwiderstand eingestellt werden kann, nur für die „Randschicht" zu definieren ist. Demnach wirkt der Bahnwiderstand R_b der Ersatzschaltung in gleicher Weise, so daß auch ohne Vorwiderstand bei merklichem Bahnwiderstand eine Verkleinerung von Θ eintritt. Um also den wirklichen Betriebszustand der Randschicht eines Detektors exakt festzulegen, bedarf es der Kenntnis des Ersatzschemas (der Transformationsglieder) und des Bahnwiderstandes. Durch letzteren allein, z. B. im Gebiet nicht zu hoher Frequenzen, etwa bis $\lambda = 30$ cm, tritt oft schon ein merklich von 90^0 abweichender Stromflußwinkel auf, z. B. $R_b = 300\ \Omega$, $I_d = 40 \cdot 10^{-6}$ A $U_{\sim} = 0{,}03$ V ergibt: $\Theta = 66^0$ ohne Vorspannung U_0.

§ 43. Zum Unterschied: Diode — Detektor

Schließlich sei noch die häufig auftretende Frage behandelt, warum der Detektor die gegenüber der Diode so hohen Empfindlichkeitswerte (kleine kT-Zahlen) im Zentimeterwellengebiet ergibt und welche Betriebsunterschiede dabei wesentlich sind.
Zunächst ist festzustellen, daß aus Kapazitäts- und Laufzeitgründen der Detektor das im Zentimeterwellengebiet gegenwärtig einzig brauchbare Mischorgan darstellt. Nehmen wir nun aber an, daß man eine Diode bauen könnte, bei welcher die kapazitiven und Laufzeit-Einflüsse von gleicher Größe wie beim Detektor wären, so bestände noch ein anderer, grundsätzlicher Unterschied. Bei der Glühkathoden-Diode nähert man sich mit abnehmender Aussteuerung, also abnehmendem Strom, dem Gebiet des reinen Schrotrauschens, in dem schließlich jedes Signal verschwindet (Übergang einzelner, weniger Ladungsträger; keine Raumladungsschwächung; volle statistische Unabhängigkeit, $F^2 = 1$).
Fließen also nicht Ströme von wenigstens Bruchteilen eines mA (vom jeweiligen System abhängig), so ist die Diode unbrauchbar. Daher muß man auch bei der Diode eine große Raumladungskonstante verlangen. $K = 1/U^n$ groß, damit auch bei kleinen Spannungen merkliche Ströme fließen. Die Spannungen will man anderseits klein halten, da der Rauschtemperaturfaktor von einem gewissen Gebiet an exponentiell mit der Spannung wächst ($p \approx U^c$; $c \approx 0{,}6$). Daß beim Detektor umgekehrt rauschmäßig K klein sein muß, deutet auf einen wesentlichen Unterschied hin. Man hat vielfach versucht, die bei Dioden im Prinzip mögliche Rauschkompensation der partiell abhängigen zwischenfrequenten und hochfrequenten Rauscheinströmungen im C-Betrieb ($\Theta < 90^0$) die mit der Erhöhung des Mischwirkungsgrads einhergeht, zu messen; unter Rauschkompensation sei hier verstanden, daß die kurzzeitigen Stromspitzen, die im starken C-Betrieb vorhanden sind, eine Phasenzuordnung der übertretenden Elektronen bewirken, wodurch erzwungene Kohärenz der Rauschströme und daher theoretisch teilweise Auslöschung in den im Gegensinn durchflossenen Kreisen entsteht (J. Mueller). Diesen Versuchen war deshalb kein Erfolg beschieden .weil der Diodenstrom eine untere und obere Grenze hat.

Denn es sind hohe Aussteuerungsamplituden erforderlich, damit im extremen C-Betrieb noch die geforderten Richtströme entstehen. Abgesehen vom Oszillatorrauschen kommt man aber damit in das Gebiet exponentiellen Rauschanstieges für die einzelnen momentanen Stromstöße. Der daraus resultierende Empfindlichkeitsverlust überdeckt völlig den möglichen Gewinn durch Rauschkompensation (vgl. Diodenmischung). Beim Detektor besteht nun diese untere Grenze nicht, da im Gebiet $J_D \to 0$ gerade der Schrotrauschanteil (vgl. 27.5) fortfällt. Weitere günstige Momente sind die hohen Steilheitswerte bei Halbleiterkontakten in Verbindung mit starker Krümmung.
Die notwendig kleine Aussteuerung eines Detektors hat im Zentimeterwellengebiet einen weiteren Vorteil. Die Leistung der Laufzeitgeneratoren für Dauerstrichbetrieb ist begrenzt, und es liegt in jedem Falle ein Interesse vor, mit kleinen Leistungen auszukommen. Zuordnungsmessungen haben ergeben, daß auch beim Detektor durch Angabe des Rauschgesetzes $p = f(\Theta)$ und der statischen Kennlinie $J = f(U)$ das Verhalten im Super- und Empfangsgleichrichter-Betrieb festgelegt ist.

I. ANWEISUNG FÜR DIE VERWENDUNG DER JEWEILS GÜNSTIGSTEN KENNLINIENFORM IN DEN VERSCHIEDENEN BETRIEBSFÄLLEN

Folgende Anwendungen sind hauptsächlich von Interesse:

1. Gleichrichter;
2. Meßdetektor;
3. Empfangsgleichrichter;
4. Mischdetektor;
5. Verzerrer.

1. Gleichrichter

Detektoren, die als Gleichrichter von Wechselspannungen verwendet werden, sollen im allgemeinen noch kleinste Amplituden nachweisen; z. B. Abtastdetektoren auf Meßleitungen. Hier kommt es einfach auf großen Richtstrom an. Der Richtstrom ist groß, wenn die Kennlinienkrümmung (nicht im mathematischen Sinne, sondern einfach der zweite Differentialquotient) groß ist, also wenn in erster Näherung die Differenz zwischen Fluß- und Sperrstrom $J_f - J_s$ für $\pm \Delta U$ groß ist. Man wählt also einen Detektor hoher Steilheit mit kleinem Sperrstromanteil.

2. Meßdetektor

Man wählt einen Detektor mit verschwindendem Sperrstromast. Ist dies auch durch Hintereinanderschaltung mehrerer Detektoren nicht zu erreichen, so wählt man eine Detektorkennlinie mit möglichst linearem Sperrstromast im Meßbereich und stellt auf maximalen, negativen Strom ein, da dann $U_\sim = I_D/\varrho$ ist.

3. Empfangsgleichrichter

Beim Empfangsgleichrichter ist der für die Empfindlichkeit maßgebende Faktor:

$$\frac{T}{S} = \frac{\textit{Krümmungsmaß}}{\textit{Steilheit}},$$

wenn man durch die Forderung nach Breitbandigkeit und aus Anpassungsgründen über S schon verfügt hat. Dieses Verhältnis läßt sich leicht meßtechnisch ermitteln, indem man eine Strommessung links und rechts des Nullpunktes für $\pm \Delta U$ vornimmt. Entwickelt man nämlich das Strom-Spannungsgesetz in eine Taylorreihe:

$$J = J_0 + \underbrace{\left(\frac{\partial J}{\partial U}\right)_0}_{S} \Delta U + \frac{1}{2!} \underbrace{\left(\frac{\partial^2 J}{\partial U^2}\right)_0}_{T} \Delta U^2 + \frac{1}{3!} \underbrace{\left(\frac{\partial^3 J}{\partial U^3}\right)_0}_{W} \Delta U^3 + \cdots, \quad \text{(J 1)}$$

und vergleicht dies mit der Entwicklung für U:

$$U = f'(0)\,\Delta J + \frac{1}{2!} f''(0)\,\Delta J^2 + \cdots, \quad \text{(J 2)}$$

für die man setzt:

$$U = R_0 J - \frac{1}{2} \alpha R_0^2 \cdot J^2 + \cdots; \quad \text{(J 3)}$$

vgl. [11]. Dabei ist
R_0 der Gesamtwiderstand des Detektors für $U \to 0$. Die Konstanten R_0 und α sind dann durch die Stromwerte J_f und J_s für ΔU in Fluß- und Sperrichtung gegeben. Denn man kann beide in einen linearen Teil J_0 und einen von der Abweichung vom linearen Gesetz herrührenden Strom J_1 zerlegen; vgl. (29.7). Dann gilt angenähert:

$$J_f = J_0 + J_1; \qquad J_s = J_0 - J_1 \quad \text{(J 4)}$$

Setzt man diese Werte in (J 3) ein, so wird:

$$\pm U = \pm R_0 (J_0 \pm J_1) - \frac{1}{2} \alpha R_0^2 (J_0^2 \pm \cdots) + \cdots. \quad \text{(J 5)}$$

Durch Subtraktion der hier zusammengefaßten Gleichungen erhält man:

$$R_0 = \frac{U}{J_0} \approx \frac{2U}{|J_f| + |J_s|}. \quad \text{(J 6)}$$

Durch Addition und Auflösung nach α erhält man für die als Richtkonstante bezeichnete Größe:

$$\alpha = \frac{2(|J_f| - |J_s|)}{U(|J_f| + |J_s|)}. \quad \text{(J 7)}$$

Der Wert α ist größenordnungsmäßig durch $e_0/(kT)$ gegeben. Man kann nun zeigen, daß $\alpha = T/S$ ist. Brechen wir nämlich (J 3) mit dem quadratischen Glied ab, so ist:

$$J = U \cdot S + \frac{1}{2!} \alpha \frac{1}{S} J^2, \quad \text{(J 8)}$$

worin $1/S$ das Reziproke der Nullpunktssteilheit, also R_0 ist. Ein Vergleich mit (J 1) liefert $\alpha = T/S$. Die Richtkonstante oder das T/S-Verhältnis findet sich also leicht aus einer Messung der Ströme für $\pm \Delta U$:

$$\frac{T}{S} = 2 \frac{|J_f| - |J_s|}{|J_f| + |J_s|} \cdot \frac{1}{\Delta U}. \tag{J 9}$$

Bei dieser Messung bedarf es eines Schaltvorganges. Will man diesen vermeiden so muß man eine Richt- und Scheitelspannungsmessung zugleich vornehmen. Mißt man dabei die Scheitelspannung mit einem Rohrvoltmeter an den Detektorklemmen, so kann man davon unabhängig die Richtspannung messen (da der Detektorinnenwiderstand klein ist gegen den Eingangswiderstand des Rohrvoltmeters). Legt man eine kleine Wechselspannung $\Delta U_\sim$ an den Detektor, so fließt der Richtstrom:

$$\Delta J_R = \frac{1}{4} T \Delta U_\sim^2 \tag{J 10}$$

(Kurzschlußrichtstrom). Die entstehende Richtspannung ist dann:

$$\Delta U_R = \frac{1}{S} \Delta J_R = \frac{1}{4} \frac{T}{S} \Delta U_\sim^2, \tag{J 11}$$

mithin:

$$\frac{T}{S} = 4 \cdot \frac{\Delta U_R}{\Delta U_\sim^2}. \tag{J 12}$$

Mißt man Richtstrom und Wechselspannungsamplitude sowie eine Variation von J_R und $U_\sim$, so ergibt sich ebenfalls:

$$\frac{T}{S} = 4 \frac{J_R}{U_\sim^2} \cdot \frac{\Delta U_\sim}{\Delta J_R}. \tag{J 13}$$

Die allgemeine Vorschrift für den Empfangsgleichrichter lautet: *T/S groß bei großer Steilheit S!*. Für T sind also extrem hohe Werte erwünscht.
Wir kommen in Kapitel IX im einzelnen auf den Empfangsgleichrichter zurück.

4. Mischdetektor

Die Berechnung des Mischrauschstromquadrates (34.3) und Abb. 48···52, sowie Formel (36.55) zeigen, daß folgende Bedingungen an die Kennlinienkonstanten zu stellen sind:
A klein; n groß; ϱ klein und $K > \varrho$, jedoch $|K|$ klein. Die Wechselspannungsamplitude $U_\sim$ darf ein gewisses Maß, das zur Einstellung des günstigsten Stromflußwinkels erforderlich ist, nicht überschreiten. Es kommt beim Detektorsuper nicht auf eine Darstellung in unmittelbarer Umgebung des Nullpunktes an, wie beim Empfangsgleichrichter, vielmehr interessiert infolge der Oszillatoraussteuerung ein größerer Bereich, in welchem positiver und negativer Ast getrennt erfaßbar sind. Die Forderungen: „$K > \varrho$; n groß" bedeuten auch: „T/S groß, S groß". Da:

$$J = K\, U^n;$$
$$S = K\, n\, U^{n-1};$$
$$T = (n-1)\, n\, K\, U^{n-2} = (n-1) \cdot S/U,$$

so gilt:

$$n = U\,T/S + 1. \qquad \text{(J 14)}$$

Der Kennlinienexponent ist also proportional $\alpha = T/S$ (Zusammenhang mit α in (27.4)). Für ein bestimmtes U ist also auch $n \approx T/S$. So ist die Forderung nach großem n verständlich. Diese Forderung scheint der beim Empfangsgleichrichter aufgestellten zu gleichen. Nun ist beim Super allerdings Breitbandigkeit oft weniger gefordert als hohe Empfindlichkeit. Außerdem bewirkt die infolge der Oszillatoraussteuerung wirksame mittlere Steilheit $\overline{S}$ eine gewisse Niederohmigkeit, da ja anders als beim Empfangsgleichrichter, auch Kennlinienteile mit größerer Steilheit, entfernt vom Nullpunkt, ausgesteuert werden. Man kann also im Mischbetrieb auch höherohmige Detektoren verwenden. Die Bedingung, daß n, der Kennlinienexponent, groß sein soll, gilt strenggenommen nur mit der Einschränkung einer Mindestaussteuerung. Denn für $n > 2$ wird T kleiner, wenn der Detektorstrom $J_D \to 0$ geht.

Beweis: Die Kennlinie habe die Form: $J = K\,U^n$.
Dann ist

$$U = (J/K)^{1/n} \text{ und } S = n\,K\,U^{n-1} = n\,J/U;$$

ferner:

$$T = (n-1)\,n\,K\,U^{n-2} = n\,(n-1)\,J/U^2,$$

also:

$$T = n\,(n-1)\,K^{2/n} \cdot J^{1-2/n}; \qquad \text{(J 15)}$$

das heißt, die Krümmung T wird für $J \to 0$

kleiner bei $n > 2$;
größer bei $n < 2$.

Man wählt also $n > 2$ von einem Mindeststromwert ab, da sonst T abnimmt. Die für die Empfindlichkeit maßgebende Rauschfunktion $p(\Theta)$ wurde bereits diskutiert. Ihr Verlauf zeigt, daß es beim Detektor nicht sinnvoll ist, in das Sperrstromgebiet hineinzusteuern (kleinere positive Stromflußwinkel); η_{opt} ist für $\Theta \approx 90^0$ am größten und der Anpassungswert x ergibt sich dann wie bei Dioden für einen Stromflußwinkel um $\Theta = 90^0$ zu $2 < x < 4$.

5. Verzerrer-Detektor

Für die Verzerrer-Eigenschaft eines Detektors ist die Krümmung T maßgebend. Setzt man den Ausdruck für die Aussteuerspannung $U_= + U_\sim \cos \omega t$ in die Taylorentwicklung (J 1) ein, so kann man, unter Vernachlässigung der Glieder höherer Ordnung, folgende Anteile herausschälen:

J_0 = *Ruhestrom* für $U_\sim = 0$;
$S\,U_\sim \cos \omega t$ = HF-*Grundwelle*;
$(^1/_4)\,T\,U_\sim^2 \cos 2\omega t$ = *zweite Harmonische der Grundfrequenz*;
$(^1/_4)\,T\,U_\sim^2$ = *Richtstrom.*

Danach ist die Größe der Oberwellenspannung nur von T und $U_\sim^2$ abhängig, also von der gleichen Größe wie der Richtstrom. Liefert also ein Detektor große Richtströme, so ist er auch als Verzerrer-Glied geeignet. Da im Verzerrer-Betrieb verhältnismäßig große Spannungen an den Detektor gelegt werden, so kann man hier leicht durch Kombination mehrerer Detektoren im Parallelbetrieb den Wirkungsgrad erheblich verbessern.

K. BERECHNUNGSANWEISUNG, BEISPIELE: MESSERGEBNISSE

Wir wollen am Ende dieses Kapitels kurz einige praktische Fälle für die Planung eines Mischempfängers durchrechnen. Wir nehmen an, unser Detektor habe einen Bahnwiderstand $R_b < 20\,\Omega$; bei der Stromflußwinkelbestimmung wollen wir ihn hier vernachlässigen. Die Oszillatorspannungsamplitude an den Elektroden betrage $U_{\sim} = 0{,}2$ V. Der Schwanzstromleitwert sei $\varrho = 0{,}2$, der Kennlinienexponent $n = 2$. Der Rauschfaktor im Nullpunkt werde $A = 1$ gesetzt. K sei wieder 2 (10^{-3} A/V^n) ; α des ZF-Verstärker-Eingangs sei 0,5. Für den Innenwiderstand des Detektors folgt nach (34.14) und Abb. 44:

$$\overline{S} = (2 \cdot 0{,}2 \cdot 0{,}65 + 0{,}2)\ \text{mS} = 0{,}46\ \text{mS},$$

demnach:

$$R_i \approx 2{,}2\ \text{k}\Omega.$$

Das Transformationsverhältnis zur ZF kann mit $x = 2$ angenommen werden, da dort ungefähr das Minimum des Funktionsanteils F_2 [vgl. (40.19)] liegt. Also:

$$R_k{}^* = 2 \cdot 2{,}2\ \text{k}\Omega \approx 4{,}4\ \text{k}\Omega,$$

ein Wert für den ZF-Kreiswiderstand, der sich auch bei hohen Frequenzen noch ohne große Verluste an den Detektorklemmen herstellen läßt.
Für Grundwellenmischung erhalten wir einen optimalen Mischwirkungsgrad:

$$\eta_{\text{opt}} = 0{,}15$$

gemäß (34.25), wenn $\varrho \ll \overline{S}$ angenommen wird; vgl. [29] Abb. 3. Also ist $1/\eta_{\text{opt}} = 6{,}7$. Der Rauschfaktor $p^*(\Theta)$ wird nach Abb. 22

$$p^*(\Theta) \approx 9,$$

somit nach (31.72) für $A = 1$:

$$p(\Theta) = 9 \cdot 0{,}2 + 1 = 2{,}8$$

(vgl. Teil V, Diodenmischung). F_1 in (40.19) ist danach:

$$F_1 = \frac{1 + 2{,}8 \cdot 2}{2} = 3{,}3.$$

F_2 ist nach (40.19) und Abb. V, 9 (Diodenmischung):

$$F_2 = 0{,}5\,\frac{(1+2)^2}{2} = 2{,}25.$$

Mithin ist die Empfindlichkeit nach (40.19)

$$\frac{N}{\Delta f}\,[\text{in } kT_0] = 6{,}7\,(3{,}3 + 2{,}25) = 37.$$

Dieser Wert läßt sich bei Wahl anderer Konstanten natürlich noch erheblich verkleinern. Neuere Messungen an Detektormischkreisen im Zentimeterwellengebiet haben bis zu $\lambda = 3$ cm ähnliche und noch bessere Empfindlichkeitswerte ergeben. Diese hohen Empfindlichkeiten sind nur bei kleinem Kopplungswiderstand für den Oszillator (geringes Oszillatorrauschen) und genaues Einhalten der Optimalbedingung für den Mischkreis zu erhalten. Bei besonderen Forderungen an die ZF-Bandbreite muß man allerdings mit geringeren Empfindlichkeiten rechnen, da dann das Rauschen des Gittereingangswiderstandes der ersten ZF-Verstärkerröhre eine Rolle spielt. Das kann man leicht durch Einführen eines neuen α-Wertes des ZF-Verstärker-Eingangs berücksichtigen: Man erteilt dem Gittereingangswiderstand R_g einen Rauschfaktor $p_g = 5$; vgl. dazu Abb. 53 u. [30]. Dann ist das Rauschspannungsquadrat der Anordnung gegeben durch:

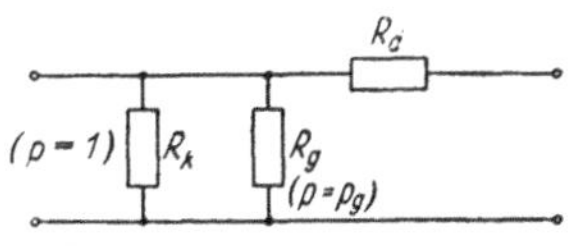

Abb. 53. Vereinfachtes Rauschquellenersatzbild der ZF-Eingangsstufe mit elektronischem Bedämpfungswiderstand vom Temperaturfaktor $p_g \approx 5{,}5$.

$$\overline{u^2} = 4\,k\,T_0\,\Delta f\left[\left(\frac{p_g}{R_g}+\frac{1}{R_k}\right)\left(\frac{R_g R_k}{R_g+R_k}\right)^2 + R_ä\right]$$

R_g = *elektronischer Gittereingangswiderstand.*
p_g = *Rauschfaktor des elektron. Gittereingangswiderstandes.*
$R_ä$ = *äquivalenter Rauschwiderstand der ersten ZF-Verstärkerröhre.*
R_k = *Kreiswiderstand.*

Den Klammerausdruck [..........] kann man als einen neuen äquivalenten Rauschwiderstand $R_ä$ auffassen, woraus ein neuer α-Wert folgt:

$$\alpha' = \frac{R_ä'}{R_p} = \left(\frac{p_g}{R_g}+\frac{1}{R_k}\right)\frac{R_g R_k}{R_g+R_k} + \frac{R_ä}{R_g R_k/(R_g+R_k)}\,.$$

Da $R_k \gg R_g$ angenommen werden kann (es läßt sich bei der ZF von $\lambda = 1$ m leicht ein Kreiswiderstand erzielen, der groß gegen die vorkommenden Eingangswiderstandswerte der Verstärkerröhren in diesem Gebiet ist), so wird:

$$\alpha' \to R_g\,(p_g/R_g + 1/R_k) + R_ä/R_g$$

oder:

$$\alpha' = p_g + R_ä/R_g,$$

und da p_g im allgemeinen gleich 5 gesetzt werden kann, so wird:

$$\alpha' = 5 + R_ä/R_g.$$

Da $0{,}5 < R_ä/R_g < 1$, ergeben sich hohe α-Werte von $\alpha' = 5\cdots6$. Das hat eine starke Erhöhung des Funktionsanteils F_2 zur Folge:

$$F_2 \approx 20.$$

Man erhält so Empfindlichkeitswerte zwischen $100\cdots200\,k\,T$. Diese Werte stellen also dann die Empfindlichkeit eines Supers mit verhältnismäßig großer ZF-Bandbreite einschließlich des ZF-Rauschanteiles bei hoher Zwischenfrequenz dar.

Meßergebnisse

Wir wollen hier einige Ergebnisse von Messungen an Zentimeterwellendetektoren (Ge und Si) zusammenstellen, die bei $\lambda = 10$ cm gewonnen wurden[1]).

ZF = 60 MHz;

	Detektortyp:	Empfindlichkeit in $k\,T_0$; $\lambda = 10$ cm	Konversionsverlust in db (Dezibel)
	Westinghouse		
Ge	WG 2 1353	217	13
Ge	WG 2 1201	27	7,6
Ge	WG 2 1292	42	10
Ge	WG 2 1231	26	6
Ge	WG 2 1230	85	8
Ge	WG 2 1240	83	10
Ge	WG 2 1235	17	4,6
Ge	WG 2 1233	70	11
Ge	WG 2 1232	50	9
	Sylvania		
Si	IN 23 B No 2	30	3
Si	IN 23 B No 6	60	6,7
Si	IN 23 B No 11	115	8

Die Konversionsverluste bewegen sich natürlich nicht einfach konform den Empfindlichkeitswerten, da ja in letztere auch noch das Eigenrauschen der Detektoren mit eingeht.

L. ZUSAMMENFASSUNG VON TEIL VIII

Nach einleitenden Bemerkungen über die festkörper-theoretischen Grundlagen und die Gründe der Einführung des Halbleiters in die Empfangstechnik im Zentimeterwellengebiet wird die wichtigste Anwendung des Kristallgleichrichters, die Frequenzwandlung (Mischung), von der Kennliniendarstellung ausgehend, erläutert.

Dann wird der Detektor als Rauschgenerator untersucht und es werden Formeln für die Größe des Rauschtemperaturfaktors abgeleitet. Dabei wird sowohl eine neue Kennliniendarstellung als auch die semiempirische Schottkysche Darstellung verwandt.

Danach wird das hochfrequente Ersatzschaltbild des Detektors erörtert und verschiedene Approximationsschaltungen durchgerechnet sowie Meßergebnisse mitgeteilt.

Sodann wird eine Zusammenfassung aller benötigten Detektorfunktionen (für den Mischfall) gebracht, wobei wieder beide Kennliniendarstellungen berücksichtigt werden.

[1]) Die Messungen wurden mit bolometrisch geeichten Meßsendern vorgenommen; vgl. Kap. X.

Schließlich wird das dynamische Rauschstromquadrat, ebenfalls für beide analytischen Kennlinienformen durchgerechnet. Daraus lassen sich dann wichtige Schlüsse für die Anwendung von Detektoren als Mischorgan im Hyperfrequenzgebiet ziehen.

Die Formel für die Gesamtempfindlichkeit (äquivalente Rauschleistung pro Hz Bandbreite; Verhältnis *Signal* : *Rauschen* = 1 : 1) wird diskutiert und es werden Formeln für den Fall der Mischung mit Oberwellen angegeben, die eine schnelle Vorausberechnung der zu erwartenden Verluste in diesen Fällen ermöglichen.

Nach einer Besprechung der prinzipiellen Unterschiede zwischen Super und Empfangsgleichrichter einerseits, sowie Diode und Detektor andererseits, wird der Detektor in den verschiedenen Anwendungsfällen auf seine günstigsten Konstanten hin untersucht. Berechnungsbeispiele und Meßergebnisse beschließen das Kapitel VIII.

Literatur zu Teil VIII

1] Siehe: Torrey-Whitmer: Crystal Rectifiers; McGraw-Hill Book Company, Inc. New York 1948, S. 314
2] F. Seitz: The Modern Theory of Solids; McGraw-Hill Book Cy New York 1940
3] R. H. Fowler: Statistical Mechanics; 2nd ed. Cambridge-London 1936; Chap. II
4] A. H. Wilson: Metals and Semiconductors, Cambridge-London 1939
5] N. F. Mott & R. W. Gurney, Electronic Processes in Ionic Crystals Oxford-New York 1940
6] W. Schottky: Vereinfachte und erweiterte Theorie der Randschichtgleichrichter. Zschr. f. Physik Bd. 118 (1941/42), S. 539
7] R. H. Fowler: Proc. Roy. Soc. A 140,506 (1933) oder Statistical Mechanics, 2nd ed. Cambridge-London 1936 (Sec. II. 62)
8] Ringer und Welker: Zschr. f. Naturforschung Bd. 3a, H. 1; 1948
9] J. J. Marcham & P. H. Miller: The Effect of Surface States on the Temperature Variation of the Work Function of Semiconductors. Phys. Review, March 15, 1949, Vol. 75 (2nd S) No
10] J. Bardeen: Surface States and Rectification at a Metal Semi-Conductor Contact. Phys. Rev. Vol. 71 No 10, May 15 (1947)
11] H. Welker: Über den Spitzendetektor und seine Anwendung zum Nachweis von Zentimeterwellen. Jahrb. d. deutschen Luftfahrtforschung S III. 63/68; 1941
12] W. Schottky und E. Spenke, Wiss. Veröff. aus dem Siemens-Konzern 18; 225 (1939)
13] H. F. Mataré: Statistische Schwankungen in Halbleitern. Zschr. f. Naturforsch. (1949) Juli; Bd 4a, H. 4; S. 275…283
14] H. Rothe-W. Kleen: Bücherei der HF-Technik; IV. Elektronenröhren als End- und Senderverstärker. Akad. Verlagsgesellsch. Leipzig 1940
15] H. F. Mataré: Das Rauschen von Dioden und Detektoren im statischen und dynamischen Zustand. Elektr. Nachrichtentechn. 19 H. 7 (1942), S. 111
16] H. F. Mataré: Bruit de Fond de Diodes à Cristal. „L'Onde Electrique" 29e Année No 267; Juin (1949), S. 231…240
Bruit de Fond de Semiconductors I, Journal de Phys. Radium, 1949, 10, S. 364 und II, Journal de Phys. Rad. 1950, 11, S. 130.
17] V. F. Weisskopf: On the Theory of Noise in Conductors, Semiconductors and Crystal Rectifiers. NDRC 14…133 May 15 (1943); vgl. auch [I] S. 180ff.

18] A. van Haeff: The Electron Wave-Tube etc. Proceed. I. R. E. Vol. 37 No I; January 1949
19] H. A. Bethe: Theory of the Boundary Layer Rectifiers. R. L.-Report No 43—12 Nov. 23, 1942. Siehe auch [I] p. 86.
20] Jahnke-Emde: Funktionentafeln. B. G. Teubner; Berlin-Leipzig 2; Auflage p. 277
21] E. Madelung: Die Mathemat. Hilfsmittel des Physikers. Springer Verl. Berlin 1936; p. 69
22] Magnus-Oberhettinger: Formeln und Sätze für die speziellen Funktionen der mathemat. Physik. Springer Verlag Berlin, 1943; p. 19
23] Stanford Goldman: Frequency Analysis, Modulation an Noise; McGraw-Hill Book Cy; 1948 p. 418
24] André Angot: Compléments de Mathématiques. Collection Technique du C. N. E. T. - Editions de la Revue d'Optique 1949; p. 375 - Paris
25] L. A. Pipes: Applied Mathematics for Engineers and Physicists. McGraw-Hill Book Cie 1946; New York-London p. 317
26] G. Goudet: Les Fonctions de Bessel et leurs Applications en Physique. Masson et Cie, Paris, 1943; Publication: Ecole Normale Supérieure
27] H. F. Mataré: Methoden zur Berechnung der Empfindlichkeiten von Mischanordnungen im Dezimeter- und Zentimeter-Wellengebiet. Arch. d. Elektr. Übertrag. H. 7; Bd. 3 Oktober 1949 p. 241···248
28] H. F. Mataré: Eingangs- und Ausgangswiderstand von Mischdioden. E. N. T. 1943; Bd. 20; H. 2 p. 48
29] H. F. Mataré: Der Mischwirkungsgrad von Dioden. Zschr. f. HF-Technik u. Elektroakustik. Bd. 62; 1943. 166 insbes. Abb. 3
30] H. Rothe: Die Empfindlichkeit von Empfängerröhren. Archiv d. Elektr. Übertrag. Bd. 3; H. 7; p. 233 ff.

IX. TEIL

Der Detektor als Empfangsgleichrichter

§ 44. Einleitung

Die einfachste Anwendung des Detektors in der Zentimeterwellentechnik ist durch den Empfangsgleichrichter gegeben. Während ein solcher Aufbau konstruktiv einfache Formen hat, ist seine theoretische Durchdringung durchaus so vielgestaltig wie die des Mischempfängers. Es lassen sich jedoch wesentliche Vereinfachungen ohne Preisgabe größerer Genauigkeit machen, die wir weiter unten besprechen.

Will man den Empfangsgleichrichter als breitbandiges Anzeigegerät verwenden, so treten die Fragen des Rauschens und des Niederfrequenz-Eingangs gegenüber den Anpassungsfragen auf der Hochfrequenz-Seite zurück, denn es muß vor allem die HF-Leistung möglichst verlustlos an den Detektor gelangen, während die Aussteuerung klein ist. Stellt daher der Detektor ein frequenzabhängiges Gebilde dar (Teil VIII), so ist die Blindkomponente wegzustimmen und der Ohmsche Anteil an den Generatorwiderstand anzupassen.

Beim breitbandigen Empfangs-Gleichrichter (E.-Gl.) mit einer geforderten Eingangsimpedanz von z. B. 70 Ω ist ein Detektor, dessen Eingangswiderstand bei der betrachteten Frequenz nahe bei 70 Ω liegt, das richtige. Diese Forderung kann aber der Forderung nach optimaler Empfindlichkeit entgegenstehen. Daraus ergeben sich dann Grenzbedingungen, die erfüllt werden müssen und mit den jeweiligen Anpassungsfragen in Einklang zu bringen sind; vgl. § 46 und § 47.

§ 45. Berechnung der Empfindlichkeit des Detektorempfängers

Das allgemeine Ersatzschema einer Empfangsgleichrichteranordnung ist durch Abb. 1 gegeben, wobei speziell die Verhältnisse bei hoher Betriebsfrequenz berücksichtigt sind. Der Generator E mit seinem Innenwiderstand R_{A_0} stellt die Antenne dar. Der Detektor mit seinem verzweigten Ersatzschaltbild er-

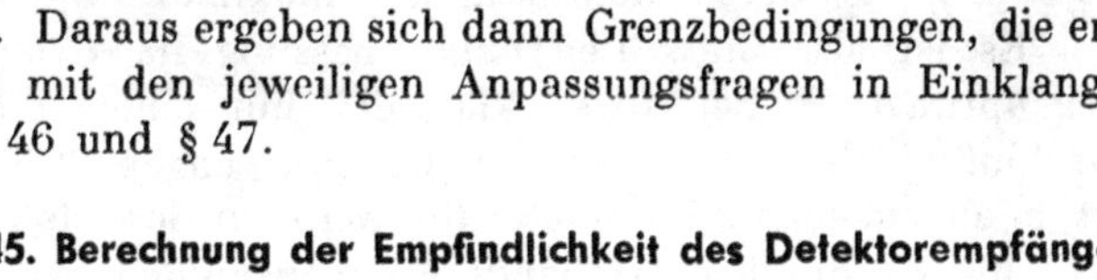

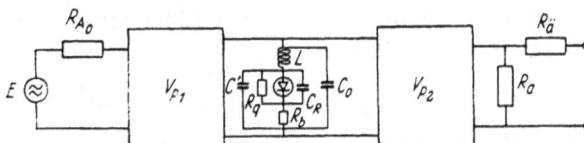

Abb. 1. Vierpolersatzschaltbild des Detektorempfängers.

fordert für die leistungsmäßig günstigste Übertragung Anpassung an die Randschicht. Es wurde schon gezeigt (Teil VIII), daß insbesondere das Vorhandensein des Bahnwiderstandes R_B eine Transformation notwendig macht. Das Ersatzschaltbild Abb. 1 läßt sich nun dadurch, daß man für den resultierenden Detektorwiderstand eine Größe R_D einführt, vereinfachen. Der zwischen Antenne (Generator) und Detektor liegende Vierpol ist im speziellen Falle eine konzentrische Leitung vom Wellenwiderstand Z, welcher der Größe des Generatorinnenwiderstandes ($R_{A_0} = 70\ \Omega$) entspricht; Abb. 2.

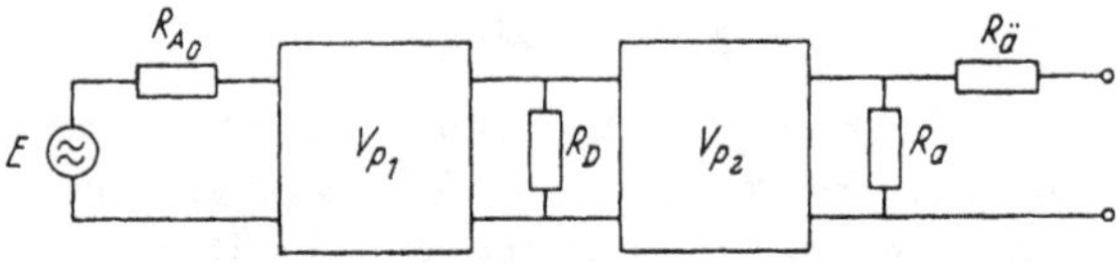

Abb. 2. Vereinfachtes Ersatzschema mit Detektorersatzwiderstand R_D.

Am Eingangsvierpol V_1 entstehen also (bei Fehlanpassung auf der rechten Seite) stehende Wellen, wobei das Wellenverhältnis als ein Maß für die Breitbandigkeit angesehen werden kann. Man ist hier geneigt anzunehmen, daß man bei Einschränkung der Breitbandigkeit an den Detektor eine *höhere Spannung* transformieren könnte, wodurch die Empfindlichkeit der Anordnung stiege. Dies gilt aber nur bei *variablem* Widerstand R_D *ohne* Transformationsänderung, also im Falle Abb. 3, wo die Leistung an den Klemmen (a; b) durch $N_D = \frac{E^2 R_D}{(R_i + R_D)^2}$ mit dem Optimum $R_D = R_i$, die Spannung aber durch $U_D = E \cdot R_D/(R_i + R_D)$ mit dem Optimum $R_D \gg R_i$ gegeben ist. Liegen dagegen R_D und R_i fest, und stellt R_D den Hauptverbraucherwiderstand dar, so ist die in R_D verschobene Leistung: $N_D = U_D^2/R_D$, deren Maximum mit maximaler Spannung an R_D identisch ist. Es ist also stets Leistungsanpassung im Groben empfindlichkeitsmäßig optimal. Dabei ist es klar, daß mit einem einzigen Parameter (Kurzschlußschieber) nur in engen Grenzen angepaßt werden kann. Man benötigt im allgemeinen 2 Parameter (im weiteren Bereich 3 Glieder; vgl. [1]). Will man die hierdurch entstehende Frequenzabhängigkeit vermeiden, so muß man einen Detektor mit kleinem ohmschen Anteil wählen (z. B. $1/S$ der spezifischen Charakteristik $\approx 70\ \Omega$). Es hat sich übrigens gezeigt, daß die gebräuchlichen Detektorformen im Gebiet unter $\lambda = 10$ cm Wellenlänge durch ihr inneres Ersatzschaltbild eine Herabtransformation des durch die spezifische Charakteristik gegebenen Innenwiderstandes bewirken. Bei neueren Ge-Detektoren wurde allerdings eine starke Abhängigkeit von der äußeren Polarisation gefunden (Kap. VIII).

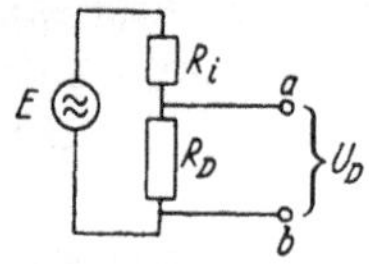

Abb. 3. Zur Leistungsbilanz auf der HF-Seite.

1. Rauschen

Wie das Rauschquellenersatzbild des Detektors aussieht, wurde bereits mehrfach erläutert. Im Bereich der vorkommenden Stromwerte ergibt sich als

Detektorrauschstrom die Superposition von Schrotrauschen des Stromes und Nyquistschem Rauschen des Innenwiderstandes. Daraus errechnet man den Rauschfaktor p im statischen Fall zu

$$p = A + 20\,|J_D| \cdot R_i \cdot F^2; \tag{45.1}$$

A ist im allgemeinen $= 1$; Rauschfaktor des Nullpunktswiderstandes. Das Rauschstromquadrat läßt sich daher schreiben:

$$\overline{i_D^2} = 4\,k\,T_0\,\Delta f\,1/R_i + 2\,e\,J_D \cdot \Delta f$$

wobei:

R_i = *Detektorinnenwiderstand*;
J_D = *Detektorstrom.*

Um für den Detektor ein Rauschquellenersatzbild angeben zu können, gehen wir auf die Rausch*spannung* über:

$$\overline{u_D^2} = 4\,k\,T_0\,\Delta f\,R_i + 2\,e\,J_D\,\Delta f\,R_i^2.$$

Als Äquivalent setzen wir an: $\overline{u^2} = 4\,k\,T_0\,\Delta f\,(R_i + R_ä)$,
woraus folgt:

$$R_ä = 20\,|J_D| \cdot R_i^2,$$

oder, die gesamte Rauschspannung ist:

$$u_ä^2 = 4\,k\,T_0\,\Delta f\,R_i\,(1 + 20\,|J_D| \cdot R_i).$$

Danach kann man den Detektor rauschmäßig in Form des Ersatzschaltbildes Abb. 4 darstellen.

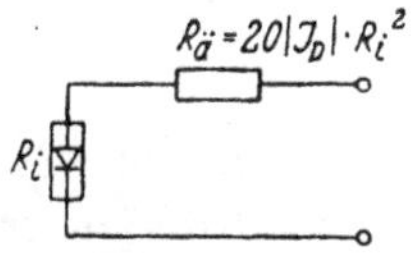

Abb. 4. Rauschquellenersatzschema des Detektors.

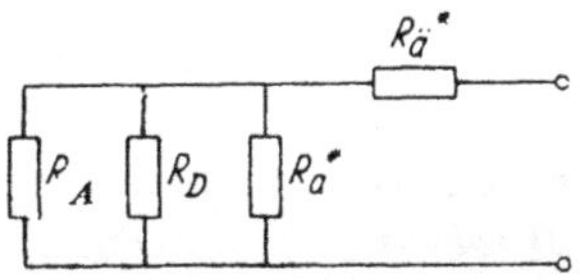

Abb. 5. Vereinfachtes Rauschquellenersatzschema mit transformierten Widerständen für die Berechnung.

Transformieren wir nun wieder in Abb. 2 die Widerstände rechts des Vierpols V_{p_2} auf die linke Seite, so erhalten wir das Schema Abb. 5., das wir berechnen. Es sind:

R_{A_0} = *Antennenwiderstand*;
R_A = *transformierter Antennenwiderstand*;
R_D = *Detektorersatzwiderstand*;
R_a^* = *transformierter Kreiswiderstand*;
$R_ä^*$ = *transformierter äquivalenter Rauschwiderstand.*

Das Rauschspannungsquadrat ist:

$$\overline{u^2} = \int_{f_1}^{f_2} \frac{\sum_0^n \overline{i_n^2}}{\left[\sum_0^n (1/R_n)\right]^2}\,df;$$

$$\overline{u^2} = F^2 \cdot 2\,e\,J_D \frac{1}{(1/R_A + 1/R_D + 1/R_ä)^2} \Delta f +$$

$$+ 4\,k T_0 \Delta f \left[R_ä{}^* + (1/R_A + 1/R_a{}^* + 1/R_D) \frac{1}{(1/R_A + 1/R_D + 1/R_a{}^*)^2} \right] \quad (45.2)$$

oder:

$$\overline{u^2} = 4\,k\,T_0 \Delta f \left[\left(F^2 \cdot 20 \cdot J_D + \frac{1}{R_A} + \frac{1}{R_a{}^*} + \frac{1}{R_D} \right) \frac{1}{(1/R_A + 1/R_D + 1/R_ä)^2} + R_ä{}^* \right]. \quad \ldots (45.2\,a)$$

Bezeichnet man in Abb. 5 den Parallelwiderstand mit

$$R_p = \frac{1}{1/R_A + 1/R_D + 1/R_a{}^*} \quad (45.3)$$

und die Signalspannungsamplitude auf der Ausgangsseite des Vierpols mit U, so gilt allgemein:

$$\frac{U^2/R_p}{E^2/R_{A_0}} = \frac{R_p}{R_A}. \quad (45.4)$$

Mithin:

$$U^2 = \frac{E^2}{R_{A_0} \cdot R_A} \cdot R_p{}^2 = \frac{E^2}{R_{A_0} \cdot R_A} \cdot \frac{1}{(1/R_A + 1/R_D + 1/R_a{}^*)^2}.$$

Daraus ergibt sich mit (45.2):

$$\frac{\overline{u^2}}{U^2} = \frac{k T_0 \Delta f}{E^2/(4\,R_{A_0})} \left[20\,F^2 \cdot J_D \cdot R_A + 1 + \frac{R_A}{R_a{}^*} + \frac{R_A}{R_D} + \right.$$

$$\left. + R_ä{}^*\,R_A \left(\frac{1}{R_A} + \frac{1}{R_D} + \frac{1}{R_a{}^*} \right)^2 \right]. \quad (45.5)$$

Die angebotene Antennenleistung $E^2/4\,R_{A_0}$ auf der linken Seite des Eingangsvierpols ist rechts mit dem Faktor $\overline{u^2}/U^2$ behaftet, der möglichst klein sein soll.

2. Optimale Antennenkopplung

Wir suchen das Minimum der Funktion:

$$\frac{N}{\Delta f}\,[\text{in } kT_0] = \frac{E^2}{4\,R_{A_0}} \cdot \frac{\overline{u^2}}{U^2}$$

in Abhängigkeit von R_A.

$dN/dR_A = 0$ ergibt:

$$\frac{R_ä{}^*}{R_A{}^2} = 20\,J_D \cdot F^2 + \frac{1}{R_a{}^*} + \frac{1}{R_D} + R_ä{}^* \left(\frac{1}{R_D} + \frac{1}{R_a{}^*} \right)^2$$

oder:

$$R^2_{A_{\text{opt}}} = R_D{}^2 \frac{R_ä{}^* \cdot R_a{}^{*2}}{20\,J_D\,F^2\,R_a{}^{*2}\,R_D{}^2 + R_D{}^2 \cdot R_a{}^* + R_D\,R_a{}^{*2} + R_ä{}^*\,(R_a{}^* + R_D)^2}.$$

Daß es sich um ein Minimum von $N/\Delta f$ handelt, folgt aus:

$$\frac{\partial^2 N}{\partial R_A^2} = \frac{R_ä{}^*}{R_A^3} > 0.$$

Da im normalen Fall $R_ä^* \gg R_D$ ist, gilt:

$$R^2_{A_{\text{opt}}} = \frac{R_ä^*}{20 \cdot J_D \cdot F^2 + 1/R_D + R_ä^*/R_D^2}$$

oder, da $20\, J_D \cdot F^2$ gegen die anderen Glieder verschwindend klein ist,

$$R_{A_{\text{opt}}} = R_D \sqrt{\frac{1}{1 + R_D/R_ä^*}}. \tag{45.6}$$

Das heißt: ist $R_ä^*$, der äquivalente Rauschwiderstand der ersten Verstärkerröhre groß gegen R_D, so ist Leistungsanpassung $R_{A\,\text{opt}} = R_D$ erforderlich. Ist dagegen

$$R_ä^* \approx R_D, \text{ z. B. } R_ä^* = R_D/3, \text{ so ist: } R_{A\,\text{opt}} = R_D/2.$$

Die optimale Antennenankopplung ist also vom Transformationsverhältnis auf der NF-Seite abhängig.

Im praktischen Betrieb des Empfangsgleichrichters wird so transformiert, daß der NF-Außenwiderstand auf der Detektorseite niederohmiger erscheint. Mithin ist leicht $R_ä^* \approx R_D$. Der Antennenwiderstand muß also an einen Widerstand, der kleiner als der Detektorersatzwiderstand ist, angepaßt werden. Arbeitet man jedoch mit dem Detektor direkt auf die hochohmige Niederfrequenz-NF-Seite, so gilt nach wie vor: *Leistungsanpassung auf der Antennenseite!*

Bei der weiteren Behandlung sehen wir nun von den Rauscheinströmungen, die von der Antenne bzw. vom HF-Kreis herrühren, ab, da diese im Dezimeter- und Zentimeter-Wellengebiet als klein gegenüber den NF-Einströmungen angesehen werden können. Laufzeiteinflüsse gibt es in diesem Frequenzgebiet für den Detektor keine. Ferner trägt praktisch ja nur die erste NF-Verstärkerstufe zum Rauschen bei, so daß, bei Berücksichtigung ihres äquivalenten Rauschwiderstandes, alle wesentlichen Parameter erfaßt sind.

3. Empfindlichkeit

Das betrachtete Ersatzschema für die Rauschquellen ist durch Abb. 6 gegeben. Der einfallende Träger habe die Frequenz ω. Die Modulationsfrequenz sei p, der Modulationsgrad m. Die Detektorkennlinie läßt sich für die hier in Frage kommenden Aussteuerungen in eine Taylorreihe in Nullpunktsumgebung entwickeln.

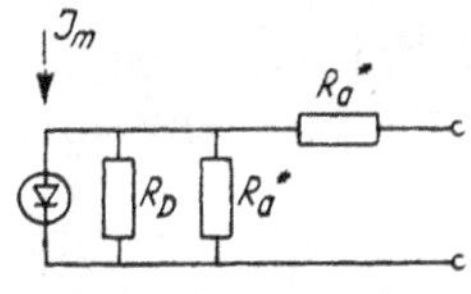

Abb. 6. Rauschquellenersatzschema auf der Niederfrequenzseite.

$$\begin{aligned} J(t) &= J_0 + \left(\frac{\partial J}{\partial U}\right)_0 \Delta U + \frac{1}{2!}\left(\frac{\partial^2 J}{\partial U^2}\right)_0 \Delta U^2 + \frac{1}{3!}\left(\frac{\partial^3 J}{\partial U^3}\right)_0 \Delta U^3 + \cdots \\ &= J_0 + S \cdot \Delta U + \frac{1}{2!} T \Delta U^2 + \frac{1}{3!} W \Delta U^3 + \cdots, \end{aligned} \tag{45.7}$$

ΔU sei die Signalspannungsamplitude. Die modulierte Trägeramplitude sei:

$$\tilde{U} = U_0 + \Delta U = U_0 + U_\sim \cos \omega t = U_0 + U\,(1 + m \cos pt) \cos \omega t$$

U = *unmodulierte Trägeramplitude.*

Der über eine Trägerfrequenzamplitude gemittelte Gleichrichterstrom ist:

$$\overline{J(t)} = \frac{1}{2\pi}\int_0^{2\pi} J(t)\, d\omega t;$$

$$\overline{J(t)} = J_0 + (1/4)\, T U_{\sim}^2 + \text{Glieder höherer Ordnung.}$$

Aus diesem Gleichrichterstrom wird durch Fourieranalyse die Grundkomponente der Frequenz p ausgesiebt. Die Amplitude dieser Komponente ergibt sich dann zu:

$$J = \frac{1}{\pi}\int_0^{2\pi} J(t)\cos p t\, dp t =$$

$$= \frac{1}{\pi}\int_0^{2\pi} [J_0 + (1/4)\, T U^2 (1 + m\cos pt)^2]\cos p t\, dp t = \frac{m}{2}\, T U^2. \tag{45.8}$$

Dieser Nutzstrom fließt in die Parallelschaltung von Detektorwiderstand und transformiertem Außenwiderstand. Das mittlere Nutzspannungsquadrat ist also:

$$\overline{\Delta U^2} = \frac{J^2}{2}\left(\frac{R_D R_a{}^*}{R_D + R_a{}^*}\right)^2 = \frac{J^2}{2}\cdot R_p{}^2$$

$$\overline{\Delta U^2} = \frac{m^2}{8}\, T^2 \cdot U^4 \cdot R_p{}^2. \tag{45.9}$$

Das Rauschspannungsquadrat ist nun:

$$\overline{u^2} = [F^2 \cdot 2\, e\, J_D \cdot R_p{}^2 + 4\, k\, T_0\, (R_{\ddot a}{}^* + R_p{}^2/R_a{}^* + R_p{}^2/R_D)]\, \Delta f.$$

Bezeichnet man:

$$R_a{}^*/R_D = x; \qquad R_{\ddot a}/R_a = R_{\ddot a}{}^*/R_a{}^* = \alpha,$$

so wird:

$$R_p{}^2 = R_a{}^{*2}\left(\frac{1}{1+x}\right)^2 = R_D{}^2\left(\frac{x}{1+x}\right)^2$$

oder:

$$\overline{u^2} = R_a{}^*\left[2\, e\, J_D \cdot F^2 \cdot R_a{}^* \frac{1}{(1+x)^2} + 4\, k\, T_0\, \alpha + \right.$$
$$\left. + 4\, k\, T_0 \left(\frac{1}{(1+x)^2} + \frac{x}{(1+x)^2}\right)\right]\Delta f;$$

$$\overline{u^2} = 4\, k\, T_0\, \Delta f\, R_a{}^*\left[20\, F^2 J_D \frac{R_a{}^*}{(1+x)^2} + \alpha + \frac{1}{1+x}\right]. \tag{45.10}$$

Das Verhältnis *Signalspannungsquadrat* : *Rauschspannungsquadrat* am ersten Gitter ZF ist somit:

$$q = \frac{\overline{\Delta U^2}}{\overline{u^2}} = \frac{m^2 \cdot T^2 \cdot U^4}{8\, R_a{}^* \cdot 4\, k\, T_0\, \Delta f\left[20\, F^2 \cdot J_D \frac{R_a{}^*}{(1+x)^2} + \alpha + \frac{1}{1+x}\right]\frac{(1+x)^2}{R_a{}^{*2}}}$$

$$q = \frac{m^2\, T^2\, U^4}{32\, k\, T_0 \left\{20\, F^2 J_D + 1/R_D\left[\frac{\alpha(1+x)^2 + 1 + x}{x}\right]\right\}\Delta f}. \tag{45.11}$$

Da wir, wie oben erläutert, Leistungsanpassung auf der Antennenseite annehmen, so kann man als hochfrequente Eingangsleistung einführen:

$$N = U^2/(4\,R_e) \tag{45.12}$$

Man erhält dann für die zur Erzeugung eines bestimmten Verhältnisses q pro Hz Bandbreite notwendige Eingangsleistung:

$$\frac{N}{\Delta f}\,[\text{in}\,kT_0] = \frac{\sqrt{2}}{m\,T\,R_e\,k\,T_0}\sqrt{\frac{q}{\Delta f}}\sqrt{k\,T_0\left\{20\,F^2\,J_D + \frac{1}{R_D}\left[\frac{\alpha\,(1+x)^2+1+x}{x}\right]\right\}}. \tag{45.13}$$

Dies stellt die Empfindlichkeit des Detektorempfängers dar.

§ 46. Diskussion; optimale Betriebsdaten

R_e stellt nun den Eingangswiderstand des Detektors für die Hochfrequenz dar, wie er durch das hochfrequente Ersatzschaltbild des Detektors gegeben ist, während R_D der niederfrequente Ersatzwiderstand ist. Ersterer läßt sich angeben, wenn man die Widerstände R_q und R_b sowie die Steilheit der spezifischen Charakteristik $1/S$ (Abb. 1) kennt. Denn bei Fortstimmung der Blindkomponente des Detektors (meist kapazitiv) durch einen hochohmigen Resonanzkreis (Blindleitung) fällt C_0 ohne Transformation der ohmschen Anteile des Ersatzschaltbildes fort. Die Größen L und C' sind bei allen Detektoren einer Type ziemlich gleich, so daß die hierdurch bedingte Transformation nur einmal bestimmt zu werden braucht. Der Detektor erscheint dann auf der HF-Seite als:

$$R_e = \left(\frac{R_q}{1+S\,R_q} + R_b\right)_{\text{transf}}. \tag{46.1}$$

Auf der niederfrequenten Seite gilt:

$$R_D = \frac{R_q}{1+S\,R_q} + R_b. \tag{46.2}$$

Bestimmen wir nun weiter das Optimum des NF-Ankopplungsteiles [eckige Klammer in (45.13)] aus

$$\frac{\partial}{\partial x}\left(\frac{a\,(1+x)^2+1+x}{x}\right) = 0,$$

so folgt:

$$x_{\text{opt}} = +\sqrt{(1+\alpha)/\alpha}. \tag{46.3}$$

Mithin ist die bezüglich der Niederfrequenz-Ankopplung optimale Empfindlichkeit durch den Ausdruck gegeben:

$$\left(\frac{N}{\Delta f}\right)_{\text{opt}}[\text{in}\,k\,T_0] = \frac{\sqrt{2}\cdot\sqrt{q/\Delta f}}{m\,T\left(\frac{R_q}{1+S\,R_q}+R_b\right)_{\text{transf}} k\,T_0}\ \text{mal}$$

$$\text{mal}\ \sqrt{k\,T_0\left\{20\,F^2\,J_D + \frac{1+S\,R_q}{R_q+R_b\,(1+S\,R_q)}\left[2\left(\alpha+\sqrt{\alpha\,(1+\alpha)}\right)+1\right]\right\}}$$

oder:

$$\left(\frac{N}{\Delta f}\right)_{\text{opt}}[\text{in } k T_0] = \frac{\sqrt{5}}{m T} \cdot 10^{10} \sqrt{\frac{q}{\Delta f}} \frac{1}{\left(\frac{R_q}{1 + S R_q} + R_b\right)_{\text{transf}}} \text{ mal}$$

$$\text{mal} \sqrt{20 F^2 J_D + \frac{(1 + S R_q)[2(\alpha + \sqrt{(1+\alpha)\alpha}) + 1]}{R_q + R_b(1 + S R_q)}}. \quad (46.4)$$

Hierin ist dann implizite enthalten, daß die Antennenankopplung ebenfalls optimal eingestellt ist. Weiterhin können wir nun die Optimaleinstellung des Detektors einführen. Wir gehen davon aus, daß die ganze Leistung in die Randschicht fließen soll. Dann muß sein:

$$R_q \gg 1/S \text{ und } R_b \ll 1/S.$$

Es bleibt:

$$\left(\frac{N}{\Delta f}\right)_{\text{opt}}[\text{in } k T_0] = \frac{\sqrt{5}}{m} 10^{10} \sqrt{\frac{q}{\Delta f}} \frac{S}{T} \sqrt{20 F^2 J_D + S[2(\alpha + \sqrt{\alpha(1+\alpha)}) + 1]}. \quad \ldots (46.5)$$

Zu diesen vereinfachenden Annahmen kann man noch eine weitere hinzufügen: Bei einem Niederfrequenzverstärker läßt sich $\alpha \ll 1$ leicht erreichen, so daß dann das zweite Glied unter der Wurzel gleich S ist. Ferner fällt das erste Glied unter der Wurzel gegen S fort, da beim Detektor ohne Vorspannung nur Ströme von Bruchteilen eines μA fließen. Mithin wird:

$$\left(\frac{N}{\Delta f}\right)_{\text{opt}}[\text{in } k T_0] \approx \frac{\sqrt{5}}{m} 10^{10} \sqrt{\frac{q}{\Delta f}} \cdot \frac{S\sqrt{S}}{T}. \quad (46.6)$$

Arbeitet man jedoch mit Vorspannung, so muß man das erste Wurzelglied berücksichtigen. Um einen Zahlenwert für die optimale Empfindlichkeit zu erhalten, nehmen wir an:

$$S = 10^{-3} \text{ mA/V}; \quad S/T = 1/20;$$
$$f = 10^4 \text{ Hz}; \quad m = 1; \quad q = 1.$$

Es wird dann also: $(N/\Delta f)_{\text{opt}} = 2{,}24 \cdot 10^{10} \cdot 10^{-2} \cdot 5 \cdot 10^{-2} \cdot 0{,}033\, k T_0$.
$= 3{,}75 \cdot 10^5\, k T_0 \approx 10^6\, k T_0$.

Bei einer Bandbreite in der Niederfrequenz von: $\Delta f = 10^5 \cdots 10^6$ Hz ergibt sich:

$$(N/\Delta f)_{\text{opt}} = 10^4 \cdots 10^5\, k T_0.$$

Um von der Bandbreite unabhängige Angaben machen zu können, kann man nach H. Rothe auch die Größe a einführen, die wie folgt definiert ist:

$$a = x\,[\text{in } k T_0] \cdot \sqrt{\Delta f}.$$

Für die obigen Angaben ergibt sich dann als zugehöriger Wert:

$$a = 7{,}5 \cdot 10^7.$$

Setzt man ein Verhältnis $q = 1$ voraus, so erhält man als notwendige Signalleistung

$$N = 10^{-11} \text{ W}.$$

Man kann zeigen, daß der Wert für die optimale Empfindlichkeit eines Empfangsgleichrichters mit Hochvakuumdiode bei

$$(N/\Delta f)_{\mathrm{opt}} \approx 2 \cdot 10^8 \cdot \frac{1}{m} \sqrt{q/\Delta f} \text{ in } k\,T_0$$

liegt. Bei Verwendung von Detektoren kann man diesen Wert leicht um eine Zehnerpotenz verbessern:

$$(N/\Delta f)_{\mathrm{opt}} = 2 \cdot 10^7 \cdot \frac{1}{m} \sqrt{q/\Delta f} \text{ in } k\,T_0.$$

Dabei werden erhebliche Forderungen an die Kennlinienkrümmung T gestellt, da T/S groß sein soll, vgl. (46.6), ohne daß S unter einen Mindestwert sinkt. Dies aus Gründen der Anpassung und wegen der Unmöglichkeit, $R_q \gg 1/S$ und $R_b \ll 1/S$ zu machen. Schließlich sind ja auch T und S für gegebenen Kennlinienexponenten n proportional, da

$$T = (n - 1) \cdot S/U$$

ist. Es folgt daraus, daß der Kennlinienexponent möglichst groß sein muß; vgl. Teil VIII.

§ 47. Zurückführung der Betrachtung auf die statische Kennlinie

Ausgehend von (46.6) wollen wir nun kurz die für die statische Kennlinie zu ziehenden Folgerungen betrachten. Es wurde hierüber bereits in Teil VIII, Abschn. J, 3 berichtet. Einfacherweise kann die Forderung lauten:

$$T/S^{3/2} \textit{ möglichst groß!}$$

Man sieht, daß diese Bedingung um so schwerer zu erfüllen ist, je größer S ist. Breitbandigkeit und Empfindlichkeit sind also auch hier zwei widerstreitende Forderungen. Man schreibt besser:

$$T^2/S^3 \textit{ groß!}$$

Daß diese Doppelbedingung schwer erfüllbar ist, sieht man schon daran, daß T nur in der zweiten Potenz, S dagegen in der dritten vorkommt. Bezüglich der praktischen Einstellung optimaler Werte müssen wir auf Teil VIII, Abschn. J, 3 verweisen.

§ 48. Vergleich: Empfangsgleichrichter — Super

Der Empfangsgleichrichter ist dem Mischempfänger, was die Empfindlichkeit betrifft, unterlegen. Das rührt zunächst davon her, daß es beim Überlagerungsempfänger durch die zusätzlich aufgedrückte Wechselspannung möglich ist, in einem Gebiet guten Gleichrichter-Wirkungsgrades (Mischwirkungsgrad) zu arbeiten, denn η ist proportional

$$\frac{S_c}{S_g} = \frac{\textit{Konversionssteilheit}}{\textit{Richtkennliniensteilheit}}.$$

Der Wert von η nimmt nun mit wachsender Aussteuerung zu und erreicht in der Umgebung des Stromflußwinkels $\Theta = 90^0$ ein Optimum. Da nun die

Empfindlichkeit des Empfangsgleichrichters, also die Leistung pro Hz Bandbreite, noch der reziproken Wurzel aus der niederfrequenten Bandbreite proportional ist, so vergleicht man richtiger nicht die $k\,T_0$-Zahlen, sondern die Watt-Zahlen. Beim Empfangsgleichrichter fanden wir einen Wert von:

$$N_{\mathrm{opt}} \approx 10^{-11}\,\mathrm{W},$$

bei einem Überlagerungsempfänger mit einer ZF-Bandbreite von 3 MHz z. B. liegt die entsprechende Grenzleistung bei

$$N_{\mathrm{opt}} \approx 10^{-12} \ldots 10^{-13}\,\mathrm{W}.$$

Die Unterlegenheit des Empfangsgleichrichters wird dadurch abgeschwächt, daß das Verhältnis *Signal: Rauschen* $= q$ in die Empfindlichkeit des Empfangsgleichrichters nur mit $\sqrt{q}$, in diejenige des Superheterodynes aber linear eingeht. Außerdem wird mit zunehmender Empfangsbandbreite die Empfindlichkeit des Empfangsgleichrichters mit der Wurzel aus der Bandbreite besser. Beim Super bleibt sie unverändert.

§ 49. Meßmethode und Meßergebnisse

Verf. hat im Rahmen des Telefunken-Laboratoriums auf Veranlassung von H. Rothe vielfach Empfindlichkeitsmessungen an Detektorempfängern, insbesondere an Breitbandempfängern für eine Wellenlänge von $\lambda = 10$ cm durchgeführt. Die Eichung der Meßsender geschah bolometrisch und wurde mehrfach kontrolliert. Ebenso wurde eine Eichung nach Modulationsgrad vorgenommen und dann stets auf 100% umgerechnet, zum einfachen Vergleich mit den berechneten Werten. Die NF-Bandbreite betrug meist: $\Delta f = 4 \cdot 10^4$ Hz. Die Leistung errechnet sich aus den angegebenen x-Werten nach:

$$N_h = x \cdot \Delta f \cdot 4 \cdot 10^{-21}\,\mathrm{W},$$

bzw. aus den a-Werten:

$$N_h = a\sqrt{\Delta f} \cdot 4 \cdot 10^{-21}\,\mathrm{W}.$$

Der günstigste gemessene Wert liegt bei: $N_h = 5 \cdot 10^{-11}$ W. Die Werte streuen im allgemeinen zwischen $10^{-8} \cdots 10^{-10}$ W. Um einen Überblick über den Zusammenhang zwischen Kennlinienkonstanten und Empfindlichkeit zu gewinnen, wurden bei einer großen Anzahl von Detektoren die statischen Kennlinien aufgenommen und das Rauschen gemessen. Daraus wurden die interessierenden Konstanten bestimmt:

n = *Kennlinienexponent im Flußgebiet*;
K = *Steilheitskonstante*;
ϱ = $\mathrm{tg}\,\alpha$ = *Sperrstromsteilheit*;
S = *Flußstromsteilheit*;
$T = \dfrac{\partial^2 J}{\partial U^2}$ = *Krümmungsmaß*.

Rauschtemperaturfaktor im Nullpunkt, Fluß- und näheren Sperrgebiet.

Der Rauschtemperaturfaktor p hatte bei diesen Detektoren (Silizium-Schicht, aufgedampft nach Günther [2] ausgehend von $SiCl_4$) stets die Größenordnung des Grenzwertes im engeren Nullpunktsgebiet.

In der Tabelle 1 sind einige aus den Kennlinien ermittelte Konstante für solche Si-Detektoren zusammengestellt und es ist die gemessene Grenzempfindlichkeit angegeben, sowohl in $k\,T_0$ als in Watt und in der Größe a.
Bei einem Vergleich der berechneten mit den gemessenen Werten einiger Detektoren erhalten wir folgendes Bild:

Es ist gesetzt: $m = 100\%$; $\Delta f = 4 \cdot 10^4$ Hz; $q = 1$.
Daher:

$$\left(\frac{N_h}{\Delta f}\right)_{\mathrm{opt}} = 1{,}12 \cdot 10^8 \cdot \frac{S\sqrt{S}}{T}\,k\,T_0.$$

Die Krümmung T ergibt sich für die jeweilige Aussteuerspannung aus n gemäß:

$$T/S = (n-1)/U_{[\mathrm{Volt}]}$$

Detektor 1 liefert z. B. für $n = 1{,}85$; $S = 0{,}13 \cdot 10^{-3}$ (mA/V) den Wert

$$(N_h/\Delta f) = 0{,}8 \cdot 10^5\,kT_0 = 1{,}2 \cdot 10^{-11}\ \mathrm{W}.$$

Gemessen ist $1{,}4 \cdot 10^6\,kT_0$ oder hier $2{,}2 \cdot 10^{-10}$ W.

Detektor 2:

$(N/\Delta f)$ *gemessen* $= 5{,}6 \cdot 10^6\,kT_0 = 9 \cdot 10^{-10}$ W;
$(N/\Delta f)$ *berechnet* $= 6 \cdot 10^5\,kT_0 = 9 \cdot 10^{-11}$ W.

Detektor 5:

$(N/\Delta f)$ *gemessen* $= 6{,}5 \cdot 10^6\,kT_0 = 1{,}2 \cdot 10^{-9}$ W.
$(N/\Delta f)$ *berechnet* $= 5{,}8 \cdot 10^5\,kT_0 = 0{,}9 \cdot 10^{-10}$ W.

Detektor 14:

$(N/\Delta f)$ *gemessen* $= 1{,}1 \cdot 10^6\,kT_0 = 1{,}8 \cdot 10^{-10}$ W;
$(N/\Delta f)$ *berechnet* $= 0{,}9 \cdot 10^5\,kT_0 = 1{,}4 \cdot 10^{-11}$ W.

Es wurde versucht, durch Anlegen einer positiven bzw. negativen Vorspannung an die Detektoren die Empfindlichkeit zu verbessern. Die Empfindlichkeit läßt sich hier, anders als im Mischbetrieb, dadurch nicht verbessern[1]).
Die Übereinstimmung zwischen gemessenen und errechneten Werten ist also nur bis auf einen Faktor 10 zu erreichen. Das ist ein Abstand, der in Anbetracht der Meßschwierigkeiten bei $\lambda = 10$ cm klein ist und wohl insbesondere durch die Frage der hochfrequenzseitigen Anpassung zu lösen ist. Denn bei einem Zwischenschalten von Abtastleitungen zwischen Schwächungsglied des Meßsenders und Eingang des Empfängers ergaben sich Wellenverhältnisse zwischen 1 : 3 und 1 : 10. Ferner sind die der Rechnung zugrundegelegten Werte aus der statischen Kennlinie entnommen. Diese gilt aber nur im idealen Anpassungsfalle an die Randschicht selbst. Es ist unwahrscheinlich, daß das auch nur in einem einzigen Falle erreicht wurde. Dazu kommen die inneren Verluste im Detektor, die wir beim Übergang auf (46.5) vernachlässigt haben.

---

[1]) Vgl. hierzu: Naturforschung und Medizin in Deutschland 1939···1946 (F. I. A. T. Review), Bd. 15; Elektronenemission, Teil I; Dr. K. Seiler: Detektoren, Seite 291, Abb. 9 und Seite 292, Abb. 10.

Tabelle 1

Nr.	Kennlinie: n bei 0,2 V	n bei 0,05 V	$K \cdot (10^3) =$ bei 0,2 V	bei 0,05 V	$\varrho = \operatorname{tg} \alpha$: ϱ_{Sperr} (mA/V)	$\varrho_{Fluß}$ (mA/V)	Rauschen, Rauschtemperaturfaktor p: i. Nullpunkt	Sperrgebiet 0,06 V	− 0,04 V	− 0,02 V	Flußgebiet + 0,02 V	+ 0,04 V	+ 0,06 V	Empfindlichkeit (Meßweite): x in kT_0	a	N_h in W
1	3,06	1,8	4,4	2,8	0,13	11,4	1,7	11,1	6	2,9	1,9	2,9	4,35	$1,4 \cdot 10^{6}$	$2,8 \cdot 10^{8}$	$2,2 \cdot 10^{-10}$
2	2,4	1,3	9,9	1	0,26	5,9	1,5	15	6,8	2,6	3,3	7,8	15	$5,6 \cdot 10^{6}$	$1,1 \cdot 10^{9}$	$9 \cdot 10^{-10}$
3	2,5	1,7	20	3,4	0,29	7,12	1,2	8	4,5	2,2	2,1	4,6	8	$2,4 \cdot 10^{6}$	$4,8 \cdot 10^{8}$	$3,8 \cdot 10^{-10}$
4	2,0	1,5	12,5	3,3	0,49	7,10	0,8	4,7	2,9	1,5	1,2	1,9	—	$3,9 \cdot 10^{6}$	$8 \cdot 10^{8}$	$6,2 \cdot 10^{-10}$
5	2,3	1,3	6,4	0,6	0,18	3,08	1,6	7,7	4,1	2,25	1,8	2,5	3,7	$6,5 \cdot 10^{6}$	$1,3 \cdot 10^{9}$	$1,2 \cdot 10^{-9}$
6	2,2	1,5	9,5	2,0	0,27	4,33	1,5	23	10	3,5	2,3	4,2	6,7	$8,5 \cdot 10^{6}$	$1,7 \cdot 10^{9}$	$1,36 \cdot 10^{-10}$
7	2,3	1,8	10	1,8	0,05	4,35	1,5	7,7	4,9	2,7	2	4	7,5	$8,5 \cdot 10^{6}$	$1,7 \cdot 10^{9}$	$1,36 \cdot 10^{-10}$
8	1,5	1,4	2,6	1,8	0,12	6,31	1	—	1,7	1,09	1,1	1,6	—	$6,8 \cdot 10^{6}$	$1,7 \cdot 10^{9}$	$1,1 \cdot 10^{-9}$
9	2,5	1,9	16	4,4	0,3	9,5	1	3,25	2	1,08	1,2	2,1	3,6	$3 \cdot 10^{6}$	$6,2 \cdot 10^{8}$	$5 \cdot 10^{-10}$
10	2,9	1,5	8,2	0,4	0,12	3,27	3,35	—	7	4,15	3,65	4,4	—	$6,3 \cdot 10^{7}$	$1,2 \cdot 10^{10}$	$1 \cdot 10^{-8}$
11	1,8	1,3	7,5	1,5	0,23	5,14	1	4,6	3,1	1,4	1,1	1,9	3,5	$2,1 \cdot 10^{6}$	$4,2 \cdot 10^{8}$	$3,4 \cdot 10^{-10}$
12	2,1	1,0	19	0,9	0,25	14,30	1,4	5,7	3,7	2,3	1,5	2,2	3,4	$4,6 \cdot 10^{6}$	$9,2 \cdot 10^{8}$	$7,4 \cdot 10^{-10}$
13	2,3	1,4	28	1,75	0,18	14,30	1,3	7	3,8	2	1,5	2,5	3,6	$3,5 \cdot 10^{7}$	$7 \cdot 10^{9}$	$5,6 \cdot 10^{-9}$
14	1,9	1,9	1,15	0,85	0,03	1,03	~ 1	—	2,49	1,58	1	1,4	—	$1,1 \cdot 10^{6}$	$2,2 \cdot 10^{8}$	$1,8 \cdot 10^{-10}$
15	1,6	1,2	3,7	1,15	0,23	2,90	4,8	6,45	5,65	5,6	4,3	3,6	2,8	$2,5 \cdot 10^{6}$	$5 \cdot 10^{8}$	$4 \cdot 10^{-10}$
16	1,5	1,2	2,8	1,05	0,10	3,49	1,28	—	4,5	2,3	2,4	—	—	$5,6 \cdot 10^{6}$	$1,1 \cdot 10^{9}$	$9 \cdot 10^{-10}$

Bei einer genaueren Betrachtung müßte man von (46.4) ausgehen. Uns kam es vor allem darauf an, eine leicht zu übersehende Formel für die Beurteilung von Detektoren abzuleiten.

§ 50. Zusammenfassung von Teil IX

Die Berechnung der Empfindlichkeit des Detektorempfangsgleichrichters wird in 3 Stufen vorgenommen. Zunächst wird die Anpassungsfrage auf der Antennenseite behandelt, wobei sich zeigt, daß für den jeweiligen Detektor unbedingt Leistungsanpassung mittels des zwischen Antenne und Detektor liegenden Vierpols eingestellt werden muß, damit der Detektor maximale Spannung erhält, wobei der Ersatzvierpol des Detektors mit einzubeziehen ist. Diese Forderung muß bei merklichem NF-Rauschen ($R_ä$ der ersten Röhre) modifiziert werden [Formel (45.6)], wie sich aus den Betrachtungen des Rauschquellenersatzschemas ergibt. In erster Näherung kann man jedoch hiervon absehen.

Mit dieser Annahme wird sodann die Empfindlichkeit ausgerechnet [Formel (46.4)]. Unter Einführung gewisser Vereinfachungen erhält man eine Merkformel für ein Verhältnis *Signal: Rauschen* = 1 und 100%ige Modulation:

$$\left(\frac{N}{\Delta f}\right)_{\text{opt}} = \sqrt{5} \cdot 10^{10} \frac{S}{T} \sqrt{\frac{S}{\Delta f}}\, k\, T_0.$$

Nach dieser Formel sind nachweisbare Leistungsbeträge in der Größenordnung 10^{-11} W zu erwarten.

Es wird kurz eine Betrachtung über die Einstellung der statischen Kennlinie und ihren Einfluß auf die Empfindlichkeit durchgeführt. Der Unterschied zwischen Empfangsgleichrichter und Superheterodyne wird kurz behandelt und schließlich werden Meßwerte angegeben und mit berechneten Werten verglichen.

Literatur zu Teil IX

1] A. Weißfloch: Anwendung des Transformatorsatzes etc. H. F.-Techn. und Elektroakustik 61 (1943) 19—23

2] Vgl. hierzu: Naturforschung u. Medizin in Deutschland 1939···1946 (F.I.A.T.-Review)

X. TEIL

Die Messung der Empfindlichkeit und die Probleme des Meßsenderbaues sowie der Eichverfahren im Zentimeterwellengebiet

§ 51. Technik konzentrischer Leitungen

Das Grundsätzliche des Problems der Messung von Empfängerempfindlichkeiten ist bereits ausführlich in der Literatur behandelt worden (s. vor allem [1]). Insbesondere ist der kapazitive Spannungsteiler mit ohmschem Lastwiderstand (meist 70 Ω) sowie die Genauigkeit bolometrischer Leistungsmessung diskutiert worden. Wir wollen daher hier nur kurz über wesentliche Punkte berichten und dann auf einige besondere meßtechnische Fragen eingehen, die bei Empfindlichkeitsmessungen auftreten und die in der Literatur anscheinend noch nicht behandelt sind.

Das Glied, das eine elektrische Leistungsdosierung gestatten soll, muß folgenden Bedingungen genügen:

a) Bei Leistungsänderung durch Verschieben des beweglichen Teiles des Eichgliedes darf sich der Innenwiderstand der Quelle (zum Meßobjekt gesehen) nicht verändern;
b) der Spannungsindikator am Eingang zum Schwächungsglied muß ebenfalls von der Stellung des beweglichen Teils unabhängig anzeigen;
c) die Eichkurve soll einfach (extrapolierbar) und berechenbar sein;
d) das Indikatorglied am Eichgliedeingang soll Breitbandcharakter haben; die Änderung der Anzeige bei Frequenzvariation soll also gering sein.

Diese Bedingungen werden im Bereich niederer Frequenzen, bis zu 3000 MHz, durch das bekannte, in Abb. 1 skizzierte Schwächungsglied erfüllt.

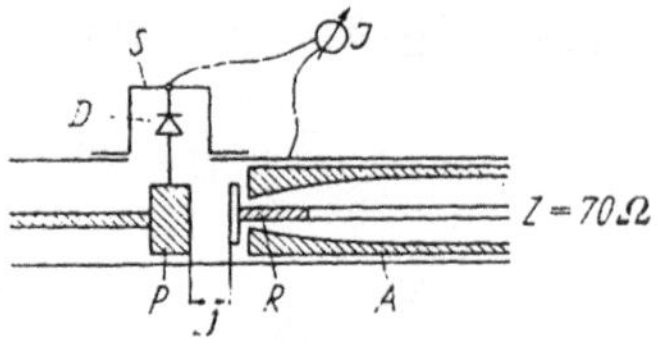

Abb. 1. E_{01}-Hohlrohrschwächungsglied. P = Festpilz; R = Anpassungswiderstand (≈ 70 Ω); A = beweglicher Teil; Δ = *variabler Abstand*; D = Detektorindikator.

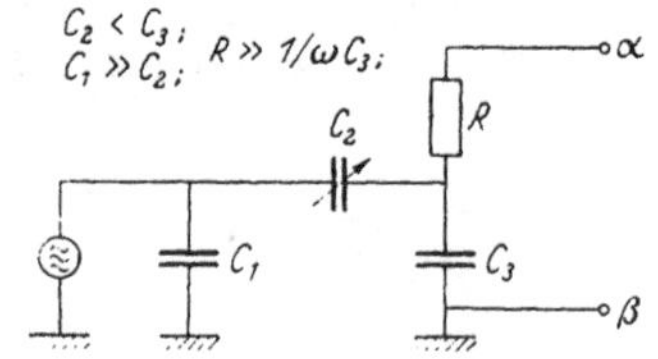

Abb. 2. Schema des Schwächungsgliedes Abb. 1.

Das Ersatzschaltbild Abb. 2 zeigt, daß die Quellspannung durch die Kapazität C_2 variierbar ist. Da aber der Widerstand von C_2 bei der betrachteten Frequenz klein gegen R ist, so bedeutet dies für die Empfängerklemmen α, β eine Leistungsvariation bei *konstanter* Anpassung an R. Damit keine Leistungsverluste durch stehende Wellen auf der Verbindungsleitung (Fehlanpassung) entstehen, soll $R =$ *dem Wellenwiderstand (z)* der Leitung zum Empfänger sein. Dieser wiederum soll den gleichen Eingangswiderstand R haben. Auf diese Weise ist eine exakte Leistungsmessung möglich. Das skizzierte Meßglied gehorcht dem einfachen Dämpfungsgesetz elektromagnetischer E_{01}-Wellen in einem Rundrohr unter Grenzdurchmesser:

$$d = \frac{2\pi}{\lambda_{gr}} = \sqrt{1 - \left(\frac{\lambda_{gr}}{\lambda}\right)^2} = \frac{4{,}8}{D}\sqrt{1 - \left(\frac{1{,}3 \cdot D}{\lambda}\right)^2} \text{ Neper/cm},$$

da $\lambda_{gr} = \frac{\pi D}{2{,}405}$ zu setzen ist. $D =$ *Rohrdurchmesser* in cm. Man wählt D so klein, daß bis zu den höchsten, vorkommenden Frequenzen die Spannungsteilung noch praktisch frequenzunabhängig ist. Ein Durchmesser $D = 20$ mm ergibt eine Dämpfung von:

Neper/cm	2,15	2,1	2,05	1,7
bei λ in cm	30	20	10	5

Wenn man auch auf einem möglichst breiten Frequenzgebiet mit möglichst konstanter Dämpfung arbeiten will, so liegt doch andererseits ein Interesse vor, die Ablesegenauigkeit zu erhöhen. Wählt man den Durchmesser zu klein, so ergeben sich daraus mechanische Schwierigkeiten (starke Dämpfung, feine Unterteilung!). Ein Kompromiß ist hier notwendig, indem man die verlangte Genauigkeit erstens in bezug auf die verlangte Frequenzvariation, zweitens in bezug auf die Ablesegenauigkeit prüft. Auf diese grundsätzlichen Erörterungen zum Meßglied-Problem beziehen wir uns weiter unten bei Besprechung des Hohlrohr-Spannungsteilers in der Hohlrohr-Technik.

Der hier erwähnte zylindrische Spannungsteiler eignet sich erfahrungsgemäß sehr gut für Empfindlichkeitsmessungen an Empfängern mit konzentrischem Eingang, da man den kapazitiven Spannungsteiler zwanglos in ein konzentrisches Kabel auslaufen lassen kann.

Eichverfahren

Ebenso wie die Abdichtung eines Meßsenders von grundsätzlicher Bedeutung ist für die Genauigkeit von Empfindlichkeitsmessungen, so muß die Eichung als Kernproblem des Verfahrens bezeichnet werden. Dabei ist es wesentlich, sich über die Fehlergrenzen Klarheit zu verschaffen. Es genügt ja nicht, Leistungen nachzuweisen, die noch in der Größe der meßbaren Beträge von $10^{-6} \ldots 10^{-8}$ W liegen, sondern man muß gleichzeitig wissen, daß dies auch die dem Sender unter den gegebenen Bedingungen *maximal* entziehbare Leistung darstellt. Zu solchen Messungen benutzt man vorwiegend Fadenbolometer, aus deren Widerstands-Leistungs-Kennlinie $R = f(N)$ sich die aufgenommene Leistung in einer Brückenschaltung ermitteln läßt.

Die Schwierigkeiten der Messung sind durch folgende Fragen gekennzeichnet:

(a) Welche Verluste treten zwischen Meßsenderausgang und Eingang zur Bolometerapparatur auf?

(b) Wie groß sind die Verluste in den Anpassungsgliedern?

(c) Welche Fehler hat die Brückenmethode?

(d) Wie groß sind die durch ungleichmäßige Stromverteilung auf dem Bolometerfaden entstehenden Fehler? (Unterschied zwischen Gleichstrom-Eichung und Hochfrequenzmessung).

(e) Inwieweit ist die Sondenanzeige am Eingang zum Spannungsteiler des Meßsenders ein Maß für gleiche Eingangsleistung zum Schwächungsglied? (Frequenzabhängigkeit der Sondenanzeige).

Im Gebiet längerer Wellen ($\lambda = 50$ cm) spielen die Fragen (a), (b), (d) sowie (e) eine geringe Rolle. Für die Brückenmethode merkt man sich, daß eine Eineichung des Ausschlages des Nullinstruments — man benutzt nämlich bei den hier vorkommenden geringen Widerstandsschwankungen diesen zur Ablesung von ΔR — dann den kleinsten Fehler hat, wenn die Brücke durch eine niederohmige Quelle gespeist wird (kleine R_0-Werte, Abb. 3), und auch das Nullinstrument niederohmig ist. Außerdem sollen möglichst alle Brückenwiderstände von gleicher Größe sein: $R_1 = R_2 = R_3 = R_4$. Hat man also einen Bolometerarbeitswiderstand von 100 Ω, so sollen alle Brückenwiderstände auch auf 100 Ω eingestellt werden. Der Innenwiderstand des Nullinstrumentes (Galvanometers) soll dann kleiner als 100 Ω sein, und die Spannungsquelle soll dann einen Innenwiderstand von nur wenigen Ohm haben.

Bei wachsender Frequenz treten die Fragen (a), (b), (d) und (e) in den Vordergrund.

Die Verluste zwischen Meßsender und Bolometer bestimmt man aus dem Wellenverhältnis $U_{max} : U_{min}$ auf einer zwischengeschalteten Abtastleitung.

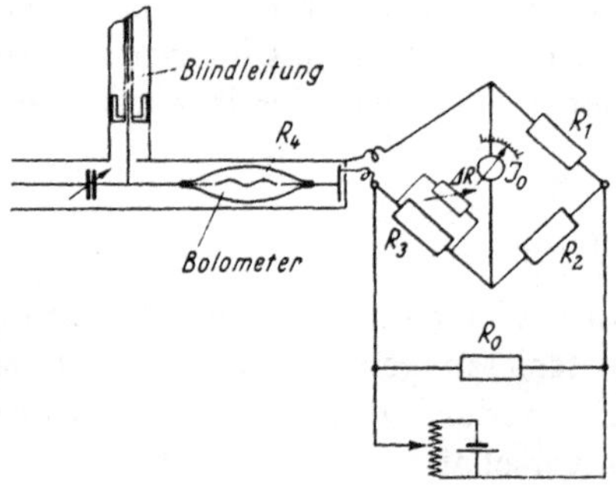

Abb. 3. Brücke mit Bolometer und Anpassungsglieder auf der HF-Seite.

Die Verluste in den Anpassungsgliedern sind nicht hoch, wenn man den Bolometer-Gleichstrom-Widerstand in die Größenordnung des Wellenwiderstandes der benutzten Kabel legt (meist 70 Ω). Um Anpassung zu erzielen, bedarf es dann lediglich der Wegstimmung der induktiven Komponente des dünnen Bolometerfadens, die mittels einer praktisch verlustlosen Serienkapazität erzielt wird. Eine Transformation auf den genauen ohmschen Wert ist dann leicht durch eine Parallelstichleitung (Parallelleitung mit variablem Kurzschlußpunkt) am Bolometereingang zu erreichen (Abb. 3); vgl. [2].

Ist die Abweichung des Bolometerwiderstandes vom Wellenwiderstand bedeutend — bei höheren Frequenzen legt man Wert auf kleine Ausdehnung des Bolometers; dann ist das Bolometer niederohmiger, wenn man nicht gleichzeitig die Fadendicke sehr verringert — so nähert man sich mit dem Kurzschlußschieber dem $\lambda/2$-Punkt, wobei die Verluste groß werden können (Strombauch auf der Stichleitung).

Man kann dies jedoch vermeiden, wenn es gelingt, dünneres Fadenmaterial zu verarbeiten. Fadendicken unter 5 μ bis zu 1 μ sind bereits erfolgreich verarbeitet worden. Abb. 4 stellt die Eichkurve $N = f(R)$ eines 2-μ-Faden-Bolometers mit 2 mm Fadenlänge dar, wie es für Hohlrohrmessungen im Wellenlängengebiet um $\lambda = 3$ cm Verwendung fand[1]); vgl. unter X, 2. Man erhält hier im mittleren Bereich (um $R = 400\Omega$) die hohe Bolometerempfindlichkeit von $\Delta = 1{,}4\ \Omega/\mu$W. Frage (d) spielt also auch im Ultrahochfrequenzgebiet, etwa bis $\lambda = 3$ cm noch nicht die entscheidende Rolle. Im Notfall kann man ja auch eine Fadenlänge $l > \lambda/2$ wählen, wodurch sich die Fehler durch ungleichmäßige Stromverteilung wegmitteln. Frage (a) und (b) können auch bei höchsten Frequenzen beantwortet werden, wenn geeignete Aufbauten vorliegen.

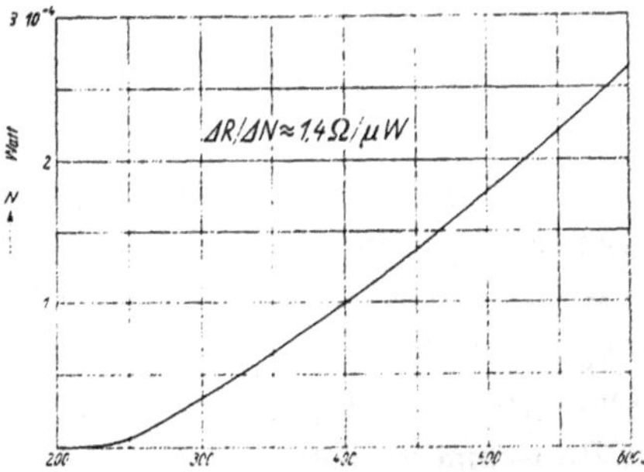

Abb. 4. Leistungs-Widerstandscharakteristik eines Bolometers mit 2 μ-Faden; $\Delta R/\Delta N = 1{,}4\ \Omega/\mu$W.

Bei vielen Messungen dieser Art ist festgestellt worden, daß eine Einstellung der Anpassungsglieder einfach auf Grund der Widerstandsänderung des Bolometers (maximale Zunahme) stets auch mit dem günstigsten Punkt auf der Meßleitung zwischen Meßleitung und Bolometer ($U_{max}/U_{min} \approx 1$) übereinstimmt. Liegt nämlich der Fadenwiderstand schon in der Größenordnung des Wellenwiderstandes der Leitungen, so kann man damit rechnen, daß man mit den Anpassungsgliedern (Stichleitungen) nicht gerade so eingeregelt sein muß, daß der Kurzschlußschieber in der Nähe eines Strombauches liegt.

Es bleibt demnach Frage (c) besonders im Gebiet unter $\lambda = 10$ cm entscheidend. In diesem Frequenzgebiet baut man dann anstatt Hochvakuumdioden Detektoren als Indikatoren ein. Die Alterung bzw. Inkonstanz der Halbleiter muß hier besonders berücksichtigt werden durch häufigere Kontrolle mittels Bolometer. Man kann auch einen Bolometeraufbau zur Anzeige verwenden.

Liegt ein Meßsender für einen größeren Frequenzbereich vor, so muß die Frequenzabhängigkeit der Meßsonde eingeeicht werden. Das geschieht meist wie folgt: Man nimmt für variierte Frequenz die Eichkurve des Meßsenders auf. Das ergibt um bestimmte Faktoren verschobene Eichkurven. Im allgemeinen baut man den Indikatordetektor möglichst direkt auf den Festpilz auf (Abb. 5). Es bleibt dann immer noch die durch das Detektorersatzschaltbild gegebene Frequenzabhängigkeit, die ab $\lambda = 6$ cm beträchtlich wird.

[1]) Hergestellt von Ing. Oscar Walter, z. Z. Paris, Westinghouse.

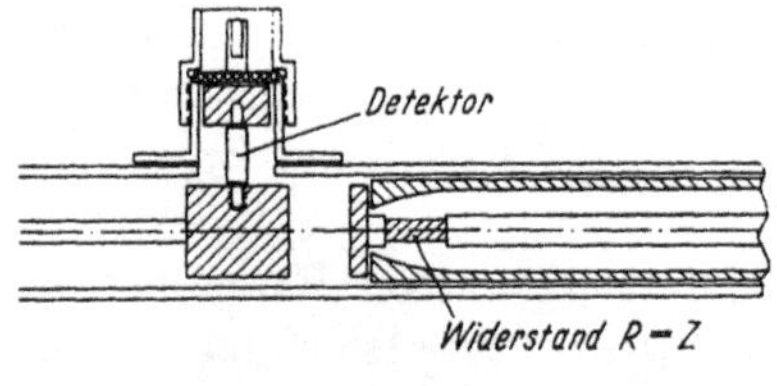

Abb. 5. Konstruktionsskizze zu Abb. 1.

Ist die Abweichung der Eichkurven voneinander in dem betrachteten Frequenzbereich für ein und dieselbe Sondenanzeige durch einen Faktor darstellbar, so nimmt man zur Eichkurve bei der niedrigsten Frequenz die sogenannte *Faktorkurve* auf, die also den neuen Wert bei geänderter Frequenz durch Multiplikation mit einem Faktor für die jeweilige Einstellung des Schwächungsgliedes zu finden gestattet.

Eichung des Anzeigeinstrumentes hinter dem Zwischenfrequenzverstärker (Diodenanzeige).

Hier fügen wir die Eichfrage des Verstärkers ein, die in allen Fällen, unabhängig von der verwandten HF-Technik von großer Bedeutung für die Meßgenauigkeit ist. Bei den wichtigsten drei Messungen:

1. Rauschmessungen;
2. Empfindlichkeitsmessungen (in kT_0 oder Ws);
3. Messung der Konversionsverluste (in Dezibel oder Neper), deren Prinzip wir weiter unten besprechen, benötigt man einen bis ins einzelne geeichten Verstärker, auf dessen Eingangskreis eine Rauschdiode arbeitet. Diese dient erstens zur Kontrolle des ZF-Verstärkers und seiner Eichung, zweitens für die Messung von Rauschfaktoren und Konversionsverlusten. Denn eine im Sättigungsgebiet betriebene Diode stellt den idealen Stromgenerator mit dem Innenwiderstand unendlich dar.

Um die Beziehung zwischen Eingangsleistung und Ausschlag des ZF-Verstärkers zu prüfen, nimmt man die Kurve: *Ausschlag = f (Anodenstrom der gesättigten Diode)* auf. Abb. 6 stellt eine solche Kurve dar in doppelt logarithmischer Auftragung. Bei jeder genaueren Empfindlichkeitsmessung muß man durch Aufnahme einer solchen Kurve vorher die Frage geklärt haben: Wie ist das Ausschlagsverhältnis z. B. für eine Verdopplung der Leistung einzustellen? Sind die einzustellenden Ausschläge in ihrer Größe vergleichbar,

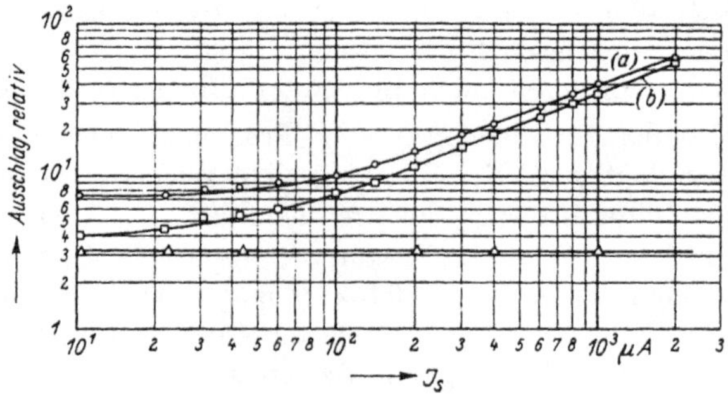

Abb. 6. Ausschlag am Ausgang des ZF-Verstärkers als Funktion der Rauscheinströmung, gegeben durch den Sättigungsstrom J_s in μA (*a*) vor und (*b*) nach Abzug des Kurzschlußrauschens.

so kann man die Eichkurve stückweise durch eine Gerade in doppelt logarithmischem Maßstab approximieren. Die einzustellenden Ausschläge sind immer in ihrer Größe gleich, da man von einem Verhältnis *Signal* : *Rauschen* = 1:1 ausgeht.

Man setzt also an:

$$\log A = \log A_0 + q \log J_s; \tag{51.1}$$

dabei ist:

$$A = \textit{Ausschlag}; \quad A_0 = \textit{Ausschlag} \text{ für } J_s = 0;$$
$$J_s = \textit{Sättigungsstrom}; \quad q = \textit{Kurvenexponent}.$$

Daraus folgt:

$$A/A_0 = J_s^q \text{ und } (A/A_0)^{1/q} = J_s. \tag{51.2}$$

Die Kurve wird mit konstantem Eingangswiderstand R_E des Eingangskreises aufgenommen. Daraus folgt, daß J_s, der Anodenstrom der gesättigten Diode, eine Spannungsschwankung von der Größe

$$\overline{\Delta u^2} = R_E^2 \cdot \overline{i^2}$$

hervorruft, wobei

$$\overline{i^2} = 2\, e\, J_s\, \Delta f.$$

Daher gilt:

$$J_s = C \cdot \overline{\Delta u^2};$$

(51.2) läßt sich daher schreiben:

$$(A/A_0)^{1/q} = C\, \overline{\Delta u^2}.$$

Da ferner:

$$(1/A_0)^{1/q} = \text{const},$$

so gilt:

$$A^{1/q} = C' \cdot \overline{\Delta u^2} \tag{51.3}$$

als Beziehung zwischen dem Ausschlag am Ausgang und der Änderung des mittleren Rauschspannungsquadrates am Eingang. Die Differenz zweier Ausschläge ist:

$$A_2^{1/q} - A_1^{1/q} = K\,(\overline{\Delta u_2^2} - \overline{\Delta u_1^2}); \tag{51.4}$$

$$(A_2/A_1)^{1/q} \approx \overline{\Delta u_2^2}/\overline{\Delta u_1^2}.$$

Daher gilt für das gesamte Verhältnis (Verdopplung der Rauscheinströmung durch eine Signaleinströmung)

$$\overline{\Delta u_2^2/\Delta u_1^2} = 2; \qquad A_2/A_1 = 2^q.$$

Hier geht also der Eichkurvenexponent q ein. Im allgemeinen rechnet man mit einem linearen Verstärker. Das ergibt: $q = 1/2$. Man hat also dann zur Verdopplung der Leistung $A_1\sqrt{2}$ einzustellen, um A_2 zu erhalten. Ist die Anzeige quadratisch, so ergibt sich $q = 1$. Die q-Werte liegen im allgemeinen zwischen diesen beiden Werten.

Messung von Leitwerten (Widerständen) mittels Rauscheinströmungen; vgl. [3].

Abb. 7 veranschaulicht den Eingangskreis der Meßapparatur. Der Detektor (Diode) habe den Innenwiderstand R_i (Leitwert G_i). Der äquivalente Kreisleitwert sei G_z. Die Rauschdiode liefere den Anodenstrom J_s. $R_ä$ ist der äquivalente Rauschwiderstand des ZF-Verstärkereingangs. Wir nehmen an,

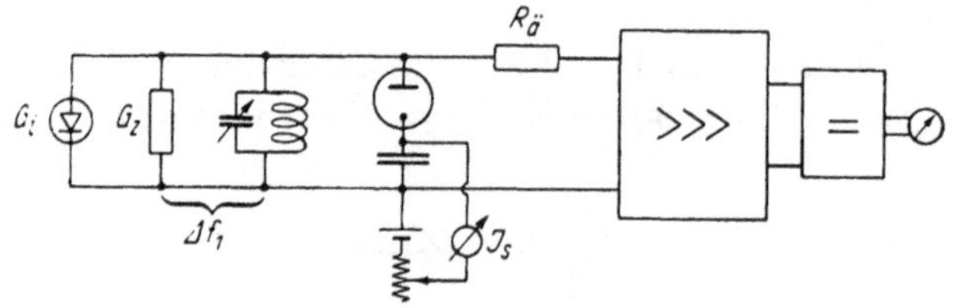

Abb. 7. Prinzipschaltbild für die Rauschquellen am Eingang zum ZF-Verstärker.

daß $G_z \gg G_{\text{Kreis}}$ ist. Ferner sei unterstellt, daß G_z mit Raumtemperatur rauscht und daß die für die Rauschspannung maßgebende Bandbreite durch den nachfolgenden ZF-Verstärker und nicht durch den Kreis hinter der Mischdiode bestimmt wird: $\Delta f < \Delta f_1$. Diese Bedingungen können für den speziellen Zweck solcher Messungen stets erfüllt werden.

Bestimmung von G_z: Die Mischdiode bleibt ungeheizt (oder der Detektor hat die Polarisationsspannung Null). Das Rauschen von G_z gibt am Ausgangsvoltmeter die Gesamtspannung $\overline{u_2}$, von der das Verstärkerrauschen abzuziehen ist:

$$\overline{u_\alpha} = \sqrt{\overline{u_2^2} - \overline{u_1^2}}\,. \tag{51.5}$$

Das Verstärkerrauschen ergibt sich einfach, wenn man den Detektor abschaltet und die Rauschdiode ungeheizt läßt. Dann zeigt der als linear angenommene Verstärker eine Rauschspannung

$$\overline{u_2^2} = 4\,k\,T_0\big((1/G_z)\,\Delta f_1 + R_ä\,\Delta f\big)\cdot V \tag{51.6}$$

an.

V = *Leistungsverstärkung*;
k = *Boltzmannsche Konstante*;
$R_ä$ = *äquivalenter Rauschwiderstand der ersten Verstärkerröhre*;
T_0 = *Zimmertemperatur in* ° *abs.*;
Δf_1 = *Bandbreite gemessen an* G_z;
Δf = *Bandbreite des Anodenkreises der ersten* ZF-*Röhre.*

Von der Rauschspannung (51.6) ist das Rauschen im Kurzschlußfall abzuziehen. Für $G_z \to \infty$ wird (51.6) zu:

$$\overline{u_1^2} = 4\,k T_0\,\Delta f\, R_ä \cdot V. \tag{51.7}$$

Dann stellt man am Rauschnormal einen solchen Anodenstrom J_s ein, daß die Ausgangsspannung um einen gut meßbaren Betrag auf $\overline{u_3}$ steigt. $\sqrt{u_3^2 - u_2^2} = \overline{u_\beta}$ ist die durch den Rauschstrom $\overline{i_r} = \sqrt{2\,e\,J_s\,\Delta f}$ erzeugte, zusätzliche Rauschspannung.

Es gilt also:

$$\frac{\overline{u_\alpha}}{\overline{u_\beta}} = \frac{\sqrt{\overline{u_2^2} - \overline{u_1^2}}}{\sqrt{\overline{u_3^2} - \overline{u_2^2}}} = \frac{\sqrt{4kT_0 \Delta f/G_z}}{(1/G_z)\sqrt{2eJ_s\Delta f}}$$

oder:

$$G_z = \frac{2eJ_s}{4kT_0} \cdot \frac{\overline{u_2^2} - \overline{u_1^2}}{\overline{u_3^2} - \overline{u_2^2}}.$$

Mit J_s in mA ergibt sich:

$$G_z = 20\, J_s \cdot \overline{u_\alpha^2}/\overline{u_\beta^2} \text{ in mS (Millisiemens).} \tag{51.8}$$

Bestimmung von G_i: Im Arbeitspunkt des Detektors (Diode) wird eine Rauschspannung $\overline{u_4}$ gemessen. Man stellt am Rauschnormal den gleichen Strom J_s von vorhin ein, der die Rauschspannung am Ausgangsinstrument auf $\overline{u_5}$ erhöht. Da der durch das gleiche J_s erzeugte Spannungszuwachs umgekehrt proportional zu den beteiligten Leitwerten ist, gilt:

$$\frac{\sqrt{\overline{u_3^2} - \overline{u_2^2}}}{\sqrt{\overline{u_5^2} - \overline{u_4^2}}} = \frac{\overline{u_\beta}}{\overline{u_\gamma}} = \frac{G_z + G_i}{G_z}, \tag{51.9}$$

woraus G_i mit (51.8) berechenbar ist. Die Genauigkeit dieser Methode ist im Bereich $G_i \approx G_z$ am größten. Eine Messung bei größeren Dioden (resp. Detektor-)strömen, also sehr großen Leitwerten G_i ist jedoch ungenau, wenn $G_i > G_z$, weil dabei der zu einem gut ablesbaren Ausschlag notwendige Sättigungsstrom der Rauschdiode wesentlich größer als J_s im Falle ohne Detektor ist. Man geht dann in allgemeiner Weise so vor, daß man zunächst bei abgeschaltetem Detektor einen gut abzulesenden Rauschausschlag durch einen Sättigungsstrom J_{s_1} einstellt.

$$\overline{u_\beta} = \sqrt{\overline{u_3^2} - \overline{u_2^2}} = V \cdot \frac{1}{G_z} \sqrt{2eJ_{s_1}\Delta f}. \tag{51.10}$$

Dasselbe erreicht man bei zugeschaltetem Detektor durch einen Sättigungsstrom J_{s_2}:

$$\overline{u_\gamma} = \sqrt{\overline{u_5^2} - \overline{u_4^2}} = V \cdot \frac{1}{\dfrac{G_i \cdot G_z}{\dfrac{1}{G_i} + \dfrac{1}{G_z}}} \sqrt{2eJ_{s_2}\Delta f}. \tag{51.11}$$

Daraus folgt:

$$\overline{u_\beta}/\overline{u_\gamma} = (1 + G_i/G_z)\sqrt{J_{s_1}/J_{s_2}}$$

und

$$G_i = G_z\left[(\overline{u_\beta}/\overline{u_\gamma})\sqrt{J_{s_2}/J_{s_1}} - 1\right]. \tag{51.12}$$

Diese Gleichung liefert im Sonderfall: $J_{s_1} = J_{s_2}$ die aus Gleichung (51.9) sich ergebende Form:

$$G_i = G_z(\overline{u_\beta/u_\gamma} - 1).$$

Eine andere Methode zur Messung von G_i ist folgende: der Detektor wird abgeschaltet. Die im Kurzschluß am Eingang gemessene Rauschspannung (am

Ausgang) $\overline{u_1}$ [nach (51.6)] wird, nach Aufheben des Kurzschlusses durch Hineinschicken von gesättigtem Rauschstrom in G_z verdoppelt; bei linearem Verstärker: Ausschlag $A_2 = \sqrt{2}\, A_1$.
Das ergibt die Gleichung:

$$2\, e\, J_s\, \Delta f\, (1/G_z)^2 = 4\, k T_0\, \Delta f\, R_{\ddot{a}};$$

$$R_{\ddot{a}} = \frac{2\, e\, J_s}{4\, k T_0} \left(\frac{1}{G_z}\right)^2 = 20\, J_s \left(\frac{1}{G_z}\right)^2; \qquad (51.13)$$

vgl. (51.10). Dabei sei $1/G_z$ ein bekannter Zusatzwiderstand, durch den das Rauschen des Kreises aber praktisch kurzgeschlossen ist bzw. $1/G_z \ll R_k$. Damit ist $R_{\ddot{a}}$ gegeben. Nun schaltet man Rauschdiode und Zusatzwiderstand $1/G_z$ ab und den Detektor hinzu. Die angezeigte Rauschspannung ist:

$$\overline{u_6} = V \cdot \sqrt{4\, k T_0 \Delta f\, (R_{\ddot{a}} + p_D/G_i)}\,; \qquad (51.14)$$

p_D = *Rauschfaktor des Detektors.* Zieht man $\overline{u_1^2}$ nach (51.6) ab, so bleibt:

$$\overline{u_6^2} - \overline{u_1^2} = V^2 \cdot p_D \cdot (1/G_i) \cdot \Delta f \cdot 4\, k T_0$$

und daher ist:

$$(\overline{u_6^2} - \overline{u_1^2})/\overline{u_1^2} = p_D/(R_{\ddot{a}}\, G_i), \qquad (51.15)$$

ein leicht meßbares Verhältnis. Zur Berechnung von G_i fehlt noch die Kenntnis von p_D. Um eine weitere Bestimmungsgleichung zu erhalten, schaltet man nun die Rauschdiode zu. Eine Verdopplung von $\overline{u_6^2}$ ergibt die Gleichung:

$$4\, k T_0\, \Delta f\, [R_{\ddot{a}} + p_D/G_i] = 2\, e\, J_s'\, (1/G_i)^2\, \Delta f; \qquad (51.16)$$

dabei ist angenommen, daß das Kreisrauschen durch den Detektorinnenwiderstand kurzgeschlossen ist. Aus (51.15) und (51.16) folgt:

$$\left(\frac{1}{G_i}\right)^2 = \frac{4\, k T_0}{2\, e\, J_s'}\, R_{\ddot{a}}\, [1 + (\overline{u_6^2} - \overline{u_1^2})/u_1^2]$$

und

$$\frac{1}{G_i} = + \sqrt{\frac{R_{\ddot{a}}}{20\, J_s'} \cdot \overline{u_6^2}/\overline{u_1^2}}\,. \qquad (51.17)$$

Nach (51.13) ist $R_{\ddot{a}}$ bekannt und damit auch G_i nach (51.17).

Es kommt nur die positive Wurzel in Betracht. Führt man in die obige Betrachtung den Eichkurvenexponent q ein, so folgt für die Messung eines Widerstandes $R_z = 1/G_z$ z. B.

$$A_0^{1/q} - A_1^{1/q} = \text{const}\; 4\, k T_0\, \Delta f/G_z,$$

vgl. (51.4), wobei

A_0 = *Ausschlag bei Leerlauf am Eingang;*
A_1 = *Ausschlag bei Kurzschluß am Eingang;*
A_1 = 0, *Ausschlag für die Kurve* (*b*), Abb. 6.

Gibt man einen Sättigungsstrom J_s hinzu, so wird der Ausschlag zu A_2 und

$$A_2^{1/q} - A_0^{1/q} = \text{const} \cdot 2\, e\, J_s\, \Delta f\, R_z^2;$$

daher:

$$R_z = \frac{4\,k\,T_0}{2\,e\,J_s} \cdot \frac{A_2^{1/q} - A_0^{1/q}}{A_0^{1/q} - A_1^{1/q}};$$

$$R_z = \frac{1}{20\,J_s} \cdot \frac{A_2^{1/q} - A_0^{1/q}}{A_0^{1/q} - A_1^{1/q}}. \tag{51.18}$$

Ebenso wird aus (51.12)

$$G_i = G_z \left(\sqrt{\frac{J_{s_2}}{J_{s_1}} \cdot \frac{A_2^{1/q} - A_1^{1/q}}{A_4^{1/q} - A_3^{1/q}}} - 1 \right). \tag{51.19}$$

Darin sind:

$A_2^{1/q} - A_1^{1/q}$ = *Zuwachs des Ausschlages bei Hineinschicken von gesättigtem Rauschstrom entsprechend dem Anodenstrom* J_{s_1}.

$A_4^{1/q} - A_3^{1/q}$ = *Zuwachs des Ausschlages bei Hineinschicken von* J_{s_2}, *jedoch nach Zuschalten von* G_i, *des zu messenden Leitwertes.*

Über Rauschmessungen und die angewandten Methoden ist ausführlich an anderer Stelle berichtet worden [4]. Wir wollen hier nur noch anfügen, was bei Messungen von Konversionsverlusten oder Mischwirkungsgraden zu beachten ist.

Nach der Definition der Konversionsverluste ist:

$$L = \frac{P_i}{P_0} = \frac{\textit{Eingangsleistung}\ \mathrm{HF}}{\textit{Ausgangsleistung}\ \mathrm{ZF}}. \tag{51.20}$$

Oft macht man die Messung von L an zwei Mischstufen in Hintereinanderschaltung, um sich den Gebrauch eines geeichten HF-Meßsenders zu ersparen, vgl. Abb. 8. Man erzeugt dabei in einem Mischvorgang an der Mischstufe M_1 eine Hochfrequenz, welche in der Mischstufe M_2 wieder mittels einer Oszillatoreinströmung der Frequenz f_2 auf die Zwischenfrequenz gebracht wird. Auf diese Weise kann man mit einem geeichten Zwischenfrequenzsender auskommen, um L zu bestimmen. Die in der Mischstufe M_1 erzeugte HF wird

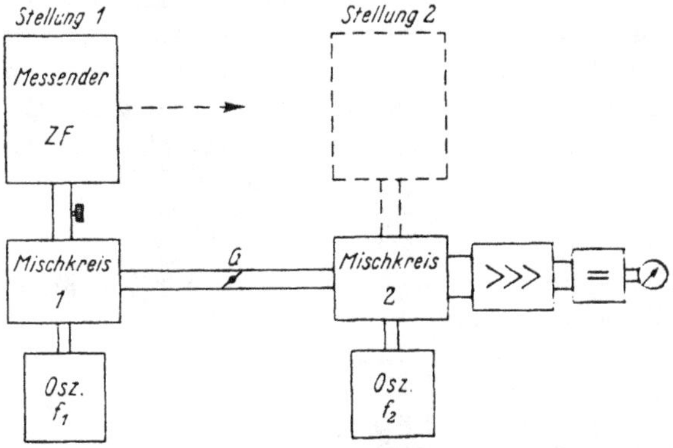

Abb. 8. Anordnung zur Messung der Konversionsverluste oder des Mischwirkungsgrades.

über ein Schwächungsglied auf die Mischstufe M_2 gegeben und dort mit der Frequenz f_2 eines zweiten Oszillators gemischt. Die Frequenzen f_1 und f_2 sind Spiegelfrequenzen bezüglich der Zwischenfrequenz f_3, also

$$2 f_3 = f_1 + f_2.$$

Dadurch läßt sich leichter eine gegenseitige Beeinflussung der Mischstufen über die Oszillatoren verhüten.
Man macht also eine Messung von P_i mit dem ZF-Meßsender in Stellung 1 und mißt P_0 in Stellung 2; damit hat man die Konversionsverluste beider Mischstufen bestimmt. Unter Annahme gleicher Verluste in den gleich gebauten Mischstufen, hat man:

$$L_{\text{gesamt}} = 2\, P_i / P_0.$$

Dieses Verfahren hat so viele Nachteile (keine Möglichkeit, einen einzelnen Detektor zu prüfen; Schwierigkeit, mit dem Meßsender in beiden Stellungen auf den gleichen Eingangswiderstand zu arbeiten; apparativer Aufwand), daß die Anwendung eines geeichten HF-Meßsenders gerechtfertigt erscheint. Wenn man den apparativen Aufwand noch verringern will, kann man 2 Rauschdioden für die HF- und ZF-Einströmungen benutzen; vgl. [5]; [6] u. Abb. 9.

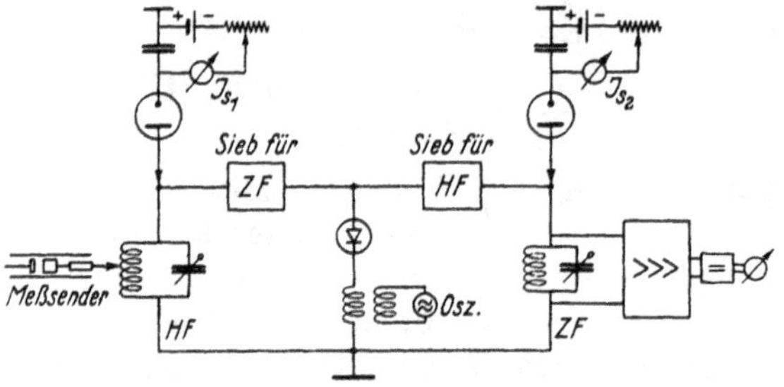

Abb. 9. Anordnung für die Messung der Konversionsverluste mittels HF-Meßsender bzw. Rauschdiode.

Die Messung von L mittels eines geeichten HF-Meßsenders ist sehr einfach. Man gibt eine bekannte, hochfrequente Leistung in die Mischstufe und fixiert den Ausschlag am Diodenstromanzeige-Instrument hinter dem ZF-Verstärker. Sodann schaltet man den Meßsender ab und erzeugt den gleichen Ausschlag mit einer auf den ZF-Eingang arbeitenden Rauschdiode. Es folgt:

$$L = \frac{N_{\text{HF}}}{\overline{i^2} \cdot R_z} = \frac{N_{\text{HF}}}{2\, e\, J_s\, \Delta f\, R_z}. \tag{51.21}$$

Zwischen den Konversionsverlusten und dem Mischwirkungsgrad η besteht ein einfacher Zusammenhang:

$$L = (1/\eta) \cdot x, \tag{51.22}$$

wobei

$$x = \frac{R_z}{R_{Dh}} = \frac{\textit{Eingangswiderstand}\ \text{ZF}}{\textit{Eingangswiderstand des Mischorgans auf der}\ \text{HF-}\textit{Seite}}.$$

Während η eine nur vom Betriebszustand abhängige Größe ist [vgl. (51.5)], ist L auch noch von den Eigenschaften des inneren Ersatzschaltbildes (R_{Dh}) abhängig. Für weitere Einzelheiten über Empfindlichkeitsmessungen müssen wir auf [1] verweisen. Es kam uns hier darauf an, insbesondere die bei solchen Messungen notwendigen Zusatzfragen wie Rauschen, Eingangswiderstände, Konversionsverluste usw. zu behandeln. Einige Grundlagenfragen zum Mischwirkungsgrad und zur Berechnung von Rauschquellenersatzschaltbildern behandeln wir im Anhang.

§ 52. Hohlrohrtechnik

Bei Leistungs- und Empfindlichkeitsmessungen im Bereich der Hohlrohrtechnik (im wesentlichen von $\lambda = 5$ cm Wellenlänge nach unten) treten gewisse Schwierigkeiten auf. Diese bestehen darin, daß ein dieser Leitungstechnik angepaßtes Schwächungsglied mit extrapolierbarer und vorausberechenbarer Eichung nicht einfach herzustellen ist. Der „klassische" Spannungsteiler nach Abb. 1 bzw. 5 führt auf konzentrische Ausgänge. Ab $\lambda = 3$ cm werden die mechanischen Schwierigkeiten infolge der Kleinheit des Aufbaues sehr groß und stoßfreie Übergänge sind kaum mehr herzustellen.

Man hat sich vielfach so geholfen, daß man bei Hohlrohraufbauten auch einen solchen Spannungsteiler verwendet und das am Ausgang befestigte Kabel in die Hohlrohrleitung einkoppelt. Betreibt man dann den E_{01}-Spannungsteiler im logarithmisch-geradlinigen Teil seiner Eichkurve (also von einem Mindestauszug Δ an; Abb. 1), so kennt man die relative Leistungsänderung, unabhängig von den Verlusten in der Kopplung auf das Hohlrohr. Man muß dann nur noch einen Punkt der Kurve (Anfangspunkt bei größter Leistung) durch eine bolometrische Eichung in seiner absoluten Lage in der Leistungsskala ermitteln und kann so Empfindlichkeiten messen.

Während es aber einerseits zweifelhaft ist, daß die Leistung im geradlinigen Teil der Eichkurve noch für eine bolometrische Messung ausreicht, ist es anderseits unbefriedigend, mit einer Meßvorrichtung zu arbeiten, die bei weiterer Frequenzerhöhung ihrer Form nach zur Uhrmachertechnik und zu großen Anpassungsfehlern führt. Deshalb sucht man im Hohlrohrfall nach einer Dämpfungsmethode, die dieser Technik angepaßt ist, die also keinen Übergang von konzentrischer auf die Hohlrohrtechnik notwendig macht.

Die eingangs (Teil X, § 5) unter (a) bis (d) formulierten Bedingungen an das Eichglied sind im Hohlrohrfall die gleichen; sie sind jedoch schwerer erfüllbar. Man sieht leicht, daß breitbandige Dämpfung schon infolge der Grenzfrequenz der Hohlrohre beschränkt ist. Außerdem treten bei jeder Querschnittsveränderung Reflexionen auf, die eine Eichbarkeit erschweren und Berechenbarkeit unmöglich machen.

Vielfach wurde versucht, mit Aluminium-Schaumstoffen, welche in Scheibenform den ganzen Hohlrohr-Querschnitt erfüllten, definierte Schwächungen zu erzielen. Das ist zwar möglich, aber die Nachteile sind entscheidend.

Erstens ist die Absorption bei technischen Dicken schon so groß, daß der Vorteil des normalen Schwächungsgliedes, bei großer Leistung zu beginnen, verschwindet. Ferner ist ein Aufstecken solcher Glieder ein Schaltvorgang, der stets mit Stoßstellen verknüpft ist. Denn da man bei Empfindlichkeitsmessungen Leistungsbeträge von 10^{-16} W und weniger feststellen muß, ist ein Schaltvorgang am Schwächungsglied untragbar.

Wie die Dämpfung nach höchsten Frequenzen zunimmt, kann man leicht aus einer Amplitudenbetrachtung folgern: Nehmen wir gemäß Abb. 10 an, eine elektromagnetische Planwelle der Amplitude A_1 der Komponente in der Fort-

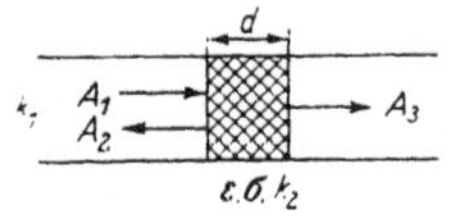

Abb. 10. Hohlrohr mit Dielektrikum der Dicke d;
A_1 = *Amplitude der eintretenden Welle;*
A_2 = *Amplitude der reflektierten Welle;*
A_3 = *Amplitude der durchgehenden Welle.*

pflanzungsrichtung falle auf den Körper mit der Dielektrizitätskonstante ε und der Leitfähigkeit σ. Für die Amplitude A_3 der durchgelassenen Energie gilt dann:

$$|A_3| = |A_1| \cdot e^{j(k_2 - k_1)a},$$

wobei

$$k_1 = \sqrt{\omega^2 \varepsilon_0 \mu_0} \quad \text{für Luft als Dielektrikum;}$$

$$k_2 = \sqrt{\omega^2 \varepsilon \mu + j \sigma \omega \mu} \quad \text{für Schaumstoff;}$$

d = *Schichtdicke.*

Die komplexe Wurzel $k_2 = \sqrt{a + jb}$ läßt sich auch in der Form

$$k_2^2 = \sqrt{a^2 + b^2}\, e^{j \operatorname{arc\,tg} (b/a)}$$

schreiben; mithin:

$$k_2^2 = \sqrt{(\omega^2 \varepsilon \mu)^2 + \sigma^2 \mu^2 \omega^2}\, e^{j \operatorname{arc\,tg} \frac{\sigma}{\omega \varepsilon}}$$

oder:

$$k^2 = \underbrace{\sqrt[4]{(\omega^2 \varepsilon \mu)^2 + \sigma^2 \mu^2 \omega^2}}_{A}\, e^{1/2\, j \operatorname{arc\,tg} \frac{\sigma}{\omega \varepsilon}}.$$

Also wird:

$$k_2 - k_1 = \sqrt[4]{A} \left[\cos\left(\frac{1}{2} \operatorname{arc\,tg} \frac{\sigma}{\omega \varepsilon}\right) + j \sin\left(\frac{1}{2} \operatorname{arc\,tg} \frac{\sigma}{\omega \varepsilon}\right) - \sqrt{\omega^2 \varepsilon_0 \mu_0}\right].$$

Durch Abspaltung des Dämpfungsteils erhält man schließlich:

$$e^{j(k_2 - k_1)d} = e^{jd\left\{\sqrt[4]{A}\, \cos\left(\frac{1}{2} \operatorname{arc\,tg} \frac{\sigma}{\varepsilon \omega}\right) - \sqrt{\omega^2 \varepsilon_0 \mu_0}\right\}} \cdot e^{-d \sqrt[4]{A}\, \sin \frac{1}{2} \operatorname{arc\,tg} \frac{\sigma}{\omega \varepsilon}}.$$

Für die Dämpfung b folgt:

$$b = d \sqrt[4]{\omega^4 \varepsilon^2 \mu^2 + \sigma^2 \omega^2 \mu^2}\, \sin\left(\frac{1}{2} \operatorname{arc\,tg} \frac{\sigma}{\omega \varepsilon}\right).$$

Zur Diskussion nehmen wir ε und σ von etwa gleicher Größenordnung an und betrachten den Ausdruck:

$$b = \underbrace{d\,\omega \sqrt{\varepsilon\,\mu}}_{a'} \cdot \underbrace{\sin\left(\frac{1}{2}\,\mathrm{arc\,tg}\,\frac{\sigma/\varepsilon}{\omega}\right)}_{b'}.$$

Der Faktor a' nimmt für $\omega \to \infty$ linear zu, b' dagegen weniger als linear ab, so daß unter sonst gleichen Bedingungen eine Erhöhung der Dämpfung mit wachsender Frequenz eintritt. Bei Messungen im Gebiet $\lambda = 6$ cm und $\lambda = 3$ cm treten daher bei technisch geringsten Dicken Absorptionen auf, die bei den kleinen zur Verfügung stehenden Generatorleistungen nur schwer eine Eichung mittels Bolometer ermöglichen. Beliebig kleine Schichtdicken sind übrigens mit Absorbenzien auf Glyzerin-Basis zu erzielen. Aus technologischen Gründen sind flüssige Absorbenzien bisher jedoch nur selten verwandt worden.

Es wurden auch Versuche mit Polarisationsfiltern gemacht. In Rundrohren drehbar angeordnete Gitter gestatten zwar eine Leistungsdosierung (proportional $\cos^2\alpha$, $\alpha = \sphericalangle$ gegen die Vertikale), aber zugleich ist hiermit eine unerwünschte Drehung der Polarisationsebene verknüpft, die eine Eichbarkeit ausschließt; vgl. [7].

Nach vielerlei Vorversuchen hat sich eine Form, die nachfolgend beschrieben wird, als brauchbar erwiesen, um dosierte Leistungsänderung im Rechtflach-Hohlrohr durchzuführen. Das Meßglied besteht im wesentlichen aus einem kapazitiven (oder induktiven) Querschnittssprung, der auf beiden Seiten durch Widerstandsfolien variabler Eintauchtiefe entkoppelt ist. Am Eingang befindet sich ferner eine Eichsonde mit Detektor (ev. mit Bolometer). Da eine Sonde im Frequenzgebiet unter $\lambda = 5$ cm kaum mehr Breitbandcharakter haben kann, so ist hier für jede Frequenz eine Vormessung mit Bolometer erforderlich. Man benutzt hierzu ein Bolometer im Hohlrohraufbau, das an Stelle des zu messenden Mischgliedes oder Empfängers leicht an den Ausgang des Schwächungsgliedes angeschraubt werden kann.

Es wird zunächst der kapazitive Querschnittssprung besprochen, weil für diesen bereits theoretische Unterlagen vorhanden sind und weil an einem Eichglied dieser Form genügend viele Messungen durchgeführt wurden. K. Fränz hat die Reflexion einer H_{01}-Welle im rechteckigen Hohlleiter an einem Querschnittssprung solcher Form berechnet [8]. Danach gilt für den Reflexionskoeffizienten:

$$r = \frac{-j\,\delta\,y}{1 + \delta + j\,\delta\,y}; \tag{52.23}$$

(siehe Abb. 14) mit

$$y = \frac{h}{\lambda_0}\sqrt{1-\left(\frac{\lambda_0}{2\,b}\right)^2}\,\underbrace{\left[(\delta+\delta^{-1})\ln\left|\frac{1+\delta}{1-\delta}\right| + 2\ln\left|\frac{\delta-\delta^{-1}}{4}\right|\right]}_{F}. \tag{52.24}$$

Uns interessiert die durchgelassene Leistung:

$$\begin{aligned} E &= 1 - |r|^2 \\ &= 1 - \frac{1}{1 + (1+\delta)^2/(\delta^2 y^2)}, \end{aligned} \tag{52.25}$$

denn da der Querschnittssprung (im vorliegend besprochenen Falle der Breite $\approx \lambda/2$) auf beiden Seiten durch Widerstandsfolien entkoppelt ist, kann der Beitrag der reflektierten Energie als verschwindend betrachtet werden. Die Sondenanzeige erwies sich in solchem Falle auch stets als völlig konstant, unabhängig von der Schieberstellung. Bedingung dafür ist genügende Entkopplung (Tauchtiefe) der Folie in Achsenrichtung zwischen Sonde und Querschnittssprung (W_1 Abb. 11).

Abb. 12 zeigt eine Schwächungskurve, wie sie mittels eines Detektors am Ausgang des Schwächungsgliedes (hinter W_2) zu messen ist.

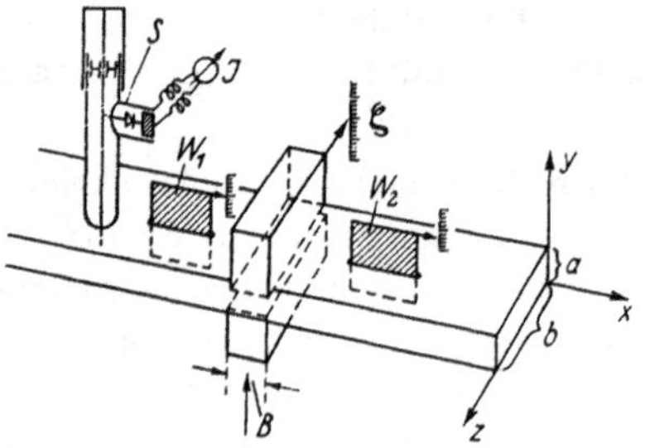

Abb. 11. Schema eines kapazitiven Querschnittssprunges als Eichglied.
S = Detektorsonde; W_1 = Widerstandsfolie am Eingang; ζ = *Schieberverstellung*; W_2 = Widerstandsfolie am Ausgang.

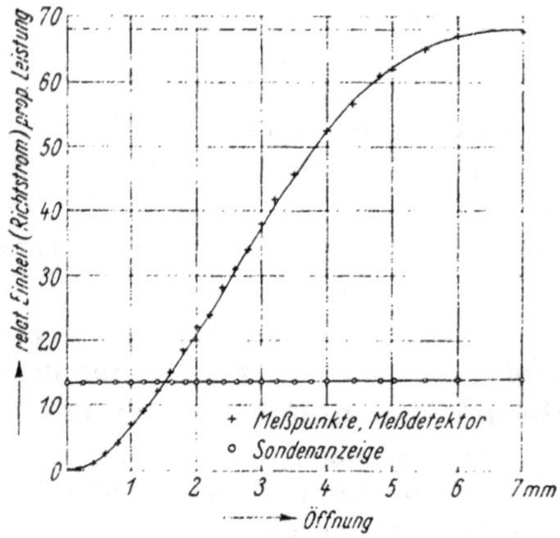

Abb. 12. Richtstrom eines Detektor-Empfängers am Meßglied-Ausgang als Funktion der Öffnung des kapazitiven Schiebers. + Meßpunkte $\triangleq$ Meßdetektor; o Meßpunkte $\triangleq$ Sondenanzeige.

Der Detektor-Richtstrom ist annähernd proportional der durchgehenden Leistung, da für kleine Ströme die Detektorkennlinie $J = K\,U^2$ gleicht. Wie man sieht, ändert die Schieberstellung nichts am Sondenausschlag. Diese

Abb. 13. Photographie eines Eichgliedes für $\lambda = 3$ cm

und die folgend beschriebenen Messungen wurden an einer Schwächungsapparatur für $\lambda = 3$ cm Wellenlänge durchgeführt, wie sie in Abb. 13 abgebildet ist. Die Mikrometeruhr gestattet die Ablesung von $^1/_{100}$ mm Verschiebung des Querschnittssprunges mit einer Abschätzung von $^5/_{1000}$ mm. Der Schieber ist in diesem Beispiel symmetrisch ausgeführt, was aber ohne besondere Bedeutung für das Schwächungsgesetz ist. Der Detektorempfänger kann durch eine gleich gebaute Apparatur mit Bolometer ersetzt werden.

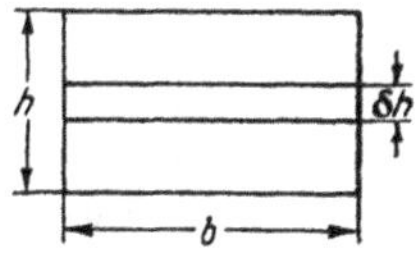

Abb. 14. Querschnittsfläche des Hohlleiters mit Bezeichnungen.

Die charakteristischen Daten der Apparatur, deren Meßkurven hier vorliegen, sind (vgl. Abb. 14):

$$h = 0{,}7 \text{ cm}; \qquad h/\lambda_0 = 0{,}23;$$
$$\lambda_0 = 3{,}0 \text{ cm}; \qquad \lambda_0/2b = 0{,}75.$$
$$b = 2{,}0 \text{ cm}.$$

Berechnet man nach (52.25) die durchgelassene Energie, so ergibt sich mit den Apparaturkonstanten eine Kurve, die für Öffnungen $\delta > 0{,}1$ praktisch noch horizontal verläuft (99% der Energie werden durchgelassen). Erst im Bereich ganz kleiner Öffnungen tritt ein Abfall, also eine Schwächung auf. Wir haben diese Kurve, die nach Fränz für den Querschnittssprung großer Breite berechnet ist, als Kurve K in Abb. 15 eingetragen. Wenn auch die Werte der Funk-

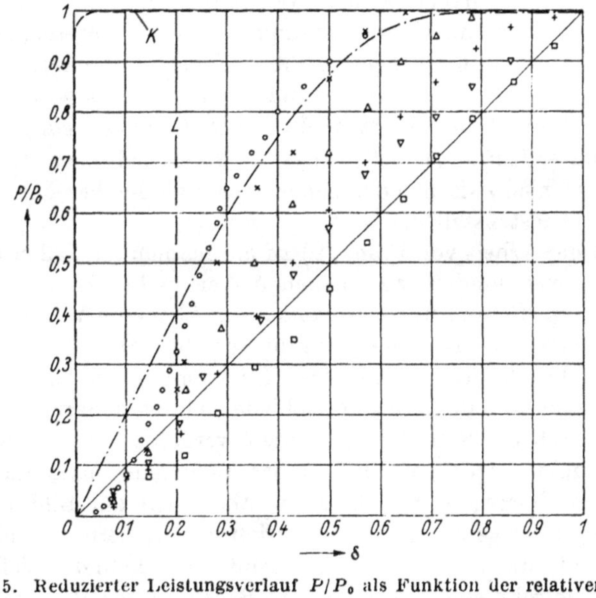

Abb. 15. Reduzierter Leistungsverlauf P/P_0 als Funktion der relativen Öffnung δ.
— — — — — — theoretische Kurve für den Querschnittssprung nach Fränz [8];
— · — · — · theoretische Kurve für den Schieber der Breite $B = 0$ nach Fränz [9].
———————— Leistung aus Integration über Querschnitt (35).
die Reihenfolge der Meßpunktekennzeichen o; ×; △; +; ▽; □ entspricht einer zunehmenden Entkopplung der Folie W_2 (Abb. 11).

tion F nach (52.24) für kleine δ-Werte wachsen, so bleibt der Wert von $\delta^2 \cdot y^2$ doch immer $\ll 1$.

Es bleibt noch zu klären, ob die augenscheinliche Diskrepanz zwischen Theorie und Messung auf die Tatsache zurückzuführen ist, daß es sich auch bei einer Schieberbreite von $\sim \lambda/2$ nicht um einen Querschnittssprung, sondern um einen Schieber handelt, wie er für den Grenzfall $B = 0$ auch theoretisch behandelt wurde [9].

In solchem Falle lautet der Reflexionskoeffizient für die H_{01}-Welle

$$r = \frac{i\frac{2h}{\lambda_0}\sqrt{1-\left(\frac{\lambda_0}{2b}\right)^2}\ \ln\sin\left(\frac{\pi}{2}\delta\right)}{1-i\frac{2h}{\lambda_0}\sqrt{1-\left(\frac{\lambda_0}{2b}\right)^2}\ \ln\sin\left(\frac{\pi}{2}\delta\right)}. \qquad (52.26)$$

Bezeichnen wir:

$$\Phi = \ln\sin\frac{\pi}{2}\delta;$$

$$\xi = \frac{2h}{\lambda_0}\sqrt{1-(\lambda_0/2b)^2},$$

so ist:

$$|r| = \frac{\Phi\,\xi}{\sqrt{1+\xi^2\Phi^2}} \quad \text{und} \quad E = 1 - \frac{\Phi^2\xi^2}{1+\xi^2\Phi^2}. \qquad (52.27)$$

K. Fränz hat die hiernach berechneten Werte für den Reflexionskoeffizienten mit Meßwerten von J. Ortusi bei der Wellenlänge $\lambda_0 = 28{,}4$ cm (dazu [10]) verglichen. In der Tat ist die Übereinstimmung auch mit unseren, bei $\lambda = 3$ cm durchgeführten Leistungsmessungen nicht schlecht, wenn insbesondere auf starke Entkopplung durch die Widerstandsfolien geachtet wird (speziell W_2 zum Empfänger hin). Von δ-Werten (δ = *relat. Öffnungsweite*; $\delta = 1$ heißt *volle Öffnung*) unter 0,25 an ist allerdings auch hier bei allen Messungen ein merklicher Unterschied zwischen den gemessenen und den berechneten Werten von $E = 1 - |r|^2$ festzustellen.

Wie aus Abb. 3 der Arbeit von Fränz [9] zu entnehmen ist, fallen die berechneten $|r|$-Werte insbesondere zu kleinen δ-Werten hin zu klein aus. Das stimmt mit unserem Befund überein, wonach bei kleinen δ-Werten die durchgelassene Energie nach der Rechnung zu groß ausfällt. Abb. 15 stellt Meßwerte für verschiedene Tauchtiefen der hinteren Entkopplerfolie W_2 (Abb. 11) dar. Es wurde dafür gesorgt, daß diese Unterschiede nicht etwa durch eine Verstimmung, wie sie durch die Folie hervorgerufen werden kann, erzeugt wurden. In jedem Meßpunkt wurde geprüft, ob das Bolometer maximale Leistung erhielt und ev. nachgeregelt (vgl. Abb. 4). Man sieht auf Bild 13, daß das Bolometer (bzw. der eigentliche Bolometerkörper) in Serie mit einer Kurzschlußleitung liegt, die abstimmbar ist. Außerdem befindet sich vor dem Bolometer im Hohlrohr eine Schraube zur Regelung der Blindabstimmung. Während also Formel (52.27) das Schwächungsgesetz für große Öffnungen, wenigstens bei völliger Entkopplung, gut wiedergibt, versagt diese Darstellung bei kleinen Öffnungen, ab $\delta = 0{,}25$ etwa.

Für Empfindlichkeitsmessungen interessiert aber gerade der Bereich kleiner und kleinster Öffnungen. Abb. 16 zeigt den Verlauf einiger Leistungs-Öffnungs-Kurven für δ-Werte unter 0,2 in doppelt logarithmischer Auftragung für verschiedene Entkopplungen bzw. Eingangsleistungen zum Meßkreis (Bolometer). Man kann danach in diesem Bereich ansetzen:

$$\log E \approx \log \delta - \log \text{const.} \tag{52.28}$$

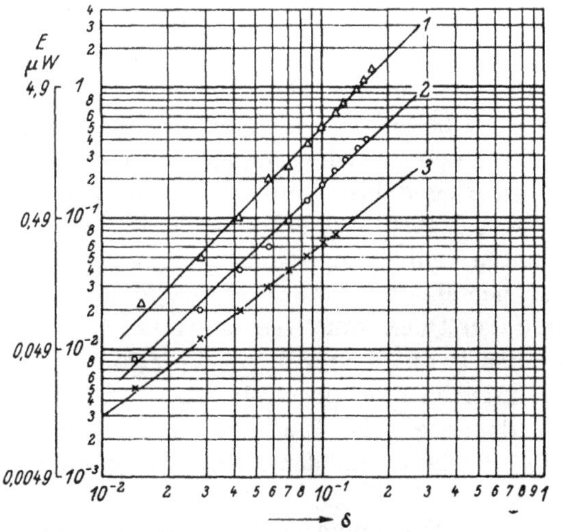

Abb. 16. Doppelt logarithmische Auftragung dreier Schwächungskurven.

Setzen wir an, daß bei kleinem Spalt die Anregung proportional der Kapazität im Spalt abnimmt, so gilt:

$$E \approx \left(\frac{1}{\Delta C}\right)^2 = \delta^2/C'^2.$$

Denn

$$\Delta C = \frac{\varepsilon F}{4\pi\delta} = C'/\delta;$$

C' ist darin eine Konstante. Also läßt sich setzen:

$$\log E = 2 \log (1/\Delta C) \approx 2 (\log \delta - \log C'), \tag{52.29}$$

was unserem empirischen Ansatz (52.28) entspricht.

Bei Messungen im Frequenzbereich $\lambda = 3$ cm konnte auf Grund dieser einfachen Gesetzmäßigkeit eine Extrapolation zu kleinsten Leistungen vorgenommen werden. Es ist verständlich, daß bei sehr kleinem Abstand der beiden Schieber der Spalt als Quelle für eine neue Wellenfront angesehen werden kann. Die Intensität der Anregung ist dann nur eine Funktion der Spannung an der Kapazität. Läßt man Folie W_2 nicht stark eintauchen oder verwendet höherohmiges Widerstandspapier, so wandern die Leistungs-δ-Kurven mehr und mehr auf einen Grenzwert (rechts Abb. 15) zu. Auch bei Nachregeln der dann vom Schieber herrührenden Impedanzänderung durch genaue Abstimmung der

Bolometerapparatur (Anpassung) bleibt dieser Verlauf bestehen. Es handelt sich hier um ein Grenzgesetz, da bei größerer Schieberöffnung bzw. stärkerer Entkopplung die am Ausgang von den exponentiell gedämpften H- und E-Wellen herrührende Leistung gegenüber derjenigen der drei ungedämpft fortschreitenden Wellen vom Typ H_{01} nicht mehr ins Gewicht fällt; vgl. hierzu weiter unten.

Eine Schwierigkeit bei der Eichung solcher Schwächungsglieder ist die Abhängigkeit des Reflexionskoeffizienten von der Blendendicke, wobei der Einfluß der Blendendicke wieder merklich von der Spaltbreite abhängt[1]). Diese Schwierigkeit sollte durch Wahl eines Schiebers von der Breite $\lambda/2$ umgangen werden. Wenn aber auch bei großen Spaltweiten eine gewisse Divergenz der Eichkurven besteht, so laufen die Schwächungskurven bei kleinen Spaltweiten doch merklich zusammen und lassen durch die angegebene Darstellung in doppelt-logarithmischem Maßstab eine Extrapolation zu.

Für größere Spaltweiten und geringe Entkopplung zwischen Schieber und Ausgang scheint man sich einem Gesetz zu nähern, daß man einfach aus einer Integration der durch den Querschnitt fließenden Leistung bei ungeändertem Feld im Spalt gewinnen kann. Unter dieser Voraussetzung betrachtet man den Beitrag der reflektierten und durchgelassenen, exponentiell gedämpften H- und E-Wellen als klein gegen den Einfluß der ungedämpft fortschreitenden Wellen vom Typ H_{01} und bestimmt den Energiefuß aus dem Poyntingschen Vektor.

Nehmen wir harmonische Schwingungsanregung des Hohlrohres an und setzen voraus, daß in den Widerstandsfolien der Beitrag aller exponentiell gedämpften H- und E-Wellen verschluckt wird, so kann das gesamte Schwächungssystem inklusive der beiden Entkopplerfolien rechts und links des Spaltes als eine homogene Querschnittsveränderung betrachtet werden und das Schwächungsgesetz ergibt sich aus den elektromagnetischen Feldgleichungen für die H_{01}-Anregung. Setzt man so, analog dem Verfahren in der Optik, das Feld im Spalt als ungestört an, so besteht nach dem Prinzip von Babinet für die Wellenfront Vertauschbarkeit zwischen Wand und Öffnung.

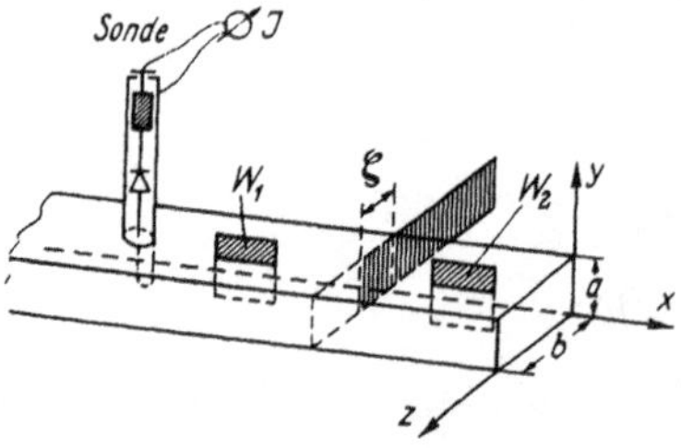

Abb. 17. Schema des induktiven Schiebers.

Der Nullpunkt des Koordinatensystems sei zunächst in die rechte, untere Kante gelegt; Abb. 17. Dann lauten die Ausdrücke für die Feldkomponenten einer $H_{n,m}$-Welle (transversal-elektrisch) bekanntlich ([11]):

$$H_x = B \cos\left(\frac{n\pi}{a} y\right) \cos\left(\frac{m\pi}{b} z\right) e^{j(\omega t - \beta x)} ;$$

$$H_y = B \frac{h}{k_1^2 + h^2} \cdot \frac{n\pi}{a} \sin\left(\frac{n\pi}{a} y\right) \cos\left(\frac{m\pi}{b} z\right) e^{j(\omega t - \beta x)} ;$$

[1]) Hierauf machte mich K. Fränz in einer brieflichen Mitteilung freundlicherweise aufmerksam.

$$H_z = B \frac{h}{k_1^2 + h^2} \cdot \frac{m\pi}{b} \cos\left(\frac{n\pi}{a} y\right) \sin\left(\frac{m\pi}{b} z\right) e^{j(\omega t - \beta x)};$$

$$E_x = 0;$$

$$E_y = B \frac{j\omega \mu_1}{k_1^2 + h^2} \cdot \frac{m\pi}{b} \cos\left(\frac{n\pi}{a} y\right) \sin\left(\frac{m\pi}{b} z\right) e^{j(\omega t - \beta x)};$$

$$E_z = -B \frac{j\omega \mu_1}{k_1^2 + h^2} \cdot \frac{n\pi}{a} \sin\left(\frac{n\pi}{a} y\right) \cos\left(\frac{m\pi}{b} z\right) e^{j(\omega t - \beta x)},$$

mit den Abkürzungen:

$$\omega^2 \varepsilon_1 \mu_1 = k_1^2$$

$k = j\beta$ = *Ausbreitungskonstante*

β = *Phasenkonstante* $= \sqrt{(\omega/c)^2 - (\pi/b)^2}$

c = *Lichtgeschwindigkeit.*

Häufig findet man auch die Bezeichnung:

$$k^2 = k_1^2 + h^2,$$

also kann man auch schreiben:

$$k^2 = \omega^2 \varepsilon_1 \mu_1 + h^2 = \omega^2 \varepsilon_1 \mu_1 - \beta^2 = \left(\frac{n\pi}{a}\right)^2 + \left(\frac{m\pi}{b}\right)^2.$$

Für die H_{01}-Welle wird das Feldbild durch die Komponenten gegeben:

$$H_x = B \cos\left(\frac{\pi z}{b}\right) e^{-j\beta x + j\omega t};$$

$$H_y = E_x = E_z = 0;$$

$$H_z = B j \beta \frac{b}{\pi} \sin\left(\frac{\pi z}{b}\right) \cdot e^{-j\beta x + j\omega t};$$

$$E_y = B j \mu_1 \frac{b}{\pi} \sin\left(\frac{\pi z}{b}\right) \cdot e^{-j\beta x + j\omega t}.$$

Dieses Feldbild ändert sich durch die teilangekoppelten Widerstandsfolien in Richtung der x-Achse nur insofern, als sich die rein fortschreitenden Planwellen mehr in eine harmonische Schwingungsanregung (Unterdrückung der x-Abhängigkeit) verwandeln. Das spielt aber bezüglich unserer Leistungsbetrachtung keine Rolle, da wir den Poyntingschen Vektor in der Ebene zu betrachten haben, aus dem wir den mittleren Energiefluß

$$S = \int_0^a \int_0^b \frac{1}{2} [\mathfrak{E}_y \cdot \mathfrak{H}_z^*] \, dy \, dz. \qquad (52.30)$$

bestimmen.

Nehmen wir Orthogonalität zwischen $\mathfrak{E}_y$ und $\mathfrak{H}_z$ an, so ist:

$$[\mathfrak{E}_y \cdot \mathfrak{H}_z^*] = |E_y| \cdot |H_z^*| = |B^2| \, \omega \, \mu_1 \, \beta \left(\frac{b}{\pi}\right)^2 \sin^2\left(\frac{\pi}{b} z\right);$$

($\mathfrak{H}_z^*$ = konjung. Komplex)

und

$$S = \int_0^a \int_0^b \frac{1}{2} |B^2| \, \omega \, \beta_1 \mu \left(\frac{b}{\pi}\right)^2 \sin^2\left(\frac{\pi}{b} z\right) dy \, dz$$

$$= \frac{1}{2} |B^2| \, \omega \, \mu_1 \beta \left(\frac{b}{\pi}\right)^2 \cdot a \cdot \frac{b}{\pi} \left[\frac{\frac{\pi}{b} z}{2} - \frac{\sin\left(\frac{\pi}{b} z\right) \cos\left(\frac{\pi}{b} z\right)}{2} \right]_0^b.$$

Also ist der gesamte Energiefluß durch die Querschnittsfläche: $F = a \cdot b$

$$S = 1/4 \, |B^2| \, \omega \, \mu_1 \, \beta \, (b/\pi)^2 \cdot a \cdot b. \tag{52.31}$$

Wir berechnen nun gemäß unseren Voraussetzungen die verschiedenen Schieberformen:

1. Induktiv-unsymmetrisch (Abb. 17):

$$S = \int_{y=0}^{y=a} \int_{z=0}^{z=b-\zeta} \frac{1}{2} [\mathfrak{E}_y \cdot \mathfrak{H}_z^*] \, dy \, dz$$

$$= \frac{1}{2} |B^2| \, \omega \, \mu_1 \beta \left(\frac{b}{\pi}\right)^2 \cdot a \left[\frac{b-\zeta}{2} - \frac{b}{2\pi} \sin \frac{b-\zeta}{b} \pi \cos \frac{b-\zeta}{b} \pi\right]$$

oder:

$$S = \text{const} \cdot \left[\frac{b-\zeta}{2} + \frac{b}{4\pi} \sin\left(2 \frac{\zeta}{b} \pi\right)\right]. \tag{52.32}$$

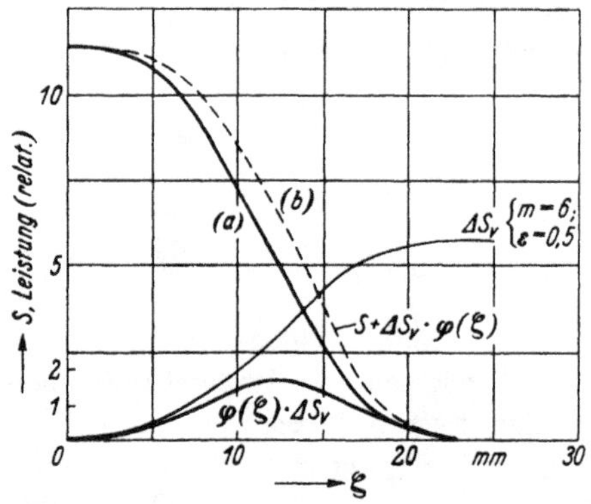

Abb. 18. Durchgelassene Leistung abhängig von der Schieberstellung, (a) ohne Berücksichtigung des reflektierten, (b) mit Berücksichtigung des reflektierten Anteils.

ΔS_v = *der an der Folie W_1 reflektierte Anteil des am Schieber reflektierten Anteils ΔS für $m = 6$ zwischen Folie und Schieber;*

$\Delta S_v \cdot \varphi(\zeta)$ = *durch den Schieber hindurchgelassene Leistung auf Grund der Reflexion an der Folie W_1.*

Kurve (b) aus: $S + \Delta S_v \cdot \varphi(\zeta)$.

Der auf Grund dieser Abhängigkeit des Energieflusses von der Schieberstellung ζ ermittelte Verlauf ist in Abb. 18 eingetragen (Kurve a). Bei Messungen im Gebiet von $\lambda = 3$ cm wurde ein gleicher Kurvenverlauf gemessen, wenn auch

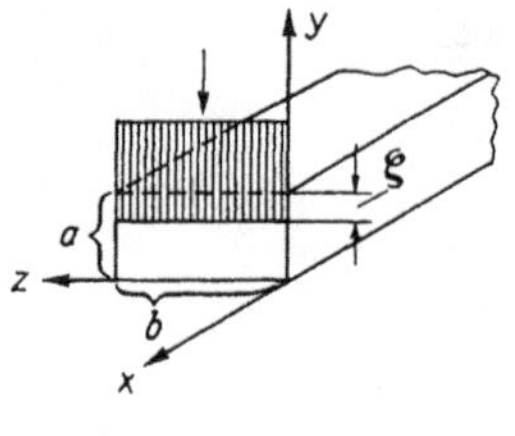

Abb. 19. Zur Berechnung der kapazitiven Blende.

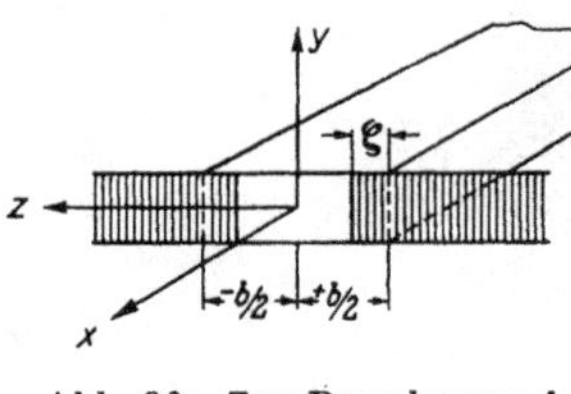

Abb. 20. Zur Berechnung der symmetrisch-induktiven Blende.

der Leistungsabfall mit wachsendem ζ etwas steiler ausfiel. Das kann durch Kontakt- und Oberflächenverluste erklärt werden (vgl. dazu weiter unten).

2. Kapazitiv-unsymmetrisch (Abb. 19):

$$S = \int\limits_{z=0}^{z=b} \int\limits_{y=0}^{y=a-\zeta} \frac{1}{2} [\mathfrak{E}_y \cdot \mathfrak{H}_z^*] \, dy \, dz$$

$$= \frac{1}{2} |B^2| \, \omega \, \mu_1 \beta \left(\frac{b}{\pi}\right)^2 \int\limits_0^b \int\limits_0^{a-\zeta} \sin^2\left(\frac{b}{\pi} z\right) dy \, dz$$

$$= \text{const} \, (a-\zeta) \frac{b}{\pi} \left[\frac{\frac{\pi}{b} z - \sin\left(\frac{\pi}{b} z\right) \cos\left(\frac{\pi}{b} z\right)}{2} \right]_0^b,$$

also:

$$S = \text{const} \cdot (a-\zeta). \tag{52.33}$$

Der Leistungsverlauf des kapazitiven Schwächungsgliedes ist also linear, wie in Abb. 15 als Grenzkurve rechts eingezeichnet. Die Konstante hängt nur von der Geometrie des Hohlrohres ab sowie von den elektrischen Konstanten.

3. Symmetrische Schieber:

Wir geben noch die Formeln für die symmetrischen Schieber an. Zu ihrer Berechnung legen wir das Koordinatensystem so, daß der Nullpunkt in den Mittelpunkt des Querschnittes kommt; Abb. 20. Es ist dann das Argument $\left(\frac{\pi}{b} z + \frac{\pi}{2}\right)$ in die Feldgleichungen einzuführen:

$$E_y = j \, B \, \omega \, \mu_1 \frac{b}{\pi} \cos\left(\frac{\pi}{b} z\right) e^{-j\beta x + j\omega t};$$

$$H_x = -B \sin\left(\frac{\pi}{b} z\right) e^{-j\beta x - j\omega t};$$

$$H_z = j \, B \, \beta \frac{b}{\pi} \cos\left(\frac{\pi}{b} z\right) e^{-j\beta x + j\omega t};$$

$$H_y = E_x = E_z = 0;$$

damit ist für den symmetrischen, induktiven Schieber (Abb. 20):

$$S = \frac{1}{2} \int\limits_{y=-a/2}^{y=+a/2} \int\limits_{z=-b/2+\zeta}^{+b/2-\zeta} [\mathfrak{E}_y \cdot \mathfrak{H}_z^*] \, dy \, dz$$

$$= \frac{1}{2} \int\limits_{-a/2}^{+a/2} \int\limits_{-b/2+\zeta}^{b/2-\zeta} \left[|B^2| \, \omega \, \beta \, \mu_1 \left(\frac{b}{\pi}\right)^2 \cos^2\left(\frac{\pi}{b} z\right) \right] dy \, dz$$

und nach einiger Umformung:

$$S = \frac{1}{2} a \, |B^2| \, \omega \, \mu_1 \beta \left(\frac{b}{\pi}\right)^2 \left[\frac{b}{2} - \zeta + \frac{b}{\pi} \cos \pi \frac{\zeta}{b} \sin \pi \frac{\zeta}{b}\right];$$

$$S = \text{const} \cdot \left[\frac{b}{2} - \zeta + \frac{b}{2\pi} \sin 2\pi \frac{\zeta}{b}\right]. \tag{52.34}$$

4. Symmetrisch kapazitiv (Abb. 21):

$$S = \frac{1}{2} \int\limits_{z=-b/2}^{+b/2} \int\limits_{y=-a/2+\zeta}^{a/2-\zeta} [\mathfrak{E}_x \cdot \mathfrak{H}_z^*]\, dy\, dz$$

$$S = \frac{1}{4} |B^2|\, \omega\, \mu_1 \beta \left(\frac{b}{\pi}\right)^2 \cdot b\, (a - 2\zeta),$$

daher:

$$S = \text{const} \cdot (a - 2\zeta). \tag{52.35}$$

Der lineare Verlauf bleibt erhalten.

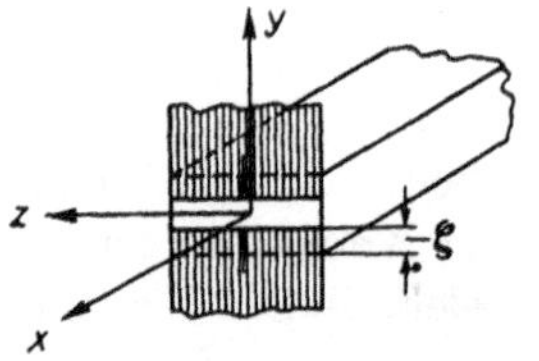

Abb. 21. Zur Berechnung der symmetrisch-kapazitiven Blende.

Abb. 22. Drehklappe.

Abb. 22a (rechts). Berechnung der Drehklappe.

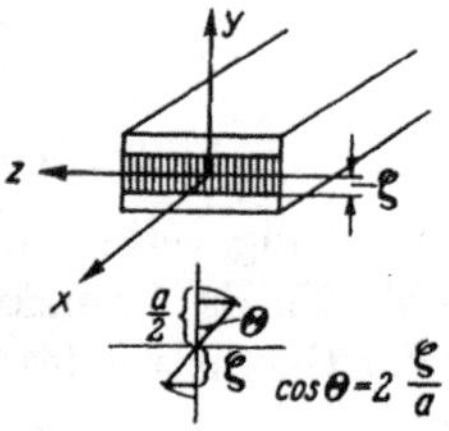

Abb. 22b. Zusammenhang zwischen relativer Verschiebung ζ und Winkel Θ der Drehklappe.

5. Drehklappe:

Schließlich ist noch der Fall der Drehklappe von besonderer Bedeutung, der in Abb. 22; 22a und 22b skizziert ist. Hier ergibt sich:

$$S = 2 \int\limits_{z=-b/2}^{z=+b/2} \int\limits_{y=\zeta}^{a/2} \frac{1}{2} [\mathfrak{E}_y \cdot \mathfrak{H}_z^*]\, dy\, dz,$$

mithin:

$$S = |B^2| \cdot \omega\, \mu_1 \beta \left(\frac{b}{\pi}\right)^2 \frac{b}{2} (a/2 - \zeta).$$

Da nun $\cos\Theta = 2\,\zeta/a$, so ist

$$S = \frac{1}{4} |B^2|\, \omega\, \mu_1 \beta \left(\frac{b}{\pi}\right)^2 \cdot b \cdot a\, (1 - \cos\Theta),$$

$$S = \text{const} \cdot (1 - \cos\Theta), \tag{52.36}$$

die Abhängigkeit des Energieflusses vom Drehklappenwinkel gegen die Vertikale.

Wir schätzen noch den Fehler ab, der durch die am Schieber reflektierten Anteile hervorgerufen wird. Die Anpassungs- bzw. Entkoppler-Folien ergeben sinngemäß eine Welligkeit $U_{max}/U_{min} = m$, die von 1 verschieden ist. Da nun allgemein der dann aufgenommene Leistungsbetrag sich zur Maximal- oder Gesamtleistung verhält wie:

$$N : N_{max} = (4\,m) : (m + 1)^2,$$

so wird von der Eingangsfolie der Anteil: $N_{max} \cdot 4\,m/(m+1)^2$ gegen die Schieberebene zurückgeworfen.

Bezeichnen wir den am Schieber reflektierten Anteil mit ΔS, so ist die in die Schieberebene wieder eintretende Leistung proportional:

$$\Delta S_r = \Delta S \left(1 - \frac{4\,m}{(m+1)^2}\right).$$

Der Ausdruck $[1 - 4\,m/(m+1)^2]$ ist für $m \approx 1$ eine kleine Größe ε. Für $m = 2$ ist $\varepsilon = 0{,}1$:

$$\Delta S_r = 0{,}1\,\Delta S.$$

Weitere hiervon reflektierte Anteile sind klein von höherer Ordnung. Wir finden daher z. B. im Falle des induktiven, unsymmetrischen Schiebers für ΔS

$$\Delta S = \frac{1}{2} |B^2|\, \omega \mu_1 \beta \left(\frac{b}{\pi}\right)^2 \int\limits_{y=0}^{a} \int\limits_{z=b}^{b-\zeta} \sin^2\left(\frac{\pi}{b} z\right) dz\, dy;$$

$$\Delta S = \text{const} \cdot \left[-\frac{\zeta}{2} - \frac{1}{2\pi} b \sin\left(\frac{b-\zeta}{b}\pi\right) \cos\left(\frac{b-\zeta}{b}\pi\right)\right]. \qquad (52.37)$$

Die Leistung $\Delta S_r = \Delta S \cdot \varepsilon$ wird dann also erneut gegen die Schieberebene geworfen und unterliegt dem gleichen Schwächungsgesetz, wie in Gleichung (52.32) angegeben. Bezeichnen wir dieses mit $\varphi(\zeta)$, so ist die Summe der hindurchgehenden Leistungsbeträge von direktem und reflektiertem Anteil:

$$\Sigma S = c \left[\frac{b-\zeta}{2} - \frac{b}{2\pi} \sin\left(\frac{b-\zeta}{b}\pi\right) \cos\left(\frac{b-\zeta}{b}\pi\right)\right] +$$
$$+ \varepsilon \cdot c \left[-\frac{\zeta}{2} - \frac{b}{2\pi} \sin\left(\frac{b-\zeta}{b}\pi\right) \cos\left(\frac{b-\zeta}{b}\pi\right)\right] \varphi(\zeta);$$

$$\Sigma S = c \left\{\frac{b-\zeta\,[1-\varepsilon \cdot \varphi(\zeta)]}{2} - \right.$$
$$\left. - [1-\varepsilon \cdot \varphi(\zeta)] \frac{b}{2\pi} \sin\left(\frac{b-\zeta}{b}\pi\right) \cos\left(\frac{b-\zeta}{c}\pi\right)\right\}. \qquad (52.38)$$

Betrachten wir Abb. 18, so sehen wir den Verlauf der Funktion ΔS für $m = 6$ und $\varepsilon = 0{,}5$ sowie den Verlauf von $\varphi(\zeta) \cdot \Delta S$. Schließlich ist noch die Summenkurve $S + \Delta S \cdot \varphi(\zeta)$ eingetragen (Kurve b). Diese hat einen weniger steilen Verlauf als die ursprüngliche Kurve, was ja natürlich ist. In der Praxis mißt man jedoch eher einen steileren Energieabfall. Dies kommt durch ein Dominieren der Verluste in den Schieberkontakten und den Wandungen.

Bei genügender Entkopplung, die in den praktischen Fällen vorliegt, kann demnach auf eine Berücksichtigung der an den Folien reflektierten Beträge (vor allem an der Eingangsfolie zwischen Sonde und Schieber) verzichtet werden.

Literatur zu Teil X

1] K. Fränz: Messung der Empfängerempfindlichkeit bei kurzen elektrischen Wellen. Zschr. für Hochfrequenztechnik und Elektroakustik (1942), Bd. 59; April-Heft. p. 105···112

2] H. H. Meinke: Elektrische Nachrichtentechnik 19; H. 27 (1942)

3] H. F. Mataré: Eingangs- und Ausgangs-Widerstand von Mischdioden. Elektr. Nachrichtentechnik Bd. 20 (1943); H. 2; p. 48

4] H. F. Mataré: Das Rauschen von Dioden und Detektoren im statischen und dynamischen Zustand. E. N. T. 19, 7 (1942); p. 111

5] H. F. Mataré: Der Mischwirkungsgrad von Dioden. Zschr. f. HF-Technik und Elektroakustik Bd. 62 (1943); p. 165···172

6] L. A. Moxon: The Application of IF-Noise Sources etc. Proceed. I. R. E. Vol. 37; Dec. 49 No 12; p. 1433

7] H. Wessel: Über den Durchgang elektrischer Wellen durch Drahtgitter. Zschr. f. HF-Technik u. Elektr. Akustik; Bd. 54 (1939); p. 62···69

8] K. Fränz: Reflexion einer H_1-Welle im rechteckigen Hohlleiter an einem Querschnittssprung. Frequenz; Bd. 2; Sept. 1948 No 9 Seite 227···231

9] K. Fränz: Die Reflexion elektrischer Wellen an der kapazitiven Blende im rechteckigen Hohlrohr. Archiv für elektr. Übertragung. Bd. 2; April/Mai 1948 Heft 4/5; p. 140

10] J. Ortusi: Etude sur la diffraction et les réflexions des ondes guidées. Annales de Radioélectricité. Tome I; Octobre 1945; No 2; p. 87ff

11] Chu and Barrow: Proceed of I. R. E. Vol. 26. Nr. 12 (1938) H. Riedel: H.F.T. 53 (1939) p. 122

ANHANG

Grundlagenfragen und Rechenmethoden

A. ZULÄSSIGKEITSGRENZEN DER ÜBLICHEN METHODEN BEIM RECHNEN MIT RAUSCHSPANNUNGEN UND MITTELWERTEN

Im Falle der Frequenzwandlung mit Dioden oder Detektoren ist eine Vorausberechnung der Empfindlichkeit nur dann möglich, wenn man sich über die Frage der Mittelwertbildung von Produkten Klarheit verschafft hat. Man kommt nämlich hier nicht mehr ohne weiteres, wie beim „Geradeaus-Empfang", mit dem Prinzip der linearen Superposition von Rauschspannungen aus, nach welchem:

$$\overline{i_r^2} = \Sigma\, \overline{i_p^2}; \qquad \text{(A 1)}$$

$$\overline{v_r^2} = \Sigma\, \overline{v_r^2}; \qquad \text{(A 2)}$$

$\overline{i_r^2}$ = *resultierender Rauschstrom aus den quadratischen Mittelwerten der einzelnen Ströme eines Zweiges* $\overline{i_p^2}$

$\overline{v_r^2}$ = *resultierende Rauschspannung aus den quadratischen Mittelwerten der Einzelspannungen zwischen zwei Punkten* $\overline{v_p^2}$

Fränz ([1]) hat bereits gezeigt, daß die Verteilung der Summenspannung von Einzelspannungen dann eine Gaußsche ist, wenn die einzelnen Verteilungen auch schon Gaußsche sind und die Spannungen unabhängig schwanken. Bei der Berechnung der Rauschleistung einer Mischanordnung treten aber auch Produkte von Rausch-Spannungen und -Strömen auf. Hier ist also außer der Frage nach der eventuellen Korrelation noch das allgemeine Problen der Mittelwertbildung von Produkten zu behandeln.

Dieses Problem ist in der Literatur auch an den Stellen nicht behandelt, wo man von der Äquivalenz zwischen Mittelwert des Produktes und Produkt der Mittelwerte Gebrauch macht. Ein typischer Fall ist die Berechnung des äquivalenten Rauschwiderstandes im Mischfall.

Man bestimmt diesen aus der Gleichsetzung:

$$\overline{u^2} = (\overline{i^2/S_c^2}) = \overline{i^2}/\overline{S_c^2}; \qquad \text{(A 3)}$$

die nur bedingt zulässig ist.

$\overline{u^2} = 4\,kT_0\,\Delta f \cdot R_{\ddot{a}}$ = *Rauschspannungsquadrat des äquivalenten Rauschwiderstandes;* (A 4)

$\overline{i^2} = 2\,e\,\Delta f\,\frac{1}{2\pi}\int\limits_0^{2\pi} J(\omega t)\,d\omega t$ = *mittleres Rauschstromquadrat der gesättigten Momentanströme* $J(\omega t)$; (A 5)

$k =$ *Boltzmannsche Konstante*;
$e =$ *Elementarladung*;

$\overline{S}_c = \frac{1}{2\pi}\int_0^{2\pi} S(\omega t)\cos\omega t\, d\omega t =$ *Konversionssteilheit als Mittelwert im Fourierschen Sinne über die Momentansteilheiten.*

(A 6)

Streng genommen ist:

$$R_{\ddot a} = \frac{1}{4\,k\,T_0\,\Delta f}\cdot 2\,e\,\Delta f\,\frac{1}{2\pi}\int_0^{2\pi}\frac{J(\omega t)}{S^2(\omega t)\cos^2\omega t}\,d\omega t;$$

$$R_{\ddot a} = 10\,\frac{1}{\pi}\int_0^{2\pi}\frac{J(\omega t)}{S^2(\omega t)\cos^2\omega t}\,d\omega t. \tag{A 7}$$

Eine Gleichsetzung mit:

$$R_{\ddot a} = 20\,\frac{\frac{1}{2\pi}\int_0^{2\pi} J(\omega t)\,d\omega t}{\left[\frac{1}{2\pi}\int_0^{2\pi} S(\omega t)\cos\omega t\,d\omega t\right]^2} \tag{A 8}$$

ist nicht selbstverständlich, da allgemein nicht der Mittelwert eines Produktes gleich dem Produkt der Mittelwerte ist. Dieser Fall wird weiter unten betrachtet.

Bei einer einfachen Bestimmung des Innenwiderstandes treten schon Schwierigkeiten auf, wenn es sich um ein Organ mit geknickter Kennlinie handelt, wie wir bereits in Teil III sahen; vgl. auch [2].

Das Rechnen mit Mittelwerten hat sich in der Hochfrequenzphysik auch außerhalb der Behandlung von Schwankungs- bzw. Rauschproblemen bewährt. Steuert man z. B. eine gekrümmte Kennlinie durch eine Wechselspannung der Frequenz f_1 aus, so gehört zu jedem Zeitmoment t eine andere Stromamplitude J oder Steilheit $S = \partial J/\partial U$. Will man nun das Verhalten der Schaltung in bezug auf eine Frequenz f_2 bestimmen, die klein gegen f_1 ist, so genügt es, den Mittelwert des Stromes oder der Steilheit während einer Periode von f_1 zu berücksichtigen. So kann etwa f_1 die Hochfrequenz und f_2 die Zwischenfrequenz einer Mischanordnung sein. Ist z. B.

$$J(U)$$

das Strom-Spannungsgesetz und $U(\omega_1 t)$ eine Funktion der Frequenz, so ist der zugehörige Mittelwert des Stromes

$$\overline{J} = \frac{1}{2\pi}\int_0^{2\pi} J\,[U(\omega t)]\,d\omega_1 t. \tag{A 9}$$

Wahrscheinlichkeitstheoretisch können wir diesen Befund auch so aussprechen: Die Größen $J(U)$ können innerhalb der Periode 2π verschiedene, sich gegenseitig ausschließende Werte annehmen, $J_1(U)$; $J_2(U)$; usw. Erteilen wir nun jeder solchen Größe das Gewicht p, so ist der Mittelwert:

$$\overline{J(U)} = \frac{p_1 J_1(U) + p_2 J_2(U) + p_3 J_3(U) + \cdots}{p_1 + p_2 + p_3 + \cdots p_n}, \qquad \text{(A 10)}$$

wobei die Betrachtung auf den Teil der verschiedenen Möglichkeiten beschränkt ist, für den $J_1(U)$; $J_2(U) \cdots J_n(U)$ innerhalb des Intervalls $0 \cdots 2\pi$ auftritt. Ist nun die Wahrscheinlichkeit oder das Gewicht der einzelnen Größen (p) gleich, so wird

$$\frac{1}{\sum\limits_0^{2\pi} p_n} \sum_0^{2\pi} p_n J_n(U) \rightarrow \frac{1}{2\pi} \sum_{\omega t = 0}^{2\pi} J\,[U(\omega t)], \qquad \text{(A 11)}$$

was dasselbe ist, wie der in (A 9) definierte Mittelwert über die Periode. Bei allen Anwendungen ist es wichtig, zu berücksichtigen, daß

$$\overline{J(U)} \text{ und } J(\overline{U})$$

nicht ohne weiteres gleichzusetzen sind. Gleichsetzung ist nur bei linearer Abhängigkeit erlaubt. Dagegen sind, wie sich einfach zeigen läßt, Bildung des Mittelwertes und Addition immer vertauschbar; vgl. [3]. Daraus folgt auch die Vertauschbarkeit in allen „additiven" Operationen wie Integration und Differentiation. Es ist also:

$$\overline{x + y} = \overline{x} + \overline{y} \qquad \text{(A 12)}$$

$$\overline{\frac{d f(x)}{d x}} = \frac{d \overline{f(x)}}{d x} \qquad \text{(A 13)}$$

$$\overline{\int f(x)\, d x} = \int \overline{f(x)}\, d x. \qquad \text{(A 14)}$$

Zum Problem $(\overline{x})^{-1} \neq \overline{x^{-1}}$ ist zu sagen, daß die Funktion im Falle der Gleichheit von reziprokem Mittelwert mit dem Mittelwert des Reziproken monoton und in dem betrachteten Intervall stetig und differenzierbar sein soll. Dies gilt im allgemeinen von den betrachteten Kennlinienfunktionen.

Wir kommen nun zu dem eigentlichen Problem der Produktbildung von Mittelwerten. An Stelle der Bezeichnung $J(U)$ für die relativen Häufigkeiten, bei der Spannung U einen Momentanstrom J anzutreffen, wollen wir jetzt $F(x)$ und $G(x)$ einführen. Damit sind Schwankungsgrößen (z. B. Amplituden) gekennzeichnet, die sich in Form von kontinuierlichen Wahrscheinlichkeitsfunktionen darstellen lassen. Die hier betrachteten Prozesse an glatten Kennlinien ergeben von vorneherein den Charakter kontinuierlicher Wahrscheinlichkeitsfunktionen. Eine empirische Ermittlung kann wie folgt durchgeführt werden: Wir teilen den gesamten Wertebereich von x in eine Anzahl von Intervallen Δx und bestimmen die relativen Häufigkeiten $h(x)$, mit denen bei wiederholter Beobachtung die Größe x in den Intervallen Δx angetroffen wird; im Falle unendlich vieler Beobachtungen würden dann die $h(x)$

exakt definierte Zahlen. Macht man nun die Intervalle immer kleiner und bildet jedesmal die Ausdrücke $h(x)$, so ist der Grenzwert:

$$\lim_{\Delta x \to 0} h(x)/\Delta x = F(x)$$

die betrachtete Funktion, die wir hier als stetig und stetig differenzierbar annehmen dürfen, da ja die ausgesteuerte Kennlinie im Aussteuerungsintervall $0 \cdots 2\pi$ stetig und differenzierbar ist. Nach dieser Definition sind also $F(x)$ und $G(x)$ relative Häufigkeiten und:

$$F(x)\,dx \text{ bzw. } G(x)\,dx$$

die Wahrscheinlichkeiten dafür, daß die Variable x (z. B. die Amplitude des Stromes J) bei einer willkürlichen Probe in dem unendlich kleinen Intervall zwischen x und $x + dx$ angetroffen wird. Die Wahrscheinlichkeit dafür, daß x in einem *endlichen* Intervall (z. B. $0 \cdots 2\pi$) angetroffen wird, erhält man nach dem Additionssatz der Wahrscheinlichkeitsrechnung zu:

$$F(\pi) = \int_0^{\pi} F(x)\,dx. \tag{A 15}$$

Bei der geknickten Kennlinie, deren negativer Ast mit der $(-x)$-Achse zusammenfällt. ist der Mittelwert also:

$$\overline{F}(x) = \frac{1}{2\pi} \int_0^{\pi} F(x)\,dx$$

analog:

$$\overline{J(\omega t)} = \frac{1}{2\pi} \int_0^{\pi} J(\omega t)\,d\omega t \tag{A 16}$$

im speziellen Fall der Stromamplitude im Intervall $0 \cdots 2\pi$. Schreiben wir die Rauschleistung je Hz Bandbreite für den Diodensuper in kT_0-Einheiten explizit, so ergibt sich also:

$$\left(\frac{\overline{N_r}}{\Delta f}\right) [\text{in } kT_0] = \frac{1}{2\pi} \int_0^{2\pi} \frac{4}{\eta(\omega t)} \left\{\alpha + \frac{[p(\Theta)\,x(\omega t) + 1]}{[1 + x(\omega t)]^2}\right\} d\omega t. \tag{A 17}$$

Um eine Diskussion durchzuführen, setzen wir $x = 1$ (Anpassung auf der ZF-Seite) und $\eta = \eta_{\text{opt}}$. Wir erhalten dann

$$\left(\frac{\overline{N_r}}{\Delta f}\right) [\text{in } kT_0] = \frac{1}{2\pi} \int_0^{2\pi} \left(\frac{S_g}{S_c}\right)^2 (4\alpha + p + 1)\,d\omega t. \tag{A 18}$$

Wir können nun zeigen, daß hierin nur der Quotient $(S_g/S_c)^2$ eine Funktion von ωt ist; α ist eine Apparate-Konstante, welche die Qualität des ZF-Verstärkers charakterisiert (der äquivalente Rauschwiderstand der ersten ZF-Röhre und der transformierte Eingangswiderstand $R_k{}^*$ sind von ωt unabhängig).

Der dynamische Rauschfaktor p ist definiert durch:

$$p = p_0 \left[1 + \frac{1}{\pi} \int_0^{\Theta} (U_0 + U_{\sim} \cos \omega t)^c \, d\omega t\right];$$

$$p - p_0 = p_0 \cdot U_{\sim}^c \cdot \frac{1}{\pi} \int_0^{\Theta} (\cos \omega t - \cos \Theta)^c \, d\omega t \qquad \text{(A 19)}$$

und mit der Hilfsgröße

$$p_{\max} = p \cdot U_{\sim}^c \, (1 - \cos \Theta)^c \qquad \text{(A 20)}$$

ist: $(p - p_0)/p_{\max} = \psi_c(\Theta)$ also gerade gleich der bekannten Stromflußwinkelfunktion mit dem Exponenten c (bei Dioden meist $c \approx 0{,}6$). Es bleibt also zu betrachten, ob

$$\frac{\left(\frac{1}{2\pi} \int_0^{2\pi} S_g \, d\omega t\right)^2}{\left(\frac{1}{2\pi} \int_0^{2\pi} S_c \, d\omega t\right)^2} = \frac{1}{2\pi} \int_0^{2\pi} (S_g/S_c)^2 \, d\omega t$$

oder, bei Übergang zum Reziproken, ob

$$\frac{1}{2\pi} \int_0^{2\pi} S_c(\omega t) \, d\omega t \cdot \frac{1}{2\pi} \int_0^{2\pi} R_i(\omega t) \, d\omega t = \frac{1}{2\pi} \int_0^{2\pi} S_c(\omega t) \, R_i(\omega t) \, d\omega t \qquad \text{(A 21)}$$

oder ob:

$$\overline{\left(\frac{\partial J}{\partial U_{\sim}}\right)}_{U_0 = \text{const}} \cdot \overline{\left(\frac{\partial U_0}{\partial J}\right)}_{U_{\sim} = \text{const}} = \overline{\left(\frac{\partial J}{\partial U_{\sim}}\right)_{U_0 = \text{const}} \cdot \left(\frac{\partial U_0}{\partial J}\right)_{U_{\sim} = \text{const}}}, \qquad \text{(A 22)}$$

Stellen wir diese Faktoren durch kontinuierliche Wahrscheinlichkeitsfunktionen dar, so läßt sich für

$$\frac{1}{2\pi} \int_0^{\pi} F(x) \, G(x) \, dx$$

z. B. leicht eine Summendarstellung finden. Zunächst teilen wir das Funktionsprodukt $F(x)\,G(x)$ im Intervall $0 \cdots \pi$ in n gleiche Teile δ:

$$\delta = \frac{\pi - 0}{n}.$$

Dann ist $F(0) \cdot G(0) - F(\pi) \cdot G(\pi)$ als Summe von n Differenzen $F(0+\delta)\,G(0+\delta) - F(0)\,G(0)$; $F(0+2\delta)\,G(0+2\delta) - F(0+\delta)\,G(0+\delta)$; $F(0+3\delta)\,G(0+3\delta) - F(0+2\delta)\,G(0+2\delta)$; $\cdots$

Nach Taylor erhält man für jede Differenz:

$$F(0+\delta)\,G(0+\delta) - F(0)\,G(0) =$$
$$= \delta F(0)\,G(0) + \frac{\delta^2}{2!}[F(0)\,G(0)]' + \frac{\delta^3}{3!}[F(0)\,G(0)]'' + \cdots$$

$$F(0+2\delta)\,G(0+2\delta)-F(0+\delta)\,G(0+\delta)=$$
$$=\delta F(0+\delta)\,G(0+\delta)+\frac{\delta^2}{2!}[F(0+\delta)\,G(0+\delta)]'+\cdots$$

usw.

$$F(\pi)\,G(\pi)-F(0+\overline{\pi-1}\,\delta)\,G(0+\overline{\pi-1}\,\delta)=$$
$$=\delta F(0+\overline{n-1}\,\delta)\,G(0+\overline{n-1}\,\delta)+\frac{\delta^2}{2!}[F(0+\overline{n-1}\,\delta)\,G(0+\overline{n-1}\,\delta)]'+\cdots$$

Addition ergibt:

$$\int_0^\pi F(x)\,G(x)\,dx=\delta\begin{bmatrix}F(0)\,G(0)+\\+F(0+\delta)\,G(0+\delta)+\\+F(0+2\delta)\,G(0+2\delta)+\\+\cdots+\\+F(0+\overline{\pi-1}\,\delta)\,G(0+\overline{\pi-1}\,\delta)\end{bmatrix}$$
$$+\frac{\delta^2}{2}\begin{bmatrix}[F(0)\,G(0)]'+\\+[F(0+\delta)\,G(0+\delta)]'+\\+[F(0+2\delta)\,G(0+2\delta)]'+\\+\cdots+\\+[F(0+\overline{n-1}\,\delta)\,G(0+\overline{n-1}\,\delta)]'\end{bmatrix}$$
$$+\frac{\delta^3}{6}\begin{bmatrix}[F(0)\,G(0)]''+\\+[F(0+\delta)\,G(0+\delta)]''+\\+[F(0+2\delta)\,G(0+2\delta)]''+\\+\cdots+\\+[F(0+\overline{n-1}\,\delta)\,G(0+\overline{n-1}\,\delta)]''\end{bmatrix}$$

Es ist nun leicht zu zeigen, daß, nach Anwendung der Taylor-Entwicklung und Annahme, daß $[F(x)\,G(x)]''$ in dem betrachteten Intervall schon nahe konstante Werte hat, gilt:

$$\int_0^\pi F(x)\,G(x)\,dx=\delta\left|\begin{matrix}\frac{1}{2}F(0)\,G(0)+\\+F(0+\delta)\,G(0+\delta)+\\+F(0+2\delta)\,G(0+2\delta)+\\+\cdots+\\+F(0+\overline{n-1}\,\delta)\,G(0+\overline{n-1}\,\delta)+\\+\frac{1}{2}F(\pi)\,G(\pi)\end{matrix}\right|-(\delta^2/12)$$
$$-\frac{\delta^2}{12}\{[F(\pi)\,G(\pi)]'-[F(0)\,G(0)]'\}.$$

Mit wachsender Intervallzahl und daher abnehmender Intervallbreite δ nähert sich also das Integral

$$\frac{1}{2\pi}\int_0^\pi F(x)\,G(x)\,dx \text{ dem Wert } \frac{1}{2\pi}\left[\delta\sum_{\delta n=0}^{\pi}F(0+n\delta)\,G(0+n\delta)\right]$$

oder es ist:

$$\frac{1}{2\pi}\int_0^\pi F(x)\,G(x)\,dx=\overline{F(x)\,G(x)}. \tag{A 23}$$

Die bisherige Ableitung beweist, wie oben bereits erwähnt, die Identität von Mittelwertbildung und Integration. Konventionell stellt (A 23) lediglich eine andere Schreibweise dar. Allgemein erhält man für den Mittelwert des Produktes zweier Funktionen $F(x)$ und $G(x)$:

$$\overline{[F(x)\cdot G(x)]} = \overline{[\Delta F(x)\cdot \Delta G(x)]} + \overline{F(x)}\cdot\overline{G(x)}. \qquad \text{(A 24)}$$

$\Delta F(x)$ und $\Delta G(x)$ sind die Abweichungen des Funktionswertes vom Mittelwert $\overline{F}$ bzw. $\overline{G}$.

Für $F(x) = G(x)$ geht Formel (A 24) über in:

$$\overline{(\Delta F)^2} = \overline{(F-\overline{F})^2} = \overline{(F^2)} - 2\,\overline{F}\cdot\overline{F} + (\overline{F})^2 = \overline{(F^2)} - (\overline{F})^2 \qquad \text{(A 25)}$$

$= \textit{mittleres relatives Schwankungsquadrat von } F.$

Dieses mittlere Schwankungsquadrat (A 25) kann seiner Definition nach nur verschwinden, wenn $F = \text{const.}$ Anders ist es mit dem Mittelwert des Produktes zweier verschiedener Funktionen (A 24). Der hierdurch ausgedrückte Mittelwert wird stets dann verschwinden, wenn sich die zugehörige Wahrscheinlichkeitsfunktion in ein Produkt zerspalten läßt, derart, daß $F(x)$ nur in dem einen Faktor, $G(x)$ nur in dem anderen Faktor vorkommt vgl. [4]. Bekanntlich ist der Mittelwert einer beliebigen Funktion $f(x)$ mit der Wahrscheinlichkeit $W(x)$

$$\overline{f(x)} = \frac{\int\limits_a^b f(x)\,W(x)\,dx}{\int\limits_a^b W(x)\,dx}, \qquad \text{(A 26)}$$

vgl. (A 10). Hat man mehrere Variable x_k, so ist die Wahrscheinlichkeit dafür, daß sich der Wert von x_k zwischen x_k und $x_k + dx_k$ befindet, ohne Rücksicht auf die Werte der übrigen Variablen gleich dem Integral von W über den gesamten Wertebereich von x mit Ausnahme von x_k. Es ist also:

$$W(x_k)\,dx_k = \int\limits_{-\infty}^{+\infty}\cdots\int\limits_{-\infty}^{+\infty} W(x_1\cdots x_s)\,dx_1\cdots dx_{k-1}\cdot dx_{k+1}\cdots dx_s. \qquad \text{(A 27)}$$

Für den Mittelwert einer beliebigen Funktion $f(x_1\cdots x_s)$ in dem betrachteten Intervall erhält man nun nach (A 26):

$$\overline{f(x_1\cdots x_s)} = \frac{\int\limits_{a_1}^{b_1}\cdots\int\limits_{a_s}^{b_s} f(x_1\cdots x_s)\,W(x_1\cdots x_s)\,dx_1\cdots dx_s}{\int\limits_{a_1}^{b_1}\cdots\int\limits_{a_s}^{b_s} W(x_1\cdots x_s)\,dx_1\cdots dx_s}. \qquad \text{(A 28)}$$

Nach Einführung der Wahrscheinlichkeitsfunktionen $F(x)$ und $G(x)$ läßt sich gemäß (A 27) das Produkt in Einzelwahrscheinlichkeiten aufspalten, sofern nach (A 24):

$$\overline{F(x)\cdot G(x)} - \overline{F(x)}\cdot\overline{G(x)} = 0 \qquad \text{(A 24 a)}$$

(Keine Korrelation!)

$$W\,[F(x)\,G(x)]\,d\,F(x)\,d\,G(x) = u\,[F(x)]\,v\,[G(x)]\,d\,F(x)\,d\,G(x). \qquad \text{(A 29)}$$

Daraus folgt nach (A 28):

$$\overline{[F(x)\,G(x)]} = \frac{\iint F(x)\,G(x)\,W\,[F(x)\,G(x)]\,d\,F(x)\,d\,G(x)}{\iint W\,[F(x)\,G(x)]\,d\,F(x)\,d\,G(x)} \qquad \text{(A 30)}$$

$$= \frac{\int F(x)\,u\,[F(x)]\,d\,F(x) \int G(x)\,v\,[G(x)]\,d\,G(x)}{\int u\,[F(x)]\,d\,F(x) \int v\,[G(x)]\,d\,G(x)}. \qquad \text{(A 31)}$$

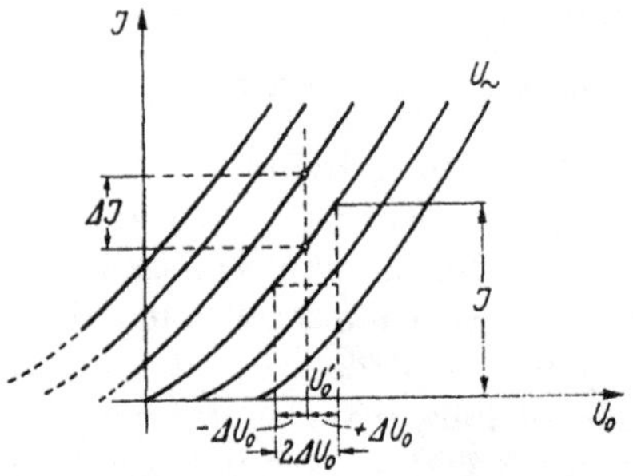

Abb. A 1. Zur Ableitung der Steilheitsfunktion im Richtkennlinienfeld.

So wie (A 29) ausdrückt, daß die Wahrscheinlichkeit für das gleichzeitige Eintreffen der „Ereignisse" $F(x)$ und $G(x)$ gleich ist dem Produkt aus der Wahrscheinlichkeit u für das Ereignis $F(x)$ und der Wahrscheinlichkeit v für $G(x)$, so drückt (A 31) aus, daß der Mittelwert des Produktes gleich ist dem Produkt der Mittelwerte. Dies gilt nun alles nur unter der Voraussetzung (A 24 a). Wir müssen also noch die Frage behandeln, ob in dem betrachteten Fall Korrelation vorliegt oder nicht. Daß es sich bei den Differentialquotienten (A 22) nur um für einen bestimmten Spannungsbetrag U_0' definierte Größen handelt, sieht man aus Abb. 1. Wir entnehmen der Figur die Kenngrößen:

$$S_g = \left(\frac{J_2 - J_1}{2\,\Delta U_0}\right)_{U_\sim = \text{const}}; \qquad S_c = \left(\frac{\Delta J}{\Delta U_\sim}\right)_{U_0 = \text{const} = U_0'}$$

$$\Delta_{1;\,2;\,3} = \begin{cases} \dfrac{1}{\Delta U_0}\,\overline{\Delta}\,J\,(U_0) = \dfrac{J\,(U_0' + \Delta U_0) - J\,(U_0')}{\Delta U_0}; \\[2ex] \dfrac{1}{\Delta U_0}\,\underline{\Delta}\,J\,(U_0) = \dfrac{J\,(U_0') - J\,(U_0' - \Delta U_0)}{\Delta U_0}; \\[2ex] \dfrac{1}{\Delta U_0}\,\Delta\,J\,(U_0) = \dfrac{J\,(U_0' + \Delta U_0) - J\,(U_0' - \Delta U_0)}{2\,\Delta U_0}. \end{cases}$$

$$\lim_{\Delta U_0 \to 0} \Delta_{1;\,2;\,3} = \left(\frac{\partial J}{\partial U_0}\right)_{U_\sim = \text{const}}.$$

Vorderer, hinterer und mittlerer Differenzenquotient werden für

$$\Delta\,U_0 \to 0 \text{ zu } (\partial\,J/\partial\,U_0)_{U_\sim = \text{const}}$$

Ebenso ist $(\partial\,U_\sim/\partial\,J)_{U_0 = \text{const}}$ für U_0' definiert.

Setzen wir für Ströme und Spannungen die zugehörigen Wahrscheinlichkeitsverteilungen an, so ist zu beachten, daß für den Strom J jeweils die gleiche Verteilung gesetzt werden muß. Wir haben nun gemäß (A 22) zu prüfen, ob das Produkt der partiellen Differentialquotienten der Verteilungen von Rauschströmen und Rauschspannungen wieder auf eine Gaußsche, von der

J-Verteilung unabhängige Form führt. Ist das der Fall, so ist damit bewiesen, daß

$$\overline{\left[\Delta\left(\frac{\partial J}{\partial U_\sim}\right)_{U_0=\text{const}}\cdot\Delta\left(\frac{\partial U_0}{\partial J}\right)_{U_\sim=\text{const}}\right]}=0 \tag{A 32}$$

oder, wenn wir

$$\left(\frac{\partial J}{\partial U_\sim}\right)_{U_0=\text{const}}=G(x); \qquad \left(\frac{\partial U_0}{\partial J}\right)_{U_\sim=\text{const}}=F(x)$$

setzen, daß in (A 24) der erste Summand der rechten Seite verschwindet, daß also der Korrelationskoeffizient

$$V=\frac{\overline{[G(x)-\overline{G(x)}]\,[F(x)-\overline{F(x)}]}}{\sqrt{\overline{[G(x)-\overline{G(x)}]^2}}\ \sqrt{\overline{[F(x)-\overline{F(x)}]^2}}}, \tag{A 33}$$

d. h. der Mittelwert der Widerstands- bzw. Leitwertschwankungen unabhängig gleich Null wird. Das bedeutet aber nach dem obigen statistische Unabhängigkeit der beiden Funktionen. Wir setzen als Verteilungen an (vgl. auch [5]):

$$W(U_0)=\frac{1}{\sqrt{\pi c_1}}\,e^{-U_0^2/c_1} \tag{A 34}$$

für die Gleichspannungsschwankungen;

$$W(U_\sim)=\frac{1}{\sqrt{\pi c^2}}\,e^{-U_\sim^2/c_2} \tag{A 35}$$

für die Wechselspannungsschwankungen;

$$W(J)=\frac{1}{\sqrt{\pi c}}\,e^{-J^2/c} \tag{A 36}$$

für die Stromschwankungen.

Das Produkt der Differentialquotienten [nach (A 29)] ergibt also die Verteilung:

$$W_p=\left[\frac{\partial\left(\frac{1}{\sqrt{\pi c}}\,e^{-J^2/c}\right)}{\partial\left(\frac{1}{\sqrt{\pi c_2}}\,e^{-U_\sim^2/c_2}\right)}\right]_{U_0=\text{const}}\cdot\left[\frac{\partial\left(\frac{1}{\sqrt{\pi c_1}}\,e^{-U_0^2/c_1}\right)}{\partial\left(\frac{1}{\sqrt{\pi c}}\,e^{-J^2/c}\right)}\right]_{U_\sim=\text{const}}. \tag{A 37}$$

Substituiert man:

$$e^{-U_\sim^2/c_2}=y(U_\sim),$$

so ist:

$$e^{-J^2/c}=y(U_\sim)^{(J^2/c)\cdot c_2/U_\sim^2} \tag{A 38}$$

und:

$$\frac{\partial\left(y(U_\sim)^{\frac{J^2\cdot c_2}{U_\sim^2\cdot c}}\right)}{\partial y(U_\sim)}=\frac{J^2\cdot c_2}{U_\sim^2\cdot c}\,e^{-J^2/c_1+U_\sim^2/c_2}. \tag{A 39}$$

Ebenso durch die Substitution:

$$y(U_0)=e^{\;U_0^2/c_1} \tag{A 40}$$

wird:

$$\frac{\partial \left(y(U_0)^{\frac{J^2/c}{U_0^2/c_1}}\right)}{\partial y(U_0)} = \frac{J^2/c}{U_0^2/c_1} \cdot e^{U_0^2/c_1 - J^2/c}, \tag{A 41}$$

da $y(U_\sim)$ und $y(U_0)$ stetig und in abgeschlossenen Intervallen differenzierbar sind. Nach (A 37) ergibt sich daher eine Verteilung:

$$W_p = \sqrt{\frac{c_1}{c_2}} \cdot \frac{U_0^2 \cdot c_2}{U_\sim^2 \cdot c_1} \cdot e^{-(U_0^2/c_1 - U_\sim^2/c_2)}. \tag{A 42}$$

Damit ist gezeigt, daß die Verteilung des Produktes eine von J unabhängige ist. Daher ist eine Behandlung solcher Netzwerke, auch wenn Produkte von Schwankungsgrößen auftreten, noch durch getrennte Mittelwertbildung möglich. Die Auswertung des Integrals (A 17) vereinfacht sich dadurch sehr. Wir erhalten die Form:

$$\frac{N_r}{\Delta f}\,[\text{in } k\,T_0] = \frac{4}{\eta}\left[\alpha + \left(p\,\frac{R_k^*}{R_i} + 1\right) \cdot \frac{1}{(1 + R_k^*/R_i)^2}\right], \tag{A 43}$$

die sich in einfachster Weise mittels Kurvendiagrammen numerisch behandeln läßt.

Die beiden Gleichungen (A 17) und (A 43) sind überdies in mehreren praktischen Fällen numerisch ausgewertet worden, wobei Gleichheit der gewonnenen Ergebnisse festgestellt wurde.

Literatur zu Anhang A

1] K. Fränz: Empfängerempfindlichkeit; in: Fortschritte der HF-Technik 2 (1943), S. 710

2] H. F. Mataré: Methoden zur Berechnung von Empfindlichkeiten bei Mischanordnungen im Dezimeter- und Zentimeter-Wellengebiet; A. E. Ü. 3; 1949; S. 241···248.

3] Zernicke: Handbuch der Physik, Bd. III. S. 437

4] R. Fürth: Theoretische Physik I; Springer Verlag; Berlin 1936; S. 108ff.

5] Vgl. auch: Wittaker-Robinson: The Calculus of Observation; Blackie & Son Lim. London-Glasgow; 4. Aufl. S. 320

B. BERECHNUNG DES MITTLEREN RAUSCHSPANNUNGSQUADRATES FÜR DAS RAUSCHQUELLENERSATZBILD DES SPITZENDETEKTORS

Wir haben bereits in Kap. VIII das Rauschquellenersatzschema des Spitzendetektors erörtert. Zur Berechnung der Schwankungsamplitude eines Schemas dieser Art (Abb. 1) auf thermodynamischer Basis geht man von der an den Klemmen der Systemkapazität verfügbaren mittleren Energie pro Freiheitsgrad aus. Denn wenn man, wie es vielfach geschieht, die Schwankungsgröße durch eine Superposition diskreter Einzelschwingungen darstellt, die von harmonischen Oszillatoren herrühren, so kann man die auf einen Freiheitsgrad der Schwingungsfrequenz entfallende, mittlere Energie darstellen durch:

$$\bar{E} = \frac{hf}{e^{hf/kT} - 1}; \tag{B 1}$$

(h = *Plancksches Wirkungsquant*), was $\approx kT_0$ ist für $T = T_0$ (Raumtemperatur); vgl. [1]. Diese ist nun zur einen Hälfte elektrisch $[(1/2)\, C\,\overline{u^2}]$, zur anderen magnetisch $[(1/2)\, L\,\overline{i^2}]$; vgl. [2]. Gelingt es also z. B. die an den Klemmen von C herrschende Rauschspannung zu berechnen, so ergibt sich durch Gleichsetzen mit $1/2\, kT_0$ oder einem Vielfachen davon (je nach der Temperatur der betrachteten Widerstände) das Rauschgesetz. Als solches bezeichnen wir den Zusammenhang zwischen der resultierenden Rauschspannung und den in Betracht kommenden Ohmschen Komponenten. Nach Abb. B 1 betrachten wir zunächst der Einfachheit halber, die ideale Sperrschicht mit ihrer Steilheit S (Innenwiderstand $1/S$) in Serie mit einem Spannungsschwankungsgenerator, der das mittlere Rauschspannungsquadrat $\overline{u_r^2}$ liefert.

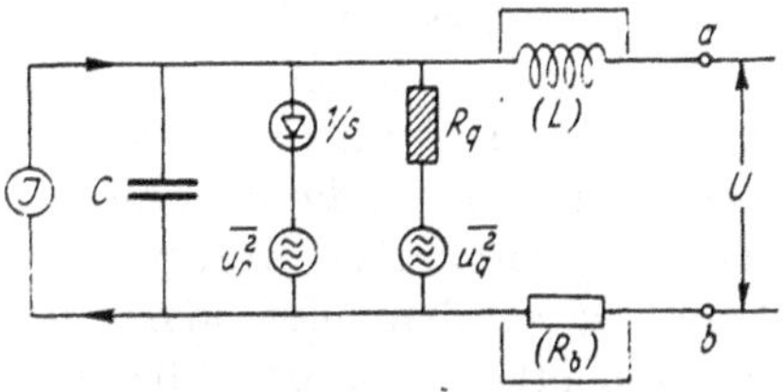

Abb. B 1. Rauschquellen-Ersatzschaltbild des Spitzendetektors.

Das gleiche gilt für R_q, dem ein Schwankungsgenerator $\overline{u_q^2}$ zugeordnet ist. Hierzu kommt, um das Frequenzverhalten zu charakterisieren, die Gesamtkapazität des Systems, die infolge der verschwindenden Größe von R_b parallel gelegt gedacht werden kann.

Eine gegebenenfalls in Serie liegende, induktive Größe ändert nichts am Prinzip der Rechnung. Wir wollen sie hier kurzgeschlossen annehmen und schließen damit zunächst die Impedanztransformation im Hyperfrequenzgebiet aus. Eine zu den angegebenen Spannungs-Schwankungsgeneratoren äquivalente Einströmung liefert ein Strom-Schwankungsgenerator J, der parallel an die Halbleiter-Klemmen gelegt gedacht wird. Betrachtet wird nun die Spannung an den Klemmen (a—b).

Wir wollen zunächst über die Art der Rauschquellen in der Sperrschicht keine Annahmen machen und auf der Basis ganz allgemeiner Voraussetzungen das mittlere Rauschspannungsquadrat aus der Fourier-Transformierten $S(j\omega)$ einer Schwankungsgröße $s(t)$ berechnen ($\omega = 2\pi f$ = *Kreisfrequenz*; t = *Zeit*). Die allgemeinen Voraussetzungen sind (vgl. [3]):

Die Schwankungen sollen überlagerte Einzelakte oder Ereignisse sein, die über die Zeit t statistisch verteilt sind. Die Wahrscheinlichkeit des Auftretens eines Elementaraktes innerhalb der Zeitspanne dt sei $\Lambda(t)\, dt$; der Wert Λ soll hier nur von der Art der Elementarakte, nicht jedoch von ihrer Vorgeschichte abhängen (keine Korrelation oder Wahrscheinlichkeitsnachwirkung!). Im speziellen wird $\Lambda = \text{const}$ gesetzt. Ist nun z. B. y die apparativ meßbare Größe, verursacht durch ein Ereignis, das der Zeit t zugeordnet ist, so ist y eine Zeitfunktion $s(t)$, wenn unter t die Zeit seit Ablauf, oder, bei unendlich kurzer Dauer des Ereignisses, seit Beginn desselben verstanden wird.

An weiteren Voraussetzungen zählen wir auf: Additivität der Ereignisse. Man kann zeigen, daß sich die allgemeinen Voraussetzungen der Theorie mit gewissen Einschränkungen auch auf ein nichtlineares Schaltelement der vorliegenden Form anwenden lassen, dann nämlich, wenn dieses Schaltelement nicht in Serie mit anderen Schwankungsgeneratoren auftritt und wenn differentielle Stücke der Charakteristik betrachtet werden, für welche sich die diskreten Rauscheinströmungen superponieren.

Ferner: Selektivität des Systems, d. h.:

$$s(t) \to 0 \text{ für } t \to \infty.$$

Nun hat man es bei Messungen von Rauschgrößen stets mit arithmetischen Mittelwerten $\overline{y}$ oder $\overline{y^2}$ zu tun. Das Intervall, das alle möglichen Werte der stochastischen Variabeln $s(t)$ umfassen soll, kann endlich oder unendlich sein. Es ist hier sinnvoll, die Grenzen von $-\infty$ bis $+\infty$ zu erstrecken und so jedes beliebige, vorgegebene Intervall a$\cdots$b (Selektion) zu umfassen; [4]. Dabei ist dann nur zu definieren, daß die Wahrscheinlichkeitsdichte $\Lambda(t)$ außerhalb (a$\cdots$b) identisch Null ist. Für kontinuierliche Variable ist die mathematische Erwartung definiert als

$$\overline{y(t)} = \int_{-\infty}^{+\infty} s(t-t')\,\Lambda(t')\,dt'. \tag{B 2}$$

Da im vorliegenden Falle $t - t'$ nur einen positiven Wertevorrat hat und $\Lambda(t)$ von t unabhängig als konstant betrachtet wird, ist:

$$\overline{y} = \Lambda \int_0^{\infty} s(t)\,dt. \tag{B 3}$$

Eine für die Messung wichtige Größe ist die Abweichung vom Mittelwert (Standardabweichung); [5]. Der Mittelwert hiervon ist identisch Null, jedoch nicht der Mittelwert des Quadrates, die eigentliche Rauschamplitude:

$$\overline{(y-\overline{y})^2} = \overline{y^2} - (\overline{y})^2.$$

Nun ist im vorliegenden Falle $\overline{y} = 0$, daher wird:

$$\overline{(y-\overline{y})^2} = \Lambda \int_0^{\infty} [s(t)]^2\,dt. \tag{B 4}$$

Für die Darstellung von $s(t)$ machen wir uns die Tatsache zunutze, daß die Schwankungsimpulse kurze elektrische Stöße sind, durch welche unser Kreis angeregt wird. Da $s(t)$ das Verhalten unseres Systems auf solche Stöße repräsentiert, so setzen wir hierfür den allgemeinen Ausdruck einer gedämpften Schwingung an:

$$s(t) = \sum_n A_n \cos(\omega_n t + \varphi_n)\, e^{-a_n t}.$$

Wir können daher auch für $s(t)$ die Fourier-Darstellung

$$s(t) = \frac{1}{\sqrt{2\pi}} \int_{-\infty}^{+\infty} S(j\omega)\, e^{j\omega t}\, d\omega \tag{B 5}$$

wählen. Kennen wir nun noch die Fourier-Transformierte $S(j\omega)$ unseres Systems, so können wir $s(t)$ und nach (B 4) das mittlere Schwankungsquadrat unseres Netzwerkes ermitteln. Für die Fourier-Transformierte $S(j\omega)$ gilt allgemein (vgl. [6]):

$$S(j\omega) = \frac{1}{\sqrt{2\pi}} \int_{-\infty}^{+\infty} s(t)\, e^{-j\omega t}\, dt. \tag{B 6}$$

Wir denken uns nun unser System durch einen Rauschgenerator beaufschlagt. Der Generator soll die Stromschwankungsamplitude x liefern. Uns interessiert der Fall, daß der Generator zur Zeit $t = 0$ plötzlich den Wert x_0 liefert, der nach einer sehr kurzen Zeitdauer τ wieder auf Null sinkt. Wir setzen

$$x = x_0 \tau \Lambda(t),$$

wobei

$$\int_{-\infty}^{+\infty} \Lambda\, dt = 1, \quad \text{also} \quad \Lambda = 1/\tau$$

für $0 < t < \tau$. Schreibt man die Stoßfunktion in Form eines Fourier-Integrals

$$\Lambda(t) = \frac{1}{\sqrt{2\pi}} \int_{-\infty}^{+\infty} F(j\omega)\, e^{j\omega t}\, d\omega, \tag{B 7}$$

so wird die Fourier-Transformierte der einzelnen Intensitätskomponenten:

$$\frac{1}{\sqrt{2\pi}} F(j\omega) = \frac{1}{\sqrt{2\pi}} \int_{-\infty}^{+\infty} \Lambda(t)\, e^{-j\omega t}\, dt = \frac{1}{\sqrt{2\pi}}, \tag{B 8}$$

wenn $\omega\tau \ll 1$.

Die Anwendung des Ohmschen Gesetzes auf die einzelnen Komponenten der Fourier-Zerlegung ergibt als Spannung eines einzelnen Impulses

$$s(t) = x_0 \tau \int_{-\infty}^{+\infty} \frac{F(j\omega)}{\sqrt{2\pi}}\, \Phi(j\omega)\, e^{j\omega t}\, d\omega = \frac{x_0 \tau}{2\pi} \int_{-\infty}^{+\infty} \Phi(j\omega)\, e^{j\omega t}\, d\omega, \tag{B 9}$$

wenn $\Phi(j\omega)$ die Querimpedanz des Netzwerkes bedeutet. Der Vergleich mit (B 5) zeigt, daß die Fourier-Transformierte die Form hat:

$$S(j\omega) = \frac{1}{\sqrt{2\pi}}\, x_0 \tau\, \Phi(j\omega), \tag{B 10}$$

die wir im folgenden benutzen.

Berechnung des Rauschspannungsquadrates

Das uns interessierende mittlere Schwankungsquadrat

$$\overline{(y-\bar{y})^2} = \Lambda S. \tag{B 11}$$

wobei $S_r = \int\limits_{-\infty}^{+\infty} [s(t)]^2\, dt$, kann nun einfach ermittelt werden, wenn man beachtet, daß:

$$S = \int\limits_{-\infty}^{+\infty} [s(t)]^2\, d t = \int\limits_{-\infty}^{+\infty} |S(j\omega)|^2\, d\omega. \tag{B 12}$$

Da $s(t) = 0$ für $t < 0$ und ferner S auf der rechten Seite der Gleichung (B 12) eine gerade Funktion von ω ist, kann man setzen:

$$S = 2\, S_r = 2 \int\limits_0^{\infty} |S(j\omega)|^2\, d\omega. \tag{B 13}$$

Da wir, wie oben angegeben, momentane Stromstöße annehmen, so können wir von (B 10) Gebrauch machen. *Momentan* heißt hier eine Zeitspanne $2\pi/\omega_m$, wobei ω_m der größte Wert von ω ist, für den die Querimpedanz $\Phi(j\omega)$ merklich von Null verschieden ist. Über die Art der Schwankung in unseren Schaltelementen sagen wir nichts weiter aus, als daß sie durch Stromquellen darstellbar ist, die in kurzen Zeitintervallen τ_r mit der Amplitude i_r und der mittleren Häufigkeit λ_r pro Zeiteinheit auftreten. Nach (B.10) und (B.11) ist dann:

$$S = \frac{1}{\pi}\, i_r^2\, \tau_r^2 \int\limits_0^{\infty} |\Phi(j\omega)|^2\, d\omega. \tag{B 14}$$

Da die Stromschwankungs-Generatoren statistisch ungeordnet wirken sollen, besteht keine Korrelation, und das mittlere Schwankungsquadrat ist einfach:

$$\overline{(y-\bar{y})^2} = \overline{u^2} = \frac{1}{\pi} \sum_r \lambda_r\, i_r^2\, \tau_r^2 \int\limits_0^{\infty} |\Phi(j\omega)|^2\, d\omega. \tag{B 15}$$

Nun nehmen wir gemäß dem Ersatzschema Abb. b; 1 an, daß

$$\Phi(j\omega) + \frac{R_q}{1 + R_q(S + j\omega C)} = \frac{R_p}{1 + j\omega R_p C}, \tag{B 16}$$

wo $R_p = R_q/(1 + S R_q)$. (S bedeutet hier Steilheit.)
Dann ist das Rauschspannungsquadrat:

$$\overline{(y-\bar{y})^2} = \overline{u^2} = \frac{1}{\pi} \sum_r \lambda_r\, i_r^2\, \tau_r^2 \int\limits_0^{\infty} \frac{R_p^2}{1 + \omega^2 R_p^2 C^2}\, d\omega = \sum_r \lambda_r\, i_r^2\, \tau_r^2\, \frac{R_p}{2C}. \tag{B 17}$$

Der Kreis, den wir zugrunde legen, ist nun ein System mit einem Freiheitsgrad, das bei thermischem Gleichgewicht und der Temperatur T eine mittlere Energie $(1/2)\, k\, T$ (k = Boltzmannsche Konstante) besitzt. Diese mittlere Energie beträgt $(1/2)\, C\, \overline{u^2}$. Nun müssen wir im vorliegenden Fall jedem der in R_p

enthaltenen Widerstände eine andere Rauschtemperatur zuordnen. Um dennoch die Betrachtung in einfacher Weise durchführen zu können, empfiehlt es sich, dem Widerstand R_q, der Zimmertemperatur ($T_0 = 300^0$ K) habe, einen solchen Temperaturfaktor zuzuordnen, daß er dadurch ein Äquivalent für die Rauscheinströmung beider Widerstände liefert. Das ergibt sich leicht aus der Berechnung des Rauschspannungsquadrates zweier parallel geschalteter Widerstände R_1 und R_2 der Temperaturen T_1 bzw. T_2. Aus dem allgemeinen Ausdruck für das Rauschspannungsquadrat an einem Widerstandsnetzwerk:

$$\overline{u^2} = \int_0^\infty Z_{ab}^2\, 4\, k \sum_x \frac{R_x T_x}{Z_{a\,x}^2}\, d\,f,$$

wobei

Z_{ab} = *Impedanz des Netzwerks an den Ausgangsklemmen* (a; b);
Z_{ax} = *Übertragungsimpedanz des Generators* $\overline{u^2}$ *in Serie mit* R_x, *bezogen auf die Klemmen* (a; b);
R_x und T_x = *Widerstand* bzw. *Temperatur des* $x$ten *Elementes des Netzwerkes*;
$f = \omega/2\,\pi$ = *Frequenz*,

erhält man in diesem Falle:

$$\overline{u^2} = 4\,k \int_0 d\,f\,(T_1/R_1 + T_2/R_2) \left(\frac{R_1\,R_2}{R_1 + R_2}\right)^2$$

oder

$$u^2 = 4\,k \int_0^\infty d\,f\,R_1\,T_1 \left\{\frac{1 + T_2/T_1 \cdot R_1/R_2}{(1 + R_1/R_2)^2}\right\}. \tag{B 18}$$

Der dimensionslose Faktor

$$\zeta = \frac{1 + T_2\,R_1/(T_1\,R_2)}{(1 + R_1/R_2)^2}$$

kann als der Temperatur T_1 zugeordnet aufgefaßt werden, so daß ζT_1 die neue Rauschtemperatur des alten Widerstandes für den Fall der Zuschaltung des Widerstandes R_2 der Temperatur T_2 ist. Im vorliegenden Fall ist also die resultierende Temperatur:

$$T = (1 + p\,R_q S)/(1 + R_q S)^2\, T_0 = \zeta\, T_0,$$

wobei $p = T/T_0$; T = *Rauschtemperatur der idealen (spezifischen oder isolierten) Randschicht.* Demgemäß ergibt sich für die mittlere Energie:

$$\frac{1}{2}\,k\,\zeta\,T_0. \tag{B 19}$$

Dann ist, wie aus (B 18) hervorgeht, als Widerstandswert nur R_q einzusetzen, auf den sich die neue Temperatur bezieht. Aus (B 17) folgt nun:

$$\frac{1}{2} C \sum_r \lambda_r i_r^2 \tau_r^2 R_q/2C = \frac{1}{2} k \zeta T_0, \tag{B 20}$$

$$\sum_r \lambda_r i_r^2 \tau_r^2 = 2k\zeta T_0/R_q. \tag{B 21}$$

Nach (B 15) kann man nun wieder die Rauschspannung finden, die vom Widerstand R_q der Temperatur ζT_0 bzw. von der Widerstandskombination (Abb. 1) an ein äußeres Klemmenpaar gebracht werden kann. Betrachten wir die Rauschquellen als Spannungsgeneratoren, so ist:

$$\overline{u^2} = \overline{(y-\bar{y})^2} = 4k\zeta T_0 R_q \int_0^\infty |G|^2 \, df, \tag{B 22}$$

wobei G das Spannungsübersetzungsverhältnis von den Klemmen des Generators in Serie mit dem Widerstand zu den Außenklemmen bedeutet, das hier gleich 1 gesetzt wird. Es gilt daher:

$$\overline{u^2} = 4k \frac{1 + pR_q S}{(1 + R_q S)^2} T_0 R_q \int_{f_1}^{f_2} df, \tag{B 23}$$

entsprechend der Nyquistschen Formel [7].

Gleichung (B 23) stellt die Rauschspannung des Halbleiters dar, wobei der Rauschtemperaturfaktor p jedoch nur für die isolierte Sperrschicht eingesetzt ist. Für p hatten wir bereits in Kap. VIII, Abschnitt 5, einen Ausdruck abgeleitet (31.44):

$$p = 20 \left[|J| - \frac{|U| - |J|/\varrho_b}{R_q} \right] F^2 \cdot R_i \cdot$$

Das ergibt nach Einsetzen in (B 23) und Hinzufügen der Rauschspannung von R_b:

$$\overline{u^2} = 4kT_0 \Delta f \left[\frac{1 + 20\, i_1 F^2 R_q}{(1 + R_q R_i)^2} R_q + R_b \right]; \tag{B 24}$$

i_1 = *Strom in der Randschicht*; $R_i = 1/S$.

Von dieser Gleichung (B 24) geht man bei den Betrachtungen zum Detektorrauschen aus; vgl. hierzu [8], [9], [10].

Literatur zu Anhang B

1] R. Fürth: Schwankungserscheinungen in der Physik: Sammlung Vieweg. 1920. S. 57
2] H. F. Mataré: Brownsche Bewegung und Widerstandsrauschen; Ann. d. Physik; 5. Folge, Bd. 43. H. 4 (1943)
3] Campbell and Francis: A Theory of Valve and Circuit Noise Journal of the Instn. electr. Engr. Vol. 93; III; 1946
4] Uspensky: Mathematical Probability. Mc-Graw-Hill Book Co, New-York 1937. 239ff.
5] Zernike: Wahrscheinlichkeitsrechnung und mathematische Statistik; Hb. der Physik; III, S. 438
6] Doetsch: Laplace-Transformation; Springer-Verlag 1937

7] Nyquist: Phys. Review 32; 110; 1928
8] H. F. Mataré: Statistische Schwankungen in Halbleitern. Zschr. f. Naturforschung; Bd. 4a; H. 4; 1949 p. 275
9] H. F. Mataré: Bruit de Fond de Diodes â Cristal; L'Onde Electrique; 29e Année Nr. 267; Juin 1949; p. 231
10] H. F. Mataré: Bruit de Fond de Semiconducteurs; Journal de Physique et le Radium. Série VIII; Tome X Déc. 1949; S. 364 und Tome XI, Mars 1950; S. 130

C. MISCHWIRKUNGSGRAD UND RÜCKWIRKUNG IM DIODENFALLE

Wir haben bereits erwähnt, daß der Mischwirkungsgrad eine Auftrennung der Verluste gestattet, die einerseits vom Betriebspunkt des Mischorgans, andererseits von seiner Anpassung an die Zwischenfrequenz herrühren (hochfrequenzseitig Anpassung vorausgesetzt). Da die gemeinhin als Konversionsverlust bezeichnete Größe sich aus η und dem Anpassungsverhältnis $x = R_a/R_{Dh}$ zusammensetzt:

$$P = \frac{1}{V_c^2} = \frac{1}{\eta \cdot x}, \tag{C 1}$$

wobei:

R_a $=$ *zwischenfrequenter Außenwiderstand*;
R_{Dh} $=$ *hochfrequenter Diodeneingangswiderstand.*

Es gilt definitionsgemäß:

$$\eta = \frac{|U_z|^2/R_a}{|U_h|^2/R_{D_h}}, \tag{C 2}$$

wobei:

U_z = ZF-*Eingangsspannung*;
U_h = HF-*Eingangsspannung.*

Die Definition des Mischwirkungsgrades ist sinnvoll, da das als Konversionsverstärkung V_c bezeichnete Verhältnis $|U_z|/|U_h|$ der zwischenfrequenten Nutzspannung zur hochfrequenten Eingangsspannung prinzipiell höchstens gleich 1 ist; vgl. [1]. Aus

$$V_c = S_c \frac{R_a \overline{R}_i}{R_a + \overline{R}_i} \tag{C 3}$$

mit:

S_c $=$ *Konversionssteilheit*;
R_i $=$ *dynamischer Innenwiderstand*;
R_a $=$ ZF-*Außenwiderstand*

folgt:

$$V_c = S_c \frac{\overline{R}_i}{1 + \overline{R}_i/R_a} \underset{(R_a \gg R_i)}{\rightarrow} S_c/\overline{S} \underset{(\Theta \rightarrow 0^0)}{\rightarrow} 1. \tag{C 4}$$

In den meisten praktischen Fällen genügt eine Berechnung, bei der $R_{D_h} = 1/S_g$ gesetzt wird (S_g = Richtkennliniensteilheit). Bedingung hierfür ist, daß im A- oder B-Betrieb gearbeitet wird, also keine Stromflußwinkel Θ wesentlich unter 90° vorkommen; vgl. [1]. Unter Beachtung der Rückwirkung des zwischenfrequenten Belastungswiderstandes auf den hochfrequenten Eingangswiderstand erhält man nämlich

$$G_{D_h} = S_g - \frac{S_c^2}{S_g + G_z}. \tag{C 5}$$

Nehmen wir maximale Rückwirkung, $G_z = 0$, an, so ist das Rückwirkungsglied S_c^2/S_g nur im C-Betrieb von Bedeutung: Zahlenmäßig unterscheiden sich die Extremfälle $G_z = 0$ und $G_z \to \infty$ im Bereich $\Theta = 90°$ nur um den Faktor 2 bezüglich G_{D_h}, so daß hier in erster Näherung $G_{D_h} = S_g$ gesetzt werden kann. Hierbei ist vorausgesetzt, daß $S_g = \overline{S}$ (mittlere Steilheit) ist. Das gilt, solange keine Laufzeiteinflüsse vorliegen, da dann

$$\overline{S} = \frac{1}{2\pi}\int_{-\Theta}^{+\Theta}\left(\frac{\partial J_0}{\partial U_0}\right)_{U_\sim = \text{const}} d(\omega t)$$

$$= \frac{1}{2\pi}\frac{\partial}{\partial U_0}\int_{-\Theta}^{+\Theta} J_0\, d(\omega t)_{U_\sim = \text{const}} = S_g,$$

denn der Integrand verschwindet für $\omega t = \pm\Theta$, so daß die Differentiation der Integralgrenzen keinen Beitrag liefert; vgl. [2]. Nun gilt weiter für die ZF-Spannung:

$$U_z^2 = i_z^2\left(\frac{R_a \cdot \overline{R}_i}{R_a + \overline{R}_i}\right)^2. \tag{C 6}$$

Hier setzen wir $R_{D_h} = R_i$ bzw. $G_{D_z} = 1/S_g$, da auf der hochfrequenten Seite Leistungsanpassung herrscht. Der Antennenwiderstand wird auf die Diode so transformiert, daß von der Diode aus gesehen ein Widerstand

$$R_h = R_{D_h} = 1/S_g$$

entsteht. Es ist daher

$$G_{D_z} = S_g - \frac{S_c^2}{2\,S_g}.$$

Im Betrieb um $\Theta = 90°$ kann daher wieder $G_{D_z} \approx S_g = \overline{S}$ gesetzt werden (Fehler unter 50%).

Führen wir weiter die Definitionsgleichung für die Konversionssteilheit ein:

$$S_c = i_z/U_h \tag{C 7}$$

mit:

i_z = ZF-*Strom durch die Parallelschaltung* $R_a \,||\, \overline{R}_i$

U_h = HF-*Eingangsspannung* (Amplitude),

so wird aus (C 2).

$$\eta = \left(S_c \frac{R_a \overline{R}_i}{R_a + \overline{R}_i}\right)^2 \cdot \frac{R_{Dh}}{R_a}. \tag{C 8}$$

Mit $R_{D_h} = \overline{R}_i$ und der Bezeichnung: $\dfrac{R_a}{\overline{R}_i} = x$ und $\overline{R}_i = 1/S_g$ wird

$$\eta = \left(\frac{S_c}{S_g}\right)^2 \cdot \frac{x}{(1+x)^2}. \qquad \text{(C 9)}$$

Optimaler Mischwirkungsgrad

Nach (C 9) hängt η vom Verhältnis der Konversionssteilheit zur Richtkennliniensteilheit und vom ZFseitigen Transformationsverhältnis x ab. Das Verhältnis der Steilheiten ist stromflußwinkelbedingt und von x unabhängig. Demnach läßt sich bezüglich des Anpassungsverhältnisses x ein *optimaler Mischwirkungsgrad* η_{opt} definieren:

$$\eta_{\text{opt}} = \frac{1}{4}\left(\frac{S_c}{S_g}\right)^2 \qquad \text{(C 10)}$$

für ($x = 1$). Damit wird

$$\eta = 4\,\eta_{\text{opt}}\,\frac{x}{(1+x)^2}. \qquad \text{(C 11)}$$

Die Funktion $y = 4\dfrac{x}{(1+x)^2}$ ist in Abb. 1 aufgetragen, η_{opt} als $f(\Theta, n)$ in Abb. 2 Man greift zu dem gegebenen Widerstandsverhältnis $R_a/\overline{R}_i$ den y-Wert aus Abb. 1 ab und multipliziert ihn mit dem η_{opt}-Wert für den entsprechenden Arbeitspunkt und Kennlinienexponenten. Beispiel für $n = 1{,}3$ in Abb. 3.

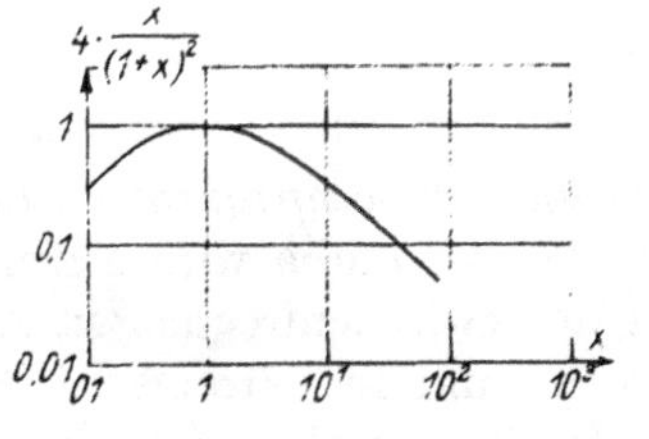

Abb. 1. Anpassungsfunktionsteil des Mischwirkungsgrades.

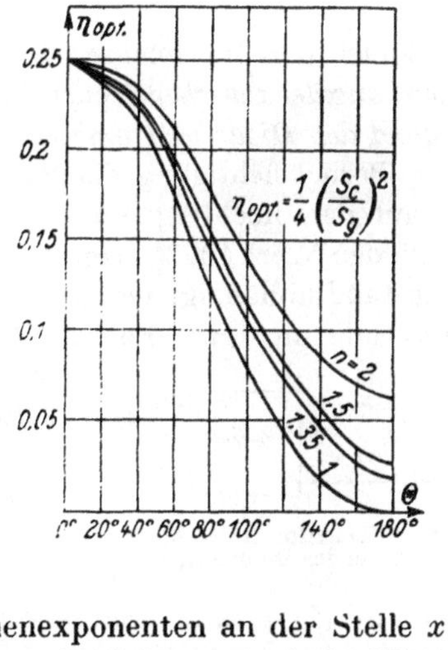

Abb. 2. Optimaler Mischwirkungsgrad in Abhängigkeit vom Stromflußwinkel.

Der Wirkungsgrad hat für jeden Kennlinienexponenten an der Stelle $x = 1$, also für $R_a = \overline{R}_i$ und $\Theta = 0^0$ sein Optimum. Daß der numerische Wert 25% beträgt, geht auch unmittelbar aus (C 11) durch Einsetzen der Funktionen für S_c und S_g hervor:

$$\eta_{\text{opt}} = \left(\frac{1}{2}\frac{S_c}{S_g}\right)^2 = \frac{1}{4}\left[\frac{\frac{n}{2}\,k\,(U_{a_0} + U_\sim)^{n-1}\,f_{n-1}\,(\Theta)}{n \cdot k\,(U_{a_0} + U_\sim)^{n-1}\,\psi_{n-1}\,(\Theta)}\right]^2$$

$$\eta\ \text{opt} = \left[\frac{1}{4}\,\frac{f_{n-1}\,(\Theta)}{\psi_{n-1}\,(\Theta)}\right]^2.$$

Da aber

$$\lim_{\Theta \to 0} \left(\frac{f_{n-1}\,(\Theta)}{\psi_{n-1}\,(\Theta)}\right) = 2,$$

so ist: $\lim\limits_{\Theta \to 0^\circ} \eta_{\text{opt}} = 25\,\%$.

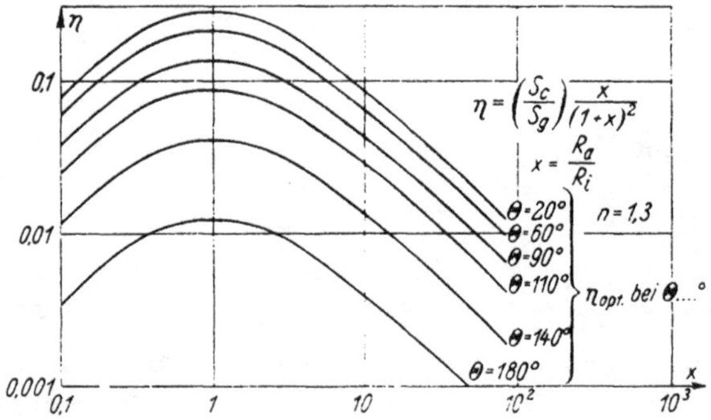

Abb. 3. Mischwirkungsgrad für $n = 1{,}3$ in Abhängigkeit vom ZF-Anpassungsverhältnis x und Stromflußwinkel Θ.

Also ist auch der *Maximalwert von* $\eta = 25\%$ (für $\Theta = 0^0$), *wenn man von der Rückwirkung der zwischenfrequenten Belastung auf den hochfrequenten Eingangswiderstand der Diode und umgekehrt absieht.* Weiter unten wird gezeigt, daß η unter Berücksichtigung der Rückwirkung der zwischenfrequenten Abstimmung auf den hochfrequenten Eingangswiderstand in extremen C-Betrieb ($\Theta = 0^0$) den Wert 100% erreicht; η_{opt} und damit η ist also eine nur vom Betriebszustand abhängige Größe. Durch Maßnahmen des Röhrenbaues ist eine Verbesserung nicht zu erzielen. Der Einstellung extrem kleiner Stromflußwinkel stehen im übrigen technische Schwierigkeiten entgegen. Bedenkt man ferner, daß im Gebiet höchster Frequenzen (> 300 MHz, Dezimeterwellen) die durch Rückwirkung bedingte Erhöhung des hochfrequenten Eingangswiderstandes durch Laufzeiteinflüsse herabgesetzt wird (1), so ist es verständlich, wenn im Dezimeterwellengebiet Mischwirkungsgrade von 25% selten erreicht werden und daher der Fehler, den man bei der Berechnung nach (C 11) macht, nur unbedeutend ist. Daß man (C 11) in den technisch vorkommenden Fällen verwenden kann, beweist das

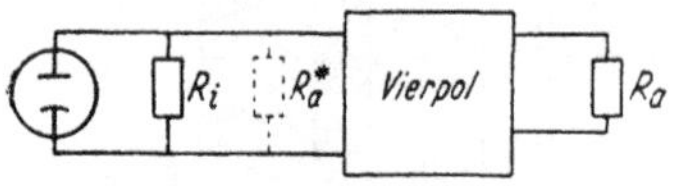

Abb. 4. Transformation auf der ZF-Seite des Diodensupers.

Meßbeispiel; [3]. Gleichung (C8) läßt sich unter Einführung der Konversionsverstärkung auch wie folgt schreiben:

$$\eta = V_c^2 \cdot \overline{R_i}/R_a = V_c^2/x;$$

vgl. (1) [1]).

Der Mischwirkungsgrad nach Definition (C2) lautet bei allgemeiner Transformation von R_a als $R_a{}^*$ auf die Diodenseite (Abb. 4):

$$\eta = S_c^2 \left(\frac{R_a{}^* \overline{R_i}}{R_a{}^* + \overline{R_i}}\right)^2 \cdot \frac{R_i}{R_a{}^*}$$

oder

$$\eta = \left(\frac{S_c}{S_g}\right)^2 \cdot \frac{R_p}{R_a + \overline{R_i}} = 4\,\eta_{\text{opt}} \frac{R_p}{R_a{}^* + \overline{R_i}},$$

wobei

$$R_p = \frac{R_a{}^* \overline{R_i}}{R_a{}^* + \overline{R_i}}.$$

Berücksichtigung der Rückwirkung

Unter Rückwirkung wird der Einfluß der zwischenfrequenten Last auf den hochfrequenten Eingangswiderstand bzw. des hochfrequenten äußeren Wider-

---

[1]) Man kann den Mischwirkungsgrad bei der Berechnung von Empfängerempfindlichkeiten auch definieren als das Verhältnis der Leistungen am Eingang zum ZF-Verstärker, gegeben durch

$$R_p = \frac{R_a \overline{R_i}}{R_a + \overline{R_i}} \quad (R_{D_z} = \overline{R_i})$$

und der Leistung am Eingang zur Diode, was in manchen Fällen rechnerisch vorteilhaft ist:

$$\eta_2 = \frac{U_z^2/R_p}{U_h^2/\overline{R_i}}.$$

Dann ist natürlich auch die gesamte Rauschleistung am Verstärkereingang auf diesen Widerstand zu beziehen, wodurch sich insgesamt dieselben Empfindlichkeitswerte ergeben.

$$\eta_2 = \frac{i_z^2 \cdot \dfrac{R_a \overline{R_i}}{R_a + \overline{R_i}}}{U_h^2/\overline{R_i}} = R_p \cdot S_c^2 \cdot \overline{R_i}$$

$$= R_p \cdot \frac{S_c^2}{S_g}$$

$$= 2\sqrt{\eta_{\text{opt}}} \cdot V_c.$$

Verschiedene Schreibweisen sind ferner:

$$\eta_2 = V_c \cdot \frac{S_c}{S_g} = V_c^2 \left(\frac{\overline{R_i}}{R_a} + 1\right) = \left(\frac{S_c}{S_g}\right)^2 \frac{x}{1+x}$$

$$\eta_2 = 4\,\eta_{\text{opt}} \frac{x}{1+x}.$$

Maximalwert nach dieser Definition: $\eta_{2\max} = 50\,\%$.

standes auf den zwischenfrequenten Ausgangswiderstand der Diode verstanden. Den Zusammenhang geben die Gleichungen

$$\mathfrak{G}_{D_z} = S_g - \frac{S_c^2}{S_g + \mathfrak{G}_h}; \tag{C 13}$$

$$\mathfrak{G}_{D_h} = S_g - \frac{S_c^2}{S_g + \mathfrak{G}_z}, \tag{C 14}$$

vgl. [1]; dabei ist:

$\mathfrak{G}_{D_z}$ = *Zwischenfrequenter Ausgangsleitwert der Diode;*
S_c = *Konversionssteilheit;*
S_g = *Richtkennliniensteilheit;*
$\mathfrak{G}_h$ = *hochfrequenter Außenleitwert;*
$\mathfrak{G}_{D_h}$ = *hochfrequenter Eingangsleitwert der Diode;*
$\mathfrak{G}_z$ = *zwischenfrequenter Außenleitwert.*

Im folgenden setzen wir rein reelle Leitwerte voraus:

$$\mathfrak{G}_h = G_h; \; \mathfrak{G}_z = G_z; \; \mathfrak{G}_{D_h} = G_{D_h}; \; \mathfrak{G}_{D_z} = G_{D_z}.$$

Führen wir R_{D_h} und R_{D_z} nach (C 13) und (C 14) in (C 2) ein und berücksichtigen

$$U_z^2 = i_z^2 \left(\frac{R_a^* \, R_{D_z}}{R_a^* + R_{D_z}} \right), \tag{C 6a}$$

so folgt aus:

$$\eta = \left(S_c \frac{R_a^* \, R_{D_z}}{R_a^* + R_{D_z}} \right)^2 \cdot \frac{R_{D_h}}{R_a^*} \tag{C 15}$$

$$\eta' = S_c^2 \left[\frac{\dfrac{S_g + G_h}{S_g (S_g + G_h) - S_c^2}}{R_a^* + \dfrac{S_g + G_h}{S_g (S_g + G_h) - S_c^2}} \right]^2 \frac{R_a^* (S_g + G_z)}{S_g (S_g + G_z) - S_c^2} \tag{C 16}$$

oder

$$\eta' = \left[\frac{S_c}{R_a^* \left(S_g - \dfrac{S_c^2}{S_g + G_h} \right) + 1} \right]^2 \cdot \frac{R_a^*}{S_g - \dfrac{S_c^2}{S_g + G_z}}. \tag{C 16a}$$

Will man nach (C 16a) die Rückwirkungen in beiden Richtungen berücksichtigen, so werden die Verhältnisse unübersichtlich, zumal man im Dezimetergebiet keine genaue Einstellbarkeit von G_h, des auf die Diode transformierten hochfrequenten Leitwertes hat. Man stellt hier meist mittels eines Meßsenders die hochfrequente Ankopplung an den Mischkreis so ein, daß Leistungsanpassung herrscht (Kriterium: Freiheit von stehenden Wellen auf der Verbindungsleitung). Dann transformiert also der Koppelkreis den Strahlungswiderstand der Antenne (z. B. 70 Ω) auf den Wert des Diodeninnenwiderstandes. Dieser ist exakt durch Formel (C 14) gegeben und daher von G_z abhängig. Man kann aber einfach davon ausgehen, daß $G_h \approx S_g$ und nur die Rückwirkung des zwischenfrequenten Lastleitwertes G_z auf G_{D_h} berücksichtigen. Würde man nach (C 16) außerdem die Beeinflussung von G_{D_z} durch G_h einbeziehen, so würde bei einer Änderung des Betriebszustandes der Diode G_{D_z} anders, mithin müßte auch G_z geändert werden. Das bedingt dann eine Veränderung von G_{D_h}, wodurch G_h anders eingestellt werden müßte, was wiederum G_{D_z} beeinflussen würde usw. Nimmt man jedoch auf der HF-Seite Leistungsanpassung für den jeweiligen Betriebszustand an, so kommt man, abgesehen von den eintretenden Vereinfachungen, den wahren Verhältnissen schon deshalb näher, weil im Betriebszustand eingestellte Leistungsanpassung den Zustand kleinster Verluste in den Anpassungsgliedern darstellt, wovon Wirkungsgrad oder Empfindlichkeit einer solchen Anordnung bei nicht extrem kleinen Stromflußwinkeln stärker abhängig sind, als von dem in S_c quadratisch abhängigen Glied von (C 13).

Wir passen also hochfrequenzseitig an den Diodeninnenwiderstand $1/S_g$ an. Dann wird aus (C 13)

$$G_{D_z} = S_g - \frac{S_c^2}{2\,S_g}. \tag{C 17}$$

Dieser Wert unterscheidet sich um etwa 20% von dem Fall $G_h \to \infty$; vgl. [4]. Mit $G_h \to \infty$ erhalten wir anderseits aus (C 16a)

$$\eta' = \left(\frac{S_c}{S_g}\right)^2 \cdot \left(\frac{R_a^* \cdot S_g}{1 + R_a^* \cdot S_g}\right)^2 \cdot \frac{S_g + G_z}{S_g\,(S_g + G_z) - S_c^2} \cdot \frac{1}{R_a^*}. \tag{C 18}$$

Für $1/G_z$ kann man R_a^*, den Arbeitswiderstand der Diode einführen, und nach den Ausführungen von oben (C 17) ist es zulässig, den ZF-Ausgangswiderstand aus der Richtkennliniensteilheit zu berechnen. Eine Umformung von (C 18) ergibt danach:

$$\eta' = S_c^2 \left(\frac{\overline{R}_i}{R_a^* + \overline{R}_i}\right)^2 \cdot \frac{R_a^*/\overline{R}_i + 1}{\frac{1}{\overline{R}_i}\left(\frac{1}{\overline{R}_i} + \frac{1}{R_a^*}\right) - S_c^2} \tag{C 19}$$

mit $\overline{R}_i = 1/S_g$. Mit der Bezeichnung

$$R_p = \frac{R_a^*\,\overline{R}_i}{R_a^* + \overline{R}_i}$$

wird

$$\eta' = S_c^2 \cdot R_p^2 \, \frac{1/R_a^*}{1/\overline{R}_i - S_c^2 \cdot R_p}.$$

Da in dem in Frage kommenden Bereich $S_c < 1$, so ergibt sich in erster Näherung wieder (C 12) Durch Einführung der Bezeichnung

$$x = R_a^*/\overline{R}_i = R_a^* \cdot S_g = S_g/G_z$$

in (C 18) erhält man:

$$\eta' = \left(\frac{S_c}{S_g}\right)^2 \cdot \frac{x}{(1+x)^2} \cdot \frac{1}{1 - \left(\frac{S_c}{S_g}\right)^2 \cdot \frac{x}{1+x}}, \tag{C 20}$$

mit (C 9) also:

$$\eta' = \eta \cdot \gamma,$$

wobei

$$\gamma = \frac{1}{1 - \frac{x}{1+x} \cdot \left(\frac{S_c}{S_g}\right)^2} = \frac{1}{1 - 4\,\eta_{\text{opt}} \cdot \frac{x}{1+x}}. \tag{C 21}$$

Der durch die Rückwirkung bedingte Faktor γ ist für kleine Stromflußwinkel von Bedeutung und bewirkt eine beträchtliche Vergrößerung von η. Abb. 5 zeigt γ für einen Kennlinienexponent $n = 1{,}3$. Im Grenzfall erreicht der Mischwirkungsgrad nach (C 21) den Wert 100%. Es ist nämlich:

$$\lim_{\Theta \to 0^\circ} \eta' = \frac{x}{(1+x)^2} \cdot \frac{1}{1 - \frac{x}{1+x}} = \frac{x}{1+x}.$$

Bei maximaler Rückwirkung, $x \to \infty$, ist

$$\lim_{x \to \infty} \left(\frac{x}{1+x}\right) = 1 \quad \text{oder} \quad \eta' = 100\%.$$

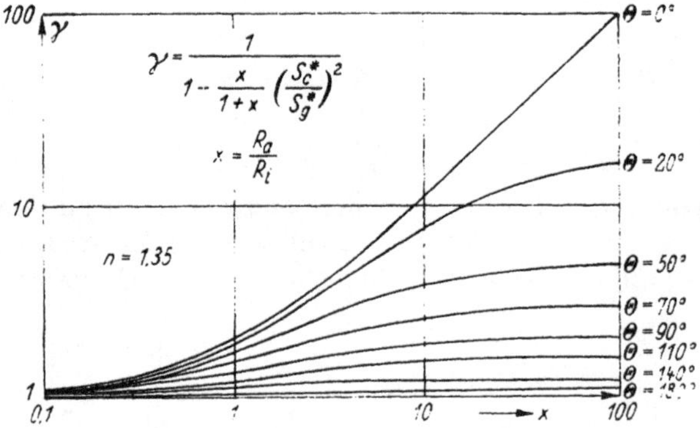

Abb. 5. Rückwirkungsfaktor γ als Funktion von x und Θ.

Da man meistens in dem Betrieb $1 < x < 10$ arbeitet, ist durch die Rückwirkung der zwischenfrequenten Belastung auf den hochfrequenten Eingangswiderstand bis zu einem Stromflußwinkel von 90° (A- und B-Betrieb) ein Korrekturfaktor von nur 1 bis 1,8 zu erwarten. Bei kleineren Stromflußwinkeln kann sich die Rückwirkung jedoch wesentlich vergrößern.

Oberwellenmischung

Bekanntlich tritt bei Mischung mit der $l$ten Harmonischen des Oszillators die Steilheit S_{c_l} an die Stelle von S_c: vgl. [1]; [5]. Allgemeine Gleichung:

$$S_{c_l} = \frac{1}{2\pi} \int_{-\Theta}^{+\Theta} K \cdot n \, (U_0 + U_{\sim} \cos \ddot{u}\, t)^{n-1} \cdot \cos l \, \ddot{u}\, t \; d(\ddot{u}\, t). \qquad \text{(C 22)}$$

dabei ist:

K = *Kennlinienkonstante*;
n = *Kennlinienexponent*;
$\ddot{u}$ = *Überlagerfrequenz* (Grundwelle).

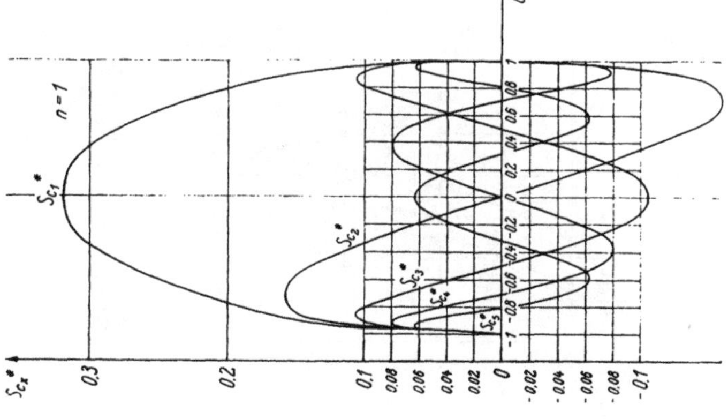

Abb. 6.

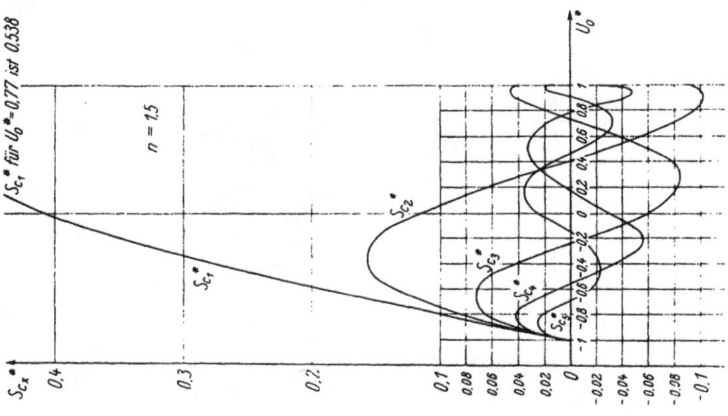

Abb. 7.

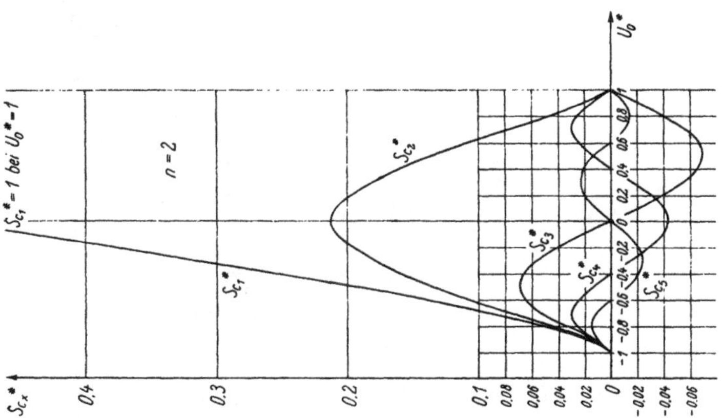

Abb. 8.

Konversionssteilheiten bei Oberwellenmischung für $n = 1$; $n = 1,5$; $n = 2$.

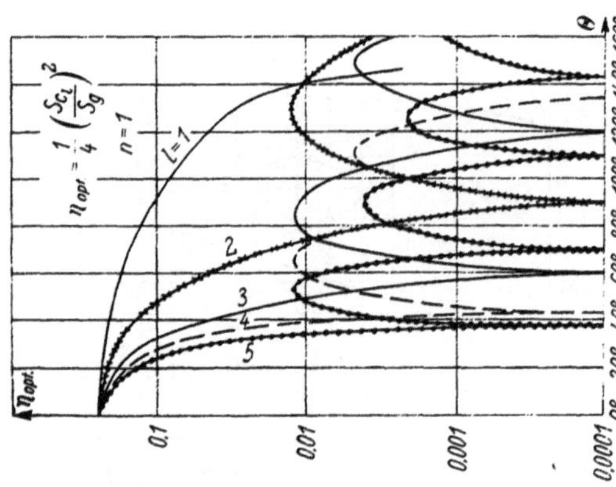

Abb. 9. Optimaler Mischwirkungsgrad bei Oberwellenmischung für die 1. bis 5. Harmonische; $n = 1$.

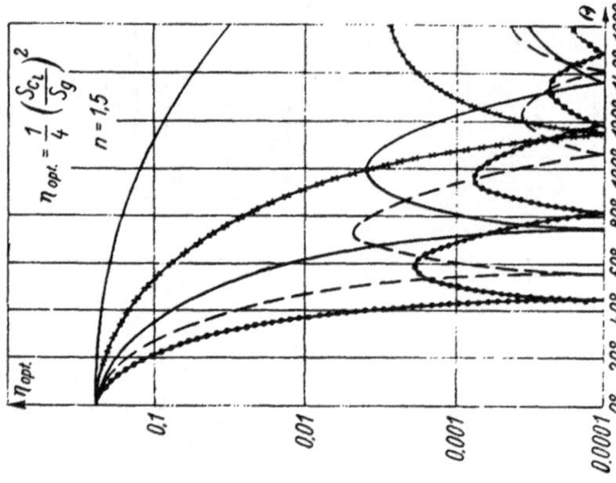

Abb. 10. Optimaler Mischwirkungsgrad bei Oberwellenmischung für die 1. bis 5. Harmonische; $n = 1{,}5$.

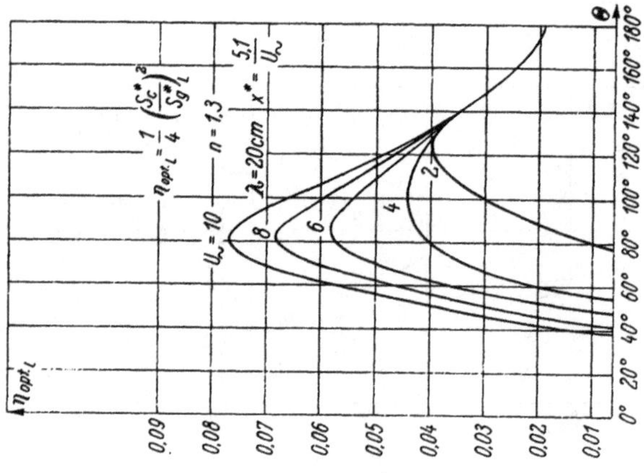

Abb. 11. Optimaler Mischwirkungsgrad bei Laufzeiteinfluß für eine Röhre mit der Kennlinie $I = k\,(U + \Delta U)^{1,3}$ in Abhängigkeit von Θ und $U_\sim$.

Bei Einführung der reduzierten Funktion $S_c^* = S_c/kU_{\sim}^{n-1}$ läßt sich die Auswertung unabhängig von der jeweiligen Kennlinienkonstanten vereinfacht durchführen. Für $n = 1$ erhält man

$$S_{c_l}^* = \frac{1}{\pi\, l} \sin l\Theta \qquad \text{(C 23)}$$

zu $l \geqq 1$, für $n = 2$

$$S_{c_l}^* = \frac{2}{l\,(l^2 - 1)\,\pi} [\sin l\,\Theta \cos \Theta - l \sin \Theta \cos l\,\Theta]\,. \qquad \text{(C 24)}$$

Für gebrochene n läßt sich keine geschlossene Darstellung mehr geben. Das Ergebnis der notwendigen Näherungsrechnung für $n = 1{,}5$ sowie die Auswertung von (C 23) und (C 24) findet man in Abb. 6, 7 und 8.

Für Konversionsverstärkung und Mischwirkungsgrad ergeben sich die Gleichungen:

$$V_{c_l} = \frac{|S_{c_l}|}{|S_g + G_z|} \qquad \text{(C 25)}$$

$$\eta_l = \frac{S_{cl}^{\,2} \cdot x}{S_g^{\,2} \cdot (1 + x)^2} \qquad \text{(C 26)}$$

nach (C 9).

Es ändert sich nur η_{opt}. Die Auswertung von

$$\eta_{\text{opt}} = \left(\frac{S_{cl}}{S_g}\right)^2 \qquad \text{(C 27)}$$

für verschiedene n findet sich in Abb. 9 und 10. Aus der Kombination mit Abb. 2 erhält man wiederum η.

Die Größe des Mischwirkungsgrades wird also stark durch den Stromflußwinkel bestimmt. Die Nullstellen von η_{opt} sind mathematische Punkte. Der Stromflußwinkel bzw. die ihn erzeugenden Spannungen sind nicht von solcher Konstanz, daß $\eta_{\text{opt}} = 0$ erreichbar wäre; vgl. § 13.

Literatur zu Anhang C

1] H. F. Mataré: Eingangs- und Ausgangs-Widerstand von Mischdioden; Elektr. Nachrichtentechnik 20; H. 2; 1943; S. 48

2] H. H. Meinke: Das Richtkennlinienfeld einer Diode bei niedrigen und hohen Frequenzen; Telefunken-Röhre 21/22 (1941), S. 250

3] H. F. Mataré: Der Mischwirkungsgrad von Dioden; Zschr. f. HF-Technik und Elektroakustik Bd. 62 1943; S. 165···172

4] H. F. Mataré: Kurven konstanter Konversionsverstärkung in Richtkennlinienfeldern; Elektr. Nachrichtentechnik 20, H. 6 (1943), S. 144

5] M. J. O. Strutt und van der Ziel: Die Diode als Mischröhre besonders bei Dezimeterwellen; Philips Techn. Rundschau 6 (1941), S. 289···298

Namen- und Sachverzeichnis

www.ingramcontent.com/pod-product-compliance
Lightning Source LLC
Chambersburg PA
CBHW081534190326
41458CB00015B/5547